"十四五"职业教育国家规划教材

第一册

Fundamentals of Applied Mathematics │微课版│

应用数学基础（第4版）

主　编◎邓俊谦　周素静

副主编◎刘冬华　张　媛

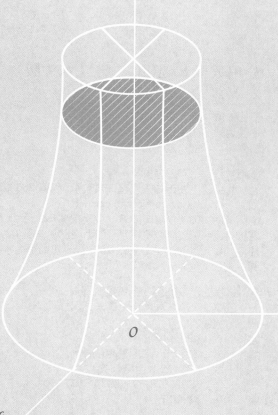

华东师范大学出版社
·上海·

图书在版编目（CIP）数据

应用数学基础. 第一册／邓俊谦,周素静主编. —
4版. —上海：华东师范大学出版社,2019
ISBN 978－7－5675－9720－4

Ⅰ.①应… Ⅱ.①邓… ②周… Ⅲ.①应用数学—高
等职业教育—教材 Ⅳ.①O29

中国版本图书馆 CIP 数据核字（2019）第 242166 号

应用数学基础(第一册)(第4版)

主　　编　邓俊谦　周素静
责任编辑　李　琴
审读编辑　胡结梅
装帧设计　俞　越

出版发行　华东师范大学出版社
社　　址　上海市中山北路 3663 号　邮编 200062
网　　址　www.ecnupress.com.cn
电　　话　021－60821666　行政传真 021－62572105
客服电话　021－62865537　门市（邮购）电话 021－62869887
地　　址　上海市中山北路 3663 号华东师范大学校内先锋路口
网　　店　http://hdsdcbs.tmall.com

印　刷　者　上海龙腾印务有限公司
开　　本　787 毫米×1092 毫米　1/16
印　　张　23
字　　数　490 千字
版　　次　2020 年 12 月第 4 版
印　　次　2024 年 8 月第 5 次
书　　号　ISBN 978－7－5675－9720－4
定　　价　49.00 元

出 版 人　王　焰

（如发现本版图书有印订质量问题,请寄回本社客服中心调换或电话 021－62865537 联系）

教材建设工作是整个高职高专教育教学工作中的重要组成部分.改革开放以来,在各级教育行政部门、学校和有关出版社的共同努力下,各地已出版了一批高职高专教育教材.但从整体上看,具有高职高专教育特色的教材极其匮乏,不少院校尚在借用本科或中专教材,教材建设仍落后于高职高专教育的发展需要.为此,1999年教育部组织制定了《高职高专教育基础课程教学基本要求》(以下简称《基本要求》)和《高职高专教育专业人才培养目标及规格》(以下简称《培养规格》),通过推荐、招标及遴选,组织了一批学术水平高、教学经验丰富、实践能力强的教师,成立了"教育部高职高专规划教材"编写队伍,并在有关出版社的积极配合下,推出一批"教育部高职高专规划教材".

"教育部高职高专规划教材"计划出版500种,用5年左右时间完成.出版后的教材将覆盖高职高专教育的基础课程和主干专业课程.计划利用2~3年的时间,在继承原有高职、高专和成人高等学校教材建设成果的基础上,充分汲取近几年来各类学校在探索培养技术应用性专门人才方面取得的成功经验,解决好新形势下高职高专教育教材的有关问题;然后再用2~3年的时间,在《新世纪高职高专教育人才培养模式和教学内容体系改革与建设项目计划》立项研究的基础上,通过研究、改革和建设,推出一大批教育部高职高专教育教材,从而形成优化配套的高职高专教育教材体系.

"教育部高职高专规划教材"是按照《基本要求》和《培养规格》的要求,充分汲取高职、高专和成人高等学校在探索培养技术应用性专门人才方面取得的成功经验和教学成果编写而成的.适用于高等职业学校、高等专科学校、成人高校及本科院校举办的二级职业技术学院和民办高校使用.

教育部高等教育司

2000 年 4 月 3 日

《应用数学基础》第 4 版是教育部高职高专规划教材、"十二五"职业教育国家规划教材《应用数学基础》第 3 版的升级版. 本教材根据党的二十大精神《国家职业教育改革实施方案》等文件精神,依托人工智能、智慧教育网络平台等信息技术,以学生为中心,以培养学生数学学科核心素养和社会主义核心价值观、提升学生职业素养和创新能力为目标,按照建构主义教学理论和信息化教学理念精心编写而成.

本教材主要面向初中起点五年制高等职业院校理工类和经管类各专业学生. 根据高等职业教育人才培养目标和后续专业课程对学生数学素养的要求,结合中职数学课程标准和高职学生的认知特点,我们按照"以必需、够用为度"的原则,注重"学用相长、知行合一",精心选取教材内容,重构知识和能力模块,将教材分为第一册和第二册.第一册内容主要对接中职数学课程标准要求的数学知识、技能和素养,内容包括:第 1 章集合、逻辑关系,第 2 章函数,第 3 章三角函数,第 4 章平面向量,第 5 章复数,第 6 章空间图形,第 7 章直线、二次曲线,第 8 章参数方程、极坐标,以及 MATLAB 实验(一).第二册是中职数学课程部分内容和高职数学课程基本内容的重构,内容包括:第 9 章数列及其极限,第 10 章函数的极限与连续,第 11 章导数与微分,第 12 章导数的应用,第 13 章积分及其应用,第 14 章计数原理,第 15 章概率初步,第 16 章线性代数初步,以及 MATLAB 实验(二).

本教材的作者均是从事高职数学教学的一线教师,专业素养高,具有丰富的教学改革经验和教材编写经验,熟悉当前教育对象的数学基础和认知特点,了解高职教育教改新方向.在编写过程中努力做到直观性强、生动有趣、内容翔实、表达准确、通俗易读. 本书特色及更新说明如下:

1. 依托"i 教育"平台和二维码,提供了丰富的数字化资源

本次再版充分考虑到了目前学生的基础状况和教育信息化 2.0 时代的学习生态环境,增加了 78 个知识点总结微课视频(第一册 40 个、第二册 38 个)、18 个教材练习题讲解微课视频(第一册 9 个、第二册 9 个),扫描封面或书中二维码可在"i 教育"上观看微课,方便学生进行个性化自主学习巩固;华东师范大学出版社官网上还配备了与教材对应的课件,方便教师和学生开展线上线下混合式教学和混合式学习.

2. "一衔接两适切",注重落实职业教育人才培养目标

本次再版编写过程中,保留了第3版教材的基本内容框架,保持教材内容与初中数学衔接,与中职数学和高职数学"两适切",既兼顾了目前五年制高职学生的数学基础和认知特点,又落实了中职数学课程标准和高职教育人才目标对数学课程的要求.

3. "二更新",强化了教材内容的职业性,落实党的二十大精神进教材

将教材中过时的案例**更新**为新技术、新经济中出现的新问题和专业案例. 例如:"新能源汽车的号牌问题"、"航天中的第二宇宙速度问题"等案例,将党的二十大精神"深入推进能源革命"和航天科技新成就等适时融入教材的课程思政;将第3版中 Mathematica 实验(一)和实验(二)**更新**为更常用、易学的 MATLAB 实验(一)和实验(二),并适时添加或将原教材中利用计算器计算的例题替换为 MATLAB 实验题或建模案例,强化了教材内容的职业性、实践性和时代性.

4. 课程思政资源丰富,融入途径多样

本教材的每一章前面都给出了一句名言,每一章后面都安排了一篇阅读材料,用名人名言、数学史、数学文化、简单建模案例为教师提供丰富的课程思政资源. 本次再版编写中,保留了这种课程思政融入途径,并添加了更多中国古今科学家的名言和故事,增加了案例嵌入课程思政元素等融入途径。更多中国数学文化等课程思政元素的融入,更有利于激发学生学习兴趣、拓宽视野、渗透应用意识,有助于培养学生的家国情怀、科学探索精神和职业素养.

5. 编排模式聚焦数学核心素养和应用能力的培养

本教材章节内容按"名人名言、案例引入(或问题驱动)→概念→运算→应用(或 MATLAB 实验)→阅读"模式编排,聚焦数学核心素养和应用能力的培养.围绕数学课程六大核心素养:数学运算、直观想象、逻辑推理、数学抽象、数据分析和数学建模,适时融入生活和专业案例、融入思政元素、植入 MATLAB 数学实验,突出高职数学的职业性、实践性和协同育人功能.

6. 以学生为中心,高度重视细节的处理,契合高职学生的认知规律

本次再版的细节设计,处处为教学着想、为学生着想:每一节的开始都标出了本节内容的要点,方便学生学习和复习;每一节后的习题和每一章后的复习题都分 A、B 两组,A 组题反映的是教学基本要求,B 组题是提高题;标有 号的题目是供 MATLAB 数学实验活动选用的,降低了对复杂数学运算的要求,培养学生利用数学知识和数学软件解决实际问题的能力;标有 ∗ 号的内容供多学时专业或学有余力的同学选用.这些无不体现"以学生为中心"的教材编写理念,方便不同学校教师参考选用,有利于不同层次学生自主学习.

《应用数学基础》(第 4 版)(第一册)由邓俊谦、周素静负责全书的设计与规划,书稿的第 2、4 章由邓俊谦提供;第 1、3 章及 MATLAB 实验(一)由周素静提供;第 5、7 章由刘冬华提供;第 6、8 章由张媛提供,全书由邓俊谦与周素静完成统稿及定稿工作.

本教材在编写过程中,得到了郑州铁路职业技术学院、商丘商贸学校和永城职教中心的大力支持,在此对所有参与人员和提供帮助的老师表示衷心的感谢! 受我们的水平所限,书中难免有不妥之处、甚至错误,真诚欢迎各位提出意见、批评指正.

《应用数学基础(第 4 版)》编写组

2019 年 1 月

目 录

第8章　参数方程　极坐标

第1章　集合　逻辑关系

集合像空气一样无所不在,像空气一样无比重要,像空气一样极为平凡.但它是一个不能确切定义的概念,像空气一样,抓不住,摸不着.

——张景中院士

集合是最基本的数学概念,当了解了集合的概念后,通过继续学习与思考,你就会逐步体会到"数学研究的对象是集合".不仅在数学中,即使在日常活动中也都离不开它.正像张景中院士说的那样,它"像空气一样无所不在,像空气一样无比重要,像空气一样极为平凡."因此,了解一些集合知识是十分必要的.不等式是反映各种数量关系的最基本形式之一,本章将学习几种常用的不等式的解法.学习一些常用的逻辑用语,弄清简单的逻辑关系,这不仅是学习数学和从事很多工作的起码需要,而且也是正确、高效表述自己思想的需要.

本章将要学习的主要内容有:集合的概念和表示、集合间的关系和运算;含绝对值的不等式、一种简单的分式不等式以及一元二次不等式的解法;命题、几个逻辑联结词、四种命题、充分条件和必要条件等.这些都是本课程最基本的基础知识.

§1-1　集合

⊙集合的概念、空集　⊙常用数集及记号　⊙集合的两种表示方法：列举法、描述法　⊙包含与相等　⊙交集、并集、全集与补集

一、集合及其表示法

1. 集合的概念

先看下面的例子：

(1) 北京大学 2018 年入学的所有本科生；

(2) 上海市 2016~2018 年入户的所有私人乘用车；

(3) 方程 $x-3=0$ 的解；

(4) 自然数的全体.

以上各例所指都是具有某种特定属性的对象的全体.

> 一般地,把具有某种特定属性的对象的全体叫做集合,简称集.集合中的每一个对象叫做这个集合的元素.

常用大写字母 A，B，C，…表示集合，用小写字母 a，b，c，…表示集合中的元素.

如果对象 a 是集合 A 中的元素，就记为"$a \in A$"，读作"a 属于 A"；如果 a 不是集合 A 中的元素，就记为"$a \notin A$"，读作"a 不属于 A".

如上面的第四个例子，若以 $\mathbf{N}$ 表示自然数的集合，则 $3 \in \mathbf{N}$，$\dfrac{1}{2} \notin \mathbf{N}$.

由数组成的集合叫做**数集**，常用的数集及记号如下：

数　集	自然数集	正整数集	整数集	有理数集	实数集
记　号	$\mathbf{N}$	$\mathbf{N}_+$(或 $\mathbf{N}^*$)	$\mathbf{Z}$	$\mathbf{Q}$	$\mathbf{R}$

其中：

自然数集 $\mathbf{N}$ 是指由全体非负整数组成的集合，因此，$0 \in \mathbf{N}$；

正整数集是指在自然数集中去掉 0 的集合；

整数集即全体整数组成的集合；

有理数集即全体有理数组成的集合；

实数集即全体实数组成的集合.

含有有限个元素的集合叫做**有限集**；含有无限个元素的集合叫做**无限集**；不含任何元素的集合叫做**空集**，记作 $\varnothing$.

例如，上例中的前三个集合都是有限集；最后一个是无限集.方程 $x^2 + 1 = 0$ 的实数解的集合就是一个空集.

应当注意，集合中的元素必须是确定的.即给定一个集合后，哪些对象是它的元素，哪些对象不是它的元素，就随之确定了.例如，"方程 $x - 3 = 0$ 的解集"，只有数 3 是它的元素，其他对象都不是它的元素.又如，"很大的数"就不能组成一个集合，因为组成它的对象不能够确定.

2. 集合的表示法

表示一个集合，通常采用以下两种表示法：

（1）**列举法**：将集合中的元素一一列举出来，写在大括号内，元素之间用逗号分开.

例如：所有大于 0 而小于 10 的奇数的集合，可以表示为 $A = \{1, 3, 5, 7, 9\}$；

方程 $x^2 - 3x + 2 = 0$ 的解集用列举法可以表示为 $B = \{1, 2\}$；

小于 100 的正整数的集合可以表示为 $C = \{1, 2, 3, \cdots, 99\}$.

用列举法表示集合时，对元素的书写顺序无要求.例如，集合 $\{1, 2, 3\}$ 也可以写成 $\{2, 3, 1\}$ 或 $\{3, 2, 1\}$ 等.

（2）**描述法**：将集合中的元素所具有的特定属性描述出来，写在大括号内.

例如：方程 $x^2 - 3x + 2 = 0$ 的解集用描述法可以表示为 $\{x \mid x^2 - 3x + 2 = 0\}$；

不等式 $x - 3 > 0$ 的解集可以表示为 $\{x \mid x > 3\}$；

抛物线 $y = x^2 - 2$ 上所有的点 (x, y) 组成的集合可以表示为 $\{(x, y) \mid y = x^2 - 2\}$；

所有直角三角形组成的集合可以表示为 $\{$直角三角形$\}$.

例1 用适当的方法表示下列集合：

（1）10 的正整数倍的数组成的集合；

（2）方程 $x^2 - 2x + 1 = 0$ 的解集；

（3）不等式 $-2 < x \le 5$ 的解；

（4）所有的等腰三角形.

解 （1）用描述法表示为：$A = \{x \mid x = 10k, k \in \mathbf{N}_+\}$.

（2）用列举法表示为：$B = \{1\}$.

（3）用描述法表示为：$C = \{x \mid -2 < x \le 5\}$.

（4）用描述法表示为：$D = \{$等腰三角形$\}$.

有时，我们也用平面上封闭曲线的内部来直观地表示集合，这种图称为 Venn 图. 如图 $1-1$ 所示，圆的内部表示集合 A.

图 $1-1$

练习

1. 举出三个集合的例子，分别是无限集、有限集、空集.

2. 用适当的方法表示下列集合：

（1）一年中有 31 天的月份；　　　　（2）大于 0 小于 100 的偶数；

（3）方程 $x^2 - 1 = 0$ 的实数根；　　　（4）不等式 $x - 6 \ge 0$ 的解.

3. 用"$\in$"或"$\notin$"填空：

（1）0 _____ $\mathbf{N}$；　　　　　　　　（2）3 _____ $\{1, 2, 3\}$；

（3）1 _____ $\{$质数$\}$；　　　　　　　（4）$\sqrt{3}$ _____ $\mathbf{Q}$.

二、集合之间的关系

1. 包含关系

看下面两个集合：

$$A = \{$不超过 80 的正偶数$\},$$

$$B = \{$小于 100 的自然数$\}.$$

显然，集合 A 中的任何一个元素都是属于 B 的，我们称集合 A 是集合 B 的子集. 一般地，有：

定义 1 对于两个集合 A 与 B,如果 A 中的任何一个元素都属于 B,那么集合 A 叫做集合 B 的**子集**,记作

$$A \subseteq B \text{ 或 } B \supseteq A,$$

读作"A 包含于 B"或"B 包含 A".

由定义 1,任何一个集合 A 必是其自身的子集.即:

$$A \subseteq A.$$

规定:**空集是任何集合的子集**.即对任何一个集合 A,都有

$$\varnothing \subseteq A.$$

显然,几个常用数集之间有如下包含关系:

$$\mathbf{N}_+ \subseteq \mathbf{N} \subseteq \mathbf{Z} \subseteq \mathbf{Q} \subseteq \mathbf{R}.$$

定义 2 如果集合 A 是集合 B 的子集,并且 B 中至少有一个元素不属于 A,那么集合 A 叫做集合 B 的**真子集**,记作

$$A \subsetneqq B \text{ 或 } B \supsetneqq A.$$

例如,{矩形} $\subsetneqq$ {平行四边形}.

集合 B 与它的真子集 A 之间的关系可用图 1-2 直观地表示.

由上面的规定和定义 2,可知:

空集是任何非空集合的真子集.

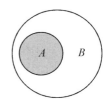

图 1-2

例 2 说出集合 $A = \{a, b, c\}$ 的所有子集和真子集.

解 集合 $A = \{a, b, c\}$ 的所有子集为:

$$\varnothing, \{a\}, \{b\}, \{c\}, \{a, b\}, \{a, c\}, \{b, c\}, \{a, b, c\}.$$

其中除 $\{a, b, c\}$ 外都是真子集.

在这个例子中,集合 A 中有 3 个元素,它的子集共有 8 个,恰好是 2^3,真子集的个数为 $2^3 - 1$.

一般地,可以证明,如果一个集合中一共有 n 个元素,则它的子集个数为 2^n,真子集个数为 $2^n - 1$.

2. 相等关系

> **定义3** 对于两个集合 A 与 B,如果 $A \subseteq B$,且 $B \subseteq A$,则称集合 A 与 B **相等**,记作 $A = B$,读作"A 等于 B".

例如,$A = \{x \mid x^2 - 3x + 2 = 0\}$,$B = \{1, 2\}$,则 $A = B$.

练习

1. 写出集合 $\{0, 1, 2\}$ 的所有子集.

2. 说出下列各组中两个集合的关系(包含或相等):

(1) $A = \{0, 1, 2, 3\}$,$B = \{1, 2\}$;

(2) $C = \{x^2 - 4 = 0\}$,$D = \{-2, 2\}$;

(3) $E = \{x \mid 2 < x < 6\}$,$F = \{x \mid 3 \leqslant x < 5\}$;

(4) $G = \{x \mid x^2 + 3 = 0, x \in \mathbf{R}\}$,$H = \varnothing$.

(5) $L = \{$活到 70 岁的人$\}$,$M = \{$活到 80 岁的人$\}$.

三、集合的运算

1. 交集

> **定义4** 设有两个集合 A 与 B,把属于 A 且属于 B 的所有元素组成的集合叫做 A 与 B 的**交集**,记作 $A \cap B$,读作"A 交 B".即
> $$A \cap B = \{x \mid x \in A, \text{且} x \in B\}.$$

例如,$\{1, 2, 3, 4, 5\} \cap \{4, 5, 6, 7\} = \{4, 5\}$;又如 $\{$等腰三角形$\} \cap \{$直角三角形$\} = \{$等腰直角三角形$\}$.

图 1-3 中的阴影部分即表示集合 A 与 B 的交集.求交集的运算称为**交运算**.

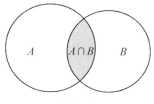

图 1-3

例3 设 $A = \{x \mid 0 < x < 3\}$,$B = \{x \mid 1 \leqslant x < 5\}$,求 $A \cap B$.

解 由定义,$A \cap B = \{x \mid 0 < x < 3\} \cap \{x \mid 1 \leqslant x < 5\} = \{x \mid 1 \leqslant x < 3\}$.

例4 设 $A=\{矩形\}$，$B=\{菱形\}$，求 $A\cap B$.

解 $A\cap B=\{矩形\}\cap\{菱形\}=\{正方形\}$.

由交集的定义容易知道，对于任意两个集合 A 与 B，总有：

$$A\cap B=B\cap A,\ A\cap A=A,\ A\cap\varnothing=\varnothing,\ A\cap B\subseteq A,\ A\cap B\subseteq B.$$

2. 并集

定义5 设有两个集合 A 与 B，把属于 A 或者属于 B 的所有元素组成的集合叫做 A 与 B 的**并集**，记作 $A\cup B$，读作"A 并 B".即

$$A\cup B=\{x\mid x\in A,\ \text{或}\ x\in B\}.$$

例如，设集合 $A=\{1,2,3,4,5\}$，$B=\{4,5,6,7\}$，则

$$A\cup B=\{1,2,3,4,5,6,7\}.$$

图1-4中的阴影部分即表示集合 A 与 B 的并.求并集的运算称为**并运算**.

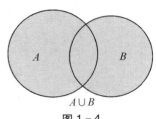

图1-4

例5 设 $A=\{x\mid x+2=0\}$，$B=\{x\mid x^2-1=0\}$，求 $A\cup B$.

解 由定义，$A\cup B=\{x\mid x+2=0\}\cup\{x\mid x^2-1=0\}$

$$=\{x\mid (x+2)(x^2-1)=0\}$$

$$=\{-2,-1,1\}.$$

例6 设 $A=\{x\mid -2\leqslant x<3\}$，$B=\{x\mid 0<x<5\}$，求 $A\cup B$.

解 $A\cup B=\{x\mid -2\leqslant x<3\}\cup\{x\mid 0<x<5\}$

$$=\{x\mid -2\leqslant x<5\}.$$

由并集的定义容易知道，对于任意两个集合 A 与 B，总有

$$A\cup B=B\cup A,\ A\cup A=A,\ A\cup\varnothing=A,\ A\subseteq A\cup B,\ B\subseteq A\cup B.$$

练习

1. 求方程组 $\begin{cases}4x+y=6,\\3x+2y=7\end{cases}$ 的解集，是求两个其中方程解集的交集还是并集？

2. 求方程 $(2x^2-6)(x+4)=0$ 的解集，是求方程 $2x^2-6=0$ 与方程 $x+4=0$ 解集的交集

还是并集?

3. 设 $A=\{1,3,5\}$, $B=\{2,4,6\}$, 求 $A\cap B$ 与 $A\cup B$.

4. $\{$锐角三角形$\}\cup\{$钝角三角形$\}=$ _____(填出相应的三角形集合).

3. 全集与补集

通常,在研究集合之间的关系时,这些集合往往都是一个给定集合的子集,这时,将这个给定的集合称做**全集**,记为 Ω.

例如,若在实数集中考察不等式 $-2<x\leqslant3$ 的解,$\mathbf{R}$ 是全集,其解集为大于 -2 而不超过 3 的所有实数,即 $\{x\mid-2<x\leqslant3, x\in\mathbf{R}\}$;若是在整数集中考察不等式 $-2<x\leqslant3$ 的解,则全集就是 $\mathbf{Z}$,其解集为大于 -2 而不超过 3 的所有整数,即 $\{-1,0,1,2,3\}$.

设集合 A 是全集 Ω 的子集,显然有

$$A\cup\Omega=\Omega, A\cap\Omega=A.$$

> **定义 6** 设 Ω 为全集,A 是 Ω 的子集,把 Ω 中所有不属于 A 的元素组成的集合叫做 A 在 Ω 中的**补集**,记作 $\complement_\Omega A$,读作"A 在 Ω 中的补集".即
>
> $$\complement_\Omega A=\{x\mid x\in\Omega, \text{且} x\notin A\}.$$

图 $1-5$ 中的矩形表示全集 Ω,阴影部分即表示集合 A 在 Ω 中的补集 $\complement_\Omega A$.

由上面的定义可知:

$$A\cup\complement_\Omega A=\Omega, A\cap\complement_\Omega A=\varnothing, \complement_\Omega(\complement_\Omega A)=A.$$

求补集的运算称为**补运算**.

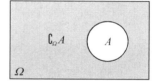

图 $1-5$

例 7 设全集 $\Omega=\mathbf{R}$, $A=\{x\mid x>6\}$, 求 $\complement_\Omega A$.

解 由定义, $\complement_\Omega A=\{x\mid x\leqslant6\}$.

例 8 设全集 $\Omega=\{$不超过 7 的自然数$\}$, $A=\{2,4,6\}$, $B=\{1,2,3,4\}$. 求 $\complement_\Omega A$, $\complement_\Omega B$, $\complement_\Omega A\cup\complement_\Omega B$, $\complement_\Omega(A\cap B)$.

解 由定义可得

$\complement_\Omega A=\{0,1,3,5,7\}$;

$\complement_\Omega B=\{0,5,6,7\}$;

$\complement_\Omega A\cup\complement_\Omega B=\{0,1,3,5,6,7\}$;

因为 $A \cap B = \{2, 4\}$,所以 $\complement_\Omega(A \cap B) = \{0, 1, 3, 5, 6, 7\}$.

在这个例子中看到:$\complement_\Omega(A \cap B) = \complement_\Omega A \cup \complement_\Omega B$.

一般地,有下列关系式成立:

> $\complement_\Omega(A \cap B) = \complement_\Omega A \cup \complement_\Omega B$,**即"交的补等于补的并"**;
>
> $\complement_\Omega(A \cup B) = \complement_\Omega A \cap \complement_\Omega B$,**即"并的补等于补的交"**.

练习

1. 设全集 $\Omega = \mathbf{Z}$,$A = \mathbf{N}$,求 $\complement_\Omega A$.

2. 设全集 $\Omega = \{三角形\}$,$B = \{直角三角形\}$,求 $\complement_\Omega B$.

3. 设全集 $\Omega = \mathbf{R}$,$C = \{x \mid x > 0\}$,求 $\complement_\Omega C$.

§1-1　微课视频

习题 1-1

A 组

1. 用适当的方法表示下列集合:

　(1) 中国的 12 属相;

　(2) 一年中的四个季节;

　(3) 正偶数;

　(4) 正奇数;

　(5) 方程 $(x - 1)(x^2 - 2) = 0$ 的实数根;

　(6) 直线 $y = 2x - 3$ 上的点;

　(7) 直线 $y = 2x - 3$ 和 $y = x$ 的交点.

2. 用适当的符号($\in$,$\notin$,$\subsetneqq$,$=$)填空:

　(1) 0＿＿＿＿$\{0\}$;　　　　(2) 0＿＿＿＿$\mathbf{N}_+$;　　　　(3) π＿＿＿＿$\mathbf{Q}$;

　(4) $\mathbf{Z}$＿＿＿＿$\mathbf{R}$;　　　　(5) $\varnothing$＿＿＿＿$\{0\}$;　　　　(6) $\{a, b\}$＿＿＿＿$\{b, a\}$;

　(7) $\{-1, 1\}$＿＿＿＿$\{x \mid x^2 = 1\}$;　　　　(8) $\{正方形\}$＿＿＿＿$\{平行四边形\}$.

3. 写出 $\{a, b\}$ 的所有子集,并指出哪些是真子集.

4. 用适当的集合填空:

　(1) $A \cap A = $＿＿＿＿;　　　　(2) $A \cup A = $＿＿＿＿;　　　　(3) $A \cup \varnothing = $＿＿＿＿;

　(4) $A \cap \varnothing = $＿＿＿＿;　　　　(5) $A \cup \complement_\Omega A = $＿＿＿＿;　　　　(6) $A \cap \complement_\Omega A = $＿＿＿＿.

5. 设 $A = \{x \mid x \leqslant 4, x \in \mathbf{N}\}$，$B = \{x \mid x^2 - 9 = 0\}$，求 $A \cup B$ 与 $A \cap B$.

6. 设 $\Omega = \{$小于 10 的自然数$\}$，$A = \{2, 4, 6, 7\}$，$B = \{1, 2, 5, 6, 8\}$，求 $\complement_{\Omega} A$ 与 $\complement_{\Omega}(A \cup B)$.

B 组

1. 求满足 $\{2, 3\} \subseteq A \subseteq \{1, 2, 3, 4\}$ 的所有集合 A.

2. 填空题(填入适当的集合，不能同时出现 A，B)：

在全集 Ω 中，设 $A \subseteq B$，则 $\complement_{\Omega}(A \cap B) = $ _____；$A \cap \complement_{\Omega} B = $ _____；

$\complement_{\Omega}(A \cup B) = $ _____.

3. 设全集 $\Omega = \mathbf{R}$，$A = \{x \mid 2x - 5 < 0\}$，$B = \{x \mid x - 3 \geqslant 0\}$，验证 $\complement_{\Omega}(A \cap B) = \complement_{\Omega} A \cup \complement_{\Omega} B$.

4. 设 $A = \{x \mid x = 2k, k \in \mathbf{Z}\}$，$B = \{x \mid x = 2k+1, k \in \mathbf{Z}\}$，$C = \{x \mid x = 2(k+1), k \in \mathbf{Z}\}$，$D = \{x \mid x = 2k-1, k \in \mathbf{Z}\}$. 问 A、B、C、D 中哪些集合相等，哪些集合的交集是空集？

§1-2 几种不等式的解法

⊙区间 　⊙ $|x| < a$ 与 $|x| > a$（$a > 0$）的解集 　⊙ 一元二次不等式的解法

⊙ $\dfrac{ax + b}{cx + d} > 0$（或 <0）（$c \neq 0$）型不等式的解法

本节将在一元一次不等式的基础上学习几种常见的不等式的解法. 在表示不等式的解集和后面的学习中，经常要用到区间，下面先介绍区间的概念.

一、区间

设 a、b 是两个实数，且 $a < b$，规定：

(1) 满足不等式 $a \leqslant x \leqslant b$ 的实数 x 的集合叫做**闭区间**，记为 $[a, b]$，即 $[a, b] = \{x \mid a \leqslant x \leqslant b\}$.

(2) 满足不等式 $a < x < b$ 的实数 x 的集合叫做**开区间**，记为 (a, b)，即 $(a, b) = \{x \mid a < x < b\}$.

(3) 满足不等式 $a < x \leqslant b$ 或 $a \leqslant x < b$ 的实数 x 的集合叫做**半开区间**，分别记为 $(a, b]$ 和 $[a, b)$.

在数轴上，上述这些区间都可以用一条以 a 和 b 为端点的线段来表示. 如图 1-6 所示. 包括在区间内的端点用实心表示,不包括在区间内的端点用空心表示.

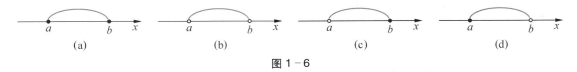

图 1-6

区间两个端点间的距离称为区间的长.上述几种区间称为有限区间.下面再介绍几种无限区间,其中"∞"读作"无穷大","-∞"读作"负无穷大","+∞"读作"正无穷大".规定:

$$(-\infty, +\infty) = \mathbf{R},$$

$$[a, +\infty) = \{x \mid x \geqslant a\}; \quad (a, +\infty) = \{x \mid x > a\};$$

$$(-\infty, b] = \{x \mid x \leqslant b\}; \quad (-\infty, b) = \{x \mid x < b\}.$$

练习

用区间表示下列实数 x 的集合:

(1) $\{x \mid -2 \leqslant x \leqslant 5\}$;

(2) $\{x \mid -2 < x < 5\}$;

(3) $\{x \mid -2 \leqslant x < 5\}$;

(4) $\{x \mid -2 < x \leqslant 5\}$;

(5) $\{x \mid x \geqslant 0\}$;

(6) $\{x \mid x < 0\}$.

二、含绝对值的不等式

1. 不等式 $|x| < a\ (a > 0)$ 的解集

例 1　解不等式 $|x| < 3$.

解　由绝对值的意义,$|x| < 3$ 等价于

$$① \begin{cases} x \geqslant 0, \\ x < 3 \end{cases} \quad 或 \quad ② \begin{cases} x < 0, \\ -x < 3. \end{cases}$$

不等式组①的解集是 $\{x \mid 0 \leqslant x < 3\}$,不等式组②的解集是 $\{x \mid -3 < x < 0\}$.所以,不等式 $|x| < 3$ 的解集是它们的并集,即

$$\{x \mid -3 < x < 3\}.$$

一般地,当 $a > 0$ 时,不等式 $|x| < a$ 的解集是

$$\{x \mid -a < x < a\},$$

用区间表示,即 $(-a, a)$.

同理,当 $a>0$ 时,不等式 $|x|\leqslant a$ 的解集是

$$\{x|-a\leqslant x\leqslant a\},$$

用区间表示,即 $[-a, a]$.

2. 不等式 $|x| > a\ (a > 0)$ 的解集

与上面的讨论类似,可得

当 $a>0$ 时, $|x|>a$ 的解集是

$$\{x|x<-a,\text{或 } x>a\},$$

用区间表示,即 $(-\infty, -a)\cup(a, +\infty)$.

当 $a>0$ 时, $|x|\geqslant a$ 的解集是

$$\{x|x\leqslant-a,\text{或 } x\geqslant a\},$$

用区间表示,即 $(-\infty, -a]\cup[a, +\infty)$.

例2 解不等式 $|2x-3| < 5$.

解 根据 $|x|<a$ 的解集,该不等式等价于

$$-5 < 2x - 3 < 5.$$

解这个不等式,得原不等式的解集 $\{x|-1<x<4\}$,用区间表示,即 $(-1, 4)$.

例3 解不等式 $|3x-1| \geqslant 5$.

解 该不等式等价于

$$3x - 1 \geqslant 5,\text{或 } 3x - 1 \leqslant -5.$$

解这两个不等式,得

$$x \geqslant 2,\text{或 } x \leqslant -\frac{4}{3}.$$

所以,原不等式的解集为 $\left\{x \mid x \geqslant 2,\text{或 } x \leqslant -\frac{4}{3}\right\}$,用区间表示,即 $\left(-\infty, -\frac{4}{3}\right] \cup [2, +\infty)$.

练习

解下列不等式:

(1) $|3x| < 6$;　　　　　　　　(2) $2|x| \leqslant 3$;

(3) $|x - 5| \leqslant 3$;　　　　　　(4) $|x - 2| > 1$;

(5) $\left|\dfrac{x}{2} + 1\right| \geqslant 3$;　　　　　(6) $|2x + 5| > 7$.

三、一元二次不等式的解法

含有一个未知数,并且未知数的最高次数是二的不等式称为**一元二次不等式**.它的一般形式是

$$ax^2 + bx + c > 0 \text{ 或 } ax^2 + bx + c < 0 \ (a \neq 0).$$

下面利用二次函数 $y = ax^2 + bx + c$ 的图像来讨论一元二次不等式的解法.

例4　讨论二次函数 $y = x^2 - x - 2$,当 x 取哪些值时:(1) $y = 0$;　(2) $y>0$;(3) $y<0$.

解　令 $y=0$,得相应的方程 $x^2-x-2=0$,其判别式 $\Delta>0$,这个方程有两个不相等的实根:$x=-1$,$x=2$.

函数 $y = x^2 - x - 2$ 的图像如图 1-7 所示.它与 x 轴的两个交点为 $(-1,0)$,$(2,0)$.这两个交点将 x 轴分成三段,由图可以看出:

当 $x=-1$ 或 $x=2$ 时,$y=0$(即 $x^2-x-2=0$);

当 $x<-1$ 或 $x>2$ 时,$y>0$(即 $x^2-x-2>0$);

当 $-1<x<2$ 时,$y<0$(即 $x^2-x-2<0$).

即不等式 $x^2 - x - 2 > 0$ 的解集是 $\{x|x<-1$,或 $x>2\}$;不等式 $x^2 - x - 2 < 0$ 的解集是 $\{x|-1<x<2\}$.

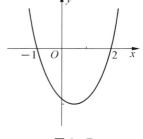

图 1-7

一般地,一元二次不等式的解集可以根据一元二次方程的根利用二次函数的图像求得,如表 1-1 所示(以 $a>0$ 为例).

例5　解不等式 $2x^2 - 3x - 2 > 0$.

解　因为方程 $2x^2 - 3x - 2 = 0$ 的判别式 $\Delta>0$,所以,方程有两个不相等的实根:

$$x_1 = -\frac{1}{2}, \ x_2 = 2.$$

所以,不等式 $2x^2 - 3x - 2 > 0$ 的解集为 $\left\{x \mid x < -\dfrac{1}{2}, \text{或 } x > 2\right\}$.

表 1-1

判别式 $\Delta = b^2 - 4ac$	$\Delta > 0$	$\Delta = 0$	$\Delta < 0$
一元二次方程 $ax^2 + bx + c = 0$ 的根	有两个不相等的实根 $x_{1,2} = \dfrac{-b \pm \sqrt{b^2 - 4ac}}{2a}$	有两个相等实根 $x_1 = x_2 = -\dfrac{b}{2a}$	没有实根
假设 $a>0$,二次函数 $y = ax^2 + bx + c$ 的图像			
不等式 $ax^2 + bx + c > 0$ 的解集	$\{x \mid x < x_1,\ \text{或}\ x > x_2\}$	$\left\{x \mid x \neq -\dfrac{b}{2a}\right\}$	实数集 $\mathbf{R}$
不等式 $ax^2 + bx + c < 0$ 的解集	$\{x \mid x_1 < x < x_2\}$	空集 $\varnothing$	空集 $\varnothing$

例 6 解不等式 $-x^2 + 5x > 6$.

解 原不等式可化为 $x^2 - 5x + 6 < 0$.

因为方程 $x^2 - 5x + 6 = 0$ 的判别式 $\Delta > 0$,所以,方程有两个不相等的实根:

$$x_1 = 2,\ x_2 = 3.$$

所以,原不等式 $-x^2 + 5x > 6$ 的解集为 $\{x \mid 2 < x < 3\}$.

例 7 解不等式 $x^2 - 2x + 3 > 0$.

解 因为方程 $x^2 - 2x + 3 = 0$ 的判别式 $\Delta < 0$,所以,方程无实根.所以,不等式 $x^2 - 2x + 3 > 0$ 的解集为实数集 $\mathbf{R}$.

例 8 解不等式 $4x^2 - 4x + 1 < 0$.

解 因为方程 $4x^2 - 4x + 1 = 0$ 的判别式 $\Delta = 0$,所以,方程有两个相等的实根:

$$x_1 = x_2 = \frac{1}{2}.$$

所以,不等式 $4x^2 - 4x + 1 < 0$ 的解集为空集 $\varnothing$.

*例9　关于 x 的方程 $x^2 - (m + 2)x - (m - 6) = 0$ 有两个不相等的实根,求实数 m 的取值范围.

解　当且仅当判别式 $\Delta = [-(m + 2)]^2 + 4(m - 6) > 0$,即

$$m^2 + 8m - 20 > 0$$

时,所给方程有两个不相等的实根.解这个不等式,得 $m < -10$,或 $m > 2$.

所以,当 $m < -10$ 或 $m > 2$ 时,这个方程有两个不相等的实根.

练习

解下列不等式:

(1) $x^2 - 3x - 4 < 0$;　　　　　　(2) $x^2 + 2x - 8 \geqslant 0$;

(3) $3x - x^2 < 4$;　　　　　　　　(4) $x^2 + 3x + 4 < 0$.

四、$\dfrac{ax + b}{cx + d} > 0$（或 < 0）（$c \neq 0$）型不等式的解法

下面举例讨论这类简单的分式不等式的求解法.

例10　解不等式 $\dfrac{2x - 1}{x + 4} > 0$.

解　这个不等式等价于

$$③ \begin{cases} 2x - 1 > 0, \\ x + 4 > 0 \end{cases} \quad 或 \quad ④ \begin{cases} 2x - 1 < 0, \\ x + 4 < 0. \end{cases}$$

原不等式的解集是这两个不等式组解集的并集.

不等式组③的解集是 $\left\{ x \mid x > \dfrac{1}{2} \right\}$;不等式组④的解集是 $\{ x \mid x < -4 \}$. 所以,原不等式

的解集是 $\left\{ x \mid x < -4 \text{ 或 } x > \dfrac{1}{2} \right\}$.

例 11 解不等式 $\dfrac{3x+1}{x-3} \leqslant 1$.

解 由原不等式得 $\dfrac{3x+1}{x-3} - 1 \leqslant 0$，整理得 $\dfrac{x+2}{x-3} \leqslant 0$. 该不等式等价于

$$⑤ \begin{cases} x+2 \geqslant 0, \\ x-3 < 0 \end{cases} \quad \text{或} \quad ⑥ \begin{cases} x+2 \leqslant 0, \\ x-3 > 0. \end{cases}$$

原不等式的解集是这两个不等式组解集的并集.

不等式组⑤的解集是 $\{ x \mid -2 \leqslant x < 3 \}$；不等式组⑥的解集是空集. 所以，原不等式的解集是 $\{ x \mid -2 \leqslant x < 3 \}$.

练习

解下列不等式：

(1) $\dfrac{x-3}{x+7} \leqslant 0$；

(2) $\dfrac{3x-4}{2x+5} > 0$.

§1-2 微课视频

习题 1-2

A 组

1. 判断下列说法是否正确：

   (1) 实数集 **R** 用区间表示，即 $(-\infty, +\infty)$；　　　　　　　　　　（　　）

   (2) $\{x \mid x \geqslant 0\}$ 与 $(0, +\infty)$ 表示同一个集合；　　　　　　　　（　　）

   (3) $(-2, 2) \subseteq [-2, 2]$；　　　　　　　　　　　　　　　　　　（　　）

   (4) 不等式 $\dfrac{x+1}{x-2} < 0$ 与不等式 $(x+1)(x-2) < 0$ 的解集相同.　（　　）

2. 解下列不等式：

   (1) $\lvert 2-3x \rvert \leqslant 2$；　　　　　　　　(2) $\lvert 3x-2 \rvert > 2$；

   (3) $\lvert 3x-8 \rvert < 13$；　　　　　　　　(4) $\left\lvert \dfrac{3}{5}x - 2 \right\rvert \geqslant 1$；

(5) $2|x-3|-1<0$;　　　　　　　　(6) $5|2x+1|\geqslant 3$.

3. 解下列不等式：

(1) $3x^2-7x+2<0$;　　　　　　　(2) $2x^2-3x-2\leqslant 0$;

(3) $x^2+x-12>0$;　　　　　　　(4) $x^2+4x+5\geqslant 0$;

(5) $x^2-6x+9>0$;　　　　　　　(6) $4x^2-20x+25<0$;

(7) $4x-6>x^2+2x$;　　　　　　　(8) $x^2-x\geqslant x(2x-3)+2$.

4. 解下列不等式：

(1) $\dfrac{x-5}{x+6}>0$;　　　　　　　　(2) $\dfrac{x+5}{x-2}<0$;

(3) $\dfrac{x-2}{2x+1}\leqslant 0$;　　　　　　　　(4) $\dfrac{3x+1}{x-3}-3\geqslant 0$.

B 组

1. 画出函数 $y=x^2-7x+10$ 的图像，根据图像求满足下列各式的 x 值的集合：

(1) $x^2-7x+10=0$;

(2) $x^2-7x+10<0$;

(3) $x^2-7x+10>0$.

2. 解下列不等式：

(1) $1<|2x-3|\leqslant 5$;

(2) $-3x^2+6x>2$;

(3) $|x^2-3x-1|>3$.

3. 如果 $|2x-a|<7$ 的解集是 $\{x|-2<x<5\}$，求 a.

4. (1) 已知 $x^2-mx+n\leqslant 0$ 的解集为 $\{x|-5\leqslant x\leqslant 1\}$，求 m 和 n.

(2) 已知 $ax^2+bx+1\geqslant 0$ 的解集为 $\{x|-5\leqslant x\leqslant 1\}$，求 a 和 b.

---

§1-3　逻辑关系

⊙命题　⊙逻辑联结词：非、且、或　⊙四种命题　⊙充分条件、必要条件、充要条件

一、命题

判断是一种思维形式,常常借助语句来表达.可以判断真假的语句叫做**命题**.正确的命题叫做**真命题**,错误的命题叫做**假命题**.

例如:

(1) $a^2+b^2 \geqslant 2ab$;

(2) 等腰三角形的两个底角相等;

(3) 所有的自然数都大于0;

(4) $\varnothing = \{0\}$;

(5) 太阳是一颗恒星.

都是命题,其中(1)、(2)、(5)是真命题,(3)、(4)是假命题.

又如:

请不要讲话.

4 + 2 = 7 吗?

这幅画真美!

这些语句都不是命题.一般说来,感叹句、疑问句、祈使句都不是命题,命题通常用陈述句来表达.

为方便起见,常用大写字母 P, Q, R, …作为命题的记号.

例 1 指出下列语句哪些是命题,哪些不是命题.如果是命题,请指出其真假:

(1) 请你明天去开会;

(2) $\pi > 3$;

(3) 53 能被 3 整除;

(4) 三角形内角和都相等吗?

(5) 在实数集内,有理数集是无理数集的补集.

解 (2)、(3)、(5)都是命题,其中(2)、(5)是真命题,(3)是假命题;(1)、(4)不是命题.

练习

判断下列语句哪些是命题,哪些不是命题.如果是命题,请指出命题的真假:

(1) 空集是任何非空集合的真子集;

(2) $\sqrt{3}$ 是有理数吗?

(3) 直角三角形都全等.

二、逻辑联结词

1. 联结词：非

先看以下两组命题：

（1）P：12 能被 3 整除；　Q：12 不能被 3 整除.

（2）R：0.6 是有理数；　S：0.6 不是有理数.

容易看出：（1）中 Q 是 P 的否定；（2）中 S 是 R 的否定.而且每组中的两个命题是互为否定的.

> 一般地，设 P 是命题，则 P 的否定也是命题，记为 $\overline{P}$（或 $\neg P$），读作"非 P"或"P 的否定"，并将 $\overline{P}$ 称为 P 的非运算.

$\overline{P}$ 与 P 的真假恰好相反，见表 1-2.如果 P 为真命题，则 $\overline{P}$ 为假命题；反之，如果 $\overline{P}$ 为真命题，则 P 为假命题.也就是说 P 与 $\overline{P}$ 是互为否定的.

表 1-2

P	$\overline{P}$
真	假
假	真

例 2　写出下列命题的否定，并确定其真假：

（1）P：5 是 20 的约数；

（2）Q：过一点只能作一条直线；

（3）R：$\dfrac{3}{4} > \dfrac{1}{3}$.

解　（1）$\overline{P}$：5 不是 20 的约数，因为 P 是真命题，所以 $\overline{P}$ 是假命题.

（2）$\overline{Q}$：过一点不止能作一条直线，因为 Q 是假命题，所以 $\overline{Q}$ 是真命题.

（3）$\overline{R}$：$\dfrac{3}{4} \leqslant \dfrac{1}{3}$，因为 R 是真命题，所以 $\overline{R}$ 是假命题.

2. 联结词：且

在如图 1-8 所示的逻辑电路中，用 P 表示命题"开关 A 闭合"，Q 表示命题"开关 B 闭合".如果要"灯亮"，则必须 P 成立且 Q 成立，即 R："开关 A 闭合且开关 B 闭合"成立.这里 R 是 P 与 Q 通过联结词"且"联结而得到的一个新命题.

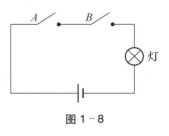

图 1-8

> 一般地，设 P、Q 是两个命题，用"且"联结 P、Q 得到一个新的命题，记为"$P \wedge Q$"，读作"P 且 Q"，并将 $P \wedge Q$ 称为 P 与 Q 的且运算.

$P \wedge Q$ 的真假情形如表 1-3 所示.从表中可知，只有当 P 和 Q 同时为真时，$P \wedge Q$ 才为真；否则 $P \wedge Q$ 为假.

表 1-3

P	Q	P∧Q
真	真	真
真	假	假
假	真	假
假	假	假

例3 由下列命题,写出 $P \wedge Q$ 并判断其真假:

(1) P:$2+3=5$,Q:5 是奇数;

(2) P:三角形有三条边,Q:三角形内角和等于 $180°$;

(3) P:$-3<0$,Q:-3 是方程 $3x-1=0$ 的根.

解 (1) $P \wedge Q$:$2+3=5$ 且 5 是奇数.因为 P 与 Q 都是真命题,所以 $P \wedge Q$ 也是真命题.

(2) $P \wedge Q$:三角形有三条边且内角和等于 $180°$.因为 P 与 Q 都是真命题,所以 $P \wedge Q$ 也是真命题.

(3) $P \wedge Q$:$-3<0$ 且 -3 是方程 $3x-1=0$ 的根.因为 Q 是假命题,所以 $P \wedge Q$ 是假命题.

3. 联结词:或

在如图 1-9 所示的逻辑电路中,用 P 表示命题"开关 A 闭合",Q 表示命题"开关 B 闭合".如果要"灯亮",则需 P 成立或 Q 成立,即 R:"开关 A 闭合或开关 B 闭合"成立.这里 R 是 P 与 Q 通过联结词"或"联结而得到的一个新命题.

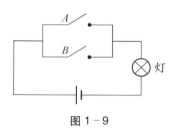

图 1-9

> 一般地,设 P、Q 是两个命题,用"或"联结 P、Q 得到一个新的命题,记为"$P \vee Q$",读作"P 或 Q".并将 $P \vee Q$ 称为 P 与 Q 的或运算.

$P \vee Q$ 的真假情形如表 1-4 所示.

从表中可知,P 与 Q 至少有一个为真时,$P \vee Q$ 为真;只有当 P 与 Q 同时为假时,$P \vee Q$ 为假.

上面介绍的词"非"、"且"、"或"叫做**逻辑联结词**.我们把不含有逻辑联结词的命题称为**简单命题**,含有逻辑联结词的命题称为**复合命题**.

表 1-4

P	Q	P∨Q
真	真	真
真	假	真
假	真	真
假	假	假

例 4 由下列命题,写出复合命题 $P \lor Q$,并判断真假:

(1) P：6 是 18 的约数, Q：6 是 30 的约数;

(2) P：菱形的四条边相等, Q：菱形的四个角相等;

(3) P：$-3 > 0$, Q：-3 是方程 $3x - 1 = 0$ 的根.

解 (1) $P \lor Q$：6 是 18 的约数或是 30 的约数. 因为 P、Q 均是真命题,所以 $P \lor Q$ 为真命题.

(2) $P \lor Q$：菱形的四条边相等或四个角相等. 虽然 Q 是假命题,但 P 是真命题,所以 $P \lor Q$ 为真命题.

(3) $P \lor Q$：$-3 > 0$ 或 -3 是方程 $3x - 1 = 0$ 的根. 因为 P、Q 均是假命题,所以 $P \lor Q$ 为假命题.

练习

已知命题 P、Q,写出复合命题 $\overline{P}$、$\overline{Q}$、$P \land Q$、$P \lor Q$,并判断其真假:

(1) P：0 是自然数, Q：0 乘以任何数都等于 0;

(2) P：矩形的两条对角线垂直, Q：矩形的两条对角线相等.

三、四种命题

看下面四个命题:

(1) 如果两个角是对顶角,那么这两个角相等.

(2) 如果两个角相等,那么这两个角是对顶角.

(3) 如果两个角不是对顶角,那么这两个角不相等.

(4) 如果两个角不相等,那么这两个角不是对顶角.

在命题(1)和命题(2)中,一个命题的条件和结论分别是另一个命题的结论和条件,即把其中一个命题的条件和结论交换位置,就得到另一个命题,这样的两个命题叫做**互逆命题**.

在命题(1)和命题(3)中,一个命题的条件和结论分别是另一个命题的条件的否定和结论的否定,这样的两个命题叫做**互否命题**.

在命题(1)和命题(4)中,一个命题的条件和结论分别是另一个命题的结论的否定和条件的否定,这样的两个命题叫做**互为逆否命题**.

如果把命题(1)叫做**原命题**,那么命题(2)、命题(3)、命题(4)依次分别叫做原命题(1)的**逆命题**、**否命题**和**逆否命题**.

一般地,设原命题的条件为 P,结论为 Q,那么四种命题的形式为

原命题:如果 P,那么 Q;

逆命题:如果 Q,那么 P;

否命题：如果 $\overline{P}$，那么 $\overline{Q}$；

逆否命题：如果 $\overline{Q}$，那么 $\overline{P}$.

一个命题的真假与它的逆命题、否命题、逆否命题的真假有以下关系：

（1）原命题为真，它的逆命题不一定为真，或者说原命题为假，它的逆命题不一定为假；

（2）原命题为真，它的否命题不一定为真，或者说原命题为假，它的否命题不一定为假；

（3）原命题和它的逆否命题要么同时为真，要么同时为假；

四种命题之间的相互关系，如图 1-10 所示.

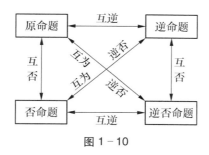

图 1-10

练习

写出下列命题的逆命题、否命题和逆否命题，并判断它们的真假：

（1）如果一个三角形有两个角相等，那么这个三角形是等腰三角形；

（2）如果 $a>b$，那么 $a^2 > b^2$.

四、充分条件和必要条件

1. 充分条件

我们知道，命题"如果 $a=b$，那么 $a^2=b^2$"是成立的，这就是说，只要" $a=b$ "成立，那么" $a^2=b^2$ "就一定成立. 我们称" $a=b$ "是" $a^2=b^2$ "的充分条件.

> **一般地，如果 P 成立，那么 Q 成立，记作 $P \Rightarrow Q$，就称 P 是 Q 的充分条件.**

例如，" $a=1$ "是" $a^2=1$ "的充分条件.

又如，"两个三角形同底等高"是"两个三角形面积相等"的充分条件.

2. 必要条件

"如果 $a=b$，那么 $a^2=b^2$"，这个命题还表明，"如果 $a^2 \neq b^2$，那么 $a \neq b$"是成立的. 也就是说，要使" $a=b$ "，就必须要" $a^2=b^2$ ". 我们称" $a^2=b^2$ "是" $a=b$ "的必要条件.

一般地,如果 P 成立,那么 Q 成立,即 $P \Rightarrow Q$,就称 Q 是 P 的**必要条件**.

例如,"小王是共青团员"是"小王是团总支书记"的必要条件.(因为团总支书记一定是共青团员)

又如,"$ab>0$"是"$a>0$,$b>0$"的必要条件.(因为"$a>0$,$b>0$"$\Rightarrow$"$ab>0$")

3. 充要条件

看例子:如果"$|a|=|b|$",那么"$a^2=b^2$".反过来,如果"$a^2=b^2$",那么"$|a|=|b|$".也就是说,设 P 表示"$|a|=|b|$",Q 表示"$a^2=b^2$",则既有 $P \Rightarrow Q$,又有 $Q \Rightarrow P$.这说明 P 既是 Q 的充分条件,又是 Q 的必要条件.我们称 P 是 Q 的充分必要条件.

一般地,如果既有"$P \Rightarrow Q$",又有"$Q \Rightarrow P$",记作 $P \Leftrightarrow Q$,就称 P 是 Q 的**充分必要条件**,简称**充要条件**.

例如,"$b^2 - 4ac = 0$"是"一元二次方程 $ax^2 + bx + c = 0$ $(a \neq 0)$ 有两个相等实根"的充要条件.

"三角形的三条边相等"是"三角形的三个角相等"的充要条件.

例 5　指出 P 是 Q 的什么条件:

(1) P:"$a = -b$", Q:"$a^2 = b^2$";

(2) P:"两角是对顶角", Q:"两角相等";

(3) P:"x 是 2 的倍数", Q:"x 是 6 的倍数";

(4) P:"$(x-2)(x-3) = 0$", Q:"$x = 2$";

(5) P:"两个三角形的三边对应相等", Q:"两个三角形全等".

解　(1) P 是 Q 的充分条件;

(2) P 是 Q 的充分条件;

(3) P 是 Q 的必要条件;

(4) P 是 Q 的必要条件;

(5) P 是 Q 的充要条件.

§1-3　微课视频

解练习题
微课视频

练习

在下列命题中,P 是 Q 的什么条件?

(1) P:"$x = 0$", Q:"$xy = 0$";

(2) P:"$a \in \mathbf{R}$", Q:"$a \in \mathbf{N}$";

（3）P:"内错角相等"， Q:"两直线平行"；

（4）P:"$ab>0$"， Q:"$a>0$ 且 $b>0$".

习题 1-3

A 组

1. 下列语句是不是命题？如果是,请判断命题的真假:

（1）地球绕着太阳转；

（2）$\{a\}$ 是 $\{a, b\}$ 的子集；

（3）平行四边形的对边相等；

（4）王强是四川人吗?

（5）方程 $x^2 - 9 = 0$ 没有实根；

（6）$5 \leqslant 6$.

2. 已知命题 P、Q,写出命题 $\overline{P}$, $P \wedge Q$, $P \vee Q$,并判断其真假:

（1）P：$\pi < 5$， Q：$\pi = 5$；

（2）P：10 是 5 的倍数， Q：$10 + 5 = 15$；

（3）P：$8>7$， Q：$9>10$.

3. 写出下列所给原命题的逆命题、否命题和逆否命题,并判断它们的真假:

（1）末位是 0 的整数可以被 5 整除；

（2）若 $a>b$,则 $a+c>b+c$；

（3）全等三角形一定是相似三角形；

（4）到圆心的距离不等于半径的直线不是圆的切线.

4. 在下列各题中,判断 P 是 Q 的充分条件、必要条件还是充要条件:

（1）P:"$a \in \mathbf{N}$"； Q:"$a \in \mathbf{Z}$"；

（2）P:"$x - 1 = 0$"； Q:"$x^2 - 1 = 0$"；

（3）P:"三角形的两边相等"； Q:"三角形的两角相等"；

（4）P:"四边相等"； Q:"四边形是正方形"；

（5）P:"$x > 2$"； Q:"$x - 2 > 0$".

B 组

1. 写出命题"两个有理数的和是有理数"的否命题.

2. 在下表中的空格内填上"真"或"假":

P	Q	$\overline{P}$	$\overline{Q}$	$P \wedge Q$	$P \vee Q$
			真		
	假	假			
		真	假		
					假

阅读

区间(0，1)中的数多还是区间(−∞，+∞)中的数多

上面的问题，很多人可能会回答：因为(0，1)是(−∞，+∞)的真子集，所以(−∞，+∞)中的数比(0，1)中的数多.但是,这个回答是错误的.根据集合论的创始人——德国数学家康托尔(Contor,1845—1918)的研究,区间(0，1)和(−∞，+∞)中的数一样多!

康托尔从1879年到1884年,曾公开发表了6篇论文,阐述了实数和直线上的点是一一对应的,即任何实数可以用数轴上的一个点来表示,反过来数轴上的任何一点都对应着一个实数.康托尔说:"集合是我们直观的或者我们思维的对象,把具有明确意义的对象m(称为M的元素)之全体表示为M."从元素的个数为有限时的有限集,延伸到定义无限集的元素个数,称它为集合的"势".并定义了:如果两个无限集M、N之间的元素存在一一对应,那么称M、N的"势"相等(相当于元素个数相等).

从康托尔的观点出发,可以证明任何一个圆与整个数轴具有相同的"势"(相同的元素个数).事实上,只要置圆于数轴相切的位置上(如图1−11所示),那么过圆上的任一点A都可作一条与圆相切的射线,它与数轴相交于a;反过来,过数轴上的每一点a也可作一条直线与圆相切,得切点A.这样数轴上的点就与圆周上的点一样多.这里还规定,过圆周上点作的射线与数轴平行,这点对应数轴上的+∞或−∞.

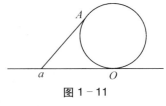

图 1−11

因为任何一条有限的线段都可以围成一个圆,圆与数轴上的点一一对应,所以有限线段上的点也与数轴上的点一一对应,即有限线段上的点与数轴上的点是一样多的.从而,区间(0，1)在数轴上对应的线段上的点和数轴上的点一样多,这就是说,区间(0，1)和(−∞，+∞)中的数一样多!

这个有趣的结果,是康托尔的理论创造.根据一一对应理论,我们还可以说明:两个同心圆周上的点所构成的两个集合的元素一样多;直角三角形斜边上的点集和直角边上的点集元素一样多,等等.集合论不仅有趣,而且十分有用,它已成为现代数学的基础之一.

复习题一

A　组

1. 判断正误：

   (1) $\varnothing$ 是任何集合 B 的子集.　　　　　　　　　　　　　　　　　　（　　　）

   (2) "绝对值很小的数"构成一个集合.　　　　　　　　　　　　　　　　（　　　）

   (3) 若 $A \cap B = \varnothing$，则 $A = \varnothing$ 或 $B = \varnothing$.　　　　　　　　　　　　　（　　　）

   (4) "王青是北京人"是"王青是中国人"的充分条件.　　　　　　　　（　　　）

   (5) 设全集 $\Omega = \mathbf{R}$，$\complement_{\Omega}A = \{有理数\}$，那么 $A = \{无理数\}$.　　　（　　　）

2. 填空题：

   (1) 已知集合 $A = \{0, 1, 4, 5, 7\}$，$B = \{1, 3, 6, 8, 9\}$，$C = \{3, 7, 8\}$，则：$(A \cap B) \cup C = $ _____.

   (2) 已知全集 $\Omega = \{1, 2, 3, 4, 5, 6\}$，$A = \{1, 2, 3, 6\}$，$B = \{4, 5\}$，则：$A \cup B = $ ____；$A \cap B = $ _____；$\complement_{\Omega}A = $ _____；$\complement_{\Omega}A \cup \complement_{\Omega}B = $ _____；$\complement_{\Omega}(A \cup B) = $ _____.

   (3) 已知全集 $\Omega = \mathbf{R}$，$A = \{x \mid |x| \leqslant 5\}$，$B = \{x \mid -6 \leqslant x < 0\}$，则：$A \cap B = $ _____；$A \cup B = $ _____；$\complement_{\Omega}A = $ _____；$\complement_{\Omega}(A \cap B) = $ _____.

   (4) 不等式 $x^2 + 3x - 10 \leqslant 0$ 的解集是 _____.

   (5) 命题" $x \in \mathbf{R}$，$x^2 + 1 < 0$ "的真假为 _____.

3. 选择题：

   (1) 集合 $A = \{x \mid x \leqslant 0\}$，则以下关系式中正确的是（　　　）.

   　　(A) $0 \subsetneqq A$　　　　　(B) $\{0\} \in A$　　　　　(C) $\{0\} \subseteq A$　　　　　(D) $\varnothing \in A$

   (2) 以下说法正确的是（　　　）.

   　　(A) 任何集合都可用列举法表示　　　　(B) 任何一个命题不真便假

   　　(C) $|x| > 2$ 是 $x > 2$ 的充分条件　　　(D) 原命题与否命题同真同假

   (3) 下列命题为真命题的是（　　　）.

   　　(A) 如果 $a \in \mathbf{Z}$，$b \in \mathbf{Z}$，那么 $a + b > 0$　　(B) 等腰三角形的面积都相等

   　　(C) 集合 $\{1, 2\}$ 的真子集只有两个　　　(D) $3 \geqslant 3$

   (4) 设 $A = \{x \mid x^2 > 4\}$，$B = \{x \mid x < 3\}$，那么 $A \cap B = $（　　　）.

   　　(A) $\{x \mid 2 < x < 3\}$　　　　　　　(B) $\{x \mid x < -2\}$

   　　(C) $\{x \mid x < 3\}$　　　　　　　　　(D) $\{x \mid 2 < x < 3\} \cup \{x \mid x < -2\}$

   (5) 下列各命题中，正确的是（　　　）.

   　　(A) " $a > b$ "是" $a^2 > b^2$ "的充分条件　　(B) " $a > b$ "是" $a^2 > b^2$ "的必要条件

   　　(C) " $a > b$ "是" $ac > bc$ "的充分条件　　(D) " $a > b$ "是" $a + c > b + c$ "的充要条件

4. 解下列不等式:

(1) $4x^2 - 3x - 1 < 0$;

(2) $3|x-1| < 1$;

(3) $(2x-3)(x+2) > 3x^2 - 4x$.

B 组

1. 某班共 40 人,课外参加体育活动的有 21 人,参加文娱活动的有 27 人,两种活动都参加的有 16 人,问文体活动都没有参加的有多少人?(提示:利用 Venn 图进行分析)

2. 某报纸能以每份 0.5 元的价格发行 10 万份,如果定价每提高 0.1 元,发行量就减少 1 万份.要使总销售收入不低于 5 万元,求报纸的最高定价.

3. 如果工厂生产某种产品的总成本为 $y = 3\,000 + 20x - 0.1x^2$,其中 x(单位:件)表示产量,产品售价为每件 25 元,求工厂不亏本的最低产量.

4. 若不等式 $x^2 - bx + c > 0$ 的解集是 $\{x|x<1 \text{ 或 } x>2\}$,求 $cx^2 + bx + 1 < 0$ 的解集.

5. 设 Ω 为某班全体学生的集合,$A = \{$男生$\}$,$B = \{$戴眼镜的学生$\}$,说出下列集合的含义:$A \cap B$;$\complement_\Omega A \cap B$;$\complement_\Omega A \cup B$;$\complement_\Omega(A \cup B)$.

第2章 函　　数

宇宙之大,粒子之微,火箭之速,化工之巧,地球之变,生物之谜,日用之繁,无处不用数学.

——华罗庚

据说,避雷针的发明人,美国著名科学家富兰克林(Franklin,1706—1790)生前留下的财产仅有1千英镑.他在遗嘱中对财产进行了如下分配:"……1千英镑赠给波士顿的市民,如果他们接受了,这些钱应托付给一些经过挑选的市民代表,将这些钱按5%的利率借给一些年轻的手工业者去生息.这笔钱100年后增加到13.1万英镑.我希望那时用10万英镑来建造一所公共建筑物,剩下的3.1万英镑拿去继续生息100年.在第二个100年到来之际,这笔钱增到了406.1万英镑.其中106.1万英镑还是由波士顿市民来支配,而其余300万英镑让马萨诸塞州的市民来管理.再以后的事,我可不敢多作主张了."

遗嘱中的话可信吗? 事实上,1千英镑生息 x 年后的钱数 y 与 x 之间的关系就是本章将要学习的"指数函数",得出函数表达式后,要回答遗嘱所言是否可信,就是轻而易举的事了! 指数函数是一种十分重要且常见的函数.又例如,测定古生物的年代、计算地球的年龄、研究大气压与海拔高度的关系等,都会用到指数函数.

本章中将要学习的"对数"被称为"历史上最重要的数学方法之一".利用指数函数和对数可以得到另外一种常见的函数——"对数函数".

彩虹是由飘浮在空中的极小的水珠折射太阳光形成的.而小水珠为何能久久地悬浮在空中,而没有迅速下落呢? 了解了本章中另外一种函数——"幂函数"后,再借助一点物理学知识,你就可以给出合理的解释.与指数函数一样,幂函数也是一种十分重要、常见的函数.又例如,圆的面积、球的体积、行星绕太阳公转一周所需要的时间、物理学中的许多定律等,都是用幂函数来描述的.函数关系广泛地存在于自然、社会、科学、技术、经济活动、日常生活之中,它就在我们每一个人的身边.函数方法也早已获得重要应用,例如,医院中的心电图、脑电波检查就是典型的例子.

本章将从复习坐标平面内的点开始,学习平面内两点间的距离公式;在初中已有的基础上,进一步学习函数的概念、进行幂的推广等;学习函数的单调性、奇偶性、反函数、对数以及上面说到的幂函数、指数函数、对数函数等.

§2-1 坐标平面

⊙点的坐标 ⊙关于 x 轴、y 轴、原点对称的点 ⊙平行于坐标轴的直线 ⊙平面内两点间的距离公式 ⊙关于直线 $y=x$ 对称的点

一、点的坐标

为了更好地学习后续内容,我们首先复习一下在初中学习过的平面直角坐标系.在平面内取定一点 O 作为公共原点,画两条相互垂直的数轴,这就构成了平面直角坐标系.通常把两条数轴分别置于水平和铅直的位置.水平的数轴叫做横轴,又常称为 x 轴,取向右的方向为正方向;铅直的数轴叫做纵轴,又常称为 y 轴,取向上的方向为正方向.x 轴与 y 轴(这里的 x、y 当然也可以用其他的字母)统称为坐标轴,它们的公共原点 O 叫做平面直角坐标系的原点,这样的坐标系记作 Oxy.建立了平面直角坐标系的平面叫做坐标平面,两条坐标轴把平面分成为四部分,这四部分分别叫做第一象限、第二象限、第三象限和第四象限(如图 2-1 所示).坐标轴上的点不在任何象限内.

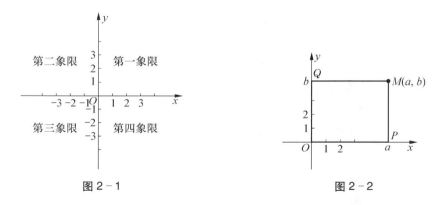

图 2-1

图 2-2

设点 M 是平面内的任意一点,如图 2-2 所示.过 M 分别向 x 轴和 y 轴作垂线,垂足分别为 P 和 Q. P 在 x 轴上对应的实数 a 叫做点 M 的横坐标,Q 在 y 轴上对应的实数 b 叫做点 M 的纵坐标,横坐标写在前,纵坐标写在后的有序实数对 (a,b) 叫做点 M 的坐标.坐标是 (a,b) 的点习惯上称为"点 (a,b)";点 M 的坐标是 (a,b),常记作 $M(a,b)$.

由于数轴上的点与实数是一一对应的,再根据上面关于点的坐标的规定,可以知道:坐标平面内的每一个点 M,都有唯一的有序实数对 (x,y) 和它对应;反之,每一个有序实数对 (x,y),在坐标平面内都有唯一的点 M 和它对应.因此,坐标平面内的点与有序实数对是一一对应的.

例1 如图 2-3 所示:

（1）写出图中点 A、B、C、D 的坐标；

（2）在图中描出坐标分别为 $(5，0)$、$(3，-2)$、$(0，-4)$ 的各点；

（3）写出 A、C、D 各点分别关于 x 轴、y 轴、原点对称的点的坐标.

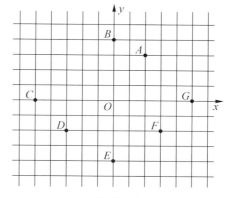

图 2-3

解　（1）A、B、C、D 各点的坐标依次为 $(2，3)$、$(0，4)$、$(-5，0)$ 和 $(-3，-2)$.

（2）坐标分别为 $(5，0)$、$(3，-2)$、$(0，-4)$ 的各点依次为 G、F 和 E.

（3）点 $A(2，3)$ 分别关于 x 轴、y 轴、原点对称的点的坐标依次为 $(2，-3)$、$(-2，3)$ 和 $(-2，-3)$.

点 $C(-5，0)$ 分别关于 x 轴、y 轴、原点对称的点的坐标依次为 $(-5，0)$、$(5，0)$ 和 $(5，0)$.

点 $D(-3，-2)$ 分别关于 x 轴、y 轴、原点对称的点的坐标依次为 $(-3，2)$、$(3，-2)$ 和 $(3，2)$.

一般地，点 $M(x，y)$ 分别关于 x 轴、y 轴、原点对称的点的坐标如表 2-1 所示.

表 2-1

	关于 x 轴对称的点	关于 y 轴对称的点	关于原点对称的点
点 $M(x，y)$	$(x，-y)$	$(-x，y)$	$(-x，-y)$
特　征	横坐标相等，纵坐标互为相反数	纵坐标相等，横坐标互为相反数	横、纵坐标分别互为相反数

练习

1. 填空：平面直角坐标系中原点的坐标是 _____.

2. 按横坐标符号在前，纵坐标符号在后的顺序，在下表中的空格内填上各象限内点的横、纵坐标的符号.

第一象限	第二象限	第三象限	第四象限

3. 已知点 $A(-3，4)$、$B(-5，-2)$、$C(0，-2)$ 和 $D(4，-1)$：

（1）在平面直角坐标系中描出 A、B、C、D 各点；

（2）指出上述各点所在象限或坐标轴；

（3）填空：点 A 关于 x 轴、y 轴、原点对称的点的坐标依次为 _____、_____ 和_____；点 D 关于 x 轴、y 轴、原点对称的点的坐标依次为 _____、_____ 和_____.

二、平行于坐标轴的直线

如图 2-4 所示，所有纵坐标 $y=b$ 的点组成一条平行于 x 轴的直线，我们把这条直线叫做**方程 $y=b$ 的图像**，并称为**直线 $y=b$**.

同样地，所有横坐标 $x=a$ 的点组成一条直线（如图 2-4 所示），我们把这条直线叫做**方程 $x=a$ 的图像**，并称为**直线 $x=a$**.

特别地，当 $a=b=0$ 时，直线 $y=0$ 和 $x=0$ 分别是重合于 x 轴和 y 轴的直线.

当 $b\neq0$ 时，画直线 $y=b$，可以过点 $(0,b)$ 作 x 轴的平行线（或 y 轴的垂线）得到；当 $a\neq0$ 时，画直线 $x=a$，可以过点 $(a,0)$ 作 y 轴的平行线（或 x 轴的垂线）得到.

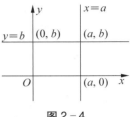

图 2-4

练习

画下列直线：

$x=2$；　　　　　$y=3$；　　　　　$x=-1$；　　　　　$y=-2$.

三、两点间的距离

下面来求坐标平面内两个点 P_1 与 P_2 之间的距离 $|P_1P_2|$.

设 $P_1(x_1,y_1)$ 和 $P_2(x_2,y_2)$ 是坐标平面内的任意两点. 如图 2-5 所示，分别从 P_1、P_2 向 x 轴作垂线，垂足分别为 $M_1(x_1,0)$ 和 $M_2(x_2,0)$. 再从 P_1、P_2 向 y 轴作垂线，垂足分别为 $N_1(0,y_1)$ 和 $N_2(0,y_2)$. 直线 P_1N_1 与直线 P_2M_2 的交点为 $Q(x_2,y_1)$. 则

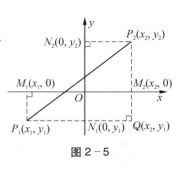

图 2-5

$$|P_1Q|=|P_1N_1|+|N_1Q|=|M_1O|+|OM_2|$$
$$=|x_1|+|x_2|=x_2-x_1,$$

$$|QP_2|=|QM_2|+|M_2P_2|=|N_1O|+|ON_2|$$
$$=|y_1|+|y_2|=y_2-y_1.$$

由勾股定理,得

$$|P_1P_2|^2 = |P_1Q|^2 + |QP_2|^2$$
$$= (x_2 - x_1)^2 + (y_2 - y_1)^2.$$

这就得到平面内两点 $P_1(x_1, y_1)$ 与 $P_2(x_2, y_2)$ 间的距离公式:

$$|P_1P_2| = \sqrt{(x_2 - x_1)^2 + (y_2 - y_1)^2}. \qquad (2-1)$$

无论 P_1、P_2 两点位于坐标平面内的什么位置,公式(2-1)都成立.

特别地,当 $y_1 = y_2$ 时,线段 P_1P_2 平行于 x 轴或在 x 轴上(如图 2-6 所示),由公式(2-1),P_1 与 P_2 间的距离

$$|P_1P_2| = |x_2 - x_1|.$$

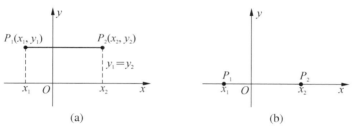

图 2-6

当 $x_1 = x_2$ 时,线段 P_1P_2 平行于 y 轴或在 y 轴上(如图 2-7 所示),由公式(2-1),得 P_1 与 P_2 间的距离

$$|P_1P_2| = |y_2 - y_1|.$$

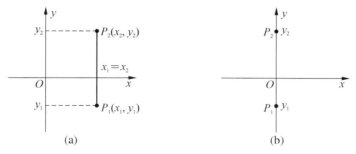

图 2-7

由公式(2-1),得点 $P(x, y)$ 到原点 $O(0, 0)$ 的距离为

$$|OP| = \sqrt{x^2 + y^2}. \qquad (2-2)$$

例2 求两点间的距离:

(1) $P_1(-2, 3)$ 和 $P_2(4, -5)$;

(2) $A(2, 6)$ 和 $B(-3, 6)$;

(3) 原点 O 和 $M(-4, -2\sqrt{5})$.

解 (1) $|P_1P_2| = \sqrt{[4 - (-2)]^2 + (-5 - 3)^2} = \sqrt{100} = 10$;

(2) $|AB| = |-3 - 2| = 5$;

(3) $|OM| = \sqrt{(-4)^2 + (-2\sqrt{5})^2} = \sqrt{36} = 6$.

利用公式(2-1)和平面几何知识可以得出:

点(a, b)关于直线$y=x$对称的点是(b, a).

如图 2-8 所示.

例如,点 $(3, -4)$ 关于直线 $y = x$ 对称的点是 $(-4, 3)$;点 $(-1, 2)$ 关于直线 $y=x$ 对称的点是 $(2, -1)$.

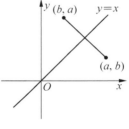

图 2-8

练习

1. 求两点间的距离:

(1) $P_1(1, 2)$ 和 $P_2(3, -1)$;

(2) $M(-3, 10)$ 和 $N(2.5, 10)$;

(3) $A(3.6, 7)$ 和 $B(3.6, -1)$;

(4) $(-4, 3)$ 和原点.

2. 写出下列各点关于直线 $y=x$ 对称的点:

$A(2, 3)$; $\qquad\qquad\qquad$ $B(-2, 5)$;

$C(0, -3)$; $\qquad\qquad\quad$ $D(-1, 0)$.

§2-1 微课视频

习题 2-1

A 组

1. (1) 写出图中点 A、B、C、D 的坐标,并指出各点所在象限或坐标轴;

(2) 在图中描出点 $E(0, 3)$、$F(-5, -2)$、$G(4, -3)$ 和 $H(1, 0)$.

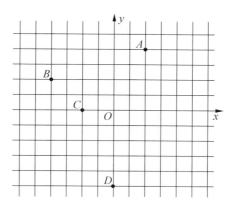

第 1 题图

2. 对第 1 题图中 A、B、C 各点填空：

   （1）点 A 分别关于 x 轴、y 轴、原点、直线 $y=x$ 对称的点依次为 ＿＿＿＿＿、＿＿＿＿＿、

   　　　＿＿＿＿＿、＿＿＿＿＿；

   （2）点 B 分别关于 x 轴、y 轴、原点、直线 $y=x$ 对称的点依次为 ＿＿＿＿＿、＿＿＿＿＿、

   　　　＿＿＿＿＿、＿＿＿＿＿；

   （3）点 C 分别关于 x 轴、y 轴、原点、直线 $y=x$ 对称的点依次为 ＿＿＿＿＿、＿＿＿＿＿、

   　　　＿＿＿＿＿、＿＿＿＿＿.

3. 填空：

   （1）横轴上点的纵坐标等于＿＿＿＿＿，纵轴上点的横坐标等于＿＿＿＿＿.

   （2）纵坐标大于 0 的点位于＿＿＿＿＿.（填上点所在象限或坐标轴的正半轴还是负半轴）

   （3）横坐标小于 0 的点位于＿＿＿＿＿.（填上点所在象限或坐标轴的正半轴还是负半轴）

4. 下列方程的图像分别是怎样的直线？

   （1）$y=-5$；　　　　（2）$x=1$；　　　　（3）$y=0$；　　　　（4）$x=0$.

5. 求以下列各对点为端点的线段的长：

   （1）$A(-1,5)$ 和 $B(2,9)$；　　　　　　（2）$C(0,2)$ 和 $D(\sqrt{5},-2)$；

   （3）$E(-6,3)$ 和 $F(6,3)$；　　　　　　（4）$G(-6,-3)$ 和 $H(-6,3)$；

   （5）$P_1(-3,0)$ 和 $P_2(0,-4)$；　　　　（6）$M(3\sqrt{3},\sqrt{22})$ 和 $O(0,0)$.

6. 如图所示：

   （1）把 A、B、C、D 各点的横坐标都乘以 -1，纵坐标不变，得到的点依次为 A_1、B_1、C_1、D_1，用线段依次连接 OA_1、A_1B_1、B_1C_1、C_1D_1，所得图形与原图形相比有什么变化？

   （2）把 A、B、C、D 各点的纵坐标都乘以 -1，横坐标不变，得到的点依次为 A_2、B_2、C_2、D_2，用线段依

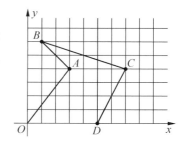

第 6 题图

次连接 OA_2、A_2B_2、B_2C_2、C_2D_2,所得图形与原图形相比有什么变化?

（3）把 A、B、C、D 各点的横、纵坐标都乘以 -1,得到的点依次为 A_3、B_3、C_3、D_3,用线段依次连接 OA_3、A_3B_3、B_3C_3、C_3D_3,所得图形与原图形相比有什么变化?

B 组

1. 以 $A(3,2)$、$B(3,-1)$、$C(-1,-1)$ 为顶点的三角形是直角三角形吗?

2. 纵坐标满足 $|y|=2$ 的所有点组成怎样的图形? 试把它画出来.

3. 坐标满足 $\sqrt{x^2+y^2}=1$ 的所有点组成一幅怎样的图形?

4. 将一幅图形上所有点的坐标进行下列变化后,这幅图的形状却未发生任何改变.试画出一幅这样的图形,它有什么特点?

（1）横坐标变成原来的相反数,纵坐标不变;

（2）横、纵坐标都变成原来的相反数.

§2-2 函数及其图像和表示法

⊙函数定义 ⊙求定义域 ⊙函数的相同 ⊙函数的图像 ⊙表示函数的公式法、表格法、图像法 ⊙分段函数 ⊙常值函数 ⊙函数图像的水平、垂直移动 ⊙函数的增量 ⊙线性函数及其增量

一、函数概念

1. 函数的定义

初中学习的函数概念描述如下(或在文字上与此略有不同,但实际上是相同的):

设在一个变化过程中有两个变量 x 与 y,如果对于 x 的每一个值,y 都有唯一的值与它对应,那么就说 x 是自变量,y 是 x 的函数.

我们知道,这里的**变量**,指的是在所研究的问题中,可以取不同数值的量.还知道,如果一个量在所研究的问题中始终保持同一个确定的数值不变,这样的量叫做**常量**.例如,飞机上丢下一枚炸弹,在下落过程中,炸弹离地面的高度和下落的速度都是变量,而炸弹的质量是一个常量.又如,地球上的人口数是一个变量,而地球的总面积是一个常量.

需要说明,可以把常量看成是一种特殊的变量,即只取一个数值的变量.此后说到变量,就包括这一特殊情形.

下面给出函数概念的进一步表述.

> **定义** 设 x、y 是两个变量,它们的取值均为实数,x 取值的集合是非空集 D.如果按照某个对应规则 f,对于 D 中的每一个 x 的值,都有唯一确定的 y 值和它对应,那么就称 y 是定义在 D 上的 x 的**函数**,简称 y 是 x 的函数,记作 $y=f(x)$,称 x 是自变量,y 是因变量,D 为函数的**定义域**.与 x 值相对应的 y 值叫做**函数值**,函数值的集合 M 叫做函数的**值域**.

看几个函数的例子:

(1)圆面积 S 与半径 r 之间的关系是

$$S = \pi r^2.$$

在 $(0, +\infty)$ 内每给定变量 r 的一个值,按照这个关系式(规则),都能确定变量 S 的唯一值和它对应.因此,S 是定义在 $(0, +\infty)$ 上的 r 的函数,可以记作 $S=f(r)$,即 $f(r)=\pi r^2$,r 是自变量.这里的规则 f 表示函数值是自变量平方的 π 倍.

(2)根据开普勒第三定律,行星绕太阳公转一周所需时间(即公转周期)T 可以表示为

$$T = k\sqrt{x^3},$$

其中 x 表示行星与太阳的平均距离,k 是一个正常数.现在仅考虑太阳系中公认的大行星,这些大行星与太阳的平均距离的集合用 D 表示.那么每给定 D 中的一个 x 值,按照这个关系式(规则),都能确定唯一的 T 值和它对应.因此,T 是定义在 D 上的 x 的函数,可以记作 $T=f(x)$,即 $f(x)=k\sqrt{x^3}$,x 是自变量.这里的对应规则 f 表示函数值是自变量立方的算术平方根,再乘以 k.

(3)在银行储蓄所的墙壁上,可以看到利率表.从 2015 年 10 月 24 日开始执行的定期整存整取利率如表 2-2 所示.

表 2-2

存期 t(单位:月)	3	6	12	24	36	60
年利率 r(单位:%)	1.10	1.30	1.50	2.10	2.75	2.75

显然,每给出 t 的一个值(即选定一种存期),按照这个表(这个表给出了一个对应规则),都有唯一确定的 r 值和它对应.因此,r 是 t 的函数,函数的定义域为 $D=\{3, 6, 12, 24, 36, 60\}$,值域为 $M=\{1.10, 1.30, 1.50, 2.10, 2.75, 2.75\}$.

说明:(1)在上面定义中使用的函数记号 $f(x)$ 是由瑞士数学家欧拉(Euler, 1707—1783)于 1724 年首次使用的,至今仍广泛使用.但在近代数学中,$f(x)$ 则表示与数 x 相对应的函数值.在本书此后的描述中,$f(x)$ 既用于表示函数,有时也用来表示函数值,根据上下文的

描述是容易区分的.

（2）函数记号除用 $f(x)$ 外，还常用 $g(x)$，$F(x)$，$\cdots$，而 $f(a)$，$g(a)$，$F(a)$，$\cdots$，则表示函数在 $x=a$ 的函数值.

例1 已知函数 $f(x) = x^2 + 2x - 1$，求 $f(-2)$，$f(a)$，$f(x+a)$.

解 $f(-2) = (-2)^2 + 2 \times (-2) - 1 = 4 - 4 - 1 = -1$；

$f(a) = a^2 + 2a - 1$；

$$f(x+a) = (x+a)^2 + 2(x+a) - 1$$
$$= x^2 + 2ax + a^2 + 2x + 2a - 1$$
$$= x^2 + 2(a+1)x + a^2 + 2a - 1.$$

2. 求定义域

关于函数定义域的确定：

（1）在实际问题中，要根据问题的实际意义来确定. 例如，在前面的例子圆面积 $S = \pi r^2$ 中，自变量 r 表示圆的半径，取正实数时才有意义，除此外，没有其他限定条件，因此这个函数的定义域是正实数集：$(0, +\infty)$.

（2）如果函数由一个没有实际背景的等式给出，并且也没有指明它的定义域，这时就认为函数的定义域是能使这个式子有意义的实数组成的集合.

例2 求下列函数的定义域：

（1）$f(x) = 3x^2 - 4x + 5$；　　　　　　（2）$f(x) = \dfrac{1}{x+1}$；

（3）$f(x) = \sqrt{2x-1}$；　　　　　　　（4）$f(x) = \dfrac{1}{3-x} + \sqrt{5-x}$.

解 （1）因为当 x 取任何实数时，式子 $3x^2 - 4x + 5$ 都有意义，所以这个函数的定义域是实数集 **R**.

（2）因为当 $x+1 = 0$，即 $x = -1$ 时，分式 $\dfrac{1}{x+1}$ 无意义；而当 $x \neq -1$ 时，分式 $\dfrac{1}{x+1}$ 都有意义，所以这个函数的定义域是 $(-\infty, -1) \cup (-1, +\infty)$.

（3）因为当 $2x - 1 < 0$，即 $x < \dfrac{1}{2}$ 时，根式 $\sqrt{2x-1}$ 无意义；而当 $2x - 1 \geqslant 0$，即 $x \geqslant \dfrac{1}{2}$ 时，根式 $\sqrt{2x-1}$ 都有意义，所以这个函数的定义域是 $\left[\dfrac{1}{2}, +\infty\right)$.

（4）由于使分式 $\dfrac{1}{3-x}$ 有意义的实数 x 的集合是不等式 $3-x \neq 0$ 的解集；使根式 $\sqrt{5-x}$

有意义的实数 x 的集合是不等式 $5-x \geqslant 0$ 的解集,所以,这个函数的定义域是不等式组

$$\begin{cases} 3-x \neq 0, \\ 5-x \geqslant 0 \end{cases}$$

的解集.解这个不等式组,得 $x \leqslant 5$ 且 $x \neq 3$,即这个函数的定义域是 $(-\infty, 3) \cup (3, 5]$.

3. 函数相同

根据函数的定义可以知道,一个函数必须有定义域和对应规则,并且只要有了定义域和符合定义要求的对应规则,函数就完全确定了.值域不是独立存在的,它由定义域和对应规则确定.因此

> **如果两个函数的定义域相同,且对应规则也相同,那么就称这两个函数相同.**

函数是否相同,与自变量和因变量用什么字母表示没有关系.

例 3 下列各组中的两个函数是否相同?

(1) $y = x-1$ 与 $y = \dfrac{x^2-1}{x+1}$;　　　　(2) $y = x$ 与 $y = \sqrt{x^2}$;

(3) $y = x^2$ 与 $y = x^2 (x \geqslant 0)$;　　　　(4) $y = x$ 与 $S = \sqrt[3]{t^3}$.

解 (1) 函数 $y = x-1$ 的定义域是 $(-\infty, +\infty)$,函数 $y = \dfrac{x^2-1}{x+1}$ 的定义域是 $(-\infty, -1) \cup (-1, +\infty)$,这两个函数的定义域不同,所以这两个函数不相同.

(2) 这两个函数的定义域相同,都是 $(-\infty, +\infty)$.但

$$y = \sqrt{x^2} = |x| = \begin{cases} x, & x \geqslant 0, \\ -x, & x < 0. \end{cases}$$

对于任意小于零的 x 值 a,两个函数在 $x = a$ 的函数值分别为 a 和 $-a$,因此对应规则不同,所以这两个函数不相同.

(3) 这两个函数的定义域不同,前一个是实数集 **R**,后一个已指明其定义域是非负实数集,因此这两个函数不相同.

(4) 这两个函数的定义域都是 $(-\infty, +\infty)$,又 $S = \sqrt[3]{t^3} = t$,可知两个函数的对应规则也相同,所以它们是相同的函数.

练习

1. 按所给出的对应规则和数集 D,能否确定定义在 D 上的一个函数? 如果能,试写出函

数的值域.

(1) $D = \{-2, -1, 0, 1, 2\}$,对应规则为:

① 乘以2;　　　　　　② 求平方.

(2) $D = \{0, 1, 4, 9\}$,对应规则为:

① 求倒数;　　　　　　② 开平方.

2. 已知函数 $f(x) = 3x^2 - 4x$,求 $f(-1)$,$f(0)$,$f(\sqrt{2})$,$f(b)$.

3. 求下列函数的定义域:

(1) $f(x) = \dfrac{1}{2x + 5}$;　　　　　(2) $f(x) = \dfrac{\sqrt{x + 1}}{x - 1}$.

4. 判定函数是否相同:

(1) $f(x) = 2x + 1$,$x \in [0, 3]$ 与 $g(x) = 2x + 1$,$x \in \{0, 1, 2, 3\}$;

(2) $f(x) = x^2 + 2x$ 与 $h(x) = (x + 1)^2 - 1$.

4. 函数的图像

设函数 $y = f(x)$,其定义域为 D,它的图像就是坐标平面内所有满足 $y = f(x)$ 的点 (x, y) 组成的图形,也就是坐标平面内的点集

$$\{(x, y) \mid x \in D, y = f(x)\}.$$

在初中已经知道,一次函数 $y = kx + b$ $(k \neq 0)$ 的图像是直线,二次函数 $y = ax^2 + bx + c$ $(a \neq 0)$ 的图像是抛物线,反比例函数 $y = \dfrac{k}{x}$ $(k \neq 0)$ 的图像是双曲线等.下面再看几个函数的图像.

例4　作下列函数的图像:

(1) $y = x^3$;　　　　　　　(2) $y = \sqrt{x}$.

解　(1) 函数 $y = x^3$ 的定义域是 $(-\infty, +\infty)$.在定义域内取 x 的一些值,计算出相应的 y 值,列出下表:

x	$\cdots$	-2	-1	$-\dfrac{1}{2}$	0	$\dfrac{1}{2}$	1	2	$\cdots$
y	$\cdots$	-8	-1	$-\dfrac{1}{8}$	0	$\dfrac{1}{8}$	1	8	$\cdots$

以表中每一对 x、y 的值为坐标,在坐标平面内描出对应的点,然后用光滑的曲线连接起来,即得函数 $y = x^3$ 的图像(图 2-9).从图像

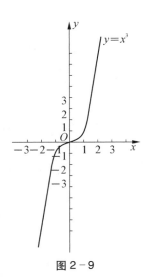

图 2-9

可以看出函数 $y=x^3$ 的值域是 $(-\infty,+\infty)$.

（2）函数 $y=\sqrt{x}$ 的定义域是 $[0,+\infty)$.在定义域内取 x 的一些值,计算出相应的 y 值(精确到百分之一),列出下表:

x	0	0.5	1	2	3	4	…
y	0	0.71	1	1.41	1.73	2	…

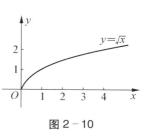

图 2－10

以表中每一对 x、y 的值为坐标,在坐标平面内描出对应的点,然后用光滑的曲线连接起来,即得函数 $y=\sqrt{x}$ 的图像(图 2－10).从图像可以看出函数 $y=\sqrt{x}$ 的值域是 $[0,+\infty)$.

练习

1. 填空:设函数 $f(x)=ax^2-5x$,已知点 $(2,2)$ 在函数 $y=f(x)$ 的图像上,则 a 的值等于_____,图像上横坐标等于 0 的点是_____,纵坐标等于 0 的点是_____.

2. 画出下列函数的图像,并看图像说出函数的值域:

（1）$y=2x+1,x\in[0,+\infty)$; 　　　（2）$y=x^2,x\in(-2,2)$.

二、函数的表示方法

表示函数的方法有多种,在此仅说明三种常用的方法.

1. 公式法　就是用等式来表示两个变量间的对应规则,所用的等式叫做函数的解析表达式,简称**解析式**.

用公式法表示的函数很多,例如前面四个例子中的所有函数.又如,下面两类常见函数:

（1）**多项式函数**　即具有形式

$$f(x)=a_0x^n+a_1x^{n-1}+\cdots+a_{n-1}x+a_n$$

的函数,其中 a_0,a_1,$\cdots$,a_n 是常数,n 是正整数.如果 $a_0\neq0$,就称这个多项式是 n 次多项式.显然,一次和二次多项式函数就分别是一次函数和二次函数.

（2）**有理分式函数**　即多项式的商形成的函数

$$\frac{P(x)}{Q(x)}$$,其中 $P(x)$ 与 $Q(x)$ 是多项式.

2. 表格法　就是用表格来表示两个变量间的对应规则.

在日常活动中的许多场合都可以看到用表格法表示的函数.例如,本节中的定期整存整取利率表(表2-2);一个班学生的某门课程考试分数表,在这种表中,"考试分数"是"学号"的函数.又例如,在亚运会、奥运会召开期间,中央电视台每天播出的"金牌榜",其中"金牌数"是"排名"的函数.表2-3是2022年2月在北京举行的第24届冬季奥运会的最终金牌榜(仅列出前10名).

表 2-3

排　名	代表团	金牌数	排　名	代表团	金牌数
1	挪　威	16	6	荷　兰	8
2	德　国	12	7	奥地利	7
3	中　国	9	8	瑞　士	7
4	美　国	8	9	ROC(俄罗斯奥委会)	6
5	瑞　典	8	10	法　国	5

用表格法表示的函数,两个变量间的对应关系一目了然.例如在表2-2中,选定了存期,就立刻知道了利率(函数值),清晰方便.

3. 图像法　就是用函数图像来表示两个变量间的对应规则.

用图像法表示函数最直观,能使人们直接看出因变量是如何随着自变量变化而变化的,能够看出函数具有的特征等,对研究函数十分有益.在报纸、杂志上经常可以看到各行人士用图像法表示函数.图2-11是2018年7月25日上海股市A股的综合指数即时图,其中"指数"是"时间"的函数.这一天中股指数的变化清晰可见,股指数何时最高、何时最低,开盘时的指数、收盘时的指数、变化幅度等,尽收眼底.

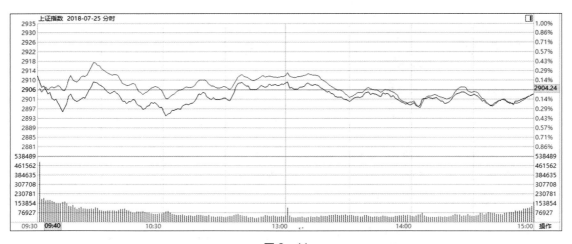

图 2-11

由于人类活动的影响,近些年来全球气候明显变暖,尤其冬季气温增幅明显,"暖冬"接连出现,平均气温屡创新高.图2-12是一家报纸上登出的我国中部的河南省冬季平均气温变化的折线图,其中"温度"(单位：℃)是"年份"的函数.从图中清晰看到最近 20 多年来(上个世纪 80 年代中期以来),冬季平均气温大幅增高的事实.气温的快速增高,已经给人类造成了许多危害,对人类未来的生存构成了严重威胁.

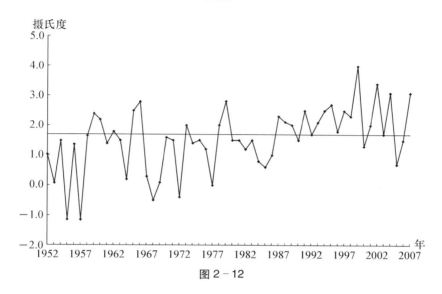

图 2 - 12

练习

1. 设 l 和 A 分别表示正方形的边长和面积,试把边长 l 表示成面积 A 的函数.

2. 试用表格法表示出一个日常生活中见到的函数.

三、分段函数和常值函数

1. 分段函数及其图像

先来看两个例子.

例 5　作出**绝对值函数** $y=|x|$ 的图像.

解
$$y=|\,x\,|=\begin{cases} x, & x \geqslant 0, \\ -x, & x < 0. \end{cases} \qquad ①$$

当 $x<0$ 时,$y=-x$,因此函数这一部分的图像是直线 $y=-x$ 在 $x=0$ 左边的那一部分;当 $x \geqslant 0$ 时,$y=x$,因此函数这一部分的图像是直线 $y=x$ 在 $x=0$ 右边(含 $x=0$ 对应的点)的那一部分,这两部分合起来就是函数 $y=|x|$ 的图像.如图 2 - 13 所示.

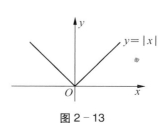

图 2 - 13

例6 2019 年 1 月 1 日起开始实施的我国个人所得税新的征收办法规定:当个人全月收入减去各种扣除项后,不超过 5 000 元时,不缴纳个人所得税;当个人全月收入减去各种扣除项后超过 5 000 元时,全月应纳税所得额=月收入额-5 000 元-各种扣除项的余额,应缴税额按表 2-4 的规定计算(表 2-4 中仅给出了前 3 级,原表中共 7 级).现仅考虑全月应纳税所得额大于零而不超过 25 000 元的情形,并设 x 和 y(单位均为元)分别表示一个人的全月应纳税所得额和应缴税额.

(1)试把 y 表示成 x 的函数,并画出函数的图像;

(2)计算全月应纳税所得额分别为 2 000 元、10 000 元、25 000 元时应缴纳的税额;

(3)说出所求得函数的值域.

表 2-4

级　　数	全月应纳税所得额	税率(%)
1	不超过 3 000 元	3
2	超过 3 000 元至 12 000 元的部分	10
3	超过 12 000 元至 25 000 元的部分	20

解 (1)按表 2-4 规定,得

当 $0 < x \leqslant 3\,000$ 时,$y = x \cdot 3\% = 0.03x$;

当 $3\,000 < x \leqslant 12\,000$ 时,

$y = 3\,000 \times 3\% + (x - 3\,000) \cdot 10\% = 0.1x - 210$;

当 $12\,000 < x \leqslant 25\,000$ 时,

$y = 3\,000 \times 3\% + 9\,000 \times 10\% + (x - 12\,000) \cdot 20\% = 0.2x - 1\,410$.

综上讨论,得

$$y = \begin{cases} 0.03x, & 0 < x \leqslant 3\,000, \\ 0.1x - 210, & 3\,000 < x \leqslant 12\,000, \\ 0.2x - 1\,410, & 12\,000 < x \leqslant 25\,000. \end{cases}$$ ②

该函数的图像如图 2-14 所示.

(2)把 $x = 2\,000$,代入 $y = 0.03x$,计算得

$$y = 0.03 \times 2\,000 = 60.$$

把 $x = 10\,000$,代入 $y = 0.1x - 210$,计算得

$$y = 0.1 \times 10\,000 - 210 = 790.$$

把 $x = 25\,000$,代入 $y = 0.2x - 1\,410$,计算得

$$y = 0.2 \times 25\,000 - 1\,410 = 3\,590.$$

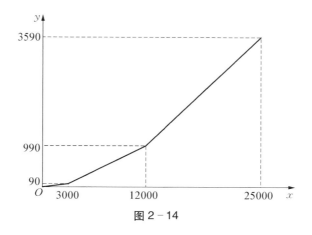

图 2-14

即全月应纳税所得额分别为 2 000 元、10 000 元、25 000 元时,应缴纳的税额分别为 60 元、790 元和 3 590 元.

(3) 从图 2-14 可以看出,所求得函数的值域为 (0,3 590].

上面例 5、例 6 中的函数表达式①和②,都具有这样的特点:在定义域内的不同部分,由不同的解析式表示,这样的函数叫做**分段函数**.一个分段函数,不论分几段,都是一个函数,而不是几个函数.

2. 常值函数及其图像

下面来看等式 $y=C$ (C 为常数).它可以看成 $y=0 \cdot x+C$,对于实数集 **R** 内的每一个 x 值,y 总有唯一确定的值 C 和它对应,因此,由函数的定义可知,$y=C$ (C 为常数),是 x ($x \in$ **R**) 的函数,并把它叫做**常值函数**.

由 §2-1 的讨论知道,当 $C \neq 0$ 时,$y=C$ 的图像是过点 $(0,C)$ 且平行于 x 轴的直线,如图 2-15 所示;当 $C=0$ 时,它的图像是与 x 轴重合的直线.

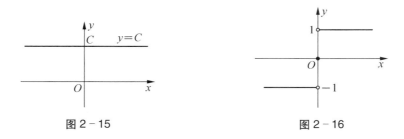

图 2-15   图 2-16

例 7   画出**符号函数** $y=\operatorname{sgn} x$ 的图像,$\operatorname{sgn} x$ 的表达式为

$$\operatorname{sgn} x = \begin{cases} 1, & x>0, \\ 0, & x=0, \\ -1, & x<0. \end{cases}$$

解   函数 $y=\operatorname{sgn} x$ 的图像如图 2-16 所示.

练习

设函数

$$f(x) = \begin{cases} \dfrac{1}{2}x - 1, & x \leqslant 2, \\ -x, & x > 2. \end{cases}$$

（1）填空：函数 $y = f(x)$ 的定义域是 _____ ；$f(-2) =$ _____ ，$f(0) =$ _____ ，

　　$f(2) =$ _____ ，$f(3) =$ _____ ；

（2）画出函数 $y = f(x)$ 的图像，并说出函数的值域.

四、函数图像的水平和垂直移动

例8　设 $f(x) = \sqrt{x}$ ，在同一坐标系内作出函数 $y = f(x+2)$ 和 $y = f(x-2)$ 的图像，并说出它们与 $y = f(x) = \sqrt{x}$ 的图像有何关系.

解　函数 $y = f(x+2) = \sqrt{x+2}$ 的定义域是 $[-2, +\infty)$，函数 $y = f(x-2) = \sqrt{x-2}$ 的定义域是 $[2, +\infty)$.在两个函数各自的定义域内取一些 x 值，计算出相应的 y 值，如下表.

x	-2	-1	0	1	2	$\cdots$
$y = \sqrt{x+2}$	0	1	1.41	1.73	2	$\cdots$
x	2	3	4	5	6	$\cdots$
$y = \sqrt{x-2}$	0	1	1.41	1.73	2	$\cdots$

描点、连线，画出函数图像，如图 2-17 所示.可以看出函数 $y = f(x+2) = \sqrt{x+2}$ 和 $y = f(x-2) = \sqrt{x-2}$ 的图像形状都与 $y = f(x) = \sqrt{x}$ 的图像形状相同，所不同的只是位置.把 $y = \sqrt{x}$ 的图像向左水平移动 2 个单位就得到 $y = \sqrt{x+2}$ 的图像；把 $y = \sqrt{x}$ 的图像向右水平移动 2 个单位就得到 $y = \sqrt{x-2}$ 的图像.

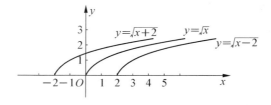

图 2-17

　　一般地,设 $a > 0$:
　　（1）把函数 $y = f(x)$ 的图像向左水平移动 a 个单位即得到函数 $y = f(x + a)$ 的图像;
　　（2）把函数 $y = f(x)$ 的图像向右水平移动 a 个单位即得到函数 $y = f(x - a)$ 的图像.

　　还容易知道,把 $y = \sqrt{x}$ 的图像向上垂直移动 $c(c>0)$ 个单位就得到函数 $y = \sqrt{x} + c$ 的图像;把 $y = \sqrt{x}$ 的图像向下垂直移动 c 个单位就得到函数 $y = \sqrt{x} - c$ 的图像,如图2－18所示.

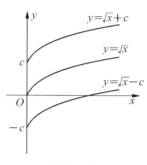

图 2－18

　　一般地,设 $c>0$:
　　（1）把函数 $y = f(x)$ 的图像向上垂直移动 c 个单位即得到函数 $y = f(x) + c$ 的图像;
　　（2）把函数 $y = f(x)$ 的图像向下垂直移动 c 个单位即得到函数 $y = f(x) - c$ 的图像.

练习

把函数 $y = x^2$ 的图像经过怎样的移动可以得到下列函数的图像?

（1） $y = \left(x + \dfrac{2}{5}\right)^2$;　　　　　　　　　　（2） $y = \left(x - \dfrac{1}{2}\right)^2$;

（3） $y = x^2 + 3$;　　　　　　　　　　　　（4） $y = x^2 - 4$.

五、函数的增量

1. 函数的增量

设函数 $y=f(x)$,当 x 从 a 变到 b 时,把 x 的终值 b 与初值 a 的差叫做**自变量** x 的**增量**(也称**改变量**),记作 Δx,即

$$\Delta x = b - a,$$

相应地,把函数值的差 $f(b)-f(a)$ 叫做函数 $y=f(x)$ 在点 a 相应于 Δx 的增量,简称**函数 y 的增量**(或**改变量**),记作 Δy,即

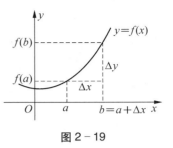

图 2－19

$$\Delta y = f(b) - f(a) = f(a + \Delta x) - f(a).$$

显然,当 $b>a$ 时,$\Delta x>0$;当 $b<a$ 时,$\Delta x<0$,相应地 Δy 由具体函数而定,可能是正的,也可能是负的,或者为零.图2－19所示的是 $\Delta x>0$,$\Delta y>0$ 的情形.

例 9 设函数 $y=f(x)=x^2+3x-1$,按下列情形计算 Δx 和 Δy.

(1) x 从 1 变到 1.1;　　　　(2) x 从 1 变到 0.9;　　　　(3) x 从 a 变到 $a+\Delta x$.

解 (1) $\Delta x = 1.1 - 1 = 0.1$;

$$\Delta y = f(1.1) - f(1) = (1.1^2 + 3 \times 1.1 - 1) - (1^2 + 3 \times 1 - 1) = 0.51.$$

(2) $\Delta x = 0.9 - 1 = -0.1$;

$$\Delta y = f(0.9) - f(1) = (0.9^2 + 3 \times 0.9 - 1) - (1^2 + 3 \times 1 - 1) = -0.49.$$

(3) $\Delta x = a + \Delta x - a = \Delta x$;

$$\Delta y = f(a + \Delta x) - f(a) = [(a + \Delta x)^2 + 3(a + \Delta x) - 1] - (a^2 + 3a - 1)$$
$$= (\Delta x)^2 + (2a + 3) \cdot \Delta x.$$

2. 线性函数及其增量

线性函数指的是图像为直线的函数,可以描述为:

> **形如**
> $$y = f(x) = kx + b$$
> (其中 k、b 为常数)的函数称为线性函数.

如果常数 $k \neq 0$,$y=kx+b$ 就是一次函数,这时函数的图像是不平行于坐标轴的直线;如果 $k=0$,$y=b$ 为常值函数,这时函数的图像是平行(或重合)于 x 轴的直线.

下面来看线性函数的增量.对任意点 x 都有

$$\Delta y = f(x + \Delta x) - f(x)$$
$$= [k(x + \Delta x) + b] - (kx + b)$$
$$= k \cdot \Delta x.$$

即函数增量总等于自变量增量的 k 倍,而与点 x 无关.换句话说,就是:

> 当自变量值的差(即 Δx)相等时,线性函数相应的函数值的差(即 Δy)是一个常数.

这是线性函数的典型特征.当某个函数具有这一特征时,就可以确认它是线性函数.如图 2 - 20 所示,容易知道,只要 $\Delta x_1 = \Delta x_2$,就有 $\Delta y_1 = \Delta y_2$.

当一个变量是另一个变量的线性函数时,就说这两个变量具有线性关系.线性关系是现实中相当常见的一种关系.

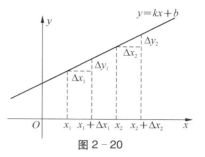

图 2 - 20

例 10 观察一个同时标有摄氏度数和华氏度数的气温表,可以看出摄氏度数 C 改变相同的值时,相应的华氏度数 F 的改变值都相等.下表给出了一些观察值.

C	$\cdots$	-10	0	10	20	30	$\cdots$
F	$\cdots$	14	32	50	68	86	$\cdots$

(1)试利用表格中的数据把华氏度数表示为摄氏度数的函数;

(2)求当气温为 $0°F$ 时的摄氏度.

解 (1)根据条件:当摄氏度数 C 改变相同的值时,相应的华氏度数 F 的改变值都相等,即 ΔC 相等时,ΔF 是一个常数,可知 F 是 C 的线性函数.设

$$F = k \cdot C + b,$$

把 $C = 0$,$F = 32$ 和 $C = 10$,$F = 50$ 分别代入上式,得方程组

$$\begin{cases} 32 = 0 \cdot k + b, \\ 50 = 10 \cdot k + b. \end{cases}$$

解这个方程组,得 $b = 32$,$k = \dfrac{9}{5}$,所以

$$F = \frac{9}{5}C + 32.$$

§2-2 微课视频

(2)把 $F = 0$ 代入上面得到的函数式,得

$$0 = \frac{9}{5}C + 32,$$

解得 $C \approx -17.8$,即当气温为 $0°F$ 时的摄氏度约为 $-17.8℃$.

解练习题
微课视频

练习

1. 设函数 $y = f(x) = 3x^2 + 2$,按下列条件计算 Δx 和 Δy:

(1) x 从 2 变到 2.1;　　　　　(2) x 从 2 变到 1.8;

(3) x 从 x_0 变到 $x_0 + \Delta x$.

2. 水池中原水深 1 米,从时刻 $t=0$ 开始向池内注水,水深以每小时 0.2 米的恒定速率增加,设注水 t 小时后水深为 d 米.

(1) 写出注水 t 小时后水深 d 的表达式 $d = f(t)$;

(2) 注水多少小时水深可达 3 米?

(3) 画出函数 $d = f(t)$ 的图像.

习题 2-2

A 组

1. 说出下列函数的对应规则 f:

(1) $f(x) = \dfrac{3}{x}$;　　　　　　(2) $f(x) = x^3 + 1$.

2. 下列表达式是否为定义在实数集 **R** 上的函数?

(1) $y = \pm\sqrt{x}$;　　　　　　(2) $y = \sqrt[3]{x}$;

(3) $y = \dfrac{1}{x + 1}$;　　　　　　(4) $y = \dfrac{1}{x^2 + 1}$.

3. 用表格法把平年中各月份的天数 x 表示为月份 t 的函数,并写出函数的值域.

4. 把圆的半径 r 表示成面积 A 的函数.

5. 已知矩形的周长为 $2a$(定值),试把矩形的面积 A 表示成宽 x 的函数.

6. 设函数 $f(x) = 2x^3 - 3x + 1$, 求 $f(-1)$, $f(0)$, $f\left(\dfrac{1}{2}\right)$, $f(a)$, $f\left(\dfrac{a}{3}\right)$.

7. 求下列函数的定义域并把结果用区间表示:

(1) $f(x) = \dfrac{1}{1 + x^4}$;　　　　　　(2) $f(x) = \dfrac{1}{\sqrt{x}}$;

(3) $f(x) = \sqrt{x^2 - 4}$;　　　　　　(4) $f(x) = \sqrt{25 - x^2}$;

(5) $f(x) = \dfrac{\sqrt{x - 1}}{x - 5}$;　　　　　　(6) $f(x) = \dfrac{1}{1 - x^2}$.

8. 下列各组中的两个函数是否相同?

(1) $y = x^2 + 1$ 和 $y = x^2 + 1$, $x \in [0, +\infty)$;

(2) $y = \dfrac{x^2 - x}{x}$ 和 $y = x - 1$;

（3）$y = \sqrt{x}$ 和 $u = \sqrt{t}$.

9. 把下列各图中不可能是函数 $y = f(x)$ 图像的找出来.

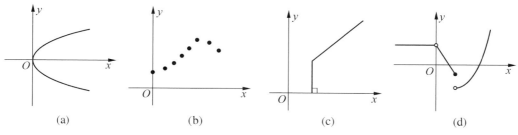

(a)   (b)   (c)   (d)

第 9 题图

10. 设函数 $f(x) = kx + b$. 已知点 $(1, -3)$ 和 $(3, 1)$ 在 $y = f(x)$ 的图像上, 求常数 k 和 b.

11. 画出下列函数的图像并说出函数的值域：

（1）$y = \dfrac{1}{2}x - 1$;

（2）$y = \dfrac{1}{2}x - 1$, $x \in [0, 4)$;

（3）$y = \dfrac{1}{2}x - 1$, $x \in \{0, 1, 2, 3\}$;

（4）$y = 2 - x^2$, $x \in (-1, 1]$;

（5）$y = \dfrac{1}{x}$, $x \in (0, +\infty)$;

（6）$y = -\dfrac{1}{x}$, $x \in (-\infty, 0)$.

12. 画出下列函数的图像：

（1）$f(x) = -1$, $x \in \mathbf{R}$;

（2）$f(x) = 1.5$, $x \in [0, +\infty)$.

13. 把函数 $y = \dfrac{1}{x}$ 的图像怎样移动可以得到下列函数的图像？

（1）$y = \dfrac{1}{x + 1}$;

（2）$y = \dfrac{1}{x - 2}$;

（3）$y = \dfrac{1}{x} + 1$;

（4）$y = \dfrac{1}{x - 1} - 2$.

14. 对下列 (a)、(b)、(c) 中的函数：

（1）作出函数的图像；

（2）说出函数的定义域和值域；

（3）求出指定的函数值.

（a）$f(x) = \begin{cases} 1, & x < 0, \\ x, & 0 \leqslant x < 2, \end{cases}$ 求 $f(-2)$, $f(0)$, $f\left(\dfrac{1}{2}\right)$;

（b）$f(x) = \begin{cases} x + 3, & x \leqslant 0, \\ \dfrac{1}{2}x + 1, & x > 0, \end{cases}$ 求 $f(-3)$, $f(0)$, $f(2)$;

(c) $f(x) = |x-1|$，求 $f\left(-\dfrac{1}{2}\right)$，$f(0)$，$f(4)$.

15. 设函数 $y = \dfrac{1}{x}$，按下列条件计算函数的增量 Δy：

 (1) 在点 $x=2$，$\Delta x=0.1$；　　　　　(2) 在点 $x=4$，$\Delta x=-0.2$；

 (3) x 从 a 变到 $a+\Delta x$.

16. 在某图书市场，一种标价 15 元 1 本的书，如果一次购买不超过 3 本按 8 折(标价的 80%)收费，超过 3 本按 7.5 折收费. 如果一次购买这种书 x 本，试把购书金额 y(单位：元)表示为 x 的函数.

17. 夏季某高山的气温从山脚起，每升高 100 m 降低 0.7℃，已知山脚的气温是 26℃，山顶的气温是 14.1℃，用 T(单位：℃)表示气温，h(单位：m)表示相对于山脚的高度.

 (1) 把 T 表示成 h 的函数；

 (2) 求这座山的相对高度；

 (3) 在相对高度多少时，气温为 17.6℃.

B 组

1. 一扇窗户的上面一部分是半圆形，下面一部分是矩形. 已知窗户的周长是 9 m，试把窗户的面积 A 表示为宽 x 的函数(如图所示).

2. 已知函数 $f(x) = \dfrac{1}{x+1}$，求：(1) $f(x-1)$；(2) $f[f(x)]$.

3. 在室温不变的条件下，热的物体温度下降的速率与温差(物体温度与室温之差)成正比. 现从微波炉中取出一杯牛奶，室温 20℃，且测得在牛奶温度为 70℃ 时，牛奶温度下降的速率为 1℃/min. 试把牛奶温度下降的速率 R(单位：℃/min)表示成牛奶温度 θ(单位：℃)的函数.

第 1 题图

4. 函数 $y=f(x)$ 的图像如图所示，求出 $f(x)$ 的表达式.

5. 目前许多城市的固定电话主叫本市区内电话的计费方式为：每次主叫从对方摘机开始，通话 3 min(不含 3 min)以内，收费 0.22 元；从满 3 分钟开始，按每分钟 0.11 元计费(不足 1 min 按 1 min 计算). 用 t(单位：min)和 P(单位：元)分别表示一次主叫本市区内电话的通话时间和所需费用，并假定一次通话在 6 min 以内.

 (1) 把 P 表示成 t 的函数；

 (2) 画出函数 $P=f(t)$ 的图像.

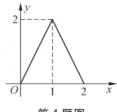

第 4 题图

§2-3 增、减函数和奇、偶函数

⊙增函数、减函数、单调性　⊙奇函数、偶函数、奇偶性　⊙ $y=f(x)$ 和 $y=f(-x)$ 的图像关系

一、增函数和减函数

如图 2-21 所示,函数 $y=x^2$ 和 $y=\sqrt{x}$ 在区间 $[0,+\infty)$ 上,以及函数 $y=x^3$ 在区间 $(-\infty,+\infty)$ 上,它们的图像自左向右都是上升的,这表明函数值是随着自变量的增加而增加的;函数 $y=x^2$ 在区间 $(-\infty,0)$ 上,以及 $y=\dfrac{1}{x}$ 分别在 $(-\infty,0)$ 和 $(0,+\infty)$ 上,它们的图像自左向右都是下降的,这表明函数值是随着自变量的增加而减少的.在某个区间上,随着自变量增大,函数值也增大,或者相反,随着自变量增大,函数值反而减小,许多函数都具有这样的特性.下面给出增函数和减函数的定义.

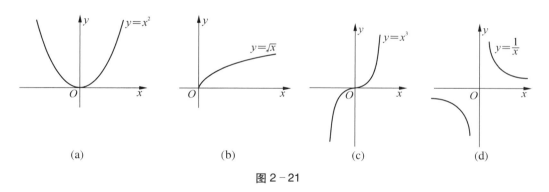

图 2-21

定义 1 设函数 $y=f(x)$,I 是某个区间:

(1) 如果对于 I 中任意的 x_1,x_2,且 $x_1<x_2$,都有

$$f(x_1)<f(x_2),$$

那么称 $f(x)$ 在 I 上是**增函数**,也称 $f(x)$ 在 I 上是**单调增加**的,称 I 是 $f(x)$ 的**单调增加区间**;

(2) 如果对于 I 中任意的 x_1,x_2,且 $x_1<x_2$,都有

$$f(x_1)>f(x_2),$$

那么称 $f(x)$ 在 I 上是**减函数**,也称 $f(x)$ 在 I 上是**单调减少**的,称 I 是 $f(x)$ 的**单调减少区间**.

增函数和减函数统称为**单调函数**,单调增加区间和单调减少区间统称为**单调区间**.当 $y = f(x)$ 是某个区间上的单调函数时,就称 $f(x)$ 在这一区间上具有**单调性**.

在某个区间上,如果函数图像自左向右是上升的,那么函数在这个区间上是增函数;如果函数图像自左向右是下降的,那么函数在这个区间上是减函数.

例1 如图 2 – 22 所示,说出函数 $y = f(x)$ 的单调区间,并指出在各区间上 $f(x)$ 是增函数还是减函数.

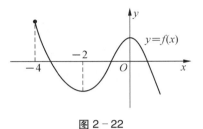

图 2 – 22

解 函数 $y = f(x)$ 的单调区间有 $[-4, -2)$、$[-2, 0)$ 以及 $[0, +\infty)$.$f(x)$ 在区间 $[-4, -2)$、$[0, +\infty)$ 上是减函数,在 $[-2, 0)$ 上是增函数.

练习

1. 指出下列函数在区间 $(-\infty, +\infty)$ 上是否具有单调性,如果有,它是增函数还是减函数?

   (1) $f(x) = \dfrac{1}{3}x - 5$;　　　　　　(2) $f(x) = 6 - \dfrac{1}{2}x$;

   (3) $f(x) = x^2 + 2x + 1$;　　　　　　(4) $f(x) = -\dfrac{1}{x}$.

2. 函数 $y = x^2 + 2$ 的单调增加区间为_____,单调减少区间为_____;函数 $y = (x + 2)^2$ 的单调增加区间为_____,单调减少区间为_____.

二、奇函数和偶函数

经常可以见到图像具有某种对称性的函数,例如,函数 $y = x^2$ 的图像(图 2 – 21(a))关于 y 轴对称,函数 $y = x^3$ 和 $y = \dfrac{1}{x}$ 的图像(图 2 – 21(c)、(d))都是关于原点对称的.函数 $y = f(x)$ 的图像关于 y 轴对称,意味着图像上所有横坐标互为相反数的两个点的纵坐标都相等(如图 2 – 23(a)所示);函数图像关于原点对称,意味着所有横坐标互为相反数的两个点的纵坐标也互为相反数(如图 2 – 23(b)所示).对图像具有这两种对称性的函数,给出下面的定义.

定义2 设函数 $y = f(x)$,对于其定义域内的任意一个 x:

如果 $f(-x) = f(x)$,那么称 $f(x)$ 是**偶函数**;

如果 $f(-x) = -f(x)$,那么称 $f(x)$ 是**奇函数**.

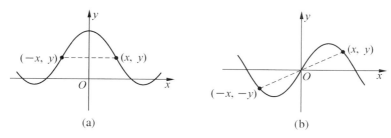

图 2 - 23

上面说到的 $y = x^2$ 是偶函数，$y = x^3$ 和 $y = \dfrac{1}{x}$ 都是奇函数.

如果函数 $y = f(x)$ 是奇函数或偶函数，就说 $f(x)$ 具有**奇偶性**.

偶函数的图像关于 y 轴对称，反之，图像关于 y 轴对称的函数是偶函数；奇函数的图像关于原点对称，反之，图像关于原点对称的函数是奇函数.

例 2 判断下列函数是否为奇函数或者偶函数：

（1）$f(x) = 3x^4 + 1$；

（2）$f(x) = x^2 - 2x$；

（3）$f(x) = 3x - x^3$；

（4）$f(x) = \dfrac{1}{\sqrt{x}}$.

解 （1）因为

$$f(-x) = 3(-x)^4 + 1 = 3x^4 + 1 = f(x),$$

所以 $f(x) = 3x^4 + 1$ 为偶函数.

（2）$f(-x) = (-x)^2 - 2(-x) = x^2 + 2x$，由于 $f(-x) \neq f(x)$ 且 $f(-x) \neq -f(x)$，所以 $f(x) = x^2 - 2x$ 既非偶函数，也非奇函数.

（3）因为

$$f(-x) = 3(-x) - (-x)^3 = -3x + x^3$$
$$= -(3x - x^3) = -f(x),$$

所以 $f(x) = 3x - x^3$ 为奇函数.

（4）$f(x) = \dfrac{1}{\sqrt{x}}$ 的定义域为 $(0, +\infty)$，对其定义域内任意给定的 x，$-x < 0$，因而 $-x$ 不在定义域内，$f(-x)$ 不存在，所以这个函数不满足定义 2 的要求，因此，函数 $f(x) = \dfrac{1}{\sqrt{x}}$ 既非奇函数，也非偶函数.

一般地，如果函数 $y = f(x)$ 的定义域不关于原点对称，那么 $f(x)$ 不具有奇偶性.

画偶函数或奇函数的图像时，可以先画出在 y 轴右侧（或左侧）的那一部分，然后利用对

称性再画出在 y 轴左侧(或右侧)的那一部分.

练习

1. 判断下列函数是否为奇函数或者偶函数:

   (1) $f(x) = 3x^5$; (2) $f(x) = x^3 + 1$;

   (3) $f(x) = x^6 + \dfrac{3}{x^2}$; (4) $f(x) = \dfrac{x}{1 + x^2}$.

2. (1) 已知函数 $y = f(x)$ 为偶函数,它的图像在 y 轴右侧的那一半已经画出(如图所示),试画出在 y 轴左侧的那一半;

   (2) 已知函数 $y = \varphi(x)$ 为奇函数,它的图像在 y 轴右侧的那一半已经画出(如图所示),试画出在 y 轴左侧的那一半.

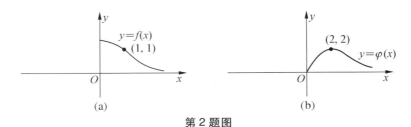

第 2 题图

如图 2-24 所示,函数 $f(x) = 2x + 1$ 和函数 $f(-x) = -2x + 1$ 的图像关于 y 轴对称;函数 $g(x) = \sqrt{x}$ 和 $g(-x) = \sqrt{-x}$ 的图像也关于 y 轴对称.事实上,容易知道

函数 $y = f(x)$ 和函数 $y = f(-x)$ 的图像关于 y 轴对称.

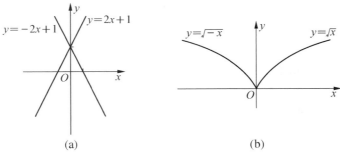

图 2-24

另外,还容易知道函数 $y = f(x)$ 和 $y = -f(x)$ 的图像具有如下关系:

> 函数 $y=f(x)$ 和函数 $y=-f(x)$ 的图像关于 x 轴对称.

　　了解函数图像间的这些简单关系,对我们识别函数、画相关函数的图像都是有益的.
图 2-25(a)画出了函数 $y=f(x)=2x+1$ 和 $y=-f(x)=-2x-1$ 的图像,图 2-25(b)画出了
函数 $y=g(x)=\sqrt{x}$ 和 $y=-g(x)=-\sqrt{x}$ 的图像.

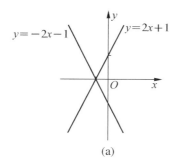
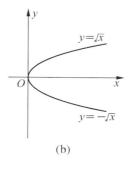

图 2-25

§2-3　微课视频

练习

1. 已知函数 $y=f(x)$ 的图像(如图所示),试画出函数 $y=f(-x)$ 和函数 $y=-f(x)$ 的图像.

2. 填空:已知点 (a,b) 在函数 $y=f(x)$ 的图像上,那么点_____一定在函数 $y=f(-x)$ 的图像上,点_____一定在函数 $y=-f(x)$ 的图像上.

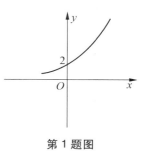

第 1 题图

习题 2-3

A 组

1. 设函数 $y=f(x)$,其图像如图所示.填空:$f(x)$ 的定义域是_____,值域是_____,单调减少区间是_____,单调增加区间是_____;在点 $x=$_____处函数值最大,这个最大值是_____;这个函数具有奇偶性吗?_____(回答"有"或"无").

2. 一辆汽车启动后沿着直线道路向前行驶,在前 4 分钟内,它的速率变化情况如图所示.试用语言描述这辆汽车在前 4 分钟内速率是如何变化的.

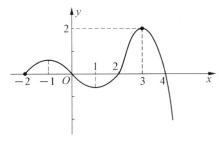

第1题图

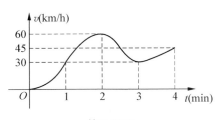

第2题图

3. 从冰箱内取出一杯 5℃ 的牛奶直接放入微波炉中加热了 3 min, 牛奶温度达到了 90℃, 然后取出放在桌上, 又过了 30 min 去喝时, 牛奶温度已降到大约 25℃, 于是又放入微波炉加热了 2 min, 牛奶温度又达到了大约 80℃. 用 t (单位: min)和 θ (单位: ℃) 分别表示时间和牛奶温度, 试画出函数 $\theta = \theta(t)$ 的粗略图像.

4. 填空:

(1) 设函数 $y = f(x)$ 为奇函数, 点 $(-6, -1)$ 在 $y = f(x)$ 的图像上, 那么点 _____ 一定也在 $y = f(x)$ 的图像上.

(2) 设函数 $y = f(x)$ 为偶函数, 已知 $f(1) = -2$, 那么 $f(-1) =$ _____.

5. 设函数 $y = f(x)$ 在区间 $[0, a]$ 上是增函数, 回答下列问题:

(1) 如果 $f(x)$ 又是奇函数, 那么它在 $[-a, 0]$ 上是增函数还是减函数;

(2) 如果 $f(x)$ 又是偶函数, 那么它在 $[-a, 0]$ 上是增函数还是减函数.

6. 判断下列函数是否为奇函数或者偶函数:

(1) $f(x) = 3x - \dfrac{1}{2x}$;

(2) $f(x) = \dfrac{1}{x^4} - 1$;

(3) $f(x) = \dfrac{|x|}{1 + x^2}$;

(4) $f(x) = |x - 2|$.

7. 画出函数 $f(x) = -\dfrac{1}{x}$ $(x > 0)$ 的图像, 并用此图像画出函数 $y = f(-x)$ 和 $y = -f(x)$ 的图像.

B 组

1. (1) 设函数 $y = f(x)$ 在区间 $[a, b]$ 上是增函数, 回答下列问题:

① 在 $[a, b]$ 上的哪一点函数值最大?

② 在 $[a, b]$ 上的哪一点函数值最小?

(2) 如果 $y = f(x)$ 在 $[a, b]$ 上是减函数, 试回答上述问题①、②.

2. 函数 $f(x) = 1$ $(x \in \mathbf{R})$ 是否为奇函数或者偶函数?

3. 设函数 $y = f(x)$ 的定义域关于原点对称,试证明:

(1) $F(x) = \dfrac{1}{2}\left[f(x) + f(-x)\right]$ 是偶函数;

(2) $G(x) = \dfrac{1}{2}\left[f(x) - f(-x)\right]$ 是奇函数;

(3) $f(x)$ 能表示成一个偶函数与一个奇函数之和.

§2-4　幂的推广和幂函数

⊙整数指数幂　⊙ n 次方根　⊙根式　⊙分数指数幂　⊙幂函数的定义　⊙几个常见幂函数的图像、特性

一、整数指数幂

在初中学习过的正整数指数幂的定义是:

$$a^n = \underbrace{a \cdot a \cdot \cdots \cdot a}_{n \uparrow a} \quad (n \in \mathbf{N}_+);$$

运算性质是:

$$a^m \cdot a^n = a^{m+n} \quad (m、n \in \mathbf{N}_+);$$
$$(a^m)^n = a^{mn} \quad (m、n \in \mathbf{N}_+);$$
$$(ab)^n = a^n b^n \quad (n \in \mathbf{N}_+);$$
$$a^m \div a^n = a^{m-n} \ (a \neq 0,\ m、n \in \mathbf{N}_+,\text{且}\ m > n).$$

还学习过指数幂为 0 和负整数:

$$a^0 = 1\ (a \neq 0),\ a^{-n} = \frac{1}{a^n}\ (a \neq 0,\ n \in \mathbf{N}_+).$$

上面关于正整数指数幂的运算性质,对负整数指数幂仍然适用.例如,当 $a \neq 0$ 且 $b \neq 0$ 时,有

$$a^{-2} \cdot a^{-3} = \frac{1}{a^2} \cdot \frac{1}{a^3} = \frac{1}{a^5} = a^{-5} = a^{(-2)+(-3)};$$

$$(a^{-2})^{-3} = \left(\frac{1}{a^2}\right)^{-3} = \frac{1}{\left(\dfrac{1}{a^2}\right)^3} = \frac{1}{\dfrac{1}{a^6}} = a^6 = a^{(-2)(-3)};$$

$$(ab)^{-3} = \frac{1}{(ab)^3} = \frac{1}{a^3 b^3} = \frac{1}{a^3} \cdot \frac{1}{b^3} = a^{-3} \cdot b^{-3};$$

$$a^{-2} \div a^{-3} = \frac{1}{a^2} \div \frac{1}{a^3} = \frac{a^3}{a^2} = a^3 \div a^2 = a^1 = a^{(-2)-(-3)}.$$

一般地,可以知道,整数指数幂具有和正整数指数幂相同的运算性质,即有

(1) $a^m \cdot a^n = a^{m+n}$ $(a \neq 0, m、n \in \mathbf{Z})$;

(2) $(a^m)^n = a^{mn}$ $(a \neq 0, m、n \in \mathbf{Z})$;

(3) $(ab)^n = a^n b^n$ $(a \neq 0, b \neq 0, n \in \mathbf{Z})$.

因为 $\qquad\qquad a^m \div a^n = a^m \cdot a^{-n},$

根据整数指数幂的运算性质(1),有

$$a^m \cdot a^{-n} = a^{m-n},$$

所以 $\qquad\qquad a^m \div a^n = a^{m-n}.$

这说明 $a^m \div a^n = a^{m-n}$ 这一性质已经含在了性质(1)中,无需单独列出.因此,上面列出的整数指数幂的运算性质是三条.

例 1 求下列各式的值:

(1) $3^{-4} \cdot 3^7$;

(2) $\left[\left(\frac{1}{2}\right)^{-2}\right]^{-3} \cdot \left[\left(\frac{1}{2}\right)^{-9} \div \left(\frac{1}{2}\right)^{-5}\right]$.

解 (1) $3^{-4} \cdot 3^7 = 3^{-4+7} = 3^3 = 27.$

(2) $\left[\left(\frac{1}{2}\right)^{-2}\right]^{-3} \cdot \left[\left(\frac{1}{2}\right)^{-9} \div \left(\frac{1}{2}\right)^{-5}\right] = \left(\frac{1}{2}\right)^{(-2)(-3)} \cdot \left(\frac{1}{2}\right)^{-9-(-5)}$

$$= \left(\frac{1}{2}\right)^6 \cdot \left(\frac{1}{2}\right)^{-4} = \left(\frac{1}{2}\right)^2 = \frac{1}{4}.$$

例 2 计算下列各式:

(1) $(-3x^{-4})^3$;

(2) $(x^3 y^2)^{-5} \cdot (x^{-4} y^{-3})^{-4}$.

解 (1) $(-3x^{-4})^3 = (-3)^3 \cdot (x^{-4})^3 = -27x^{-12}.$

(2) $(x^3 y^2)^{-5} \cdot (x^{-4} y^{-3})^{-4} = x^{-15} \cdot y^{-10} \cdot x^{16} \cdot y^{12} = xy^2.$

练习

计算下列各式:

（1）$2^{-5} \cdot 2^{-2}$； （2）$(a^{-6})^{-3}$；

（3）$(-x^3 y^2)^{-3}$； （4）$(3^{-5} \div 3^7)(3^{-5})^{-2}$.

二、根式

1. n 次方根

平方根和立方根的概念我们已经知道．对一个数 x，如果 $x^2=a$，那么 x 就叫做 a 的平方根或二次方根；如果 $x^3=a$，那么 x 就叫做 a 的立方根或三次方根．例如，5 和 -5 都是 25 的平方根，正数 5 又叫做 25 的算术平方根；3 是 27 的立方根；-3 是 -27 的立方根．

一般地，有下面的 n 次方根概念：

> 如果一个数 x 的 n 次方等于 a，即 $x^n=a$，那么 x 叫做 a 的 n 次方根，其中 $n \in \mathbf{N}_+$，且 $n>1$.

例如，因为 $2^4=16$，$(-2)^4=16$，所以 2 和 -2 都是 16 的 4 次方根；因为 $\left(\dfrac{1}{2}\right)^5 = \dfrac{1}{32}$，$\left(-\dfrac{1}{2}\right)^5 = -\dfrac{1}{32}$，所以 $\dfrac{1}{2}$ 是 $\dfrac{1}{32}$ 的 5 次方根，$-\dfrac{1}{2}$ 是 $-\dfrac{1}{32}$ 的 5 次方根．在这里我们看到，16 的 4 次方根有两个，$\dfrac{1}{32}$ 和 $-\dfrac{1}{32}$ 的 5 次方根都只有 1 个．一般地，有下列情形（其中 $n \in \mathbf{N}_+$，且 $n>1$）：

（1）当 n 是奇数时，一个数的 n 次方根只有 1 个．正数的 n 次方根是一个正数；负数的 n 次方根是一个负数，即

正数的奇数次方根是一个正数；负数的奇数次方根是一个负数.

对于奇数 n，a 的 n 次方根记作 $\sqrt[n]{a}$．例如，$\dfrac{1}{32}$ 和 $-\dfrac{1}{32}$ 的 5 次方根 $\dfrac{1}{2}$ 和 $-\dfrac{1}{2}$ 分别可以记作 $\sqrt[5]{\dfrac{1}{32}}$ 和 $\sqrt[5]{-\dfrac{1}{32}}$，即

$$\sqrt[5]{\dfrac{1}{32}} = \dfrac{1}{2}, \quad \sqrt[5]{-\dfrac{1}{32}} = -\dfrac{1}{2}.$$

由这两个式子又得到

$$\sqrt[5]{-\dfrac{1}{32}} = -\sqrt[5]{\dfrac{1}{32}}.$$

一般地，如果 a 是正数，n 是正奇数，那么

$$\sqrt[n]{-a} = -\sqrt[n]{a}.$$

（2）当 n 是偶数时，又分两种情形：

① **一个正数的偶数次方根有两个,并且这两个数互为相反数.**

对于偶数 n，正数 a 的正的那一个 n 次方根叫做 a 的 **n 次算术根**，记作 $\sqrt[n]{a}$，负的 n 次方根记作 $-\sqrt[n]{a}$，这两个 n 次方根可以合并记作 $\pm\sqrt[n]{a}$.

例如，16 的 4 次方根可以记作 $\pm\sqrt[4]{16} = \pm 2$，其中 2 是 16 的 4 次算术根.

② **负数没有偶数次方根.**

（3）0 的 n 次方根记作 $\sqrt[n]{0}$，**0 的任何次方根仍然是 0**，因此，总有 $\sqrt[n]{0} = 0$.

求一个数 a 的 n 次方根的运算，叫做**开 n 次方**.

2. 根式

式子 $\sqrt[n]{a}$ 叫做根式，其中 a 叫做被开方数，n 叫做根指数.

例如，$\sqrt[7]{128}$，被开方数是 128，根指数是 7.

因为 $\sqrt[5]{32} = 2$，$\sqrt[5]{-32} = -2$，$\sqrt[4]{81} = 3$，所以

$$(\sqrt[5]{32})^5 = 2^5 = 32,$$

$$(\sqrt[5]{-32})^5 = (-2)^5 = -32,$$

$$(\sqrt[4]{81})^4 = 3^4 = 81.$$

一般地，根据 n 次方根的意义，可以知道

$$(\sqrt[n]{a})^n = a.$$

但式子 $\sqrt[n]{a^n}$ 就不一定等于 a. 一般地，有下面的结论：

当 n 是奇数时，$\sqrt[n]{a^n} = a$；

当 n 是偶数时，$\sqrt[n]{a^n} = |a| = \begin{cases} a, & \text{当 } a \geqslant 0 \text{ 时,} \\ -a, & \text{当 } a < 0 \text{ 时.} \end{cases}$

例如：

$$\sqrt[5]{2^5} = 2, \quad \sqrt[5]{(-2)^5} = -2;$$

$$\sqrt[4]{3^4} = 3, \quad \sqrt[4]{(-3)^4} = |-3| = 3 \neq -3.$$

练习

1. 填空：

（1）128 的 7 次方根是_____，-128 的 7 次方根是_____；

（2）0 的 8 次方根是_____；

（3）0.001 6 的 4 次方根是_____，4 次算术根是_____；

（4）10^6 的 6 次方根是_____，6 次算术根是_____.

2. 求下列各式的值：

（1）$\sqrt[3]{(-4)^3}$；　　　　（2）$\sqrt{(-4)^2}$；　　　　（3）$\sqrt[6]{(3-\pi)^6}$.

三、分数指数幂

当根式的被开方数的指数能被根指数整除时，例如，$\sqrt[4]{a^{12}}$ 和 $\sqrt[5]{b^{10}}$，根据整数指数幂的运算性质（2）和 $\sqrt[n]{a^n}$ 与 a 的关系，可得

$$\sqrt[4]{a^{12}} = \sqrt[4]{(a^3)^4} = a^3 = a^{\frac{12}{4}}\ (a>0),$$

$$\sqrt[5]{b^{10}} = \sqrt[5]{(b^2)^5} = b^2 = b^{\frac{10}{5}}.$$

这就把根式 $\sqrt[4]{a^{12}}$ 和 $\sqrt[5]{b^{10}}$ 写成了分数指数幂的形式. 那么，当根式的被开方数的指数不能被根指数整除时，例如，象 $\sqrt[5]{a^3}$ 这样的根式，还能写成 $a^{\frac{3}{5}}$ 这个分数指数幂吗？事实上，如果整数指数幂的运算性质对分数指数幂也成立，那么就有

$$(a^{\frac{3}{5}})^5 = a^3,$$

根据 n 次方根的意义，可以把 $a^{\frac{3}{5}}$ 看成是 a^3 的 5 次方根，所以

$$\sqrt[5]{a^3} = a^{\frac{3}{5}}.$$

一般地，规定：

（1）$a^{\frac{m}{n}} = \sqrt[n]{a^m}$（$m$、$n \in \mathbf{N}_+$，且 $n>1$，当 n 为偶数时，$a \geq 0$；当 n 为奇数时，$a \in \mathbf{R}$）；

（2）$a^{-\frac{m}{n}} = \dfrac{1}{a^{\frac{m}{n}}}$（$m$、$n \in \mathbf{N}_+$，且 $n>1$，当 n 为偶数时，$a>0$；当 n 为奇数时，$a \in \mathbf{R}$，且 $a \neq 0$）；

（3）0 的正分数指数幂等于 0，0 的负分数指数幂无意义.

这样，就把幂推广到了有理数指数幂，还可以进一步推广到实数指数幂. 有理数指数幂与

整数指数幂有相同的运算性质,即

> (**1**) $a^r \cdot a^s = a^{r+s}$　($a > 0$, r、$s \in \mathbf{Q}$);
>
> (**2**) $(a^r)^s = a^{rs}$　($a > 0$, r、$s \in \mathbf{Q}$);
>
> (**3**) $(ab)^r = a^r b^r$　($a > 0$, $b > 0$, $r \in \mathbf{Q}$).

在这些运算性质中都注明了 $a>0$ 或 $b>0$,这就保证了其中每一个有理数指数幂都有意义和运算性质成立.事实上,在实际使用中,只要 a、b 的值能使相应的幂有意义就行.例如,在 $a^{\frac{4}{7}}$ 中,a 可以是任何实数;在 $a^{\frac{5}{6}}$ 中,a 是非负数即可.

例 3　求下列分数指数幂的值:

(1) $9^{\frac{1}{2}}$;　　　　(2) $27^{\frac{2}{3}}$;　　　　(3) $\left(\dfrac{1}{16}\right)^{-\frac{3}{4}}$;　　　　(4) $\left(\dfrac{8}{27}\right)^{-\frac{4}{3}}$.

解　(1) $9^{\frac{1}{2}} = (3^2)^{\frac{1}{2}} = 3^{2 \times \frac{1}{2}} = 3^1 = 3$.

　　(2) $27^{\frac{2}{3}} = (3^3)^{\frac{2}{3}} = 3^{3 \times \frac{2}{3}} = 3^2 = 9$.

　　(3) $\left(\dfrac{1}{16}\right)^{-\frac{3}{4}} = (2^{-4})^{-\frac{3}{4}} = 2^{(-4) \cdot \left(-\frac{3}{4}\right)} = 2^3 = 8$.

　　(4) $\left(\dfrac{8}{27}\right)^{-\frac{4}{3}} = \left[\left(\dfrac{2}{3}\right)^3\right]^{-\frac{4}{3}} = \left(\dfrac{2}{3}\right)^{3 \times \left(-\frac{4}{3}\right)} = \left(\dfrac{2}{3}\right)^{-4} = \left(\dfrac{3}{2}\right)^4 = \dfrac{81}{16}$.

例 4　计算下列各式:

(1) $(a^{\frac{1}{2}} + b^{\frac{1}{2}}) \cdot (a^{\frac{1}{2}} - b^{\frac{1}{2}})$;　　　　　　(2) $\sqrt[4]{a} \cdot \sqrt{a\sqrt{a}}$;

(3) $\left(\dfrac{1}{2} x^{\frac{2}{3}} y^{\frac{4}{3}}\right) \cdot (-6 x^{\frac{3}{2}} y^{-\frac{1}{2}}) \div (3 x^{\frac{13}{6}} y^{\frac{5}{6}})$.

解　(1) $(a^{\frac{1}{2}} + b^{\frac{1}{2}}) \cdot (a^{\frac{1}{2}} - b^{\frac{1}{2}}) = (a^{\frac{1}{2}})^2 - (b^{\frac{1}{2}})^2 = a - b$.

　　(2) $\sqrt[4]{a} \cdot \sqrt{a\sqrt{a}} = a^{\frac{1}{4}} \cdot (a \cdot a^{\frac{1}{2}})^{\frac{1}{2}} = a^{\frac{1}{4}} \cdot a^{\frac{3}{4}} = a^{\frac{1}{4} + \frac{3}{4}} = a^1 = a$.

　　(3) 原式 $= \left[\dfrac{1}{2} \times (-6) \div 3\right] (x^{\frac{2}{3}} \cdot x^{\frac{3}{2}} \cdot x^{-\frac{13}{6}}) (y^{\frac{4}{3}} \cdot y^{-\frac{1}{2}} \cdot y^{-\frac{5}{6}})$

　　　　$= -x^{\frac{2}{3} + \frac{3}{2} - \frac{13}{6}} y^{\frac{4}{3} - \frac{1}{2} - \frac{5}{6}} = -x^0 y^0 = -1$.

例 5　利用 MATLAB 计算下列各式的值(结果保留五位有效数字):

(1) $3.2^{\frac{3}{2}}$;　　　　(2) $\sqrt[7]{130}$;　　　　(3) $23^{-\frac{4}{5}}$;　　　　(4) $-0.25^{0.7}$.

解 在 MATLAB 命令窗口中提示符"＞＞"后输入下列语句：

（1）3.2^(3/2)

输出结果为：ans = 5.724 3，即 $3.2^{\frac{3}{2}} = 5.724\ 3$.

（2）130^(1/7)

输出结果为：ans = 2.004 4，即 $\sqrt[7]{130} = 2.004\ 4$.

（3）23^(-4/5)

输出结果为：ans = 0.081 4，即 $23^{-\frac{4}{5}} = 0.081\ 4$.

（4）-0.25^0.7

输出结果为：ans = - 0.378 9，即 $-0.25^{0.7} = -0.378\ 9$.

注 利用 MATLAB 进行数值计算，只要按照语法规则把要计算的式子输入，再按 Enter 键，就可得到要求式子的值，非常方便易学. 更多 MATLAB 语法规则，请查阅本书中的 MATLAB 实验（一）.

练习

1. 用分数指数幂表示下列各式：

　（1）$\sqrt[4]{x^5}$；　　　　　　　　　　（2）$\sqrt[3]{x^4}$；

　（3）$\sqrt{\sqrt{x}}$；　　　　　　　　　　（4）$\sqrt[3]{x^5} \cdot \sqrt{x^3}$.

2. 用根式表示下列各式：

　（1）$a^{\frac{3}{7}}$；　　　　　　　　　　（2）$a^{\frac{1}{4}}$；

　（3）$a^{-\frac{3}{5}}$；　　　　　　　　　　（4）$a^{-\frac{5}{2}}$.

3. 计算下列各式：

　（1）$a^{\frac{2}{3}} \cdot a^{-\frac{7}{6}}$；　　　　　（2）$a^{\frac{2}{3}} \div a^{-\frac{10}{3}}$；　　　　　（3）$\left(a^{\frac{5}{9}}\right)^{-\frac{9}{10}}$.

4. 利用 MATLAB 计算下列幂的值（结果保留四个有效数字）：

　（1）$8.1^{\frac{2}{3}}$；　　　（2）$\left(\dfrac{13}{27}\right)^{-\frac{3}{4}}$；　　　（3）$\sqrt[5]{26}$；　　　（4）$16^{0.1}$.

四、幂函数

已经见到过的函数 $y = x = x^1$，$y = x^2$，$y = x^3$，$y = \dfrac{1}{x} = x^{-1}$，$y = \sqrt{x} = x^{\frac{1}{2}}$ 等，它们的表达式都是一个幂的形式，且指数是常数，底数是自变量，对于这样的函数，有如下定义：

定义　函数 $y = x^\alpha$ 叫做**幂函数**,其中 x 是自变量,α 是实常数.

例6　求下列幂函数的定义域:

(1) $y = x^{\frac{2}{3}}$;　　　　　(2) $y = x^{\frac{3}{4}}$;　　　　(3) $y = x^{-\frac{1}{2}}$;　　　　(4) $y = x^{-\frac{3}{5}}$.

解　(1) $y = x^{\frac{2}{3}} = \sqrt[3]{x^2}$. x 取任意实数 $\sqrt[3]{x^2}$ 都有意义,所以函数 $y = x^{\frac{2}{3}}$ 的定义域是 $(-\infty, +\infty)$.

(2) $y = x^{\frac{3}{4}} = \sqrt[4]{x^3}$. 当 $x < 0$ 时,$\sqrt[4]{x^3}$ 无意义,而当 $x \geqslant 0$ 时,$\sqrt[4]{x^3}$ 都有意义,所以函数 $y = x^{\frac{3}{4}}$ 的定义域是 $[0, +\infty)$.

(3) $y = x^{-\frac{1}{2}} = \dfrac{1}{\sqrt{x}}$. 当 $x \leqslant 0$ 时,$\dfrac{1}{\sqrt{x}}$ 无意义,而当 $x > 0$ 时,$\dfrac{1}{\sqrt{x}}$ 都有意义,所以函数 $y = x^{-\frac{1}{2}}$ 的定义域是 $(0, +\infty)$.

(4) $y = x^{-\frac{3}{5}} = \dfrac{1}{\sqrt[5]{x^3}}$. 当 $x = 0$ 时,$\dfrac{1}{\sqrt[5]{x^3}}$ 无意义,而当 $x \neq 0$ 时,$\dfrac{1}{\sqrt[5]{x^3}}$ 都有意义,所以函数 $y = x^{-\frac{3}{5}}$ 的定义域是 $(-\infty, 0) \cup (0, +\infty)$.

从上面的例子可以看出,幂函数 $y = x^\alpha$ 的定义域取决于指数 α.

例7　求下列函数的定义域:

(1) $y = (1 - 3x)^{-\frac{1}{4}}$;　　　　　　　　(2) $y = (2x + 5)^{\frac{1}{2}} + (x - 3)^{-\frac{1}{5}}$.

解　(1) $y = (1 - 3x)^{-\frac{1}{4}} = \dfrac{1}{\sqrt[4]{1 - 3x}}$. 当 $1 - 3x \leqslant 0$ 时,$\dfrac{1}{\sqrt[4]{1 - 3x}}$ 无意义,而当 $1 - 3x > 0$ 时,

$\dfrac{1}{\sqrt[4]{1 - 3x}}$ 都有意义,所以这个函数的定义域是不等式 $1 - 3x > 0$ 的解集.解这个不等式,得

$x < \dfrac{1}{3}$,即函数 $y = (1 - 3x)^{-\frac{1}{4}}$ 的定义域是 $\left(-\infty, \dfrac{1}{3}\right)$.

(2) $y = (2x + 5)^{\frac{1}{2}} + (x - 3)^{-\frac{1}{5}} = \sqrt{2x + 5} + \dfrac{1}{\sqrt[5]{x - 3}}$. 这个函数的定义域是能够使

$(2x + 5)^{\frac{1}{2}}$ 和 $(x - 3)^{-\frac{1}{5}}$ 同时都有意义的实数 x 的集合,也就是不等式组

$$\begin{cases} 2x + 5 \geqslant 0, \\ x - 3 \neq 0 \end{cases}$$

的解集.解这个不等式组,得 $x \geqslant -\dfrac{5}{2}$,且 $x \neq 3$.所以函数 $y = (2x + 5)^{\frac{1}{2}} + (x - 3)^{-\frac{1}{5}}$ 的定义域

是 $\left[-\dfrac{5}{2},\,3\right) \cup (3,\,+\infty)$.

下面将几个常见的幂函数的定义域、图像以及单调性、奇偶性汇集在表 2 - 5 中,以利于学习、掌握,其中函数 $y = x^{\frac{1}{3}}$,$y = x^{\frac{2}{3}}$ 和 $y = x^{-2}$ 的图像是新给出的.

表 2 - 5

函数及其定义域	图 像	单 调 性	奇偶性
$y = x$ 定义域:$(-\infty,\,+\infty)$		在$(-\infty,\,+\infty)$上单调增加	奇函数
$y = x^2$ 定义域:$(-\infty,\,+\infty)$		在$(-\infty,\,0)$上单调减少;在$(0,\,+\infty)$上单调增加	偶函数
$y = x^3$ 定义域:$(-\infty,\,+\infty)$		在$(-\infty,\,+\infty)$上单调增加	奇函数
$y = x^{-1} = \dfrac{1}{x}$ 定义域: $(-\infty,\,0) \cup (0,\,+\infty)$		在$(-\infty,\,0)$上单调减少;在$(0,\,+\infty)$上单调减少	奇函数
$y = x^{-2} = \dfrac{1}{x^2}$ 定义域: $(-\infty,\,0) \cup (0,\,+\infty)$		在$(-\infty,\,0)$上单调增加;在$(0,\,+\infty)$上单调减少	偶函数

（续表）

函数及其定义域	图　像	单　调　性	奇偶性
$y = x^{\frac{1}{2}} = \sqrt{x}$ 定义域：$[0, +\infty)$		在 $[0, +\infty)$ 上单调增加	（不具有）
$y = x^{\frac{1}{3}} = \sqrt[3]{x}$ 定义域：$(-\infty, +\infty)$		在 $(-\infty, +\infty)$ 上单调增加	奇函数
$y = x^{\frac{2}{3}} = \sqrt[3]{x^2}$ 定义域：$(-\infty, +\infty)$		在 $(-\infty, 0)$ 上单调减少；在 $(0, +\infty)$ 上单调增加	偶函数

例 8　已知某种轿车以 112 km/h 的速度行驶时,刹车距离(从刹车到停下来这段时间内车继续前进的距离)为 54 m.假定刹车距离与速度的平方成正比,试分别求出这种轿车速度为 60 km/h 和 180 km/h 时的刹车距离.

解　分别用 s 和 v 表示刹车距离和车的速度,k 为比例系数,根据题意,得

$$s = kv^2.$$

将 $v = 112$,$s = 54$ 代入上式,得

$$54 = k \times 112^2,$$

解得 $k = 0.004\ 3$(精确到万分之一),于是

$$s = 0.004\ 3v^2.$$

分别将 $v_1 = 60 (\text{km/h})$ 和 $v_2 = 180 (\text{km/h})$ 代入,得

$$s_1 \approx 15 (\text{m}), \quad s_2 \approx 139 (\text{m}).$$

即这种轿车的速度为 60 km/h 和 180 km/h 时的刹车距离分别约为 15 m 和 139 m. v_2 是 v_1 的 3 倍,而 s_2 却是 s_1 的近 10 倍,足见速度对刹车距离的影响.

例 9　根据国家统计局数据,2015 年我国人口总数为 138 326 万,2020 年我国人口总数为 141 212 万,试求这 5 年间我国人口总数的年平均增长率.

解 设年平均增长率为 x, 由题意可知

$$141\,212 = 138\,326\,(1 + x)^5,$$

整理, 得

$$(1 + x)^5 = \frac{141\,212}{138\,326},$$

解得

$$x = \sqrt[5]{\frac{141\,212}{138\,326}} - 1.$$

利用 MATLAB 求解, 在 MATLAB 命令窗口输入下面语句:

$x = (141212/138326)^(1/5) - 1$

根据运行结果, 得到

$$x = 0.004\,1.$$

即这 5 年间我国人口总数的年平均增长率为 0.41%. 类似的方法, 可以计算出 2010～2015 年间我国人口总数的年平均增长率为 0.50%. 可以看出 2015～2020 年间的年平均增长率比 2010～2015 年间的又低了 0.09 个百分点. 人口总数的年平均增长率的持续降低, 易导致国家的劳动生产能力下降, 出现老龄化, 不利于社会稳定和经济发展. 因此, 2016 年 1 月 1 日, 我国正式施行"全面二孩政策".

练习

1. 求下列函数的定义域:

(1) $y = x^{\frac{2}{5}}$;   (2) $y = x^{\frac{5}{6}}$;   (3) $y = (x - 2)^{-\frac{1}{3}}$;   (4) $y = (x + 3)^{-\frac{1}{2}}$.

§2-4 微课视频

2. 密度大的陨星进入大气层时, 它的速度与它距地心距离的算术平方根成反比. 试把陨星的速度 v 表示为距地心距离 s 的函数.

习题 2-4

A 组

1. 用根式表示下列各式 ($a > 0$):

(1) $a^{\frac{2}{5}}$;   (2) $a^{\frac{5}{4}}$;   (3) $a^{-\frac{4}{3}}$; (4) $a^{-\frac{3}{10}}$.

2. 用幂的形式表示下列各式:

(1) $\sqrt[3]{a^2}$;   (2) $\frac{\sqrt{a}}{\sqrt{a^3}}$;   (3) $\sqrt[3]{a} \cdot \sqrt[4]{a}$;

（4）$\sqrt[6]{(a+b)^5}$；　　　　　　（5）$\sqrt{a\sqrt{a\sqrt{a}}}$；　　　　　　（6）$\sqrt[3]{a^6b^7}$.

3. 不使用计算器,计算下列各式的值:

（1）$(0.000\,32)^{\frac{1}{5}}$；　（2）$\left(\dfrac{36}{49}\right)^{\frac{3}{2}}$；　　　（3）$\left(\dfrac{64}{27}\right)^{-\frac{2}{3}}$；　　　（4）$10\,000^{-\frac{3}{4}}$.

4. 化简下列各式:

（1）$x^{\frac{3}{2}}\cdot x^{-\frac{1}{4}}\cdot x^{\frac{5}{8}}$；　　　　　　　　（2）$(a^{\frac{1}{6}}b^{-\frac{3}{4}})^{12}$；

（3）$\left(\dfrac{a^{-5}}{b^{10}}\right)^{-\frac{1}{5}}$；　　　　　　　（4）$3a^{-\frac{1}{3}}\left(\dfrac{1}{3}a^{-\frac{2}{3}}-a^{\frac{4}{3}}\right)$；

（5）$\sqrt{a}\div(\sqrt{a^3}\cdot\sqrt[3]{a^2})$；　　　　　（6）$(-4a^{-\frac{1}{5}}b^{\frac{6}{5}})(2a^{-\frac{11}{15}}b^{\frac{1}{15}})^{-3}$.

5. 利用 MATLAB 计算下列各式的值(结果保留四个有效数字):

（1）$25^{\frac{1}{3}}$；　　　　　　（2）$182^{\frac{2}{3}}$；　　　　　（3）$66^{-\frac{1}{2}}$；

（4）$99^{\frac{3}{4}}$；　　　　　　（5）$11.2^{-\frac{4}{5}}$；　　　　（6）$39.2^{-\frac{7}{4}}$.

6. 求下列函数的定义域:

（1）$y=(2x-1)^{\frac{1}{4}}$；　　　　　　　　（2）$y=(3-2x)^{-\frac{1}{3}}$；

（3）$y=(2x-5)^{-\frac{1}{2}}$；　　　　　　　（4）$y=x^{-\frac{5}{6}}+\dfrac{1}{x-3}$.

7. 判断下列函数是否为奇函数或偶函数:

（1）$f(x)=x^{\frac{1}{5}}$；　　　　　　　　　（2）$f(x)=x^{\frac{2}{5}}$；

（3）$f(x)=x^{\frac{3}{4}}$；　　　　　　　　　（4）$f(x)=x^{-\frac{6}{7}}-3$.

8. 按要求画出函数的图像:

（1）利用函数 $y=f(x)=x^3$ 的图像画出函数 $y=f(x)-1$ 和 $y=f(-x)$ 的图像;

（2）利用函数 $y=f(x)=\dfrac{1}{x^2}$ 的图像画出函数 $y=f(x-1)$ 和 $y=f(x-1)+1$ 的图像.

9. 已知半径为 r 的球的体积 $V=\dfrac{4}{3}\pi r^3$,试把球的半径表示为体积的函数.

10. 摆的周期(即摆往复一次所需的时间)与摆长的算术平方根成正比.设长为 1 米的摆的周期为 2 秒,T(单位:s)和 l(单位:m)分别表示摆的周期和摆长,k 为比例系数.

　　（1）求出函数关系式 $T=f(l)$；

　　（2）做一个周期为 3 秒的摆,摆长应是多少米?

11. 近些年来,我国的高等教育规模迅速扩大,普通高等学校招生人数大幅增加,1998 年时为 108 万,而 2006 年就达到了 540 万.试计算这 8 年间我国普通高等学校招生人数的平均年增长率.

12. 物体从静止状态自由下落,下落的距离与下落所经过的时间的平方成正比.已知在下落的前 2 秒内,物体下落了 19.6 米.

(1) 求出下落的距离 $S(\text{m})$ 与所经过的时间 $t(\text{s})$ 的函数关系式 $S = S(t)$;

(2) 从 10 米高处,每隔 0.2 秒有一滴水落下,在任意的瞬间下落途中有多少水滴?

B 组

1. 不论 α 是什么实常数,幂函数 $y = x^{\alpha}$ 在区间 $(0, +\infty)$ 上一定有定义吗? $y = x^{\alpha}$ 的图像一定经过哪一个点?

2. 在同一坐标系中画出下列各组中给出的三个函数的图像,观察它们有什么共同之处和不同之处,你发现了什么规律吗?

(1) $y = x^2$, $y = x^4$, $y = x^6$;(指数是正偶数)

(2) $y = x^3$, $y = x^5$, $y = x^7$;(指数是正奇数)

(3) $y = x^{\frac{1}{3}}$, $y = x^{\frac{1}{5}}$, $y = x^{\frac{1}{7}}$;(指数是 $\frac{1}{n}$,n 为大于 1 的正奇数)

(4) $y = x^{\frac{3}{2}}$, $y = x^2$, $y = x^3$,限制 $x \geq 0$;(指数大于 1)

(5) $y = x^{\frac{2}{3}}$, $y = x^{\frac{1}{2}}$, $y = x^{\frac{1}{3}}$,限制 $x \geq 0$.(指数大于 0 而小于 1)

3. 美丽的彩虹是由长时间飘浮在空中的极细微的水珠折射太阳光形成的.天空中的水珠下落时,所受重力与它的体积成正比,所受空气阻力与它的表面积成正比.已知半径为 r(单位:米)的水珠的体积 $V = \frac{4}{3}\pi r^3$,表面积 $S = 4\pi r^2$.考察水珠下落时所受重力与空气阻力之比,试说明极细微的水珠为什么会长时间飘浮在空中而没有迅速落下.

§2-5　指数函数

⊙指数函数的定义、图像、性质　⊙指数型函数　⊙倍增期　⊙半衰期

一、指数函数的定义

先看两个问题.

1. 富兰克林的遗产怎样增值

在本章一开始的前言中说到了"富兰克林的遗嘱",下面就来计算 1 千英镑生息 100 年

后会变成多少英镑.

把一笔钱存入银行,假设每经过一定的时间结算一次利息,并把每次新得到的利息与原有本金之和作为下次计算利息的本金,这种计息方式称为**复利**方式.

假定富兰克林的 1 千英镑按复利方式计息,一年结算一次,年利率 5%,经过 x 年后的钱数为 y(单位:千英镑),那么这 1 千英镑

1 年后增加到 $1 \times (1 + 5\%) = 1.05$(千英镑),

2 年后增加到 $1.05 \times (1 + 5\%) = 1.05^2$(千英镑),

……   ……

x 年后增加到 $1.05^{x-1} \times (1 + 5\%) = 1.05^x$(千英镑),

即 x 年后的钱数为

$$y = 1.05^x \text{(千英镑).} \tag{①}$$

富兰克林的 1 千英镑就是按函数式(1)增值的.100 年后,即 $x = 100$,这时

$$y = 1.05^{100} \approx 131.501 \text{ 千(英镑)} > 13.1 \text{ 万(英镑).}$$

可见富兰克林是心中有数的.同样地,可以计算出 3.1 万英镑拿去继续生息 100 年后会增加到多少(留给同学们自己计算).

2. 放射性物质的衰变

放射性物质由于向外放射射线而衰变,并且衰变的速度和当时剩余的质量成正比.例如,放射性物质碳-14 每年要衰减约 0.012%,1 千毫克的碳-14 经过 t 年后,其质量 Q 还剩下

$$(1 - 0.012\%)^t \text{(千毫克),}$$

即 $$Q = 0.999\,88^t \text{(千毫克).} \tag{②}$$

动植物体内都含有微量的碳-14,动植物死后新陈代谢停止,不会再有新的碳-14 吸入体内,而体内原有的碳-14 不断衰减,通过测定古动植物体内碳-14 的含量,可以计算出古动植物的年代.

上面两个问题中的函数①和②的共同特征是:函数表达式是一个幂,其中底数是大于 0 且不等于 1 的常数,指数是自变量.下面给出指数函数的定义:

> **定义**   函数 $y = a^x (a > 0$ 且 $a \neq 1)$ 叫做**指数函数**,其中 x 是自变量,函数的定义域是实数集 **R**.

上面的函数①、②都是指数函数,由于这两个函数中的自变量都是时间,应取非负实数,

因此它们的定义域都是 $[0, +\infty)$.

二、指数函数的图像和性质

首先来看当 $a > 1$ 时,指数函数 $y = a^x$ 的图像.

例如,画出函数 $y = 2^x$ 和 $y = 10^x$ 的图像.

在定义域 $(-\infty, +\infty)$ 内取一些 x 的值,并计算出相对应的 y 值,列表,用描点法画出图像,如图 2－27 所示.

x	$\cdots$	-3	-2	-1.5	-1	-0.5	0	1	1.5	2	3	$\cdots$
$y = 2^x$	$\cdots$	0.13	0.25	0.35	0.5	0.71	1	2	2.8	4	8	$\cdots$

x	$\cdots$	-1	-0.5	0	0.25	0.5	0.75	1	$\cdots$
$y = 10^x$	$\cdots$	0.1	0.32	1	1.8	3.2	5.6	10	$\cdots$

下面来看当 $0 < a < 1$ 时,指数函数 $y = a^x$ 的图像.

例如,画出函数 $y = \left(\dfrac{1}{2}\right)^x$ 和 $y = \left(\dfrac{1}{10}\right)^x$ 的图像.

令 $f(x) = 2^x$.因为 $y = \left(\dfrac{1}{2}\right)^x = 2^{-x} = f(-x)$,所以(根据 §2-3 中结论)$y = \left(\dfrac{1}{2}\right)^x$ 和 $y = 2^x$ 这两个函数的图像关于 y 轴对称.同理,函数 $y = \left(\dfrac{1}{10}\right)^x$ 和 $y = 10^x$ 的图像关于 y 轴对称.利用这种对称性和已有的 $y = 2^x$ 和 $y = 10^x$ 的图像,可得函数 $y = \left(\dfrac{1}{2}\right)^x$ 和 $y = \left(\dfrac{1}{10}\right)^x$ 的图像,如图 2－27 所示.

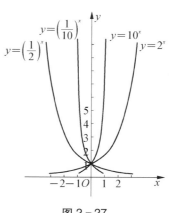

图 2－27

从图中看到:

(1) 四个函数的图像都在 x 轴上方;

(2) 四个函数的图像都过点 $(0, 1)$;

(3) 在定义域 $(-\infty, +\infty)$ 上,自左向右,函数 $y = 2^x$ 和 $y = 10^x$ 的图像是上升的,函数 $y = \left(\dfrac{1}{2}\right)^x$ 和 $y = \left(\dfrac{1}{10}\right)^x$ 的图像是下降的.

一般地,指数函数 $y = a^x (a > 0$ 且 $a \neq 1)$ 的图像和性质见表 2－6.

表 2 – 6

函 数	$y = a^x$, 当 $a > 1$ 时	$y = a^x$, 当 $0 < a < 1$ 时
图 像	 	
性 质	(1) 定义域:$(-\infty , +\infty)$	
	(2) 值域:$(0, +\infty)$	
	(3) 当 $x = 0$ 时,$y = 1$(即图像过点$(0,1)$)	
	(4) 在 $(-\infty , +\infty)$ 上是增函数	(4) 在 $(-\infty , +\infty)$ 上是减函数

例 1 不求值,比较下列各组中两个值的大小:

(1) $1.3^{2.7}$ 与 $1.3^{3.1}$;

(2) $0.97^{-0.35}$ 与 $0.97^{-0.53}$;

(3) $2.5^{0.2}$ 与 $0.95^{2.7}$.

解 (1) $1.3^{2.7}$ 与 $1.3^{3.1}$ 可以看作函数 $y = 1.3^x$ 当 $x = 2.7$ 和 $x = 3.1$ 时的两个函数值,因为底数 $1.3 > 1$,所以函数 $y = 1.3^x$ 在 $(-\infty , +\infty)$ 上是增函数,又 $2.7 < 3.1$,所以 $1.3^{2.7} < 1.3^{3.1}$.

(2) $0.97^{-0.35}$ 与 $0.97^{-0.53}$ 可以看作函数 $y = 0.97^x$ 当 $x = -0.35$ 和 $x = -0.53$ 时的两个函数值. 因为 $0 < 0.97 < 1$,所以函数 $y = 0.97^x$ 在 $(-\infty , +\infty)$ 上是减函数,又 $-0.35 > -0.53$,所以 $0.97^{-0.35} < 0.97^{-0.53}$.

(3) 根据函数 $y = a^x (a > 0$ 且 $a \neq 1)$ 的性质(3)和(4),可知

$$2.5^{0.2} > 2.5^0 = 1, \quad 0.95^{2.7} < 0.95^0 = 1,$$

所以
$$2.5^{0.2} > 0.95^{2.7}.$$

例 2 画出函数 $y = 3 \times 2^x$ 和 $y = \dfrac{1}{2} \times 2^x$ 的图像.

解 因为对相同的横坐标,$y = 3 \times 2^x$ 图像上点的纵坐标是 $y = 2^x$ 图像上点的纵坐标的 3 倍;$y = \dfrac{1}{2} \times 2^x$ 图像上点的纵坐标是 $y = 2^x$ 图像上点的纵坐标的 $\dfrac{1}{2}$ 倍,所以 $y = 3 \times 2^x$ 的图像可

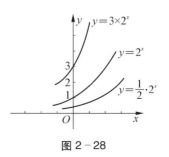

图 2 – 28

以通过把 $y = 2^x$ 图像上所有点的纵坐标扩大(横坐标不变)到原来的 3 倍而得到;$y = \dfrac{1}{2} \times 2^x$

的图像可以通过把 $y = 2^x$ 图像上所有点的纵坐标缩小(横坐标不变)到原来的 $\dfrac{1}{2}$ 倍而得到.如

图 2-28 所示.

一般地,函数 $y = C_0 \cdot a^x$($C_0 > 0$ 且 $C_0 \neq$ 1,$a > 0$ 且 $a \neq 1$)的图像(如图 2-29 所示),可以通过把函数 $y = a^x$ 的图像上所有点的纵坐标扩大($C_0 > 1$ 时)或缩小($0 < C_0 < 1$ 时)到原来的 C_0 倍而得到.

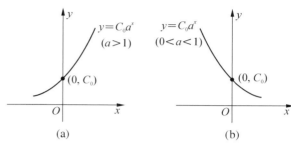

图 2-29

显然,函数 $y = C_0 \cdot a^x$($C_0 > 0$ 且 $C_0 \neq$ 1,$a > 0$ 且 $a \neq 1$)的性质,只需在表 2-6 中将(3)改为:$x = 0$ 时,$y = C_0$ 即可,其他均不变.

为了方便,并且不致引起混淆,我们把函数

$$y = C_0 \cdot a^x \quad (a > 0 \text{ 且 } a \neq 1,\ C_0 > 0)$$

称为**指数型函数**,当 $a > 1$ 时,称为**指数增长型函数**;当 $0 < a < 1$ 时,称为**指数衰减型函数**.

指数增长型的量增长到原来的两倍所用的时间,称为这个量的**倍增期**;指数衰减型的量减少到原来的一半所用的时间,称为这个量的**半衰期**.

例 3【新能源汽车的销量问题】 随着国家对新能源汽车行业的全方位扶持,我国新能源汽车行业在产业化和规模化方面实现了快速发展,2014 年新能源汽车销量为 7.47 万辆,2019 年达到 120.6 万辆. 根据 2014~2019 年的销量数据,估计未来一段时间内销量的年平均增长率为 74%. 问:按这个年平均增长率,到 2024 年和 2030 年我国新能源汽车销量分别是多少?

解 用 t 表示自 2019 年以来的年数,相应的新能源汽车销量为 $f(t)$(单位:万辆),那么

$$f(t) = 120.6\,(1 + 74\%)^t,$$

即

$$f(t) = 120.6 \times 1.74^t$$

到 2024 年时,$t = 5$,$f(5) = 120.6 \times 1.74^5$,

到 2030 年时,$t = 11$,$f(11) = 120.6 \times 1.74^{11}$.

利用 MATLAB 进行计算,在 MATLAB 命令窗口输入下面语句:

```
f5 = 120.6 * 1.74^5
f11 = 120.6 * 1.74^11
```

根据运行结果,可知

$$f(5) = 120.6 \times 1.74^5 = 1\,923.5\ (万辆),$$

$$f(11) = 120.6 \times 1.74^{11} = 53\,381\ (万辆).$$

由计算结果可以看出,到 2024 年和 2030 年我国新能源汽车销量分别为 1 923.5 万辆和 53 381 万辆,11 年间销量约增长了 442 倍,增长相当迅猛. 这说明随着国家政策的引导,人们的低碳环保意识越来越强,新能源汽车越来越得到人们的认可.相信随着"深入推进能源革命"、"加快发展方式绿色转型"等党的二十大精神的落实,新能源汽车销量会迎来更大增长.

§2-5 微课视频

练习

1. 在同一坐标系中画出下列函数的图像:

$$y = 3^x; \quad y = \left(\frac{1}{3}\right)^x; \quad y = 5^x; \quad y = \left(\frac{1}{5}\right)^x.$$

2. 不求值,比较下列各组中两个值的大小:

(1) $1.03^{0.3}$ 与 $1.03^{1.3}$;   (2) $\left(\frac{3}{4}\right)^{-0.8}$ 与 $\left(\frac{3}{4}\right)^{0.8}$;   (3) $0.97^{-2.2}$ 与 1.

3. 按照"富兰克林的遗嘱",在第二个 100 年到来之际,他的遗产是否能如愿地增加到 406.1 万英镑?

习题 2-5

A 组

1. 在同一坐标系中画出一组中几个指数函数的粗略图像,下面一共给出了两组.观察画出的图像,你看出了什么规律吗?

(1) $y = 1.5^x$, $y = 2^x$, $y = 4^x$;   (2) $y = 0.3^x$, $y = 0.5^x$, $y = 0.9^x$.

2. 癌细胞的数量最初是缓慢增加的,随着时间的推移,增加得越来越急剧.试画出癌细胞数量随时间变化的一幅可能的图像.

3. 某种药物注射入人体后,身体排泄药物的速率由大变小.试画出这种药物在体内的含量随时间变化的一幅可能的图像.

4. 不求值,比较下列各组中两个值的大小:

(1) $7^{0.3}$ 与 $7^{0.2}$;   (2) $0.7^{-0.3}$ 与 $0.7^{-0.2}$;   (3) $\left(\frac{5}{4}\right)^{\frac{5}{4}}$ 与 $\left(\frac{5}{4}\right)^{\frac{4}{5}}$;

(4) $\left(\dfrac{1}{5}\right)^{1.2}$ 与 $\left(\dfrac{1}{5}\right)^{1.3}$；　　(5) $0.98^{5.2}$ 与 $0.89^{-0.52}$；　　(6) $\left(\dfrac{10}{9}\right)^{-3.5}$ 与 $\left(\dfrac{9}{10}\right)^{-3.5}$.

5. 判定下列各式中 x 值的正负：

(1) $9.9^x = 9$；

(2) $\left(\dfrac{10}{11}\right)^x = 0.01^{-3}$；

(3) $1.7^x = 0.3$；

(4) $\left(\dfrac{1}{6}\right)^x = 3^{-1}$.

6. 比较下列各式中 m，n 的大小：

(1) $1.9^m < 1.9^n$；

(2) $\left(\dfrac{7}{9}\right)^m < \left(\dfrac{7}{9}\right)^n$；

(3) $a^m < a^n\ (0 < a < 1)$；

(4) $a^m > a^n\ (a > 1)$.

7. 求下列函数的定义域：

(1) $y = 4^{3x+1}$；　　(2) $y = 3^{5-x}$；　　(3) $y = 4^{\frac{1}{x}}$；　　(4) $y = 0.4^{\frac{1}{x-1}}$.

8. 某家上市公司的股票，2006 年最后一个交易日的收盘价为每股 5.8 元. 从 2007 年第一个交易日开始，这家公司股票的价格连续 14 个交易日每天上涨 10%（这是一只股票在一个交易日内所允许的最大涨幅）. 设在这 14 个交易日中的第 x 个交易日这只股票的收盘价为每股 $P(x)$ 元：

(1) 试求出 $P(x)$ 的表达式；

(2) 在这 14 个交易日的最后一个交易日，这只股票的收盘价是每股多少元（精确到 0.01 元）.

9. 某年 5 月 18 日，一家上市公司的股票收盘价为每股 29 元，在此后的连续 7 个交易日中，这只股票的价格每天下跌 10%（这是一只股票在一个交易日中所允许的最大跌幅）. 设在这 7 个交易日中的第 x 个交易日这只股票的收盘价为每股 $P(x)$ 元：

(1) 求出 $P(x)$ 的表达式；

(2) 在这 7 个交易日中的最后一个交易日，这只股票的收盘价是每股多少元（精确到 0.01 元）；

(3) 某人持有 10 000 股这只股票，在这次下跌过程中始终没有卖出，他在这 7 个交易日中共损失多少元（精确到 1 元）.

10. 由于核试验，某人在 20 岁时身体吸入了一定量的放射性物质锶-90. 已知锶-90 呈指数衰减，每年减少 2.362%. 当此人活到 50 岁时，体内的锶-90 还剩下最初的百分之多少（精确到 0.01%）.

B 组

1. 求下列函数的定义域：

（1）$y = \sqrt{2^x - 1}$；
（2）$y = \sqrt{2^{-x} - 1}$；

（3）$y = \dfrac{1}{\sqrt{\dfrac{1}{27} - 3^x}}$；
（4）$y = \dfrac{1}{2^x - 2^{-x}}$.

2. 画出函数 $y = 1 - 3^{-x}(x \geqslant 0)$ 的图像，并说出函数的值域.

3. 某地居民住房每平方米的市场均价，经过 12 年，从当初的 800 元上涨到今年的 3 200元.

   （1）这 12 年中住房均价的平均年增长率是多少（精确到 0.001%）；

   （2）按上面计算出的年增长率，预测再经过 3 年住房均价为多少元（精确到 1 元）.

4. 下表中的数据是某国 1980 年至 1986 年的人口估计数. 试写出该国人口函数的近似表达式，并预测 2007 年和 2034 年时该国的人口数.（提示：首先计算各年人口数与上一年人口数之比，从中观察规律）

年　份	1980	1981	1982	1983	1984	1985	1986
人口数	67.38	69.13	70.93	72.77	74.66	76.60	78.59

§2-6 对数

⊙对数的定义　⊙对数的三条基本性质　⊙对数恒等式　⊙常用对数　⊙自然对数　⊙积、商、幂的对数　⊙函数 $y = e^{kx}$　⊙换底公式

一、对数的概念

上一节中得出了函数式

$$y = 1.05^x（千英镑）.$$

按照这个关系式，每给一个年数，即 x 的值，就可以计算出 y 的值，即富兰克林最初的 1 千英镑到这时将会增加到多少. 现在反过来，问经过多少年这笔钱能增加到 2 千英镑？ 也就是已知

$$1.05^x = 2,$$

求指数 x 的值. 已经学习过的运算对此无能为力，这需要学习新知识——对数. 下面给出对数的定义.

> **定义**　如果 $a^b = N(a > 0$ 且 $a \neq 1)$，那么数 b 叫做**以 a 为底 N 的对数**，记作
>
> $$\log_a N = b,$$
>
> 其中 a 叫做**对数的底数**，N 叫做**真数**.

把式子 $a^b = N$ 称为**指数式**，式子 $\log_a N = b$ 称为**对数式**.这两个式子表示的是 a、b、N 三个数之间的同一种关系，它们是等价的，即

$$a^b = N \Leftrightarrow \log_a N = b.$$

例 1　把下列指数式写成对数式：

（1）$2^3 = 8$；　　　　　　（2）$4^{-2} = \dfrac{1}{16}$；　　　　　　（3）$\left(\dfrac{1}{5}\right)^2 = \dfrac{1}{25}$.

解　（1）$\log_2 8 = 3$.　　（2）$\log_4 \dfrac{1}{16} = -2$.　　（3）$\log_{\frac{1}{5}} \dfrac{1}{25} = 2$.

例 2　求下列等式中的未知数：

（1）$\log_8 x = -2$；　　　　　　（2）$\log_a \dfrac{1}{125} = -3$；　　　　　　（3）$y = \log_4 \dfrac{1}{64}$.

解　（1）把 $\log_8 x = -2$ 写成指数式，得

$$x = 8^{-2} = \frac{1}{8^2} = \frac{1}{64}.$$

（2）把 $\log_a \dfrac{1}{125} = -3$ 写成指数式，得

$$a^{-3} = \frac{1}{125} = \frac{1}{5^3} = 5^{-3},$$

所以　　　　　　　　　　　　　　　$a = 5$.

（3）把 $y = \log_4 \dfrac{1}{64}$ 写成指数式，得

$$4^y = \frac{1}{64} = \frac{1}{4^3} = 4^{-3},$$

所以　　　　　　　　　　　　　　　$y = -3$.

根据对数的定义，容易得出对数的以下三条基本性质：

（1）真数 $N > 0$，即零和负数没有对数；

（2）$\log_a 1 = 0$，即 1 的对数总等于零；

（3）$\log_a a = 1$，习惯上说底的对数等于 1.

其中 $a > 0$，且 $a \neq 1$.

把 $b = \log_a N$ 代入 $a^b = N$ 中，得

$$a^{\log_a N} = N \quad (a > 0 \text{ 且 } a \neq 1). \qquad (2-3)$$

把 $N = a^b$ 代入 $\log_a N = b$ 中，得

$$\log_a a^b = b \quad (a > 0 \text{ 且 } a \neq 1). \qquad (2-4)$$

等式(2-3)和(2-4)都叫做**对数恒等式**.

例 3　求下列各式的值：

（1）$\log_{0.3} 1$；　　　　（2）$\log_{0.3} 0.3$；　　　　（3）$\log_2 32$；

（4）$\log_{10} 0.001$；　　　（5）$2^{\log_2 3}$；　　　　（6）$2^{1+\log_2 3}$.

解　（1）$\log_{0.3} 1 = 0$.

（2）$\log_{0.3} 0.3 = 1$.

（3）$\log_2 32 = \log_2 2^5 = 5$（使用恒等式(2-4)）.

（4）$\log_{10} 0.001 = \log_{10} 10^{-3} = -3$.

（5）$2^{\log_2 3} = 3$（使用恒等式(2-3)）.

（6）$2^{1+\log_2 3} = 2^1 \times 2^{\log_2 3} = 2 \times 3 = 6$.

练习

1. 把下列指数式写成对数式：

（1）$0.3^2 = 0.09$；　　　（2）$2^{-3} = \dfrac{1}{8}$；　　　（3）$\left(\dfrac{2}{3}\right)^3 = \dfrac{8}{27}$.

2. 把下列对数式写成指数式：

（1）$\log_2 16 = 4$；　　　（2）$\log_3 \dfrac{1}{9} = -2$；　　　（3）$\log_{\frac{1}{7}} \dfrac{1}{49} = 2$.

3. 填写下列式子的值：

$$\log_5 1 = \underline{\qquad}; \qquad \frac{1}{2}\log_5 25 = \underline{\qquad}; \qquad 9^{\log_9 10} = \underline{\qquad}.$$

二、常用对数　自然对数

以 10 为底的对数 $\log_{10}N$ 叫做**常用对数**,简记为 $\lg N$.

例如,$\lg 2$ 就表示 $\log_{10}2$.

在科学技术中常使用以无理数 $e = 2.718\,28\cdots$ 为底的对数.以 e 为底的对数 $\log_e N$ 叫做**自然对数**,简记为 $\ln N$.

例如,$\ln 10$ 就表示 $\log_e 10$.

常用对数和自然对数今后都用简写记号表示.

由对数的基本性质和对数恒等式,即得:

$$\lg 1 = 0; \qquad \lg 10 = 1; \qquad \lg 10^p = p; \qquad 10^{\lg N} = N;$$
$$\ln 1 = 0; \qquad \ln e = 1; \qquad \ln e^p = p; \qquad e^{\ln N} = N.$$

例 4　利用 MATLAB 计算下列常用对数或自然对数的值(结果保留四个有效数字):

(1) $\lg 2$; (2) $\lg e$; (3) $\ln 10$; (4) $\ln \dfrac{5}{9}$

解　在 MATLAB 命令窗口中输入的语句和输出结果如下:

输入语句	输出结果
(1) log10(2)	ans = 0.3010
(2) log10(exp(1))	ans = 0.4343
(3) log(10)	ans = 2.3026
(4) log(5/9)	ans = −0.5878

即　$\lg 2 \approx 0.301\,0$; $\lg e \approx 0.434\,3$; $\ln 10 \approx 2.302\,6$; $\ln \dfrac{5}{9} \approx -0.587\,8.$

练习

1. 填写下列各式的值:

$$\lg 1\,000 = \underline{\qquad}; \quad \lg \frac{1}{10} = \underline{\qquad}; \quad 10^{\lg 3} = \underline{\qquad};$$

$\ln \mathrm{e}^3 =$ _____ ; $\ln \dfrac{1}{\mathrm{e}^3} =$ _____ ; $\mathrm{e}^{\ln 10} =$ _____ .

2. 使用计算器计算下列对数的值(结果保留四个有效数字):

$\lg 25$; $\lg \dfrac{2}{3}$; $\ln 3.6$; $\ln 0.8$.

三、积、商、幂的对数

积、商、幂的对数有以下运算性质:

（1） $\log_a(M \cdot N) = \log_a M + \log_a N$;

（2） $\log_a \dfrac{M}{N} = \log_a M - \log_a N$;

（3） $\log_a M^p = p \cdot \log_a M$.

其中 $a > 0$ 且 $a \neq 1$, $M > 0$, $N > 0$, $p \in \mathbf{R}$.

下面证明性质(1)和(3),性质(2)的证明略.

证　设 $\log_a M = r$, $\log_a N = s$,则 $M = a^r$, $N = a^s$.

（1）因为 $M \cdot N = a^r \cdot a^s = a^{r+s}$,所以

$$\log_a(M \cdot N) = r + s,$$

即

$$\log_a(M \cdot N) = \log_a M + \log_a N.$$

（3）因为 $M^p = (a^r)^p = a^{pr}$,所以

$$\log_a M^p = pr,$$

即

$$\log_a M^p = p \cdot \log_a M.$$

性质(1)可以推广到多个正数的积的情形,即

$$\log_a(N_1 \cdot N_2 \cdot \cdots \cdot N_k) = \log_a N_1 + \log_a N_2 + \cdots + \log_a N_k.$$

其中 $a > 0$ 且 $a \neq 1$, N_1 , N_2 , $\cdots$, $N_k > 0$, k 为大于 1 的正整数.

例 5　用 $\log_a x$, $\log_a y$, $\log_a z$ 表示下列各式:

（1） $\log_a(x^2 \cdot y^{\frac{1}{3}})$;

（2） $\log_a \dfrac{x^3 \cdot \sqrt{y}}{\sqrt[5]{z^2}}$.

解　（1）$\log_a(x^2 \cdot y^{\frac{1}{3}}) = \log_a x^2 + \log_a y^{\frac{1}{3}} = 2\log_a x + \dfrac{1}{3}\log_a y.$

（2）$\log_a \dfrac{x^3 \cdot \sqrt{y}}{\sqrt[5]{z^2}} = \log_a(x^3 \cdot \sqrt{y}) - \log_a \sqrt[5]{z^2}$

$$= \log_a x^3 + \log_a y^{\frac{1}{2}} - \log_a z^{\frac{2}{5}}$$

$$= 3\log_a x + \dfrac{1}{2}\log_a y - \dfrac{2}{5}\log_a z.$$

例 6　求下列各式的值：

（1）$\log_2(16 \times 4^3)$；

（2）$\log_3 \sqrt[5]{27}$；

（3）$\log_3 \dfrac{1}{3} + \log_3 81$；

（4）$\lg 200 - \lg 2.$

解　（1）$\log_2(16 \times 4^3) = \log_2 16 + \log_2 4^3 = \log_2 2^4 + \log_2 2^6 = 4 + 6 = 10.$

（2）$\log_3 \sqrt[5]{27} = \log_3 27^{\frac{1}{5}} = \log_3 3^{\frac{3}{5}} = \dfrac{3}{5}.$

（3）$\log_3 \dfrac{1}{3} + \log_3 81 = \log_3\left(\dfrac{1}{3} \times 81\right) = \log_3 27 = \log_3 3^3 = 3.$

（4）$\lg 200 - \lg 2 = \lg \dfrac{200}{2} = \lg 10^2 = 2.$

例 7　证明指数函数 $y = a^x (a > 0$ 且 $a \neq 1)$ 可以表示成 $y = e^{kx}$ 的形式，其中 k 为常数.

证　在恒等式 $N = e^{\ln N}$ 中，令 $N = a^x$，得

$$a^x = e^{\ln a^x} = e^{x\ln a},$$

令 $\ln a = k$，即得

$$a^x = e^{kx}.$$

把 $\ln a = k$ 写成指数式，得 $e^k = a$，由指数函数的性质可知，当 $a > 1$ 时，$k > 0$，反过来也成立；当 $0 < a < 1$ 时，$k < 0$，反过来也成立. 因此，有以下结论：

> 函数 $y = e^{kx}$（k 为常数），当 $k > 0$ 时是指数增长型函数；当 $k < 0$ 时是指数衰减型函数.

指数函数 $y = e^x$ 称为**自然指数函数**，它具有特殊的地位.

例 8　把下列函数表示成 $y = e^{kx}$（k 为常数）的形式（k 值精确到 0.000 1）：

（1）$y = 1.08^x$；   （2）$y = 0.98^x$.

解   （1）$y = 1.08^x = e^{(\ln 1.08)x} = e^{0.077\,0x}$.

（2）$y = 0.98^x = e^{(\ln 0.98)x} = e^{-0.020\,2x}$.

练习

1. 用 $\log_a x$，$\log_a y$，$\log_a z$ 表示下列各式：

（1）$\log_a(x^4 \cdot \sqrt{y} \cdot z)$；   （2）$\log_a \dfrac{\sqrt{x} \cdot \sqrt[3]{y}}{z^6}$.

2. 不使用计算器，求下列各式的值：

（1）$\lg(0.1)^2$；   （2）$\log_3(3 \times 27^{\frac{1}{2}})$；

（3）$\lg 50 + \lg 20$；   （4）$\log_2 10 - \log_2 5$.

3. 把下列函数表示成 $y = e^{kx}$（k 为常数）的形式（k 值精确到 0.000 1）：

（1）$y = 2^x$；   （2）$y = 0.88^x$.

四、换底公式

下面讨论以任意不等于 1 的正数为底的对数计算问题. 先看一个例子.

例 9   求 $\log_2 5$ 的值.

解   设 $\log_2 5 = x$，写成指数式，即

$$2^x = 5,$$

两边取常用对数，得

$$x\lg 2 = \lg 5$$

所以 $x = \dfrac{\lg 5}{\lg 2} \approx \dfrac{0.699\,0}{0.301\,0} \approx 2.322.$（利用 MATLAB 计算）

同样地，也可以把 $\log_2 5$ 换成自然对数，进而计算出它的值.

一般地，有如下结论：

以 a（$a > 0$ 且 $a \neq 1$）为底的对数可以换成以 b（$b > 0$ 且 $b \neq 1$）为底的对数，且

$$\log_a N = \frac{\log_b N}{\log_b a}.$$ （2－5）

证 设 $\log_a N = x$，写成指数式，即

$$a^x = N,$$

两边取以 b 为底的对数，得

$$x \log_b a = \log_b N,$$

所以

$$x = \frac{\log_b N}{\log_b a}.$$

公式（2-5）叫做对数的**换底公式**.

例 10 求 $\log_3 8 \cdot \log_{16} 81$ 的值.

解 将 $\log_3 8$ 和 $\log_{16} 81$ 都换成常用对数，得

$$\log_3 8 \cdot \log_{16} 81 = \frac{\lg 8}{\lg 3} \cdot \frac{\lg 81}{\lg 16} = \frac{\lg 2^3 \cdot \lg 3^4}{\lg 3 \cdot \lg 2^4} = \frac{3\lg 2 \cdot 4\lg 3}{\lg 3 \cdot 4\lg 2} = 3.$$

例 11 求下列对数的值（保留四个有效数字）：$\log_7 27$；$\log_{\frac{1}{3}} 4$.

解 首先把对数换成常用对数，然后使用计算器计算（计算器操作过程略）.

$$\log_7 27 = \frac{\lg 27}{\lg 7} \approx 1.694;$$

$$\log_{\frac{1}{3}} 4 = \frac{\lg 4}{\lg \frac{1}{3}} = \frac{\lg 4}{-\lg 3} \approx -1.262.$$

下面来解决本节开始提出的问题，即富兰克林的 1 千英镑生息多少年能增加到 2 千英镑.

由 $1.05^x = 2$，得 $x = \log_{1.05} 2$，换成常用对数，得

$$x = \frac{\lg 2}{\lg 1.05} \approx 14 (\text{年}).$$

即大约需要经过 14 年，1 千英镑可以增加到 2 千英镑.

§2-6 微课视频

练习

1. 求下列各式的值：

(1) $\log_2 3 \cdot \log_{27} 16$;　　　　　　　(2) $\dfrac{\log_{0.3} 8}{\log_{0.3} 2}$.

2. 利用 MATLAB 计算下列对数的值(保留四个有效数字):

(1) $\log_4 5$;　　　　(2) $\log_8 3.2$;　　　　(3) $\log_{\frac{1}{5}} 6$;　　　　(4) $\log_{0.8} 7.2$.

习题 2—6

A 组

1. 把下列指数式写成对数式:

(1) $6^2 = 36$;　　　　　(2) $2^{-5} = \dfrac{1}{32}$;　　　　　(3) $8^{\frac{1}{3}} = 2$;

(4) $5.5^0 = 1$;　　　　(5) $3.7^1 = 3.7$;　　　　(6) $81^{-\frac{1}{4}} = \dfrac{1}{3}$;

(7) $\left(\dfrac{3}{4}\right)^x = \dfrac{64}{27}$;　　　　(8) $y = e^x$;　　　　(9) $y = \left(\dfrac{1}{3}\right)^x$.

2. 把下列对数式写成指数式:

(1) $\log_8 64 = 2$;　　　　(2) $\log_5 125 = 3$;　　　　(3) $\log_2 \dfrac{1}{4} = -2$;

(4) $\lg \dfrac{1}{100} = -2$;　　　　(5) $\log_8 16 = \dfrac{4}{3}$;　　　　(6) $\log_{\frac{4}{3}} x = -3$;

(7) $\log_{\frac{1}{10}} 10\,000 = x$;　　　　(8) $y = \log_{\frac{1}{2}} x$;　　　　(9) $y = \ln x$.

3. 计算下列对数的值:

(1) $\lg 10^5$;　　　　(2) $\lg 0.1$;　　　　(3) $\ln e^2$;　　　　(4) $\ln \dfrac{1}{e^4}$;

(5) $3^{\log_3 0.2}$;　　　　(6) $\log_9 \dfrac{1}{81}$;　　　　(7) $\log_{0.5} 0.125$;　　　　(8) $\log_{27} 9$;

4. 求下列各式的值:

(1) $\log_a \dfrac{1}{5} + \log_a 5$ $(a > 0,\ a \neq 1)$;　　　(2) $\log_3 18 - \log_3 2$;

(3) $\lg \dfrac{1}{4} - \lg 25$;　　　　(4) $2\log_6 36 - 8\log_6 1 - \log_6 6$;

(5) $3\log_5 10 + \log_5 0.025$;　　　　(6) $\log_2 (\log_3 9)$;

(7) $\lg \dfrac{1}{\sqrt{0.01}} - \lg \sqrt{1\,000}$.

5. 求下列各式中的 x：

(1) $2^x = \dfrac{1}{16}$；

(2) $\log_3 x = -2$；

(3) $\log_x 36 = 2$；

(4) $\log_x 2 = -0.5$；

(5) $e^{-x} = \dfrac{1}{e^3}$；

(6) $\ln x = \dfrac{1}{2}$.

 6. 利用 MATLAB 计算下列对数的值(保留四个有效数字)：

(1) $\log_4 25$；

(2) $\log_{\frac{1}{4}} 0.8$；

(3) $\log_{2.5} 10$；

(4) $\log_{33} 45$；

(5) $\log_{2.5} 6.3$；

(6) $\log_{25} 100$.

7. 设 $\log_a b = \dfrac{1}{2}$，$\log_a c = 4$，$\log_a d = -6$，求 $\log_a x$：

(1) $x = b^2 \cdot \sqrt{c} \cdot \sqrt[3]{d}$；

(2) $x = \dfrac{b^4 \cdot d^{-\frac{1}{6}}}{\sqrt{c^3}}$.

8. 近些年来,我国城镇居民人均可支配收入年平均增长约 9%.按此计算,到哪一年我国城镇居民人均可支配收入可以达到 2005 年时的 2 倍.

9. 放射性物质镭-226 每年衰减约 0.043 6%.设 $Q = Q(t)$ 是质量为 1 克的镭-226 在 t 年后剩余的质量.

(1) 求出 $Q(t)$ 的表达式；

(2) 1 克的镭-226 经过多少年将减少到 0.5 克?

10. 一种细胞每 30 分钟分裂一次,每一个分裂成两个.最初有 20 个这种细胞.

(1) 求 t 小时后细胞数量的函数表达式 $Q(t)$；

(2) 2 小时后细胞的数量是多少?

(3) 细胞数达到 100 000 个需要多长时间? (精确到 0.001 小时)

B 组

1. 求使下列等式成立的 x 值：

(1) $\log_2(\log_2 x) = 2$；

(2) $3^{2x-1} = 81$.

2. 求下列函数的定义域：

(1) $f(x) = \sqrt{4 - e^{2x}}$；

(2) $f(x) = \dfrac{1}{\sqrt{e^{3(x-1)} - 27}}$.

3. 计算下列各式的值：

(1) $5^{\left(\log_5 20 + \log_5 \frac{1}{2}\right)}$；

(2) $\log_{\sqrt{5}} 10 + 2\log_{\sqrt{5}} 4 - \log_{\sqrt{5}} 32$.

4. 设 r 表示度量地震强度的里氏震级,I 表示地震时散发出来的相对能量程度,那么 r 与 I 的关系为

$$r = \lg I. \tag{1}$$

如果在两次地震中记录下的里氏震级分别为 r_1 和 r_2，散发出来的相对能量分别为 I_1 和 I_2，那么根据上面的式(1)，计算出 $\dfrac{I_1}{I_2}$ 的值，就可以比较两次地震的震撼程度.已知前些年发生在我国新疆和唐山地区的地震的里氏震级分别为 6.9 级和 7.8 级，仅相差 0.9 级.问唐山地震的震撼程度是新疆地震的多少倍？

§2-7　反函数

⊙反函数的概念　⊙反函数的求法　⊙互为反函数的两个函数图像间的关系

一、反函数

设 y 和 x 分别表示圆的周长和半径，现在考虑半径 $x \in [a, b]$ 的圆.我们知道，周长 y 是半径 x 的函数，且

$$y = f(x) = 2\pi x, \ x \in [a, b]. \qquad ①$$

这个函数的定义域是 D：$[a, b]$，值域是 M：$[2\pi a, 2\pi b]$，对应规则 f 为：函数值是自变量的 2π 倍.反过来，也可以由周长 y 确定出半径：

$$x = \frac{y}{2\pi}, \ y \in [2\pi a, 2\pi b]. \qquad ②$$

这时，y 是自变量，x 是 y 的函数，这个函数的定义域是函数①的值域，即 M：$[2\pi a, 2\pi b]$，值域是函数①的定义域，即 D：$[a, b]$，对应规则为：函数值是自变量的 $\dfrac{1}{2\pi}$ 倍.把这个对应规则记作 f^{-1}，这样函数②又可记为

$$x = f^{-1}(y) = \frac{y}{2\pi}, \ y \in [2\pi a, 2\pi b]. \qquad ③$$

上面的函数③(或②)叫做函数①的反函数.函数③和函数①的关系见表 2-7.

表 2-7

函数 $y = f(x) = 2\pi x$	反函数 $x = f^{-1}(y) = \dfrac{y}{2\pi}$
定义域为 D：$[a, b]$	定义域为 M：$[2\pi a, 2\pi b]$

（续表）

值域为 M：$[2\pi a, 2\pi b]$	值域为 D：$[a, b]$
$f: x \to 2\pi x$，如 $1 \to 2\pi$ $2 \to 4\pi$ $3 \to 6\pi$	$f^{-1}: y \to \dfrac{y}{2\pi}$，如 $2\pi \to 1$（满足 $f(1) = 2\pi$） $4\pi \to 2$（满足 $f(2) = 4\pi$） $6\pi \to 3$（满足 $f(3) = 6\pi$）

下面给出反函数的定义.

> **定义**　设有函数 $y = f(x)$，它的定义域是 D，值域是 M.如果对于 M 中的每一个 y 值，D 中都有满足 $f(x) = y$ 的唯一的 x 值和它对应，那么以 y 为自变量，x 就是 y 的函数，这样的函数叫做函数 $y = f(x)$ 的**反函数**，记作 $x = f^{-1}(y)$，其定义域是 M，值域是 D.

习惯上，自变量常用 x 表示，y 表示 x 的函数.因此，把反函数 $x = f^{-1}(y)$ 中的字母 x 和 y 对换，改写成 $y = f^{-1}(x)$，即仍用 x 表示自变量，y 表示函数.今后若没有特别声明，说函数 $y = f(x)$ 的反函数指的就是 $y = f^{-1}(x)$.

在上面的 $x = \dfrac{y}{2\pi}$，$y \in [2\pi a, 2\pi b]$ 中，把 x、y 对换，即得 $f(x) = 2\pi x$，$x \in [a, b]$ 的反函数 $y = f^{-1}(x) = \dfrac{x}{2\pi}$，$x \in [2\pi a, 2\pi b]$.

关于反函数再说明两点：

（1）当函数 $y = f(x)$ 有反函数 $y = f^{-1}(x)$ 时，函数 $y = f^{-1}(x)$ 也有反函数，且它的反函数就是 $y = f(x)$，即函数 $y = f(x)$ 和 $y = f^{-1}(x)$ 互为反函数.

（2）一个函数可能有反函数，也可能没有反函数.设函数 $y = f(x)$ 的定义域是 D，如果 $f(x)$ 满足条件：对于 D 内的任意两点 x_1，x_2，只要 $x_1 \neq x_2$，就有 $f(x_1) \neq f(x_2)$，这时函数 $y = f(x)$ 就有反函数，否则就没有反函数.从图像上看就是：一个函数 $y = f(x)$，只有当它的图像与任何一条平行于 x 轴的直线最多有一个交点时，它才有反函数（如图 2 – 30 所示）.

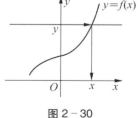

图 2 – 30

如果 $y = f(x)$ 是某个区间上的单调函数，很明显，$y = f(x)$ 满足上述条件.一般地，可以知道：

> **单调函数一定有反函数.**

当函数 $y = f(x)$ 用公式表示时，如果它有反函数，通常按下列步骤来求反函数：

（1）写出等式 $y = f(x)$；

（2）由这个等式得出用 y 表示 x 的式子(如果能够做到的话)；

（3）在上面得到的式子中,把字母 x 和 y 对换,即得反函数 $y = f^{-1}(x)$.

例 1　求下列函数的反函数:

（1）$f(x) = x^3$；

（2）$f(x) = \dfrac{x-3}{x+1}$.

解　（1）令 $y = x^3$,由此式解得 $x = \sqrt[3]{y}$,把 x, y 对换,得 $y = \sqrt[3]{x}$,即 $f(x) = x^3$ 的反函数为

$$f^{-1}(x) = \sqrt[3]{x}.$$

（2）令 $y = \dfrac{x-3}{x+1}$,由此式解得 $x = \dfrac{y+3}{1-y}$ $(y \neq 1)$,把 x, y 对换,得 $y = \dfrac{x+3}{1-x}$ $(x \neq 1)$,即函数 $f(x) = \dfrac{x-3}{x+1}$ 的反函数为

$$f^{-1}(x) = \dfrac{x+3}{1-x} \ (x \neq 1).$$

例 2　考察函数 $y = x^2$ 是否有反函数.

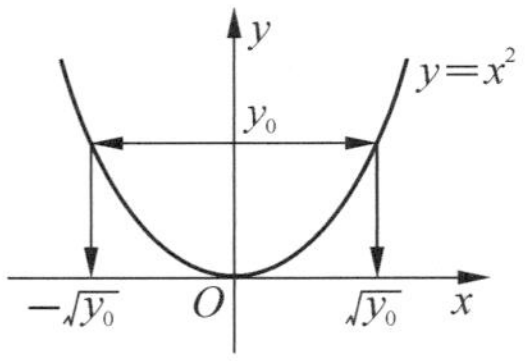

解　函数 $y = x^2$ 的定义域是 $(-\infty, +\infty)$,值域是 $[0, +\infty)$. 由 $y = x^2$, $x \in (-\infty, +\infty)$ 解得

$$x = \pm\sqrt{y}.$$

图 2-31

可以看出,对于任意给定的正数 y_0,在 $(-\infty, +\infty)$ 内都有满足 $y = x^2$ 的两个 x 值: $x = \sqrt{y_0}$ 和 $x = -\sqrt{y_0}$ 和它对应,所以函数 $y = x^2$ 没有反函数. 如图 2-31 所示.

解练习题
微课视频

练习

1. 设函数 $y = f(x)$ 有反函数 $y = f^{-1}(x)$,填空:

　　（1）如果 $y = f(x)$ 的定义域为 $(-\infty, 0]$,值域为 $[0, +\infty)$,那么 $y = f^{-1}(x)$ 的定义域为 _____,值域为 _____.

　　（2）如果 $f(-\sqrt{3}) = 3$, $f(-1) = 1$,那么 $f^{-1}(3) = $ _____, $f^{-1}(1) = $ _____;如果 $f^{-1}(9) = -3$,那么 $f(-3) = $ _____.

2. 求下列函数的反函数:

　　（1）$y = \dfrac{x}{2} + 1$；

　　（2）$y = \dfrac{1}{x}$；

　　（3）$y = \dfrac{x}{x-2}$.

二、函数 $y = f(x)$ 和 $y = f^{-1}(x)$ 的图像间的关系

先看两个例子.

例 3　求下列函数的反函数,并在同一坐标系中画出函数及其反函数的图像:

（1）$y = 2x - 3$;　　　（2）$y = (x - 1)^2$, $x \in [1, +\infty)$.

解　（1）由 $y = 2x - 3$,解得 $x = \dfrac{y}{2} + \dfrac{3}{2}$,把 x 和 y 对换,即得函数 $y = 2x - 3$ 的反函数

$$y = \frac{x}{2} + \frac{3}{2}.$$

函数 $y = 2x - 3$ 和它的反函数 $y = \dfrac{x}{2} + \dfrac{3}{2}$ 的图像如图 2 - 32 所示.

（2）由 $y = (x - 1)^2 (x \geqslant 1)$,解得 $x = \sqrt{y} + 1$,把 x 和 y 对换,即得函数 $y = (x - 1)^2$, $x \in [1, +\infty)$ 的反函数

$$y = \sqrt{x} + 1.$$

函数 $y = (x - 1)^2$, $x \in [1, +\infty)$ 和它的反函数 $y = \sqrt{x} + 1$ 的图像如图 2 - 33 所示.

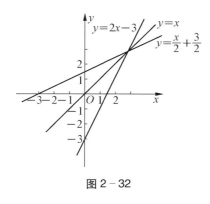

图 2 - 32

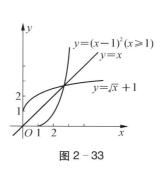

图 2 - 33

从图 2 - 32 和图 2 - 33 分别可以看出,函数 $y = 2x - 3$ 和它的反函数 $y = \dfrac{x}{2} + \dfrac{3}{2}$ 的图像关于直线 $y = x$ 对称;同样地,函数 $y = (x - 1)^2$, $x \in [1, +\infty)$ 和它的反函数 $y = \sqrt{x} + 1$ 的图像也关于直线 $y = x$ 对称. 一般地,有下面的结论:

> **函数 $y = f(x)$ 和它的反函数 $y = f^{-1}(x)$ 的图像关于直线 $y = x$ 对称.**

练习

1. 写出下列各点关于直线 $y = x$ 对称的点:

$A(2, 3)$、$B(-3, -1)$、$C(-2, -3)$、$D(3, -2)$、$E(0, 4)$.

2. 求下列函数的反函数,并在同一坐标系中利用 $y = f(x)$ 的图像,根据对称性画出 $y = f^{-1}(x)$ 的图像:

(1) $y = \dfrac{1}{3}x + 1$; (2) $y = x^2, x \in [0, +\infty)$.

§2-7 微课视频

习题 2-7

A 组

1. 根据函数的图像判断这个函数是否有反函数:

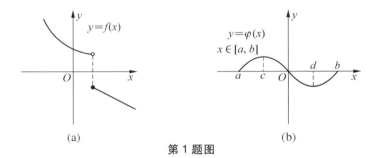

第 1 题图

2. 在上面第 1 题图(b)中,函数 $y = \varphi(x)$, $x \in [c, d]$ 是否有反函数,为什么?

3. 求下列函数的反函数:

(1) $y = 5 - \dfrac{x}{3}$; (2) $y = x^3 + 1$;

(3) $y = \sqrt{x + 2}$; (4) $y = \sqrt{1 - 2x}$;

(5) $y = \dfrac{1 - x}{3x}$; (6) $y = \dfrac{x + 1}{x - 1}$.

4. 设函数 $f(x) = x^2, x \in (-\infty, 0]$.

(1) 求出反函数 $y = f^{-1}(x)$,并说出其定义域;

(2) 在同一坐标系中画出 $y = f(x)$ 和 $y = f^{-1}(x)$ 的图像.

5. 选择题:

(1) 函数 $y = -x^2, x \leqslant 0$ 的反函数是( ).

(A) $y = \sqrt{-x}, x \leqslant 0$ (B) $y = \pm\sqrt{-x}, x \leqslant 0$

（C）$y = -\sqrt{-x}$，$x \leqslant 0$ （D）$y = -\sqrt{x}$，$x \leqslant 0$

（2）函数 $y = x^3$ 和函数 $y = \sqrt[3]{x}$ 的图像关于（　　）.

  （A）x 轴对称   （B）y 轴对称

  （C）原点对称   （D）直线 $y = x$ 对称

6. 如图所示，已知函数 $y = f(x)$ 的图像，试画出 $y = f^{-1}(x)$ 的图像：

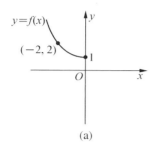 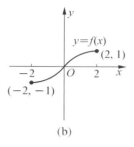

（a）   （b）

第 6 题图

B 组

1. 求下列函数的反函数，并说出反函数的定义域：

  （1）$f(x) = \sqrt{x} + 3$；

  （2）$f(x) = \sqrt{4 - x^2}$，$x \in [0, 2]$.

2. 判断下列函数是否有反函数，如果有反函数，把它求出来并写出其定义域：

  （1）$y = x^2 + 1$，$x \in (-\infty, +\infty)$；

  （2）$y = x^2 + 1$，$x \in (0, +\infty)$；

  （3）$y = |x|$，$x \in (-\infty, +\infty)$；

  （4）$y = |x|$，$x \in (-\infty, 0]$.

3. 设函数 $y = kx - 1$ 的反函数为 $y = 2x + 5b$，求常数 k、b.

4. 设 $f(x) = e^x + e$，求：

  （1）$f^{-1}(e + 1)$；   （2）$f[f^{-1}(e + 1)]$.

§2−8　对数函数

⊙对数函数的定义、图像、性质　⊙自然对数函数下面来求指数函数的反函数.

因为指数函数 $y = a^x (a > 0$ 且 $a \neq 1)$ 是 $(-\infty, +\infty)$ 上的单调函数,所以它有反函数.把 $y = a^x$ 写成对数式,得

$$x = \log_a y,$$

把 x 和 y 对换,即得指数函数 $y = a^x (a > 0$ 且 $a \neq 1)$ 的反函数

$$y = \log_a x \ (a > 0 \text{ 且 } a \neq 1).$$

> **定义** 函数 $y = \log_a x \ (a > 0$ 且 $a \neq 1)$ 叫做**对数函数**,其中 x 是自变量,函数的定义域是 $(0, +\infty)$.

例如,函数 $y = \log_2 x$,$y = \lg x$,$y = \log_{\frac{1}{2}} x$ 都是对数函数,它们分别是指数函数 $y = 2^x$,$y = 10^x$ 和 $y = \left(\dfrac{1}{2}\right)^x$ 的反函数.

特别地,自然指数函数 $y = e^x$ 的反函数 $y = \ln x$ 也称为**自然对数函数**.

由于对数函数是指数函数的反函数,根据互为反函数的函数图像间的关系,利用指数函数 $y = a^x$ 的图像,就可以得到对数函数 $y = \log_a x$ 的图像(如图 2 - 34 所示).

观察对数函数的图像,容易看出函数的性质,见表 2 - 8.

表 2 - 8

函　数	$y = \log_a x$,当 $a > 1$ 时	$y = \log_a x$,当 $0 < a < 1$ 时
图　像		
性　质	(1) 定义域:$(0, +\infty)$	
	(2) 值域:$(-\infty, +\infty)$	
	(3) 当 $x = 1$ 时,$y = 0$(即图像过点 $(1, 0)$)	
	(4) 在 $(0, +\infty)$ 上是增函数	(4) 在 $(0, +\infty)$ 上是减函数

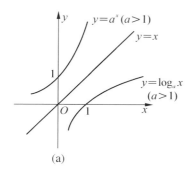 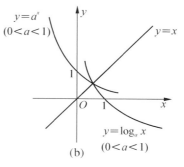

图 2-34

例 1　不求值,比较下面各组中两个值的大小:

（1）$\log_2 3.7$ 与 $\log_2 4.5$；　　　　　　（2）$\log_{\frac{1}{5}} 2.5$ 与 $\log_{\frac{1}{5}} 3.2$；

解　（1）$\log_2 3.7$ 与 $\log_2 4.5$ 可以看作是对数函数 $y = \log_2 x$ 分别当 $x = 3.7$ 和 $x = 4.5$ 时的函数值.因为函数 $y = \log_2 x$（$a = 2 > 1$）在 $(0, +\infty)$ 上是增函数,且 $3.7 < 4.5$,所以

$$\log_2 3.7 < \log_2 4.5.$$

（2）$\log_{\frac{1}{5}} 2.5$ 和 $\log_{\frac{1}{5}} 3.2$ 可以看作是对数函数 $y = \log_{\frac{1}{5}} x$ 分别当 $x = 2.5$ 和 $x = 3.2$ 时的函数值.因为函数 $y = \log_{\frac{1}{5}} x$ $\left(0 < a = \dfrac{1}{5} < 1 \right)$ 在 $(0, +\infty)$ 上是减函数,且 $2.5 < 3.2$,所以

$$\log_{\frac{1}{5}} 2.5 > \log_{\frac{1}{5}} 3.2.$$

例 2　不求值,判断下列各对数的值是大于零,小于零还是等于零?

$$\lg 1.1; \ \log_3 \frac{8}{9}; \ \log_{0.9} 2.3; \ \log_{\frac{1}{3}} \frac{7}{8}.$$

解　根据函数 $y = \log_a x$ 当 $a > 1$ 时的性质,可知

$$\lg 1.1 > \lg 1 = 0, \ \log_3 \frac{8}{9} < \log_3 1 = 0;$$

根据函数 $y = \log_a x$ 当 $0 < a < 1$ 时的性质,可知

$$\log_{0.9} 2.3 < \log_{0.9} 1 = 0; \ \log_{\frac{1}{3}} \frac{7}{8} > \log_{\frac{1}{3}} 1 = 0.$$

即　　　　　$\lg 1.1 > 0, \ \log_3 \dfrac{8}{9} < 0, \ \log_{0.9} 2.3 < 0, \ \log_{\frac{1}{3}} \dfrac{7}{8} > 0.$

例 3　求下列函数的定义域:

（1）$y = \lg(2x + 1)$；　　　　　　　　　（2）$y = \ln(x^2 - 9)$.

解　（1）这个函数的定义域是不等式 $2x + 1 > 0$ 的解集.解此不等式,得 $x > -\dfrac{1}{2}$,所以函数 $y = \lg(2x + 1)$ 的定义域是 $\left(-\dfrac{1}{2}, +\infty\right)$.

（2）这个函数的定义域是不等式 $x^2 - 9 > 0$ 的解集.解此不等式,得 $x > 3$ 或 $x < -3$,所以函数 $y = \ln(x^2 - 9)$ 的定义域是 $(-\infty, -3) \cup (3, +\infty)$.

例4　由于吸烟、被动吸烟等原因造成的危害,肺癌发病率呈上升趋势,目前已经排在各种恶性肿瘤的第一位.据国家有关部门公布的我国肺癌的现状和趋势分析,2015 年我国新增肺癌患者为 73 万,在若干年内,年新增肺癌患者的平均年增长率约为 5.6%.据此计算:

（1）在哪一年时,年新增肺癌患者会达到 100 万?

（2）年新增肺癌患者人数的倍增期是多少年?

解　设从 2015 年开始算起,经过 t 年我国的肺癌患者年新增人数为 P 万,则

$$P = 73(1 + 5.6\%)^t,$$

即

$$P = 73 \times 1.056^t.$$

（1）把 $P = 100$ 代入上式,得

$$100 = 73 \times 1.056^t,$$

解得

$$t = \log_{1.056} \frac{100}{73} = \frac{\ln \dfrac{100}{73}}{\ln 1.056} \approx 5.8（年）.$$

即按题设计算,经过 5.8 年,约在 2021 年时,年新增肺癌患者就会达到 100 万.

（2）设倍增期为 k 年,则有

$$73 \times 1.056^{t+k} = 2P,$$

即

$$73 \times 1.056^{t+k} = 2 \times 73 \times 1.056^t,$$

整理,得

$$1.056^k = 2,$$

于是

$$k = \log_{1.056} 2 = \frac{\ln 2}{\ln 1.056} \approx 12.7（年）.$$

即倍增期约为 12.7 年.

例5　近几十年来,由于人类活动的作用,大气上层对人类有保护作用的臭氧层受到了破坏,有资料报告,目前臭氧含量正持续地以每年 0.25% 的速率减少.设目前的臭氧含量为

y_0, t 年后的臭氧含量为 $y = f(t)$.

（1）求出函数 $y = f(t)$ 的表达式,并把它表示成 $y = y_0 e^{kt}$（k 为常数）的形式（k 值精确到万分之一）；

（2）求臭氧含量的半衰期.

解 （1）按题设,t 年后臭氧的含量为

$$y = y_0(1 - 0.25\%)^t,$$

即函数的表达式为

$$y = y_0 \times 0.997\,5^t. \tag{1}$$

又

$$
\begin{aligned}
y_0 \times 0.997\,5^t &= y_0 e^{\ln 0.997\,5^t} \\
&= y_0 e^{(\ln 0.997\,5)t} \\
&= y_0 e^{-0.002\,5t}.
\end{aligned}
$$

因此,把式（1）表示成 $y = y_0 e^{kt}$ 的形式,即

$$y = y_0 e^{-0.002\,5t}. \tag{2}$$

（2）将 $y = \dfrac{1}{2} y_0$ 代入式（2）,得

$$\frac{1}{2} y_0 = y_0 e^{-0.002\,5t}.$$

于是

$$t = \frac{\ln \dfrac{1}{2}}{-0.002\,5} = \frac{\ln 2}{0.002\,5} \approx 277.$$

即臭氧含量的半衰期为 277 年.这意味着如果照此发展下去,277 年后大气中的臭氧含量就只剩下目前的一半了! 277 年在地球的生涯中不过是一瞬间.

练习

1. 在同一坐标系中画出一组中三个函数的大致图像,共有两组:

（1）$y = \ln x$, $y = \log_5 x$, $y = \lg x$；

（2）$y = \log_{\frac{1}{2}} x$, $y = \log_{\frac{1}{5}} x$, $y = \log_{\frac{1}{10}} x$.

2. 不求值,比较下列各组中两个值的大小:

（1）$\log_5 0.9$ 与 $\log_5 1.2$；   （2）$\log_{\frac{2}{3}} \dfrac{1}{3}$ 与 $\log_{\frac{2}{3}} \dfrac{3}{4}$；

（3）$\log_2 1.8$ 与 1　　　　　　（4）$\log_{0.3} 0.8$ 与 $\log_{0.8} 0.3$.

§2-8　微课视频

习题 2-8

A　组

1. 求下列函数的反函数：

（1）$y = 8^x$；　　　　　　　　　　（2）$y = \left(\dfrac{1}{8}\right)^x$；

（3）$y = \log_3 x$；　　　　　　　　（4）$y = \log_{0.6} x$；

（5）$y = \mathrm{e}^{2x}$；　　　　　　　　　（6）$y = 3 \times 10^x$；

（7）$y = \log_3 \dfrac{x}{2}$；　　　　　　　（8）$y = \log_{\frac{1}{3}}(x + 1)$；

（9）$y = 1 + \ln x$；　　　　　　　（10）$y = 10^{x-1}$.

2. 求下列函数的定义域：

（1）$y = \log_2(3 - x)$；　　　　　　（2）$y = \lg x^2$；

（3）$y = \dfrac{1}{\log_{\frac{1}{2}} x}$；　　　　　　　（4）$y = \sqrt{\log_3 x}$.

3. 不求值，比较下列各组中两个值的大小：

（1）$\log_3 4$ 与 $\log_3 2$；　　　　　（2）$\log_{0.4} 0.2$ 与 $\log_{0.4} 0.5$；

（3）$\log_{0.7} 0.8$ 与 $\log_{0.9} 1.2$；　　　（4）$\log_3 \dfrac{3}{4}$ 与 $\log_2 \dfrac{4}{3}$.

4. 求下列各式中的未知数（结果保留四个有效数字）：

（1）$12 = 10 \times 1.05^t$；　　　　　（2）$100 = 80(1 + x)^{12}$；

（3）$3 \times 4^x = 5 \times 3^x$；　　　　　（4）$4 \times 1.06^t = 11 \times 1.05^t$.

5. 东东 1 岁时，他父母存入银行 12 000 元，作为他将来上大学时使用的专项资金. 假定这笔钱按一年定期存入，每满一年自动转存（即把这笔钱在过去的一年得到的利息与原本金合并作为新的本金再按一年定期继续存下去），假设年利率为 3.6%，P 表示这笔钱存入银行 t 年后增加到的钱数.

（1）把 P 表示成 t 的函数；

（2）约需要多少年这笔钱可以达到 17 000 元？

（3）当东东 19 岁要上大学时，这笔钱将会增加到多少元？

6. 培育水稻新品种，如果第一代得到 120 粒种子，并且从第一代起，由各代的每一粒种子都可以得到下一代的 120 粒种子. 设 55 粒这样的种子重 1 克，第 x 代时得到的种子重

为 P 千克.

（1）把 P 表示成 x 的函数；

（2）到第几代这个新品种的种子就可以超过 40 万千克？

7. 从微波炉中取出一杯热牛奶放在室内桌上.已知从微波炉中取出的 t 分钟后,牛奶的温度(单位：℃)为

$$\theta = 75e^{-0.02t} + 20.$$

问多少分钟后牛奶的温度可降到 50℃(精确到 1 分钟)？

8. 放射性物质氡-222 的质量每天衰减 16.604 5%,现有这种物质 m_0 克,t 天后质量减少到 m 克.

（1）把 m 表示成 t 的函数；

（2）求氡-222 的半衰期(精确到 0.01 天)；

（3）把在(1)中求出的函数表达式写成 $m = m_0e^{kt}$ (k 为常数)的形式(k 值保留到小数点后第六位).

B 组

1. 解下列不等式：

（1）$10^x < 5$；

（2）$\log_{\frac{1}{2}} x > 5$.

2. 设函数 $f(x) = \sqrt{1 - e^{2x}}$.

（1）求函数 $y = f(x)$ 的定义域；

（2）求反函数 $y = f^{-1}(x)$ 及其定义域.

3. 一种麻醉药在狗的血液中按指数衰减,半衰期为 4 小时,用这种药麻醉狗每千克体重需要 30 毫克.如果要把一条重 5 千克的小狗麻醉 1 小时,需要多少毫克这种药？

 阅读

最多产的全才数学家——欧拉

"欧拉其实是大家很熟悉的名字,在数学和物理的很多分支中到处都是以欧拉命名的常数、公式、方程和定理,他的探索使得科学更接近我们现在的形态."中国科学院数学与系统科学研究院研究员李文林如此说.的确,几乎每一个数学领域都可以看到欧拉的名字——初等几何的欧拉线、多面体的欧拉定理、立体解析几何的欧拉变换公式、数论的欧拉函数、变分法的欧拉方程、复变函数的欧拉公式,……欧拉(Euler,

1707—1783)是数学史上最多产的数学家,他一生写下 886 种书籍论文,平均每年写出 800 多页,彼得堡科学院为了整理他的著作,足足忙碌了 47 年.

欧拉 1707 年 4 月 15 日生于瑞士巴塞尔,小时候就特别喜欢数学,不满 10 岁就开始自学《代数学》.1720 年,13 岁的欧拉靠自己的努力考入了巴塞尔大学,成为这所大学,也是整个瑞士大学校园里年龄最小的学生,得到当时最有名的数学家约翰·伯努利的精心指导.这在当时是个奇迹,曾轰动了数学界.15 岁在巴塞尔大学获学士学位,翌年得硕士学位.1727 年,欧拉应圣彼得堡科学院的邀请到俄国,1731 年,年仅 24 岁的欧拉接替回瑞士的丹尼尔,成为数学教授及彼得堡科学院数学部的领导人.他以旺盛的精力投入研究,在俄国的 14 年中,他在分析学、数论和力学方面作了大量出色的工作.然而过度的工作使他得了眼病,并且不幸右眼失明了,这时他才 28 岁.1741 年受普鲁士腓特烈大帝的邀请到柏林科学院工作,担任科学院物理数学所所长.这期间他的研究内容涉及行星运动、刚体运动、热力学、弹道学、人口学,这些工作和他的数学研究相互推动,这个时期在微分方程、曲面微分几何以及其他数学领域的研究都是开创性的.1766 年,在沙皇喀德林二世的诚恳敦聘下欧拉重回彼得堡,不料没有多久,左眼视力衰退,于 1771 年也完全失明.即使在双目失明以后,欧拉也没有停止对数学的研究.凭借顽强的毅力和孜孜不倦的治学精神,在失明后他还口述了几本书和 400 篇左右的论文,解决了让牛顿头痛的月离等复杂分析问题."天才在于勤奋,欧拉就是这条真理的化身."

欧拉对数学教学的影响超过任何人.他身为世界上第一流的学者、教授,肩负着解决高深课题的重担,但却能无视"名流"的非议,热心于数学的普及工作.他的著作《无穷小分析引论》、《微分学》、《积分学》是 18 世纪欧洲标准的微积分教科书.他编写的初等代数和算术的教科书考虑细致,叙述有条有理.欧拉还创造了一批至今依然使用的数学符号,如函数记号 $f(x)$、求和符号 $\sum$、虚数单位 i 以及用 e 表示自然对数的底、用 sin、cos 等表示三角函数等等,这些符号使得数学更容易表述、推广.

欧拉风格高尚,非常重视人才.拉格朗日是稍后于欧拉的大数学家,他与欧拉通信讨论"等周问题".后来拉格朗日获得成果,欧拉不但在回信中盛赞拉格朗日的成就,并谦虚地压下自己在这方面论文暂不发表,使年青的拉格朗日的工作得以发表和流传,并一举成名.欧拉晚年的时候,欧洲所有的数学家都把他当作老师,著名数学家拉普拉斯曾说过:"欧拉是我们的导师."

复习题二

A 组

1. 判断正误：

(1) 设 C 是常数，y 是一个变量，则 $y = C(x \in \mathbf{R})$ 表示 y 是 x 的函数.   (   )

(2) 设 x、y 都是变量，则 $y^2 = x(x \in \mathbf{R})$ 表示 y 是 x 的函数.   (   )

(3) 函数 $y = f(x) = x^2 + 1$ 与 $s = f(t) = t^2 + 1$ 是两个相同的函数.   (   )

(4) 函数 $y = \log_2(x-1)^2$ 与 $y = 2\log_2(x-1)$ 是两个相同的函数.   (   )

(5) 设函数 $y = f(x)$，如果 $x_1 \neq x_2$，那么 $f(x_1) \neq f(x_2)$.   (   )

(6) $\sqrt[n]{a^m} = a^{\frac{n}{m}}(a > 0,\ m、n \in \mathbf{N}_+)$.   (   )

(7) 设 $a > 0$ 且 $a \neq 1$，$0 < x_1 < x_2$，则 $\log_a x_1 < \log_a x_2$.   (   )

(8) 设 $a > 0$ 且 $a \neq 1$，则 $a^x = \mathrm{e}^{(\ln a)x}$.   (   )

2. 填空题：

(1) 已知点 $A(2, -3)$，过点 A 且平行于 x 轴的直线方程是_____; 过点 A 且平行于 y 轴的直线方程是_____.

(2) 设点 $A(x, -2)$ 到点 $B(0, 1)$ 的距离是 5，那么 x 的值是_____.

(3) 函数 $y = f(x)$ 的图像与任何一条平行于 y 轴的直线最多会相交_____次.

(4) $3 \cdot \sqrt{3} \cdot \sqrt[3]{3} \cdot \sqrt[6]{3}$ 的值是_____.

(5) 图像关于 y 轴对称的函数是_____函数，图像关于原点对称的函数是_____函数(指奇、偶函数).

(6) $\sqrt[5]{243} =$ _____，$\sqrt[5]{-243} =$ _____，64 的 6 次方根是_____，$\sqrt[6]{64} =$ _____，
$\sqrt[4]{(-6)^4} =$ _____，$\sqrt[5]{(-6)^5} =$ _____，$\sqrt[8]{(2-\mathrm{e})^8} =$ _____.

(7) 用根式的形式表示下列各式 ($a > 0$)：
$a^{\frac{1}{9}} =$ _____，$a^{\frac{7}{8}} =$ _____，$a^{-\frac{1}{4}} =$ _____，$a^{-\frac{10}{9}} =$ _____.

(8) 用幂的形式表示下列各式：
$$\sqrt{a^7} = \underline{\qquad},\quad \frac{1}{\sqrt[5]{a}} = \underline{\qquad},\quad \sqrt[4]{a} \cdot \sqrt[4]{a^3} = \underline{\qquad},\quad \frac{\sqrt[3]{a}}{\sqrt[4]{a}} = \underline{\qquad}.$$

(9) 不使用计算器，填出下列各式的值：
$$(0.125)^{\frac{1}{3}} = \underline{\qquad},\quad \left(\frac{1}{256}\right)^{-\frac{3}{4}} = \underline{\qquad},\quad \left(\sqrt[3]{\frac{64}{125}}\right)^2 = \underline{\qquad}.$$

(10) 不使用计算器，填出下列各式的精确值：

$$\log_4 16^2 = \underline{\hspace{2cm}},\ \log_8 \frac{1}{64} = \underline{\hspace{2cm}},\ \log_{27} 3 = \underline{\hspace{2cm}},$$

$$\ln \sqrt[3]{e} + \log_9 \sqrt[3]{9^2} = \underline{\hspace{2cm}},\ \log_2 \frac{1}{100} + \log_2 200 = \underline{\hspace{2cm}},$$

$$\log_3 900 - \log_3 300 = \underline{\hspace{2cm}},\ \log_8 64^{\frac{3}{2}} - \log_{\frac{1}{3}} 9 = \underline{\hspace{2cm}},$$

$$e^{3\ln 2} = \underline{\hspace{2cm}},\ 5^{1+\log_5 2} = \underline{\hspace{2cm}}.$$

3. 选择题：

(1) 下列函数中，与函数 $y = x$ 相同的是(　　　).

(A) $y = \dfrac{x(x+1)}{x+1}$　　　　　　　　(B) $y = a^{\log_a x}(a > 0,\ a \neq 1)$

(C) $S = \sqrt[7]{t^7}$　　　　　　　　　　(D) $y = \sqrt[6]{x^6}$

(2) 如果 $a^{\frac{1}{2}} = b\,(a > 0 \text{ 且 } a \neq 1)$ 那么下列各式中正确的是(　　　).

(A) $\log_a \dfrac{1}{2} = b$　　　　　　　　(B) $\log_{\frac{1}{2}} b = a$

(C) $2\log_a b = 1$　　　　　　　　　　(D) $\log_{\frac{1}{2}} a = b$

(3) 设函数 $y = e^{-x}$，那么下列各命题中正确的是(　　　).

(A) 当 $x < 0$ 时，$y < 1$　　　　　　(B) 当 $x > 0$ 时，$y > 1$

(C) 当 $x_1 < x_2$ 时，$e^{-x_1} < e^{-x_2}$　　(D) 当 $x_1 < x_2$ 时，$e^{-x_1} > e^{-x_2}$

(4) 设 M、$N > 0$，$a > 0$ 且 $a \neq 1$，那么下列各式中正确的是(　　　).

(A) $\log_a(M - N) = \log_a M - \log_a N$　　(B) $\log_a MN = \log_a M \cdot \log_a N$

(C) $\log_a M^3 N^2 = 6\log_a MN$　　　　(D) $-\dfrac{1}{3}\log_a M = \log_a \dfrac{1}{\sqrt[3]{M}}$

4. 设函数 $f(x) = \begin{cases} x - 3, & x \leqslant -2, \\ 1, & |x| < 2, \\ x + 3, & x \geqslant 2, \end{cases}$ 求：

$f(-2)$，$f(-1)$，$f(2)$，$f(2a)$（其中 $|a| < 1$），$f(2-b)$（其中 $b > 4$）.

5. 求下列函数的定义域：

(1) $f(x) = \dfrac{1}{x - 4}$;　　　　　　　　(2) $f(x) = \dfrac{x^2 + 1}{(x+1)(x-3)}$;

(3) $f(x) = (3 - x)^{\frac{1}{4}} + (x + 5)^{-\frac{1}{2}}$;　　(4) $f(x) = e^{\frac{1}{x+1}}$;

(5) $f(x) = \ln(5x - 3)$;　　　　　　　(6) $f(x) = \sqrt{3^{2x} - 1}$.

6. 判断下列函数是否为奇函数或偶函数：

(1) $f(x) = x^{\frac{1}{9}}$;　　　　　　　　　(2) $f(x) = x^{\frac{2}{9}}$;

(3) $f(x) = \mathrm{e}^{-x^2}$;　　　　　　　　　　(4) $f(x) = x^5 + 2x^3$;

(5) $f(x) = x^3 + 3x - 1$;　　　　　　　　(6) $f(x) = |2x| + 3$.

7. 求下列函数的反函数:

(1) $y = \dfrac{1}{x + 1}$;　　　　　　　　　　(2) $y = x^2 - 3, x \geqslant 0$;

(3) $y = \sqrt{x - 3}$;　　　　　　　　　　(4) $y = \sqrt[3]{x} + 1$;

(5) $y = \mathrm{e}^x - 1$;　　　　　　　　　　(6) $y = 3 + \lg(x - 2)$.

8. 自 2002 年以来,我国的税收总额增长迅速,近些年来平均年增长率约为 21.9%,已知 2002 年的税收总额为 16 997 亿元,设 t 和 P 分别表示 2002 年 ($t = 0$) 以来的年数和 年税收总额(单位: 亿元).

(1) 把 P 表示成 $P = P_0\mathrm{e}^{kt}$ 的形式(P_0、k 为常数;k 值精确到万分之一);

(2) 估计 2006 年的税收总额(精确到 1 亿元).

9. 海拔高度为 h m 处的大气压约为

$$P = P_0\mathrm{e}^{-1.2 \times 10^{-4} h}\,(\text{气压单位}),$$

其中 P_0 是海平面处的大气压.

(1) 在海拔高度多少米处的大气压是海平面处大气压的一半(精确到 1 米);

(2) 2005 年我国科技工作者对世界最高峰珠穆朗玛峰再次进行了测量,测得的峰顶 海拔高度是 8 844.43 m.珠穆朗玛峰顶处的大气压是海平面处大气压的百分之多 少(精确到 0.1%).

B 组

1. 下列说法是否正确? 若不正确,试举例说明:

(1) 函数 $f(x) = 0(x \in \mathbf{R})$ 既是奇函数又是偶函数.

(2) 偶函数一定没有反函数.

2. 填空题:

(1) 设函数 $f(x) = \dfrac{\mathrm{e}^x - \mathrm{e}^{-x}}{2}$, $g(x) = \dfrac{\mathrm{e}^x + \mathrm{e}^{-x}}{2}$,那么 $f(-x) = $ _____ , $g(-x) = $ _____ ,$[g(x)]^2 - [f(x)]^2$ 的值是 _____ .

(2) 函数 $y = \sqrt{\log_{\frac{1}{10}} x - 2}$ 的定义域是 _____ .

(3) 函数 $f(x) = 3 + \log_2 x(x \geqslant 1)$ 的反函数 $f^{-1}(x) = $ _____ ,其定义域是 _____ , 值域是 _____ .

3. 函数 $y = \ln|x|$ 具有奇偶性吗? 试利用函数 $y = \ln x$ 的图像画出函数 $y = \ln|x|$ 和

$y = |\ln x|$ 的图像.

4. 求满足 $\log_2[\log_3(\log_4 x)] = 0$ 的 x 值.

5. 证明：

（1）两个偶函数之积是偶函数；

（2）两个奇函数之积是偶函数；

（3）一个偶函数与一个奇函数之积是奇函数.

第3章 三角函数

> 音乐能激发或抚慰情怀,绘画使人赏心悦目,诗歌能动人心弦,哲学使人
> 获得智慧,科学可改善物质生活,但数学能给予以上的一切.
>
> ——克莱因(德国数学家)

春、夏、秋、冬,交替出现,周而复始,这就是我们常说的周期性现象.在客观物质世界中,周期性现象比比皆是.例如,地球每年绕太阳公转一周;火星每 1.881 年绕太阳公转一周;日食、月食每隔 18 年 11 个月出现的规律相同.再如,心脏的收缩与扩张;潮起潮落的交替变化;声波、光波的传播;旋转电风扇扇叶上某点的运动;钟摆周而复始的摆动;弹簧的简谐振动,等等.要描述和研究周期性变化或运动离不开本章将要学习的三角函数.事实上,三角函数在我们的日常生活和科学研究中,常常要用到.绘制祖国美丽河山的测绘活动离不开它,每天所用的交流电中有它,再现美妙音色的 CD、医疗上活跃着的断层照片 CT 扫描中都留有三角函数的身影.

本章将要学习的主要内容有:任意角、弧度制,任意角三角函数的概念,一些常用的三角关系式,三角函数的图像和性质,反三角函数,正弦定理、余弦定理及应用等.

§3-1 任意角、弧度制

> ⊙正角、负角、零角　⊙终边相同的角　⊙弧度制　⊙弧度制与角度制的换算公式　⊙弧长公式、扇形面积公式

一、任意角

一条射线绕着它的端点由一个位置旋转到另一个位置就形成一个角.在图 3-1 中,一条射线由它的初始位置 OA 绕着它的端点 O 按逆时针方向旋转到位置 OB,就形成了一个角 α.射线的初始位置 OA 叫做**角 α 的始边**,终止位置 OB 叫做**角 α 的终边**,射线的端点叫做**角 α 的顶点**.

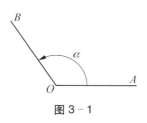

图 3-1

在初中我们学习了 0°~360°之间的角,但在生活中经常会遇到超出这个范围的角.例如,在体操比赛中,以我国体操运动员李小鹏的名字命名的动作"李小鹏跳"就是"踺子后手翻转体 180 度接直体前空翻转体 900 度";在跳水比赛中,有"向前翻腾三周半(1 260 度)抱膝"、

"向后翻腾两周半(900度)"等动作.可以看出,角度的大小不仅可以不在 $0° \sim 360°$ 范围内,形成角的旋转方向也有不同.因此,为了研究方便,作如下规定:

> 射线按逆时针方向旋转形成的角叫做**正角**,按顺时针方向旋转形成的角叫做**负角**.如果一条射线没有作任何旋转,也可以认为形成了一个角,叫做**零角**,即 $0°$ 的角.

如图 3-2 所示,$\alpha = 150°$,$\beta = 270°$,$\gamma = -780°$.

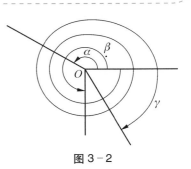

经过以上讨论就把角由原来仅限于 $0° \sim 360°$ 之间,推广到了包含正角、负角、零角的**任意角**.

图 3-2

二、终边相同的角

在直角坐标系中,将角的顶点与坐标原点重合,角的始边与 x 轴的非负半轴重合,那么角的终边(除顶点外)落在第几象限,就称这个角是**第几象限角**;如果角的终边落在坐标轴上,就称这个角为**坐标轴上的角**.例如,在图 3-3(a)中,$390°$ 是第一象限角,$240°$ 是第三象限角,$-60°$ 是第四象限角,$180°$ 是坐标轴上的角.从图 3-3(b)可以看出,$480°$、$-600°$、$120°$ 是三个不同的角,但它们的终边相同,这样的角称为**终边相同的角**. $480°$、$-600°$ 可以分别表示为

$$480° = 1 \times 360° + 120°,$$

$$-600° = (-2) \times 360° + 120°.$$

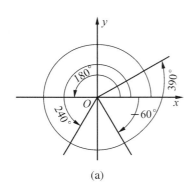

(a)

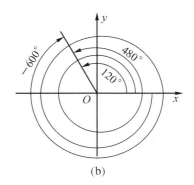

(b)

图 3-3

事实上,与 $120°$ 终边相同的角都可以表示成

$$k \cdot 360° + 120°, \ k \in \mathbf{Z}.$$

一般地,与角 α 终边相同的角(包括 α 在内)有无穷多个,并且都可以表示成

$$k \cdot 360° + \alpha, \ k \in \mathbf{Z},$$

这些角构成的集合为

$$\{\beta \mid \beta = k \cdot 360° + \alpha , k \in \mathbf{Z}\}.$$

以后,只要没有特别声明,说角 α 是第几象限角或终边在第几象限时,都认为它的始边与 x 轴的非负半轴重合.

例 1 把下列各角写成 $k \cdot 360° + \alpha$ 的形式,其中 $0° \leqslant \alpha < 360°$,并分别指出它们是第几象限角:

（1）517°; （2）－400°.

解 （1）$517° = 1 \times 360° + 157°$,所以,517°与157°的终边相同,是第二象限角.

（2）$- 400° = （- 2） \times 360° + 320°$,所以,－400°与320°的终边相同,是第四象限角.

例 2 写出与下列角终边相同的角的集合 S,并把 S 中在－360°～720°之间的角写出来:

（1）45°; （2）－215°.

解 （1）$S = \{\beta \mid \beta = k \cdot 360° + 45° , k \in \mathbf{Z}\}$,

S 中在－360°～720°之间的角有:

$$（- 1） \times 360° + 45° = - 315°,$$
$$0 \times 360° + 45° = 45°,$$
$$1 \times 360° + 45° = 405°.$$

（2）$S = \{\beta \mid \beta = k \cdot 360° - 215° , k \in \mathbf{Z}\}$,

S 中在－360°～720°之间的角有:

$$0 \times 360° - 215° = - 215°,$$
$$1 \times 360° - 215° = 145°,$$
$$2 \times 360° - 215° = 505°.$$

练习

1. 钟表上时针现在指向 8 点,问:再过 27 小时,时针指向几点?这段时间中时针走过的角度是多少?

2. 把下列各角写成 $k \cdot 360° + \alpha$ 的形式,其中 $0° \leqslant \alpha < 360°$,并指出它们分别是第几象限角:

（1）1 020°; （2）－25°.

3. 写出与下列各角终边相同的角的集合 S,并求出 S 中在－360°～360°之间的角:

（1）180°; （2）－135°.

三、弧度制

在初中,规定周角的 $\dfrac{1}{360}$ 为 1 度的角,以度为单位来度量角的单位制叫做**角度制**.下面介绍另一种常用的度量角的单位制——弧度制.

> 长度等于半径长的圆弧所对的圆心角叫做 1 弧度的角,记为 1 rad,读作 1 弧度.以弧度为单位来度量角的单位制叫做弧度制.

例如,在图 3 - 4(a)中,弧 AB 的长等于半径 r,它所对的圆心角就是 1 rad. 在图 3 - 4(b)中,弧 AC 的长 $l = 3r$, 所以它所对的圆心角

$$\alpha = \frac{l}{r} \text{ rad} = \frac{3r}{r} \text{ rad} = 3 \text{ rad}.$$

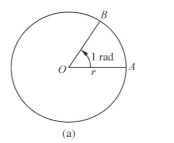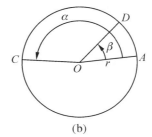

图 3 - 4

弧 AD 的长 $l = \dfrac{1}{2}r$, 所以它所对的圆心角

$$\beta = \frac{l}{r} \text{ rad} = \frac{\frac{1}{2}r}{r} \text{ rad} = \frac{1}{2} \text{ rad}.$$

周角所对的弧长是圆周长 $l = 2\pi r$, 所以周角是

$$\frac{l}{r} \text{ rad} = \frac{2\pi r}{r} \text{ rad} = 2\pi \text{ rad}.$$

当角 α 在 $0° \sim 360°$ 之间时,可以用它对应的弧长除以半径来求它的弧度数.对于推广之后的任意角,作如下规定:

正角 α 的弧度数是 $\dfrac{l}{r}$,负角 α 的弧度数是 $-\dfrac{l}{r}$,零角的弧度数是 0.其中 l 是在半径为 r 的圆中,以角 α 为圆心角时所对的圆弧的长度.

由上面的规定可以看出,正角的弧度数是一个正数,负角的弧度数是一个负数,且角 α 的弧度数的绝对值是

$$|\alpha| = \frac{l}{r}. \qquad\qquad (3-1)$$

角度制和弧度制是两种不同的度量角的单位制,下面来讨论角度与弧度的换算方法.

因为周角在角度制中是 $360°$,在弧度制中是 2π rad,因此有

$$360° = 2\pi \text{ rad},$$

从而,可得到角度与弧度的换算关系:

$$180° = \pi \text{ rad};$$
$$1° = \frac{\pi}{180} \text{ rad} \approx 0.017\ 45 \text{ rad}; \qquad (3-2)$$
$$1 \text{ rad} = \frac{1}{\pi} \times 180° \approx 57.30° = 57°18'.$$

例 3　把下列角由度化为弧度:

(1) $165°15'$;　　　　　　　　　　(2) $-45°$.

解　(1) $165°15' = 165.25° \approx 165.25 \times 0.017\ 45 \text{ rad} \approx 2.883\ 6 \text{ rad}$.

(2) $-45° = -45 \times \dfrac{\pi}{180} \text{ rad} = -\dfrac{\pi}{4} \text{ rad}$.

例 4　把下列角由弧度化为度:

(1) $\dfrac{7}{3}\pi$ rad;　　　　　　　　　　(2) -2.5 rad.

解　(1) $\dfrac{7}{3}\pi \text{ rad} = \dfrac{7}{3}\pi \times \dfrac{180°}{\pi} = 420°$.

(2) $-2.5 \text{ rad} \approx -2.5 \times 57.30° = -143.25° = -143°15'$.

习惯上,用弧度制表示角时,单位"弧度"(或 rad)通常省略不写,而只写出这个角的弧度数,例如,$\alpha = 3$ rad 可以写成 $\alpha = 3$,$\beta = \dfrac{1}{2}$ rad 可以写成 $\beta = \dfrac{1}{2}$,2π rad 可以写成 2π.

一些特殊角的度数与弧度数的对应表如下:

度	0°	30°	45°	60°	90°	120°	135°	150°	180°	270°	360°
弧度	0	$\dfrac{\pi}{6}$	$\dfrac{\pi}{4}$	$\dfrac{\pi}{3}$	$\dfrac{\pi}{2}$	$\dfrac{2}{3}\pi$	$\dfrac{3}{4}\pi$	$\dfrac{5}{6}\pi$	π	$\dfrac{3}{2}\pi$	2π

例5 用弧度制表示终边在 y 轴上的角的集合.

解 在 $0 \sim 2\pi$ 之间终边在 y 轴上的角有两个：$\dfrac{\pi}{2}$ 和 $\dfrac{3\pi}{2}$.

与 $\dfrac{\pi}{2}$ 终边相同的角可以表示为

$$k \cdot 2\pi + \frac{\pi}{2} = 2k\pi + \frac{\pi}{2}, \; k \in \mathbf{Z}. \tag{1}$$

与 $\dfrac{3\pi}{2}$ 终边相同的角可以表示为

$$k \cdot 2\pi + \frac{3\pi}{2} = 2k\pi + \pi + \frac{\pi}{2} = (2k+1)\pi + \frac{\pi}{2}, \; k \in \mathbf{Z}. \tag{2}$$

由式(1)、(2)可以看出，终边在 y 轴上的角可以表示成 π 的整数倍与 $\dfrac{\pi}{2}$ 的和，即 $n\pi + \dfrac{\pi}{2}$ （$n \in \mathbf{Z}$），所以终边在 y 轴上的角的集合为

$$\left\{ \beta \mid \beta = n\pi + \frac{\pi}{2}, \; n \in \mathbf{Z} \right\}.$$

根据公式(3-1)可得，**在半径为 r 的圆中，弧度数为 α 的圆心角所对的圆弧长为**

$$l = |\alpha| \cdot r. \tag{3-3}$$

在半径为 r 的圆中，弧长为 l 的扇形的面积为

$$S = \frac{1}{2}lr. \tag{3-4}$$

证明 因为半径为 r 的圆的面积为 πr^2，周角是 2π 弧度，所以圆心角为 1 弧度的扇形的面积为 $\dfrac{\pi r^2}{2\pi} = \dfrac{1}{2}r^2$. 又因为弧长为 l 的圆弧所对的圆心角为 $\dfrac{l}{r}$，因此，弧长为 l 的扇形的面积

$$S = \frac{l}{r} \times \frac{1}{2}r^2 = \frac{1}{2}lr.$$

例6 已知一吊扇直径为 1.2 m，假设吊扇以每分钟 200 转的速度旋转，试求：

（1）吊扇 1 秒钟转过的弧度数(即吊扇的角速度) ω；

（2）吊扇叶片顶端上一点 1 秒钟所转过的弧长(即线速度) v；

（3）吊扇的一片叶片 2 秒钟所扫过的面积 S.

解 （1）吊扇 1 秒钟转过的弧度数为

$$\omega = \frac{2\pi \times 200}{60} \approx 20.94 \ (\text{rad/s}).$$

（2）吊扇半径 $r = 0.6 \ \text{m}$，叶片顶端上一点 1 秒钟所转过的弧长为

$$v = \omega r \approx 20.94 \times 0.6 \approx 12.56 \ (\text{m/s}).$$

（3）吊扇的一片叶片 2 秒钟所扫过的圆心角和圆弧长分别为

$$\alpha = \omega \times 2 \approx 41.88 \ (\text{rad}),$$

$$l = \alpha r \approx 41.88 \times 0.6 \approx 25.13 \ (\text{m}).$$

所以扫过的面积为

$$S = \frac{1}{2}lr \approx \frac{1}{2} \times 25.13 \times 0.6 = 7.539 \ (\text{m}^2).$$

§3-1 微课视频

练习

1. 把下列各角由度化成弧度：

　　（1）$60°$；　　　　　（2）$135°$；　　　　　（3）$-210°$；　　　　　（4）$22°30'$.

2. 把下列各角由弧度化为度：

　　（1）$\dfrac{5\pi}{6}$；　　　　　（2）$-\dfrac{2\pi}{3}$；　　　　　（3）1.5；　　　　　（4）-3.2.

3. 用弧度制表示终边在 x 轴上的角的集合.

4. 把下列各角写成 $2k\pi+\alpha\,(k\in \mathbf{Z}, 0\leqslant\alpha<2\pi)$ 的形式，并指出它们是第几象限角：

　　（1）$\dfrac{23}{6}\pi$；　　　　　（2）$-\dfrac{25}{12}\pi$.

5. 若 2 弧度的圆心角所对的弧长为 4 cm，求圆的半径及这个圆心角所对应的扇形的面积.

习题 3-1

A 组

1. 判断正误：

（1）锐角是第一象限角. 　　　　　　　　　　　　　　　　　　　　　（　　）

（2）-135°是第二象限的角. 　　　　　　　　　　　　　　　　　　　（　　）

（3）第二象限角都是钝角. 　　　　　　　　　　　　　　　　　　　　（　　）

（4）30°和-30°角的终边互为反向延长线. 　　　　　　　　　　　　　（　　）

（5）330°和-390°角的终边相同. 　　　　　　　　　　　　　　　　　（　　）

2. 选择题：

（1）-1 485°写成 $k \cdot 360° + \alpha(0° \leqslant \alpha < 360°, k \in \mathbf{Z})$ 的形式是（　　）.

（A）-4×360°-45°　　　　　　　　（B）-4×360°-315°

（C）-4×360°+45°　　　　　　　　（D）-5×360°+315°

（2）下列各组角中,终边相同的是（　　）.

（A）495°和-495°　　　　　　　　（B）350°和 90°

（C）140°和-220°　　　　　　　　（D）540°和-810°

（3）圆的半径变为原来的 2 倍,而弧长也增加到原来的 2 倍,则（　　）.

（A）扇形的圆心角大小不变

（B）扇形的圆心角增大到原来的 2 倍

（C）扇形的圆心角增大到原来的 4 倍

（D）不能确定

（4）在半径不等的两个圆内,1 弧度的圆心角（　　）.

（A）所对的弧长相等　　　　　　　（B）所对的弦长相等

（C）所对弧的长等于各自的半径　　（D）所对应的扇形的面积相等

3. 填空题：

（1）已知角 α 的终边与 y 轴的正半轴所夹的角为 30°,且终边落在第二象限,其中
　　 $0° < \alpha < 360°$, 则 α=_____度.

（2）若 6°的圆心角所对的弧长为 2 m,则此圆的半径为_____m.

（3）3 弧度角的终边在第_____象限,7 弧度角的终边在第_____象限.

4. 写出与下列各角终边相同的角的集合,并把其中在-360°到 360°之间的角写出来：

（1）809°; 　　　　　　（2）-60°; 　　　　　　（3）-1 385°.

5. 把下列各角写成 $2k\pi + \alpha(0 \leqslant \alpha < 2\pi, k \in \mathbf{Z})$ 的形式,并写出它们所在的象限：

（1）$\dfrac{23}{3}\pi$; 　　　（2）$-\dfrac{6}{7}\pi$; 　　　（3）$\dfrac{27\pi}{10}$; 　　　（4）$-\dfrac{23}{15}\pi$.

6. 把下列各角由度化为弧度：

（1）18°; 　　　　　　（2）580°; 　　　　　　（3）1 250°18′;

（4）-75°; 　　　　　（5）-240°; 　　　　　（6）-540°.

7. 把下列各角由弧度化为度：

（1）$-\dfrac{7}{6}\pi$；　　　　　　（2）$-\dfrac{\pi}{2}$；　　　　　　（3）$\dfrac{21}{5}\pi$；

（4）-3；　　　　　　　　（5）1.37；　　　　　　（6）0.5.

8. 已知扇形的弧长为 4.8 cm，该扇形的圆心角是 1.2 弧度，求圆的半径和该扇形的面积.

9. 经过 2 小时 30 分钟，时针转过的角度是多少度？多少弧度？分针转过的角度是多少度？多少弧度？

10. 在半径为 20 cm 的圆中，求圆心角为 2.5 弧度的扇形的弧长和面积.

11. 一台风力发电机的风车直径为 5 m，假设叶片以每分钟 220 转的速度逆时针旋转，试求叶片顶端处一点 1 秒钟转过的圆心角的弧度数和转过的弧长（结果保留四位有效数字）.

B 组

1. 分别用角度制和弧度制表示终边在直线 $y = x$ 上的角的集合.

2. 将钟表上的时针作为角的始边，分针作为终边，那么当钟表上显示 8 点 5 分时，试表示出时针与分针构成的角度.

3. 绳子绕在半径为 50 cm 的滑轮上，绳子的下端 B 处悬挂着物体 W，如果轮子按逆时针方向以每分钟 6 弧度的角速度旋转，则物体向上运动的速度是多少？需要多少秒才能把物体 W 的位置向上提升 2 m？

§3-2 任意角三角函数的概念

⊙三角函数的定义、定义域　⊙三角函数值的符号　⊙终边相同的角的三角函数值　⊙正弦、余弦在单位圆上的表示　⊙正弦、余弦函数的值域　⊙有界函数与无界函数

一、任意角三角函数的定义

在初中定义过锐角三角函数，在直角三角形（如图 3-5 所示）中，锐角 A 的正弦、余弦、正切、余切分别定义为

$$\sin A = \dfrac{\angle A \text{ 的对边}}{\text{斜边}} = \dfrac{a}{c},$$

$$\cos A = \dfrac{\angle A \text{ 的邻边}}{\text{斜边}} = \dfrac{b}{c},$$

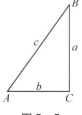

图 3-5

$$\tan A = \frac{\angle A \text{ 的对边}}{\angle A \text{ 的邻边}} = \frac{a}{b},$$

$$^* \cot A = \frac{\angle A \text{ 的邻边}}{\angle A \text{ 的对边}} = \frac{b}{a}.$$

它们都是以角为自变量,以比值为函数值的函数.下面来讨论任意角三角函数.

如图 3-6 所示,设 α 是一个任意角,α 的始边与 x 轴非负半轴重合,α 的终边上任意一点 P(除端点 O 外)的坐标为 (x, y),它到原点的距离为 $r = |OP| = \sqrt{x^2 + y^2}\ (r > 0)$,那么,有下面的定义:

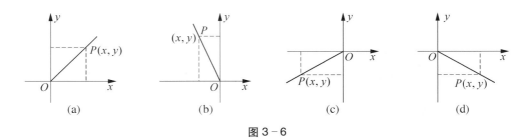

图 3-6

（1）比值 $\dfrac{y}{r}$ 叫做 α 的**正弦**,记作 $\sin \alpha$,即 $\sin \alpha = \dfrac{y}{r}$;

（2）比值 $\dfrac{x}{r}$ 叫做 α 的**余弦**,记作 $\cos \alpha$,即 $\cos \alpha = \dfrac{x}{r}$;

（3）比值 $\dfrac{y}{x}$ 叫做 α 的**正切**,记作 $\tan \alpha$,即 $\tan \alpha = \dfrac{y}{x}$;

*（4）比值 $\dfrac{x}{y}$ 叫做 α 的**余切**,记作 $\cot \alpha$,即 $\cot \alpha = \dfrac{x}{y}$;

*（5）比值 $\dfrac{r}{x}$ 叫做 α 的**正割**,记作 $\sec \alpha$,即 $\sec \alpha = \dfrac{r}{x}$;

*（6）比值 $\dfrac{r}{y}$ 叫做 α 的**余割**,记作 $\csc \alpha$,即 $\csc \alpha = \dfrac{r}{y}$.

对于确定的角 α,这六个比值(如果存在的话)都不会随着 P 在 α 终边上的位置的改变而改变,即六个比值由角 α 唯一确定.因此,正弦、余弦、正切、余切、正割、余割都是以角 α 为自变量的函数,它们统称为**三角函数**.容易知道,角的集合与实数集之间可以建立一一对应关系,因此三角函数可以看成是自变量为实数的函数.

根据三角函数的定义,可以知道正弦函数 $\sin \alpha$、余弦函数 $\cos \alpha$ 的定义域均为实数集 **R**;对于正切函数 $\tan \alpha$ 来说,当 $x \neq 0$,即 α 的终边不在 y 轴上时,有意义,所以正切函数 $\tan \alpha$ 的定义域为 $\left\{ \alpha \mid \alpha \neq k\pi + \dfrac{\pi}{2}, k \in \mathbf{Z} \right\}$.类似地,可以得到余切函数、正割函数和余割函数的定

义域.在弧度制下,六个三角函数的定义域如下表所示:

函　数	$\sin\alpha$	$\cos\alpha$	$\tan\alpha$, $\sec\alpha$	$\csc\alpha$, $\cot\alpha$
定义域	**R**	**R**	$\left\{\alpha \mid \alpha \neq k\pi + \dfrac{\pi}{2}, k \in \mathbf{Z}\right\}$	$\{\alpha \mid \alpha \neq k\pi, k \in \mathbf{Z}\}$

从上面的定义容易看出,$\csc\alpha$、$\sec\alpha$、$\cot\alpha$ 依次分别是 $\sin\alpha$、$\cos\alpha$、$\tan\alpha$ 的倒数,即

$$\csc\alpha = \frac{1}{\sin\alpha}, \quad \sec\alpha = \frac{1}{\cos\alpha}, \quad \cot\alpha = \frac{1}{\tan\alpha}.$$

因此,往后在涉及三角函数时,本书将主要讨论有关 $\sin\alpha$、$\cos\alpha$、$\tan\alpha$ 的问题,而对有关 $\csc\alpha$、$\sec\alpha$、$\cot\alpha$ 的问题一般不作讨论.

例 1 已知角 α 的终边经过点 $P(3,-4)$(如图 3-7 所示),求 $\sin\alpha$、$\cos\alpha$、$\tan\alpha$.

解 因为 $x = 3$,$y = -4$,所以

$$r = \sqrt{3^2 + (-4)^2} = 5.$$

于是

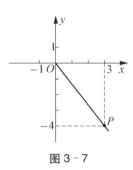

图 3-7

$$\sin\alpha = \frac{y}{r} = \frac{-4}{5} = -\frac{4}{5}; \cos\alpha = \frac{x}{r} = \frac{3}{5};$$

$$\tan\alpha = \frac{y}{x} = \frac{-4}{3} = -\frac{4}{3}.$$

例 2 求下列各角的正弦、余弦、正切函数值:

(1) 0; (2) $\dfrac{\pi}{2}$; (3) π; (4) $\dfrac{3\pi}{2}$.

解 (1) 如图 3-8(a)所示,由于角 0 的终边在 x 轴的非负半轴上,所以点 P 的坐标为 $(x, 0)$,其中 $x > 0$.从而 $r = x$,$y = 0$,于是

$$\sin 0 = \frac{y}{r} = 0; \cos 0 = \frac{x}{r} = 1; \tan 0 = \frac{y}{x} = 0.$$

(2) 如图 3-8(b)所示,由于角 $\dfrac{\pi}{2}$ 的终边在 y 轴的非负半轴上,所以点 P 的坐标为 $(0, y)$,其中 $y > 0$.从而 $r = y$,$x = 0$,于是

$$\sin\frac{\pi}{2} = \frac{y}{r} = 1; \cos\frac{\pi}{2} = \frac{x}{r} = 0; \tan\frac{\pi}{2} \text{ 不存在}.$$

（3）如图 3–8(c)所示,由于角 π 的终边(除端点外)在 x 轴的负半轴上,所以点 P 的坐标为 $(x, 0)$,其中 $x < 0$. 从而 $r = -x$, $y = 0$, 于是

$$\sin \pi = \frac{y}{r} = 0; \quad \cos \pi = \frac{x}{r} = -1; \quad \tan \pi = \frac{y}{x} = 0.$$

（4）如图 3–8(d)所示,由于 $\frac{3\pi}{2}$ 的终边(除端点外)在 y 轴的负半轴上,所以点 P 的坐标为 $(0, y)$,其中 $y < 0$. 从而 $r = -y$, $x = 0$, 于是

$$\sin \frac{3\pi}{2} = \frac{y}{r} = -1; \quad \cos \frac{3\pi}{2} = \frac{x}{r} = 0; \quad \tan \frac{3\pi}{2} \text{ 不存在}.$$

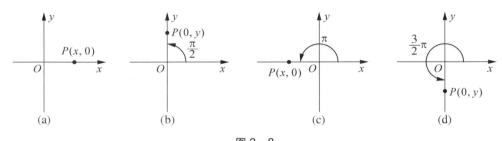

图 3–8

二、三角函数值的符号

根据三角函数的定义,以及各象限内点的坐标的符号,可以知道三角函数值的符号如下表所示:

符　号 α 所在象限	$\sin \alpha$	$\cos \alpha$	$\tan \alpha$
第一象限	+	+	+
第二象限	+	−	−
第三象限	−	−	+
第四象限	−	+	−

例 3　确定下列三角函数值的符号:

（1）$\cos 220°$;　　　（2）$\sin 820°$;　　　（3）$\tan \left(-\frac{19}{12}\pi\right)$.

解　（1）因为 $220°$ 是第三象限角,所以 $\cos 220° < 0$.

（2）因为 $820° = 2 \times 360° + 100°$,所以 $820°$ 是第二象限角,从而 $\sin 820° > 0$.

（3）因为 $-\frac{19}{12}\pi = (-1) \times 2\pi + \frac{5}{12}\pi$,所以 $-\frac{19}{12}\pi$ 是第一象限角,从而 $\tan \left(-\frac{19}{12}\pi\right) > 0$.

练习

1. 已知角 α 终边经过点 $P(-1, \sqrt{3})$，求 $\sin\alpha$、$\cos\alpha$、$\tan\alpha$.

2. 完成下列表格（填上对应的三角函数值）：

α 函数	$\dfrac{\pi}{6}$	$\dfrac{\pi}{4}$	$\dfrac{\pi}{3}$
$\sin\alpha$		$\dfrac{\sqrt{2}}{2}$	
$\cos\alpha$	$\dfrac{\sqrt{3}}{2}$		$\dfrac{1}{2}$
$\tan\alpha$		1	$\sqrt{3}$

3. 确定下列三角函数值的符号：

(1) $\sin(-1\,070°)$； (2) $\cos 156°$；

(3) $\tan\left(-\dfrac{\pi}{5}\right)$； (4) $\cos\dfrac{31}{7}\pi$.

三、终边相同的角的三角函数值

根据三角函数的定义，可以知道**终边相同的角的同名三角函数值相等**，即

$$\sin(2k\pi + \alpha) = \sin\alpha,\ \cos(2k\pi + \alpha) = \cos\alpha,$$
$$\tan(2k\pi + \alpha) = \tan\alpha,$$
$$其中\ k \in \mathbf{Z}.$$

$(3-5)$

利用公式 $(3-5)$ 可以将求任意角的三角函数值，转化为求 0 到 2π（或 $0°$ 到 $360°$）之间角的三角函数值.

例 4 求下列三角函数值（不是特殊角度时，利用计算器）：

(1) $\sin\dfrac{19}{3}\pi$； (2) $\cos 795°15'$； (3) $\tan\left(-\dfrac{20}{13}\pi\right)$.

解 (1) $\sin\dfrac{19}{3}\pi = \sin\left(3 \times 2\pi + \dfrac{\pi}{3}\right) = \sin\dfrac{\pi}{3} = \dfrac{\sqrt{3}}{2}$.

(2) $\cos 795°15' = \cos(2 \times 360° + 75°15') = \cos 75°15' \approx 0.254\,6$.

(3) $\tan\left(-\dfrac{20}{13}\pi\right) = \tan\left(-1 \times 2\pi + \dfrac{6}{13}\pi\right) = \tan\dfrac{6\pi}{13} \approx 8.235\,7$.

练习

1. 求下列三角函数值(可以利用计算器):

   (1) $\sin 390°$; $\qquad$ (2) $\cos\left(-\dfrac{31}{4}\pi\right)$; $\qquad$ (3) $\tan(-1\,008°)$.

2. 求下列各式的值:

   (1) $3\sin\dfrac{5\pi}{2} - 10\sin 0 + 2\sin\dfrac{3\pi}{2} - 2\cos\pi$;

   (2) $\cos\dfrac{13}{6}\pi \sin\left(-\dfrac{7}{4}\pi\right) \tan\left(-\dfrac{11}{6}\pi\right)$.

四、正弦、余弦在单位圆上的表示

半径为 1 个单位长度的圆叫做**单位圆**.

如图 3-9 所示,设角 α 为任意角,它的顶点在原点,始边与 x 轴的非负半轴重合,终边与以原点为圆心的单位圆交于点 $P(x,y)$.显然,不论 α 的终边落在坐标系的什么位置,都有 $|OP| = r = 1$. 根据正弦、余弦函数的定义,可以得到:

$$\sin\alpha = \frac{y}{r} = \frac{y}{1} = y,\ \cos\alpha = \frac{x}{r} = \frac{x}{1} = x.$$

即

$$\sin\alpha = y,\ \cos\alpha = x.$$

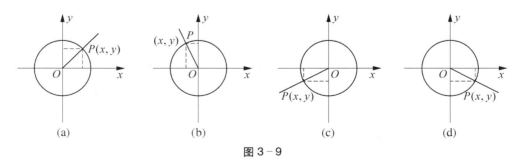

图 3-9

从图 3-9 可以看出,不论角 α 的终边与单位圆的交点 $P(x,y)$ 在什么位置,都有 $-1 \leq y \leq 1$,$-1 \leq x \leq 1$,并且当角 α 的终边绕着端点 O 一直旋转下去时,点 P 的横、纵坐标 x、y 均能取遍 -1 到 1 之间的所有数值.根据正弦、余弦在单位圆上的表示可以知道,对于任意角 α,都有

$$-1 \leq \sin\alpha \leq 1,\ -1 \leq \cos\alpha \leq 1, \qquad ①$$

所以**正弦、余弦函数的值域都是[-1,1]**,并且它们的**最大值都是 1**,**最小值都是-1**.

定义 4 设函数 $f(x)$ 在数集 D 上有定义,如果存在正数 M,使得对于任意 $x \in D$,都有 $|f(x)| \leq M$ 成立,那么就称函数 $f(x)$ 为 D 上的有界函数,或称函数 $f(x)$ 在 D 上有界.否则就称函数 $f(x)$ 为 D 上的无界函数,或称函数 $f(x)$ 在 D 上无界.

由上面的式①可知,正弦函数、余弦函数均为 $(-\infty, +\infty)$ 上的有界函数.函数 $y = x^2$,$y = 2^x$ 在 $(-\infty, +\infty)$ 上均为无界函数.

§3-2 微课视频

练习

已知角 α 的终边与单位圆的交点为 $P\left(-\dfrac{\sqrt{3}}{2}, -\dfrac{1}{2}\right)$,求 $\sin\alpha$、$\cos\alpha$、$\tan\alpha$.

习题 3-2

A 组

1. 判断正误:

   (1) 若 $\sin\alpha > 0$,则 α 是第一象限角. ( )

   (2) 若 $\cos\alpha < 0$,则 α 是第二象限角. ( )

   (3) 第三象限角的正切值均大于零. ( )

   (4) 正弦函数在定义域 **R** 上是有界函数. ( )

   (5) 余弦函数的最大值是 1,最小值是 −1. ( )

2. 完成下列表格(填上对应的三角函数值):

函数 ＼ α	0	$\dfrac{\pi}{2}$	π	$\dfrac{3\pi}{2}$
$\sin\alpha$				
$\cos\alpha$				
$\tan\alpha$		不存在		不存在

3. 已知角 α 的终边经过下列各点,求 $\sin\alpha$、$\cos\alpha$、$\tan\alpha$:

   (1) $(8, -6)$;   (2) $(-2, 1)$;   (3) $(-3, -4)$.

4. 不求值,确定下列各三角函数值的符号:

(1) $\sin 473°$;

(2) $\cos \dfrac{21}{4}\pi$;

(3) $\tan \dfrac{17}{18}\pi$;

(4) $\tan\left(-\dfrac{4}{5}\pi\right)$.

5. 确定下列各式的符号:

(1) $\tan 125° \cos 265°$;

(2) $\dfrac{\sin \dfrac{15}{11}\pi}{\tan \dfrac{\pi}{5}}$.

6. 求下列三角函数值(不是特殊角时,用计算器计算):

(1) $\sin(-1\,050°)$;

(2) $\cos\left(-\dfrac{23}{6}\pi\right)$;

(3) $\sin\left(-\dfrac{34}{9}\pi\right)$;

(4) $\tan 398°25'$;

(5) $\tan \dfrac{33}{4}\pi$;

(6) $\tan \dfrac{21}{5}\pi$.

7. 求下列各式的值:

(1) $\sin \dfrac{\pi}{3}\tan \dfrac{\pi}{6} + \cos \dfrac{\pi}{4}\sin \dfrac{\pi}{4}$;

(2) $2\sin \dfrac{25\pi}{4} + \tan\left(-\dfrac{11\pi}{3}\right)\tan\left(-\dfrac{7\pi}{4}\right)$.

8. 已知角 α 的终边与单位圆的交点为 $\left(-\dfrac{\sqrt{2}}{2}, \dfrac{\sqrt{2}}{2}\right)$,求 $\sin \alpha$、$\cos \alpha$、$\tan \alpha$.

9. 已知 $\sin \alpha = \dfrac{3}{5}$,$\cos \alpha = \dfrac{4}{5}$,求角 α 的终边与单位圆交点的坐标,并写出 $\tan \alpha$ 的值.

B 组

1. 已知角 α 的终边在直线 $y = 2x$ 上,试求 $\sin \alpha$、$\cos \alpha$、$\tan \alpha$.

2. 试根据下列条件,判断角 α 是第几象限角:

(1) $\cos \alpha > 0$ 且 $\tan \alpha < 0$;

(2) $\sin \alpha \cos \alpha < 0$;

(3) $\cos \alpha \tan \alpha < 0$;

(4) $\sin \alpha \tan \alpha > 0$.

3. 设点 $M(-8, y)$ 是角 α 终边上一点,且 $\cos \alpha = -\dfrac{4}{5}$,试求 y 的值,并写出角 α 的正弦、正切函数值.

4. 已知角 α 的终边上一点 P 与点 $A(-3,-4)$ 关于 y 轴对称，角 β 的终边上一点 Q 与点 A 关于原点对称，试求 $3\sin \alpha + 2\sin \beta$.

§3-3 同角三角函数的基本关系式

⊙同角三角函数的平方关系、商数关系

由三角函数定义，得 $\sin^2\alpha + \cos^2\alpha = \left(\dfrac{y}{r}\right)^2 + \left(\dfrac{x}{r}\right)^2 = \dfrac{y^2+x^2}{r^2} = \dfrac{r^2}{r^2} = 1$，即

$$\sin^2\alpha + \cos^2\alpha = 1. \tag{1}$$

当 α 的终边在坐标轴上时上式仍成立.

当 $\alpha \neq k\pi + \dfrac{\pi}{2}(k \in \mathbf{Z})$ 时，有 $\dfrac{\sin \alpha}{\cos \alpha} = \dfrac{\dfrac{y}{r}}{\dfrac{x}{r}} = \dfrac{y}{x} = \tan \alpha$，即

$$\frac{\sin \alpha}{\cos \alpha} = \tan \alpha. \tag{2}$$

在 α 是使得等式两边都有意义的任意角的情形下，以上二式都是恒等式.在说到三角恒等式时，如无特别说明，都是指在等式两边均有意义情形下的恒等式.

例 1 已知 $\cos \alpha = \dfrac{3}{5}$，求 $\sin \alpha$、$\tan \alpha$.

解 因为 $\cos \alpha > 0$，所以 α 是第一或第四象限角.
由上面式(1)得

$$\sin^2\alpha = 1 - \cos^2\alpha = 1 - \left(\frac{3}{5}\right)^2 = \frac{16}{25}.$$

若 α 是第一象限角，则 $\sin \alpha > 0$，于是

$$\sin \alpha = \sqrt{\frac{16}{25}} = \frac{4}{5};$$

$$\tan \alpha = \frac{\sin \alpha}{\cos \alpha} = \frac{4}{5} \times \frac{5}{3} = \frac{4}{3}.$$

若 α 是第四象限角,则 $\sin \alpha < 0$,那么

$$\sin \alpha = -\frac{4}{5}, \tan \alpha = -\frac{4}{3}.$$

例 2 已知 $\tan \alpha = a$, $a > 0$,且 α 是第三象限角,求 $\sin \alpha$、$\cos \alpha$.

解 由 $\tan \alpha = a$ 及式(2),得

$$\sin^2 \alpha = \tan^2 \alpha \cos^2 \alpha = a^2 \cos^2 \alpha = a^2 (1 - \sin^2 \alpha) = a^2 - a^2 \sin^2 \alpha,$$

整理,解得
$$\sin^2 \alpha = \frac{a^2}{1 + a^2}.$$

于是
$$\cos^2 \alpha = 1 - \sin^2 \alpha = 1 - \frac{a^2}{1 + a^2} = \frac{1}{1 + a^2}.$$

因为 α 是第三象限角,$\sin \alpha < 0$, $\cos \alpha < 0$,所以

$$\sin \alpha = -\sqrt{\frac{a^2}{1 + a^2}}, \cos \alpha = -\sqrt{\frac{1}{1 + a^2}}.$$

例 3 证明 $\dfrac{\cos \alpha}{1 + \sin \alpha} = \dfrac{1 - \sin \alpha}{\cos \alpha}$.

证明 因为 $\cos \alpha \neq 0$,可知 $\sin \alpha \neq \pm 1$,所以 $1 - \sin \alpha \neq 0$. 于是

$$左边 = \frac{\cos \alpha (1 - \sin \alpha)}{(1 + \sin \alpha)(1 - \sin \alpha)} = \frac{\cos \alpha (1 - \sin \alpha)}{1 - \sin^2 \alpha}$$

$$= \frac{\cos \alpha (1 - \sin \alpha)}{\cos^2 \alpha} = \frac{1 - \sin \alpha}{\cos \alpha} = 右边.$$

所以原式成立.

§3-3 微课视频

练习

1. (1) 已知 $\sin \alpha = -\dfrac{4}{5}$,且角 α 是第三象限角,求 $\cos \alpha$、$\tan \alpha$.

(2) 已知 $\cos \alpha = -\dfrac{1}{2}$,且角 α 是第二象限角,求 $\sin \alpha$、$\tan \alpha$.

2. 化简下列各式:

(1) $\dfrac{1}{\cos^2 \alpha} - \cos^2 \alpha - \tan^2 \alpha$;

（2）$\sin^2\alpha + \cos^4\alpha + \cos^2\alpha \cdot \sin^2\alpha$.

习题 3-3

A 组

1. 判断正误：

   （1）$y = \sin^2 x + \cos^2 x$ 与 $y = 1$ 是相同的函数. （　　）

   （2）$\sqrt{\dfrac{1}{\cos^2\alpha} - 1} = \tan\alpha$. （　　）

2. （1）已知 $\sin\alpha = -\dfrac{12}{13}$，并且 α 是第四象限角，求 $\cos\alpha$、$\tan\alpha$.

   （2）已知 $\cos\alpha = -0.35$，且 α 是第二象限角，求 $\sin\alpha$、$\tan\alpha$.（计算结果保留两位有效数字）

3. （1）已知 $\sin\alpha = \dfrac{8}{17}$，求 $\cos\alpha$、$\tan\alpha$.

   （2）已知 $\tan\alpha = 2$，且 α 是第一象限角，求 $\sin\alpha$、$\cos\alpha$.

4. 化简下列各式：

   （1）$(1 + \tan^2\alpha)\cos^2\alpha$；

   （2）$\sin^2\alpha - \tan^2\alpha + \cos^2\alpha + \dfrac{1}{\cos^2\alpha}$.

5. 证明下列恒等式：

   （1）$\tan^2\alpha - \sin^2\alpha = \tan^2\alpha \sin^2\alpha$；

   （2）$(\cos\alpha - 1)^2 + \sin^2\alpha = 2 - 2\cos\alpha$；

   （3）$\dfrac{1 - 2\sin^2\alpha}{\sin\alpha \cos\alpha} = \dfrac{1}{\tan\alpha} - \tan\alpha$.

B 组

1. 化简 $\sqrt{\dfrac{1 - \sin\alpha}{1 + \sin\alpha}} - \sqrt{\dfrac{1 + \sin\alpha}{1 - \sin\alpha}}$，其中 α 为第二象限角.

2. 已知 $\tan\alpha = 3$，求 $\dfrac{\sin\alpha - \cos\alpha}{\sin\alpha + \cos\alpha}$.（提示：将要求值的式子化成用 $\tan\alpha$ 表示的式子）

3. 2002 年 8 月,在北京召开的国际数学家大会的徽标如图所示,它是由 4 个相同的直角三角形与中间的小正方形拼成的一个大正方形,若直角三角形中较小的锐角为 θ,大正方形的面积是 1,小正方形的面积是 $\dfrac{1}{25}$,求(1)$\tan\theta$;(2)$\cos^2\theta - \sin^2\theta$.

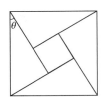

第 3 题图

§3-4 正弦、余弦、正切的简化公式

⊙关于角 $-\alpha$、角 $\pi+\alpha$、角 $\pi-\alpha$、角 $2\pi-\alpha$ 和角 $\dfrac{\pi}{2}-\alpha$ 的简化公式

利用公式(3-5)可以把求任意角的三角函数值转化为求 0 到 2π 之间的角的三角函数值.下面将给出正弦、余弦及正切的简化公式,讨论如何将求任意角的三角函数值转化为求锐角的三角函数值.

一、关于角 $-\alpha$ 的简化公式

如图 3-10 所示,设角 α 为任意角,它的终边与单位圆的交点为 $P(x,y)$.由于角 $-\alpha$ 的终边与角 α 的终边关于 x 轴对称,所以角 $-\alpha$ 的终边与单位圆的交点 P' 的坐标为 $(x,-y)$.根据正、余弦在单位圆上的表示,可知

$$\sin\alpha = y, \cos\alpha = x,$$
$$\sin(-\alpha) = -y, \cos(-\alpha) = x,$$

从而

$$\sin(-\alpha) = -\sin\alpha, \cos(-\alpha) = \cos\alpha,$$
$$\tan(-\alpha) = \frac{\sin(-\alpha)}{\cos(-\alpha)} = \frac{-\sin\alpha}{\cos\alpha} = -\tan\alpha.$$

图 3-10

这就得到**角 $-\alpha$ 的正弦、余弦、正切的简化公式**:

$$\begin{aligned}\sin(-\alpha) &= -\sin\alpha,\\\cos(-\alpha) &= \cos\alpha,\\\tan(-\alpha) &= -\tan\alpha.\end{aligned} \qquad (3-6)$$

利用公式(3-6)可以将求任意负角的三角函数值转化为求正角的三角函数值.

例 1　求下列三角函数值：

（1）$\sin\left(-\dfrac{\pi}{3}\right)$；

（2）$\cos(-380°)$；

（3）$\tan\left(-\dfrac{13\pi}{6}\right)$.

解　（1）$\sin\left(-\dfrac{\pi}{3}\right)=-\sin\dfrac{\pi}{3}=-\dfrac{\sqrt{3}}{2}$.

（2）$\cos(-380°)=\cos 380°=\cos(360°+20°)=\cos 20°\approx 0.939\,7$.（利用计算器）

（3）$\tan\left(-\dfrac{13\pi}{6}\right)=-\tan\dfrac{13\pi}{6}=-\tan\left(2\pi+\dfrac{\pi}{6}\right)=-\tan\dfrac{\pi}{6}=-\dfrac{\sqrt{3}}{3}$.

练习

求下列三角函数值：

（1）$\sin\left(-\dfrac{\pi}{2}\right)$；

（2）$\cos\left(-\dfrac{7\pi}{3}\right)$；

（3）$\sin(-420°)$；

（4）$\tan(-37°)$.（使用计算器）

二、关于角 π+α 的简化公式

如图 3-11 所示，设角 α 为任意角，它的终边与单位圆的交点为 $P(x,y)$. 由于角 $\pi+\alpha$ 的终边就是角 α 终边的反向延长线，所以角 $\pi+\alpha$ 的终边与单位圆的交点 P' 与点 P 关于原点对称，所以点 P' 的坐标为 $(-x,-y)$. 根据正、余弦在单位圆上的表示，可知

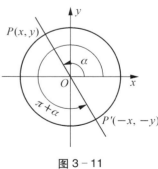

图 3-11

$$\sin\alpha=y,\ \cos\alpha=x,$$
$$\sin(\pi+\alpha)=-y,\ \cos(\pi+\alpha)=-x,$$

从而

$$\sin(\pi+\alpha)=-\sin\alpha,\ \cos(\pi+\alpha)=-\cos\alpha,$$
$$\tan(\pi+\alpha)=\dfrac{\sin(\pi+\alpha)}{\cos(\pi+\alpha)}=\dfrac{-\sin\alpha}{-\cos\alpha}=\tan\alpha.$$

这就得到**角 $\pi + \alpha$ 的正弦、余弦、正切的简化公式**：

$$\begin{aligned} \sin(\pi + \alpha) &= -\sin\alpha, \\ \cos(\pi + \alpha) &= -\cos\alpha, \\ \tan(\pi + \alpha) &= \tan\alpha. \end{aligned} \qquad (3-7)$$

根据公式(3-6)和(3-7)，可得

$$\begin{aligned} \sin(\pi - \alpha) &= \sin[\pi + (-\alpha)] = -\sin(-\alpha) = \sin\alpha, \\ \cos(\pi - \alpha) &= \cos[\pi + (-\alpha)] = -\cos(-\alpha) = -\cos\alpha, \\ \tan(\pi - \alpha) &= \tan[\pi + (-\alpha)] = \tan(-\alpha) = -\tan\alpha. \end{aligned}$$

即

$$\begin{aligned} \sin(\pi - \alpha) &= \sin\alpha, \\ \cos(\pi - \alpha) &= -\cos\alpha, \\ \tan(\pi - \alpha) &= -\tan\alpha. \end{aligned} \qquad (3-8)$$

利用公式(3-5)和(3-6)，还可以得到下面公式：

$$\begin{aligned} \sin(2\pi - \alpha) &= -\sin\alpha, \\ \cos(2\pi - \alpha) &= \cos\alpha, \\ \tan(2\pi - \alpha) &= -\tan\alpha. \end{aligned} \qquad (3-9)$$

公式(3-8)和(3-9)分别是**角 $\pi-\alpha$ 和角 $2\pi-\alpha$ 的正弦、余弦、正切的简化公式**.利用公式(3-5)~(3-9)可以将求任意角的三角函数值转化为求锐角的三角函数值.

例2 求下列三角函数值：

(1) $\tan 225°$；   (2) $\sin(-1\,300°)$；   (3) $\cos\left(-\dfrac{78}{7}\pi\right)$.

解 (1) $\tan 225° = \tan(180° + 45°) = \tan 45° = 1$.

(2) $\sin(-1\,300°) = -\sin 1\,300° = -\sin(3 \times 360° + 220°) = -\sin 220°$

$$= -\sin(180° + 40°) = \sin 40° \approx 0.642\,8.$$

(3) $\cos\left(-\dfrac{78}{7}\pi\right) = \cos\dfrac{78}{7}\pi = \cos\left(5 \times 2\pi + \dfrac{8}{7}\pi\right) = \cos\dfrac{8}{7}\pi = \cos\left(\pi + \dfrac{\pi}{7}\right)$

$$= -\cos\dfrac{\pi}{7} \approx -0.901\,0.$$

例 3 化简：$\dfrac{\sin^2(\alpha + \pi)\cos(\pi - \alpha)\tan(-\alpha - 2\pi)}{\tan(\pi + \alpha)\cos^3(-\pi - \alpha)}$.

解 原式 $= \dfrac{(-\sin\alpha)^2(-\cos\alpha)\tan[-1 \times 2\pi + (-\alpha)]}{\tan\alpha\cos^3[-(\pi + \alpha)]}$

$= \dfrac{\sin^2\alpha \cdot (-\cos\alpha)\tan(-\alpha)}{\tan\alpha\cos^3(\pi + \alpha)}$

$= \dfrac{-\sin^2\alpha \cdot \cos\alpha(-\tan\alpha)}{\tan\alpha(-\cos\alpha)^3}$

$= -\dfrac{\sin^2\alpha}{\cos^2\alpha}$

$= -\tan^2\alpha.$

练习

1. 试给出公式(3-9)的推导过程.

2. 求下列三角函数值：

　(1) $\sin\dfrac{5\pi}{6}$;　　　　　　(2) $\cos\dfrac{7}{6}\pi$;　　　　　　(3) $\sin(-1\,665°)$;

　(4) $\cos\left(-\dfrac{17}{6}\pi\right)$;　　　　(5) $\tan 1\,030°$;　　　　(6) $\tan\left(-\dfrac{7}{3}\pi\right)$.

3. 化简下列各式：

　(1) $\sin(-\alpha)\cos(180° + \alpha)\tan(-180° + \alpha)$;

　(2) $\dfrac{\sin(\pi + \alpha)\sin(3\pi + \alpha)}{\tan(\pi - \alpha)\cos(2\pi - \alpha)}$.

三、关于 $\dfrac{\pi}{2} - \alpha$ 角的简化公式

我们已经知道,对于锐角 α, $\sin(90° - \alpha) = \cos\alpha$, $\cos(90° - \alpha) = \sin\alpha$ 是成立的.可以证明,对于任意角 α,上述公式仍然成立,即

$$\sin\left(\dfrac{\pi}{2} - \alpha\right) = \cos\alpha,$$

$$\cos\left(\dfrac{\pi}{2} - \alpha\right) = \sin\alpha.$$

(3-10)

这就是关于 $\dfrac{\pi}{2}-\alpha$ **角的正弦、余弦的简化公式**，它的证明将在下一节中给出.

公式 $(3-5)\sim(3-10)$ 都是三角函数的简化公式，也称为**诱导公式**.

例 4　化简：$\tan\left(\dfrac{\pi}{2}-\alpha\right)\tan(2\pi-\alpha)+\sin^2\left(\dfrac{\pi}{2}-\alpha\right)+\sin^2(\pi-\alpha)$.

解　原式 $=\dfrac{\sin\left(\dfrac{\pi}{2}-\alpha\right)}{\cos\left(\dfrac{\pi}{2}-\alpha\right)}(-\tan\alpha)+\cos^2\alpha+\sin^2\alpha$

$=\dfrac{\cos\alpha}{\sin\alpha}\cdot\left(-\dfrac{\sin\alpha}{\cos\alpha}\right)+1=-1+1=0$.

例 5　证明：

$(1)\ \sin\left(\dfrac{\pi}{2}+\alpha\right)=\cos\alpha$；　　　　$(2)\ \cos\left(\dfrac{\pi}{2}+\alpha\right)=-\sin\alpha$.

证明　(1) 左边 $=\sin\left(\dfrac{\pi}{2}+\alpha\right)=\sin\left[\dfrac{\pi}{2}-(-\alpha)\right]=\cos(-\alpha)=\cos\alpha=$ 右边，所以原式成立.

(2) 左边 $=\cos\left(\dfrac{\pi}{2}+\alpha\right)=\cos\left[\dfrac{\pi}{2}-(-\alpha)\right]=\sin(-\alpha)=-\sin\alpha=$ 右边，所以原式成立.

除了公式 $(3-5)\sim(3-10)$ 所列出的诱导公式外，还有其他一些诱导公式，例如，例 5 中所证明的等式 $\sin\left(\dfrac{\pi}{2}+\alpha\right)=\cos\alpha$，$\cos\left(\dfrac{\pi}{2}+\alpha\right)=-\sin\alpha$ 等，不过，它们都可以由前面已列出的公式推导出来，所以这里不再一一给出.

练习

1. 利用公式 $(3-10)$，把下列三角函数值化为 0 到 $\dfrac{\pi}{4}$ 之间的角的三角函数值：

$(1)\ \cos 75°$；　　　　　　$(2)\ \tan 83°$.

2. 化简：

$(1)\ \cos\left(\dfrac{\pi}{2}-\alpha\right)+\sin(-\alpha)+\sin(2\pi+\alpha)$；

$(2)\ \dfrac{\cos\left(\dfrac{\pi}{2}-\alpha\right)\sin\left(\alpha-\dfrac{\pi}{2}\right)}{\cos^2(\pi+\alpha)}$.

§3-4　微课视频

习题 3-4

A 组

1. 填表(填入相应角的三角函数值):

函数 \ α	$-\dfrac{\pi}{6}$	$\dfrac{2}{3}\pi$	$\dfrac{3}{4}\pi$	$\dfrac{5}{6}\pi$	$\dfrac{4}{3}\pi$	$\dfrac{11}{6}\pi$
$\sin\alpha$						
$\cos\alpha$						
$\tan\alpha$						

2. 求下列三角函数值:

(1) $\tan\dfrac{17}{6}\pi$;　　　　(2) $\sin\left(-\dfrac{7}{6}\pi\right)$;　　　　(3) $\cos 315°$;

(4) $\sin(-1\,650°)$;　　　　(5) $\tan 1\,320°$;　　　　(6) $\cos\left(-\dfrac{4}{3}\pi\right)$.

3. 求下列三角函数值(利用计算器,结果保留四位有效数字):

(1) $\sin(-1\,182°13')$;　　　　(2) $\tan 670°39'$;　　　　(3) $\cos 1\,238°$;

(4) $\sin 5.3$;　　　　(5) $\cos(-3.4)$;　　　　(6) $\tan 1.7$.

4. 求下列各式的值:

(1) $\sin\dfrac{2}{3}\pi\,\tan\dfrac{5}{3}\pi$;

(2) $2\cos 240°\,\tan 120°$;

(3) $\sin\dfrac{15}{4}\pi\,\cos\dfrac{17}{4}\pi + \tan\dfrac{35}{4}\pi\,\tan\dfrac{5}{4}\pi$;

(4) $2\sin^2\dfrac{9}{4}\pi + \tan^2\dfrac{17}{4}\pi\,\tan\dfrac{3}{4}\pi$.

5. 化简下列各式:

(1) $\cos\dfrac{\pi}{5} + \cos\dfrac{2\pi}{5} + \cos\dfrac{3\pi}{5} + \cos\dfrac{4\pi}{5}$;

(2) $\sin\left(\dfrac{\pi}{2}-\alpha\right) - \cos(\pi-\alpha) - \tan(\alpha-\pi) - \tan(2\pi-\alpha)$;

(3) $\dfrac{\sin(\alpha-\pi)}{\cos(\pi-\alpha)}\cdot\sin\left(\dfrac{\pi}{2}-\alpha\right)\sin(\pi+\alpha)$.

6. 证明:

（1）$\dfrac{\sin(\alpha+2\pi)\cos(\alpha-4\pi)}{\sin(\alpha+3\pi)+\sin(\alpha-5\pi)}=-\dfrac{1}{2}\cos\alpha$；

（2）$\dfrac{\sin(2\pi-\alpha)\tan\left(\dfrac{\pi}{2}-\alpha\right)\tan(\pi+\alpha)}{\cos(2\pi-\alpha)\tan(\pi-\alpha)}=1.$

B　组

1. 求下列各式的值：

（1）$\log_{\sqrt{2}}\sin\dfrac{17}{4}\pi+\log_{3}\tan\left(-\dfrac{11}{3}\pi\right)$；

（2）$\sin^{2}1°+\sin^{2}2°+\sin^{2}3°+\cdots+\sin^{2}88°+\sin^{2}89°.$

2. 设 $f(x)=\dfrac{\sin\left(\dfrac{3}{2}\pi-x\right)\tan\left(\dfrac{\pi}{2}+x\right)\cos(-x)}{\sin(\pi+x)\tan\left(\dfrac{\pi}{2}-x\right)\cos\left(\dfrac{\pi}{2}+x\right)}$，化简函数 $f(x)$，并求 $f\left(\dfrac{\pi}{4}\right)$.

§3−5　加法定理及其推论

⊙两角和与差的加法定理　⊙二倍角公式　⊙*积化和差与和差化积公式

看下面的式子：

$$\cos 60°+\cos 30°=\dfrac{1}{2}+\dfrac{\sqrt{3}}{2},$$

$$\cos(60°+30°)=\cos 90°=0,$$

可以看出，　　　　　　　$\cos(60°+30°)\neq\cos 60°+\cos 30°.$

　　一般来说，　　　　　　$\cos(\alpha+\beta)\neq\cos\alpha+\cos\beta.$

同样地，可以知道，一般地

$$\cos(\alpha-\beta)\neq\cos\alpha-\cos\beta.$$

　　其他三角函数也是如此.

　　那么，如何用角 α、β 的三角函数来表示角 $\alpha+\beta$、$\alpha-\beta$ 的三角函数呢？下面就来讨论这个问题.

一、两角和与差的正弦、余弦、正切

如图 3 - 12 所示,设 x 轴的非负半轴与单位圆的交点为
$P_1(1,0)$,角 α 的终边与单位圆的交点为 P_2,角 $-\beta$ 的终边与单位
圆的交点为 P_3,再以 OP_2 为始边,逆时针旋转 β 角,与单位圆交
于点 P_4,点 P_4 即是角 $\alpha+\beta$ 的终边与单位圆的交点.根据正弦、余
弦在单位圆上的表示,点 P_2、P_3、P_4 的坐标分别是

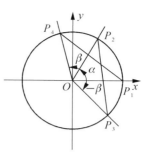

图 3 - 12

$$P_2(\cos\alpha, \sin\alpha)、P_3(\cos(-\beta), \sin(-\beta))、$$
$$P_4(\cos(\alpha+\beta), \sin(\alpha+\beta)).$$

由 $|P_1P_4| = |P_2P_3|$ 及两点间的距离公式,得

$$[\cos(\alpha+\beta) - 1]^2 + \sin^2(\alpha+\beta) = [\cos(-\beta) - \cos\alpha]^2 + [\sin(-\beta) - \sin\alpha]^2$$

展开并整理,得

$$2 - 2\cos(\alpha+\beta) = 2 - 2(\cos\alpha\cos\beta - \sin\alpha\sin\beta),$$

于是,得

$$\cos(\alpha+\beta) = \cos\alpha\cos\beta - \sin\alpha\sin\beta. \qquad (3-11)$$

在公式 (3-11) 中用 $-\beta$ 代替 β,得

$$\cos(\alpha-\beta) = \cos[\alpha + (-\beta)]$$
$$= \cos\alpha\cos(-\beta) - \sin\alpha\sin(-\beta)$$
$$= \cos\alpha\cos\beta + \sin\alpha\sin\beta,$$

即

$$\cos(\alpha-\beta) = \cos\alpha\cos\beta + \sin\alpha\sin\beta. \qquad (3-12)$$

由公式 (3-11) 和诱导公式,可知

$$\sin(\alpha+\beta) = \cos\left[\frac{\pi}{2} - (\alpha+\beta)\right] = \cos\left[\left(\frac{\pi}{2} - \alpha\right) - \beta\right]$$
$$= \cos\left(\frac{\pi}{2} - \alpha\right)\cos\beta + \sin\left(\frac{\pi}{2} - \alpha\right)\sin\beta$$
$$= \sin\alpha\cos\beta + \cos\alpha\sin\beta,$$

即

$$\sin(\alpha + \beta) = \sin\alpha\cos\beta + \cos\alpha\sin\beta. \tag{3-13}$$

又因为

$$
\begin{aligned}
\sin(\alpha - \beta) &= \sin[\alpha + (-\beta)] \\
&= \sin\alpha\cos(-\beta) + \cos\alpha\sin(-\beta) \\
&= \sin\alpha\cos\beta - \cos\alpha\sin\beta,
\end{aligned}
$$

所以

$$\sin(\alpha - \beta) = \sin\alpha\cos\beta - \cos\alpha\sin\beta. \tag{3-14}$$

由公式(3-11)和(3-13),得

$$\tan(\alpha + \beta) = \frac{\sin(\alpha + \beta)}{\cos(\alpha + \beta)} = \frac{\sin\alpha\cos\beta + \cos\alpha\sin\beta}{\cos\alpha\cos\beta - \sin\alpha\sin\beta},$$

当 $\cos\alpha\cos\beta \neq 0$ 时,将分子、分母同除以 $\cos\alpha\cos\beta$,即得

$$\tan(\alpha + \beta) = \frac{\tan\alpha + \tan\beta}{1 - \tan\alpha\tan\beta}. \tag{3-15}$$

由 $\tan(\alpha - \beta) = \tan[\alpha + (-\beta)] = \dfrac{\tan\alpha + \tan(-\beta)}{1 - \tan\alpha\tan(-\beta)}$, 又得到

$$\tan(\alpha - \beta) = \frac{\tan\alpha - \tan\beta}{1 + \tan\alpha\tan\beta}. \tag{3-16}$$

公式(3-11)~(3-16)分别称为**两角和与差的余弦、正弦、正切的加法定理**,统称为**加法定理**.

根据公式(3-12)和(3-14),可以得到

$$\cos\left(\frac{\pi}{2} - \alpha\right) = \cos\frac{\pi}{2}\cos\alpha + \sin\frac{\pi}{2}\sin\alpha = \sin\alpha, \tag{①}$$

$$\sin\left(\frac{\pi}{2} - \alpha\right) = \sin\frac{\pi}{2}\cos\alpha - \cos\frac{\pi}{2}\sin\alpha = \cos\alpha. \tag{②}$$

又

$$\tan\left(\frac{\pi}{2} - \alpha\right) = \frac{\sin\left(\dfrac{\pi}{2} - \alpha\right)}{\cos\left(\dfrac{\pi}{2} - \alpha\right)} = \frac{\cos\alpha}{\sin\alpha} = \cot\alpha. \tag{③}$$

在式①、②、③中，α 是使公式有意义的任意角，这样就证明了上节的公式(3-10).

例 1　已知 $\sin\alpha = -\dfrac{4}{5}$，$\alpha$ 是第三象限角，求 $\sin\left(\dfrac{\pi}{4} - \alpha\right)$、$\cos\left(\dfrac{\pi}{4} + \alpha\right)$、$\tan\left(\dfrac{\pi}{4} + \alpha\right)$.

解　因为 $\sin\alpha = -\dfrac{4}{5}$，$\alpha$ 是第三象限角，所以

$$\cos\alpha = -\sqrt{1 - \sin^2\alpha} = -\sqrt{1 - \left(-\dfrac{4}{5}\right)^2} = -\dfrac{3}{5},$$

于是　$\tan\alpha = \dfrac{\sin\alpha}{\cos\alpha} = \left(-\dfrac{4}{5}\right)\left(-\dfrac{5}{3}\right) = \dfrac{4}{3}$.

分别使用公式(3-14)，(3-11)和(3-15)，得

$$\sin\left(\dfrac{\pi}{4} - \alpha\right) = \sin\dfrac{\pi}{4}\cos\alpha - \cos\dfrac{\pi}{4}\sin\alpha$$

$$= \dfrac{\sqrt{2}}{2}\left(-\dfrac{3}{5}\right) - \dfrac{\sqrt{2}}{2}\left(-\dfrac{4}{5}\right) = \dfrac{\sqrt{2}}{10};$$

$$\cos\left(\dfrac{\pi}{4} + \alpha\right) = \cos\dfrac{\pi}{4}\cos\alpha - \sin\dfrac{\pi}{4}\sin\alpha$$

$$= \dfrac{\sqrt{2}}{2}\left(-\dfrac{3}{5}\right) - \dfrac{\sqrt{2}}{2}\left(-\dfrac{4}{5}\right) = \dfrac{\sqrt{2}}{10};$$

$$\tan\left(\dfrac{\pi}{4} + \alpha\right) = \dfrac{\tan\dfrac{\pi}{4} + \tan\alpha}{1 - \tan\dfrac{\pi}{4}\cdot\tan\alpha} = \dfrac{1 + \dfrac{4}{3}}{1 - 1\times\dfrac{4}{3}} = -7.$$

例 2　利用两角和或差公式，求下列各式的值：

(1) $\sin 80°\cos 40° + \cos 80°\sin 40°$；

(2) $\dfrac{\tan 45° - \tan 15°}{\tan 45° + \tan 15°}$.

解　(1) 原式 $= \sin(80° + 40°) = \sin 120° = \sin(180° - 60°) = \sin 60° = \dfrac{\sqrt{3}}{2}$.

(2) 原式 $= \dfrac{\tan 45° - \tan 15°}{1 + \tan 45°\tan 15°} = \tan(45° - 15°) = \tan 30° = \dfrac{\sqrt{3}}{3}$.

例 3 证明：$\cos x + \sqrt{3}\sin x = 2\sin\left(\dfrac{\pi}{6} + x\right)$.

证明 左边 $= 2\left(\dfrac{1}{2}\cos x + \dfrac{\sqrt{3}}{2}\sin x\right)$

$= 2\left(\sin\dfrac{\pi}{6}\cos x + \cos\dfrac{\pi}{6}\sin x\right)$

$= 2\sin\left(\dfrac{\pi}{6} + x\right) = 右边,$

所以原式成立.

练习

1. 利用两角和或差公式，求下列各三角函数值：

（1）$\sin 105°$；　　　（2）$\cos 15°$；　　　（3）$\tan 165°$.

2. 已知 $\sin\alpha = \dfrac{4}{5}$，且 α 为锐角，求：

（1）$\sin\left(\alpha + \dfrac{\pi}{3}\right)$、$\cos\left(\alpha + \dfrac{\pi}{3}\right)$、$\tan\left(\alpha + \dfrac{\pi}{3}\right)$；

（2）$\sin\left(\alpha - \dfrac{\pi}{3}\right)$、$\cos\left(\alpha - \dfrac{\pi}{3}\right)$、$\tan\left(\alpha - \dfrac{\pi}{3}\right)$.

3. 利用两角和或差公式，求下列各式的值：

（1）$\sin 18°\cos 12° + \cos 18°\sin 12°$；

（2）$\sin 75°\cos 15° - \cos 75°\sin 15°$；

（3）$\cos 80°\cos 20° + \sin 80°\sin 20°$；

（4）$\dfrac{\tan 23° + \tan 22°}{1 - \tan 23°\tan 22°}$.

二、二倍角的正弦、余弦、正切

在公式（3－11）、（3－13）、（3－15）中，分别令 $\beta = \alpha$，可得

$$\cos(\alpha + \alpha) = \cos\alpha\cos\alpha - \sin\alpha\sin\alpha = \cos^2\alpha - \sin^2\alpha,$$

$$\sin(\alpha + \alpha) = \sin\alpha\cos\alpha + \cos\alpha\sin\alpha = 2\sin\alpha\cos\alpha,$$

$$\tan(\alpha + \alpha) = \dfrac{\tan\alpha + \tan\alpha}{1 - \tan\alpha\tan\alpha} = \dfrac{2\tan\alpha}{1 - \tan^2\alpha}.$$

即

$$\cos 2\alpha = \cos^2\alpha - \sin^2\alpha,$$
$$\sin 2\alpha = 2\sin \alpha \cos \alpha,$$
$$\tan 2\alpha = \frac{2\tan \alpha}{1 - \tan^2\alpha}.$$

$$(3-17)$$

在 $\cos 2\alpha = \cos^2\alpha - \sin^2\alpha$ 中,分别将 $\sin^2\alpha = 1 - \cos^2\alpha$, $\cos^2\alpha = 1 - \sin^2\alpha$ 代入,可以得到

$$\cos 2\alpha = 2\cos^2\alpha - 1,$$
$$\cos 2\alpha = 1 - 2\sin^2\alpha.$$

$$(3-17')$$

公式 $(3-17)$ 和 $(3-17')$ 叫做**二倍角公式**.将公式 $(3-17')$ 变形,又可以得到

$$\sin^2\alpha = \frac{1 - \cos 2\alpha}{2},$$
$$\cos^2\alpha = \frac{1 + \cos 2\alpha}{2}.$$

$$(3-18)$$

在公式 $(3-18)$ 中,由于左边的角是右边的角的一半,所以公式 $(3-18)$ 又称为**半角公式**.

例 4 已知 $\cos \alpha = -\dfrac{5}{13}$, α 是第二象限角,求 $\sin 2\alpha$、$\cos 2\alpha$、$\tan 2\alpha$.

解 由 $\cos \alpha = -\dfrac{5}{13}$ 且 α 是第二象限角,得

$$\sin \alpha = \sqrt{1 - \cos^2\alpha} = \sqrt{1 - \left(-\frac{5}{13}\right)^2} = \frac{12}{13}.$$

于是

$$\sin 2\alpha = 2\sin \alpha \cos \alpha = 2 \times \frac{12}{13} \times \left(-\frac{5}{13}\right) = -\frac{120}{169},$$

$$\cos 2\alpha = \cos^2\alpha - \sin^2\alpha = \left(-\frac{5}{13}\right)^2 - \left(\frac{12}{13}\right)^2 = -\frac{119}{169},$$

$$\tan 2\alpha = \frac{\sin 2\alpha}{\cos 2\alpha} = \frac{120}{119}.$$

例 5 化简下列各式:

(1) $\cos^4\alpha - \sin^4\alpha$;

(2) $\dfrac{1}{1-\tan \alpha} - \dfrac{1}{1+\tan \alpha}$.

解 （1）原式 $= (\cos^2\alpha + \sin^2\alpha)(\cos^2\alpha - \sin^2\alpha) = \cos 2\alpha$.

（2）原式 $= \dfrac{(1 + \tan\alpha) - (1 - \tan\alpha)}{(1 - \tan\alpha)(1 + \tan\alpha)} = \dfrac{2\tan\alpha}{1 - \tan^2\alpha} = \tan 2\alpha$.

练习

1. 利用二倍角公式求下列各式的值：

（1）$2\sin 75°\cos 75°$；

（2）$\cos^2\dfrac{\pi}{8} - \sin^2\dfrac{\pi}{8}$；

（3）$1 - 2\sin^2\dfrac{\pi}{12}$；

（4）$\dfrac{2\tan 22.5°}{1 - \tan^2 22.5°}$.

解练习题
微课视频

2. 已知 $\sin\alpha = \dfrac{4}{5}$，$\alpha$ 是第二象限角，求 $\sin 2\alpha$、$\cos 2\alpha$、$\tan 2\alpha$.

3. 化简下列各式：

（1）$(\sin\alpha - \cos\alpha)^2$；

（2）$\sin\dfrac{\alpha}{2}\cos\dfrac{\alpha}{2}$；

（3）$\dfrac{1 - \cos 2\alpha}{\sin\alpha}$；

（4）$\cos 2\alpha \cdot \dfrac{2\tan\alpha}{1 - \tan^2\alpha}$.

*三、积化和差公式与和差化积公式

把公式（3-13）和（3-14）两边分别相加、相减，把公式（3-11）和（3-12）两边分别相加、相减，可得

$$\sin(\alpha + \beta) + \sin(\alpha - \beta) = 2\sin\alpha\cos\beta, \qquad ①$$

$$\sin(\alpha + \beta) - \sin(\alpha - \beta) = 2\cos\alpha\sin\beta. \qquad ②$$

$$\cos(\alpha + \beta) + \cos(\alpha - \beta) = 2\cos\alpha\cos\beta, \qquad ③$$

$$\cos(\alpha + \beta) - \cos(\alpha - \beta) = -2\sin\alpha\sin\beta. \qquad ④$$

将式①、②、③两边分别除以2，式④两边除以-2，得

$$\sin\alpha\cos\beta = \frac{1}{2}\big[\sin(\alpha + \beta) + \sin(\alpha - \beta)\big],$$

$$\cos\alpha\sin\beta = \frac{1}{2}\big[\sin(\alpha + \beta) - \sin(\alpha - \beta)\big],$$

$$\cos\alpha\cos\beta = \frac{1}{2}\big[\cos(\alpha + \beta) + \cos(\alpha - \beta)\big], \qquad (3-19)$$

$$\sin\alpha\sin\beta = -\frac{1}{2}\big[\cos(\alpha + \beta) - \cos(\alpha - \beta)\big].$$

公式(3-19)叫做三角函数的**积化和差公式**.

例 6 利用公式(3-19)求 $\cos 75°\cos 15°$.

解 原式 $= \dfrac{1}{2}\left[\cos(75° + 15°) + \cos(75° - 15°)\right]$

$= \dfrac{1}{2}(\cos 90° + \cos 60°) = \dfrac{1}{4}$.

令 $\alpha + \beta = \theta$, $\alpha - \beta = \varphi$, 则 $\alpha = \dfrac{\theta + \varphi}{2}$, $\beta = \dfrac{\theta - \varphi}{2}$, 把它们代入公式(3-19)中,整理,得

$$\sin \theta + \sin \varphi = 2\sin \frac{\theta + \varphi}{2}\cos \frac{\theta - \varphi}{2},$$

$$\sin \theta - \sin \varphi = 2\cos \frac{\theta + \varphi}{2}\sin \frac{\theta - \varphi}{2},$$

$$\cos \theta + \cos \varphi = 2\cos \frac{\theta + \varphi}{2}\cos \frac{\theta - \varphi}{2},$$

$$\cos \theta - \cos \varphi = -2\sin \frac{\theta + \varphi}{2}\sin \frac{\theta - \varphi}{2}.$$

$(3-20)$

这就是三角函数的**和差化积公式**.

例 7 求 $\sin 70° - \sin 50° - \sin 10°$.

解 原式 $= (\sin 70° - \sin 50°) - \sin 10°$

$= 2\cos \dfrac{70° + 50°}{2}\sin \dfrac{70° - 50°}{2} - \sin 10°$

$= 2\cos 60°\sin 10° - \sin 10° = \sin 10° - \sin 10° = 0$.

§3-5 微课视频

练习

1. 利用积化和差公式计算下列各式的值:

(1) $\sin 45°\cos 15°$;

(2) $\cos \dfrac{5\pi}{12}\cos \dfrac{\pi}{12}$.

2. 把下列各式化为乘积的形式:

(1) $\sin 2\alpha + \sin 3\alpha$;

(2) $\cos\left(\dfrac{\pi}{3} + \alpha\right) + \cos\left(\dfrac{\pi}{3} - \alpha\right)$.

习题 3−5

A 组

1. 利用公式求下列各式的值:

（1）$\cos 69° \cos 24° + \sin 69° \sin 24°$;　　　（2）$\cos^2 15° − \sin^2 15°$;

（3）$\dfrac{\tan 65° − \tan 20°}{1 + \tan 65° \tan 20°}$;　　　　　（4）$\dfrac{\tan 15°}{1 − \tan^2 15°}$;

（5）$\cos^2 15°$;　　　　　　　　　　　（6）$\sin^2 75°$;

（7）$1 − 2\sin^2 \dfrac{9\pi}{8}$;　　　　　　　　*（8）$2\sin 70° \cos 20° − \sin 50°$.

2. 已知 $\sin \alpha = \dfrac{5}{13}$, $\cos \beta = \dfrac{4}{5}$, $\dfrac{\pi}{2} < \alpha < \pi$, $0 < \beta < \dfrac{\pi}{2}$, 求:

（1）$\sin(\alpha+\beta)$, $\cos(\alpha+\beta)$, $\tan(\alpha+\beta)$;

（2）$\sin(\alpha−\beta)$, $\cos(\alpha−\beta)$, $\tan(\alpha−\beta)$.

3. 已知 $\cos \alpha = −\dfrac{8}{17}$, α 是第三象限角, 求 $\sin 2\alpha$、$\cos 2\alpha$、$\tan 2\alpha$.

4. 化简下列各式:

（1）$\dfrac{\sqrt{3}}{2}\cos \alpha − \dfrac{1}{2}\sin \alpha$;　　　　　（2）$\dfrac{\tan 2\alpha − \tan \alpha}{1 + \tan 2\alpha \tan \alpha}$;

（3）$\sin 58° \cos 32° + \cos 58° \sin 32°$;　　　（4）$\dfrac{\sin \dfrac{\alpha}{2} \cos \dfrac{\alpha}{2}}{\cos \alpha}$;

（5）$\dfrac{(1 − 2\sin^2 \alpha)\tan 2\alpha}{\sin \alpha \cos \alpha}$;　　　　*（6）$\sin\left(\dfrac{\pi}{6} + \alpha\right) + \sin\left(\dfrac{\pi}{6} − \alpha\right)$.

5. 证明:

（1）$\dfrac{1 + \sin 2\alpha}{\sin \alpha + \cos \alpha} = \sin \alpha + \cos \alpha$;

（2）$\cos(\alpha + \beta)\cos(\alpha − \beta) = \cos^2 \alpha − \sin^2 \beta$.

6. 在三角形 ABC 中, $\sin A = \dfrac{3}{5}$, $\cos B = −\dfrac{8}{17}$, 求 $\cos C$.

B 组

1. 已知 $\sin \alpha = \dfrac{15}{17}$, $\dfrac{\pi}{2} < \alpha < \pi$, 求 $\sin \dfrac{\alpha}{2}$、$\cos \dfrac{\alpha}{2}$.

2. 已知 $\sin \alpha = \dfrac{\sqrt{5}}{5}$, $\sin \beta = \dfrac{\sqrt{10}}{10}$, α、β 都是锐角, 求角 $\alpha+\beta$. (提示: 利用加法公式求 $\alpha+\beta$ 的余弦值, 然后求出角 $\alpha+\beta$)

3. 证明:

(1) $\sin \alpha = \dfrac{2\tan \dfrac{\alpha}{2}}{1 + \tan^2 \dfrac{\alpha}{2}}$;

(2) $\cos \alpha = \dfrac{1 - \tan^2 \dfrac{\alpha}{2}}{1 + \tan^2 \dfrac{\alpha}{2}}$.

§3-6 三角函数的图像和性质

⊙周期性、周期函数　⊙正弦函数、余弦函数、正切函数的图像和性质

一、周期性

根据诱导公式

$$\sin(x + 2k\pi) = \sin x \quad (k \in \mathbf{Z}),$$

可以看到, 当自变量 x 的值增加或减少 2π 的整数倍时, 正弦函数值相等, 这就是说, 正弦函数值是按照一定的规律, 不断重复取得的, 这种特性就是我们常说的周期性.

定义 设函数 $y = f(x)$, 如果存在非零常数 T, 使得对定义域内的每一个 x, 都有

$$f(x + T) = f(x), \qquad\qquad ①$$

那么函数 $f(x)$ 就叫做**周期函数**, 满足式①的最小正数 T 叫做这个函数的**周期**.

例如, **正弦函数** $y = \sin x$ 是**周期函数**, 并且可以知道满足 $\sin(x + T) = \sin x$ 的最小正整数 T 是 2π, 即正弦函数 $y = \sin x$ 的**周期**是 2π.

类似地, 可以知道, 余弦函数 $y = \cos x$, 正切函数 $y = \tan x$ 都是周期函数, $y = \cos x$ 的周期是 2π, $y = \tan x$ 的周期是 π.

例 1 考察函数 $y = 2\sin\left(3x + \dfrac{\pi}{6}\right)$ 的周期.

解 令 $X = 3x + \dfrac{\pi}{6}$, 由于 $y = \sin X$ 的周期是 2π, 从而 $2\sin(X + 2\pi) = 2\sin X$, 所以

$y = 2\sin X$ 的周期也是 2π,即 X 只要并且至少要增加到 $X + 2\pi$ 时,$y = 2\sin X$ 的函数值才能重复取得.又因为

$$X + 2\pi = 3x + \frac{\pi}{6} + 2\pi = 3\left(x + \frac{2\pi}{3}\right) + \frac{\pi}{6},$$

所以当自变量 x 只要并且至少要增加到 $x + \dfrac{2\pi}{3}$ 时,函数 $y = 2\sin\left(3x + \dfrac{\pi}{6}\right)$ 的值就能重复取得,所以函数 $y = 2\sin\left(3x + \dfrac{\pi}{6}\right)$ 的周期 $T = \dfrac{2\pi}{3}$.

由例 1 可知,函数 $y = 2\sin\left(3x + \dfrac{\pi}{6}\right)$ 的周期 $T = \dfrac{2\pi}{3}$,这个数值只与自变量 x 的系数有关,并且正好是 2π 除以该系数.

> **一般地**,函数 $y = A\sin(\omega x + \varphi)$,其中 A、ω、φ 都是常数,且 $A \neq 0$,$\omega > 0$ 的周期为 $T = \dfrac{2\pi}{\omega}$.

同理,可以得到,函数 $y = A\cos(\omega x + \varphi)$,其中 A、ω、φ 都是常数,且 $A \neq 0$,$\omega > 0$ 的周期也是 $T = \dfrac{2\pi}{\omega}$.

设 $y = f(x)$,$x \in D$ 是周期为 T 的周期函数,根据定义,当自变量 x 每增加或减少 T 时,函数值就能重复取得,反映在函数 $y = f(x)$ 的图像上,就是当横坐标每增加或减少 T 时,相应的纵坐标都相等.所以,在每个长度为 T 的区间(也称为**周期区间**) $[x, x+T]$,$[x+T, x+2T]$,…,$[x+(k-1)T, x+kT]$(其中 $x \in D$,$k \in \mathbf{Z}$)上,函数 $y = f(x)$ 的图像形状都相同.利用周期函数的图像具有的这一特性,作周期函数的图像时,可以先作出一个周期区间上的图像,然后,把这个区间上的图像向右、向左平移(即将图像上每个点横坐标增加或减少周期 T 的整数倍,纵坐标不变),就可以得到周期函数在定义域上的图像.

练习

1. 求下列函数的周期:

   (1) $y = 2\sin x$; (2) $y = 3\sin 4x$;

   (3) $y = \sin\left(\dfrac{1}{2}x + \dfrac{\pi}{3}\right)$; (4) $y = \cos 2x$.

2. 已知周期为 2π 的函数 $y = f(x)$ 在一个周期区间上的图像,试画出该函数在图中所标其他区间上的图像.

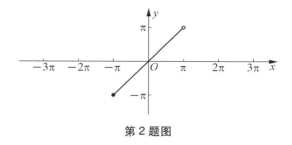

第 2 题图

二、正弦函数和余弦函数的图像与性质

1. 正弦函数和余弦函数的图像

因为正弦函数 $y = \sin x$ 的周期是 2π，因此先作出 $y = \sin x$ 在一个周期区间 $[0, 2\pi]$ 上的图像，然后将 $y = \sin x$ 在 $[0, 2\pi]$ 上的图像向右、向左平移（每次 2π 个单位长度）就可以得到 $y = \sin x$ 在定义域 **R** 上的图像. 下面利用正弦函数在单位圆上的表示来作 $y = \sin x$ 在区间 $[0, 2\pi]$ 上的图像.

如图 $3 - 13(a)$ 所示，在 x 轴的负半轴上取一点 O_1，以 O_1 为圆心作单位圆，从单位圆与 x 轴的交点 A 起，把圆周分成 12 等份（份数越多，作出的图像越精确），过圆周上的各分点作 x

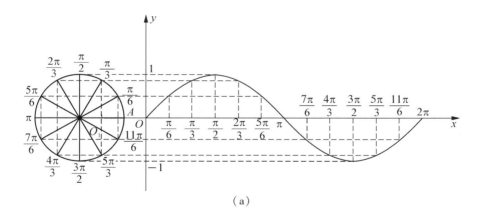

（a）

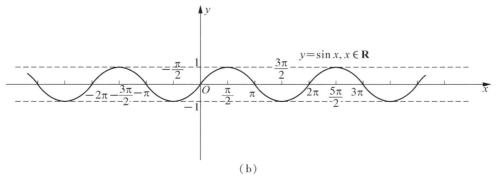

（b）

图 3 - 13

轴的垂线,相应地得到各分点的纵坐标,这些纵坐标就分别是角 0, $\dfrac{\pi}{6}$, $\dfrac{\pi}{3}$, $\dfrac{\pi}{2}$, $\cdots$, 2π 的正弦值.然后把 x 轴上从 0 到 2π 这一段也分成 12 等份,并过各分点作 x 轴的垂线,再过单位圆上各分点作 x 轴的平行线,这些平行线与过 x 轴上相应点的垂线的交点的纵坐标就分别是角 0, $\dfrac{\pi}{6}$, $\dfrac{\pi}{3}$, $\dfrac{\pi}{2}$, $\cdots$, 2π 的正弦值.用光滑曲线把这些交点连结起来,就得到 $y = \sin x$ 在区间 $[0, 2\pi]$ 上的图像(如图 3 − 13(a) 所示).再将这部分图像向右、向左平移,得到 $[2\pi, 4\pi]$, $[4\pi, 6\pi]$, $\cdots$, 以及 $[-2\pi, 0]$, $[-4\pi, -2\pi]$, $\cdots$ 等区间上的图像,从而得到正弦函数 $y = \sin x$ 在定义域 $\mathbf{R}$ 上的图像,如图 3 − 13(b) 所示.正弦函数的图像叫做**正弦曲线**.

根据本章第 4 节例 5 的证明,知道

$$\cos x = \sin\left(\dfrac{\pi}{2} + x\right),$$

这就是说,函数 $y = \cos x$ 与 $y = \sin\left(\dfrac{\pi}{2} + x\right)$ 是同一个函数,所以把正弦函数的图像向左平移 $\dfrac{\pi}{2}$ 个单位长度,就可得到余弦函数 $y = \cos x$ 的图像.图 3 − 14(a) 就是余弦函数 $y = \cos x$ 在定义域 $\mathbf{R}$ 上的图像,余弦函数的图像叫做**余弦曲线**.图 3 − 14(b) 是余弦函数 $y = \cos x$, $x \in [0, 2\pi]$ 的图像.

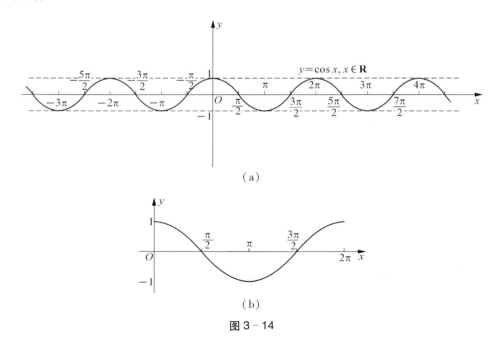

(a)

(b)

图 3 − 14

2. 正弦函数和余弦函数的性质

结合前面的学习,利用正弦函数和余弦函数的图像,下面来总结一下正弦函数、余弦函数的主要性质.

（1）定义域

正弦函数、余弦函数的定义域都是 **R**.

（2）值域

正弦函数和余弦函数的值域都是 $[-1,1]$，并且对于正弦函数 $y = \sin x$ 来说，当 $x = \frac{\pi}{2} + 2k\pi(k \in \mathbf{Z})$ 时，取得最大值 1；当 $x = -\frac{\pi}{2} + 2k\pi(k \in \mathbf{Z})$ 时，取得最小值 -1；对于余弦函数 $y = \cos x$ 来说，当 $x = 2k\pi(k \in \mathbf{Z})$ 时，取得最大值 1，当 $x = \pi + 2k\pi(k \in \mathbf{Z})$ 时，取得最小值 -1.

（3）有界性

正弦函数、余弦函数都是有界函数，并且

$$|\sin x| \leqslant 1, \ |\cos x| \leqslant 1.$$

（4）周期性

正弦函数 $y = \sin x$ 和余弦函数 $y = \cos x$ 都是周期函数，并且周期都是 2π.

（5）奇偶性

根据诱导公式 $\sin(-x) = -\sin x$，$\cos(-x) = \cos x$，可知正弦函数是奇函数，余弦函数是偶函数.

（6）单调性

从图 3-13(2)可以看出，正弦曲线在区间 $\left[-\frac{\pi}{2}, \frac{3\pi}{2}\right]$ 上的变化情况如表 3-1 所示.

表 3-1

x	$-\frac{\pi}{2}$	$\left(-\frac{\pi}{2}, \frac{\pi}{2}\right)$	$\frac{\pi}{2}$	$\left(\frac{\pi}{2}, \frac{3\pi}{2}\right)$	$\frac{3\pi}{2}$
$\sin x$	-1	↗	1	↘	-1

（表中符号"↗"表示函数图像上升，"↘"表示函数图像下降）

由表 3-1 和正弦函数的周期性，可知正弦函数 $y = \sin x$ 在每一个区间

$$\left[-\frac{\pi}{2} + 2k\pi, \frac{\pi}{2} + 2k\pi\right] (k \in \mathbf{Z})$$

上都是单调增加的，其值从-1 增大到 1；在每一个区间

$$\left[\frac{\pi}{2} + 2k\pi, \frac{3\pi}{2} + 2k\pi\right] (k \in \mathbf{Z})$$

上都是单调减少的，其值从 1 减小到-1.

例如,$y = \sin x$ 在区间 $\left[-\dfrac{5\pi}{2}, -\dfrac{3\pi}{2}\right]$、$\left[-\dfrac{\pi}{2}, \dfrac{\pi}{2}\right]$、$\left[\dfrac{3\pi}{2}, \dfrac{5\pi}{2}\right]$ 上都是单调增加的,而在区间 $\left[-\dfrac{3\pi}{2}, -\dfrac{\pi}{2}\right]$、$\left[\dfrac{\pi}{2}, \dfrac{3\pi}{2}\right]$、$\left[\dfrac{5\pi}{2}, \dfrac{7\pi}{2}\right]$ 上都是单调减少的.

从图 3 - 14(1)可以看出,余弦曲线在区间 $[-\pi, \pi]$ 上的变化情况如表 3 - 2 所示.

表 3 - 2

x	$-\pi$	$(-\pi, 0)$	0	$(0, \pi)$	π
$\cos x$	-1	↗	1	↘	-1

由表 3 - 2 和余弦函数的周期性,可知余弦函数 $y = \cos x$ 在每一个区间

$$[2k\pi - \pi, 2k\pi] \ (k \in \mathbf{Z})$$

上都是单调增加的,其值从 -1 增大到 1;在每一个区间

$$[2k\pi, 2k\pi + \pi] \ (k \in \mathbf{Z})$$

上都是单调减少的,其值从 1 减小到 -1.

例如,$y = \cos x$ 在区间 $[-\pi, 0]$、$[\pi, 2\pi]$、$[3\pi, 4\pi]$ 上都是单调增加的,而在区间 $[-2\pi, -\pi]$、$[0, \pi]$、$[2\pi, 3\pi]$ 上都是单调减少的.

3. "五点法"作图

从图 3 - 13(a)可以看出,函数 $y = \sin x, x \in [0, 2\pi]$ 的图像上有五个关键点,它们分别是

$$(0, 0) 、 \left(\dfrac{\pi}{2}, 1\right) 、 (\pi, 0) 、 \left(\dfrac{3\pi}{2}, -1\right) 、 (2\pi, 0).$$

当这五个点描出后,函数图像的形状就基本确定了.因此,在精确度要求不太高的情况下,可以先作出这五个点,然后用光滑曲线连接它们,就可得到函数 $y = \sin x, x \in [0, 2\pi]$ 的大致图像.这种作图方法就称为"五点法".

类似地,从图 3 - 14(b)可以看出,函数 $y = \cos x, x \in [0, 2\pi]$ 的图像上也有五个关键点,它们分别是

$$(0, 1) 、 \left(\dfrac{\pi}{2}, 0\right) 、 (\pi, -1) 、 \left(\dfrac{3\pi}{2}, 0\right) 、 (2\pi, 1).$$

因此,也可采用先描出这五个点的"五点法"作出 $y = \cos x, x \in [0, 2\pi]$ 的大致图像.以后,我们会经常使用这种"五点法"作有关三角函数的简图.

例2 作下列函数的图像:

（1）$y = 2\sin x$, $x \in [0, 2\pi]$；　　　　　（2）$y = 1 + \cos x$, $x \in [0, 2\pi]$.

解　（1）列表：

x	0	$\dfrac{\pi}{2}$	π	$\dfrac{3\pi}{2}$	2π
$\sin x$	0	1	0	−1	0
$2\sin x$	0	2	0	−2	0

从表中看到，函数 $y = 2\sin x$, $x \in [0, 2\pi]$ 图像上的五个关键点是

$(0, 0)$、$\left(\dfrac{\pi}{2}, 2\right)$、$(\pi, 0)$、$\left(\dfrac{3\pi}{2}, -2\right)$、$(2\pi, 0)$.

用"五点法"作出 $y = 2\sin x$, $x \in [0, 2\pi]$ 的图像，如图 3 - 15 所示.

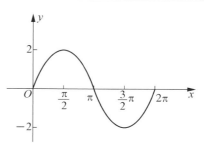

图 3 - 15

（2）列表：

x	0	$\dfrac{\pi}{2}$	π	$\dfrac{3\pi}{2}$	2π
$\cos x$	1	0	−1	0	1
$1+\cos x$	2	1	0	1	2

从表中看到，函数 $y = 1 + \cos x$, $x \in [0, 2\pi]$ 图像上的五个关键点是

$(0, 2)$、$\left(\dfrac{\pi}{2}, 1\right)$、$(\pi, 0)$、$\left(\dfrac{3\pi}{2}, 1\right)$、$(2\pi, 2)$.

用"五点法"作出 $y = 1 + \cos x$, $x \in [0, 2\pi]$ 的图像，如图 3 - 16 所示.

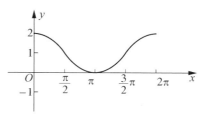

图 3 - 16

例 3　设函数 $y = 3\cos 2x - 1$, $x \in \mathbf{R}$, x 取何值时，函数取得最大值和最小值，最大值和最小值各是多少？

解　因为当 $2x = 2k\pi\ (k \in \mathbf{Z})$，即 $x = k\pi\ (k \in \mathbf{Z})$ 时，$\cos 2x$ 取得最大值 1，所以当 $x = k\pi$ $(k \in \mathbf{Z})$ 时，函数 $y = 3\cos 2x - 1$, $x \in \mathbf{R}$ 取得最大值 2.

又因为当 $2x = 2k\pi + \pi\,(k \in \mathbf{Z})$，即 $x = k\pi + \dfrac{\pi}{2}\,(k \in \mathbf{Z})$ 时，$\cos 2x$ 取得最小值 −1，所以当

$x = k\pi + \dfrac{\pi}{2}\,(k \in \mathbf{Z})$ 时，函数 $y = 3\cos 2x - 1$, $x \in \mathbf{R}$ 取得最小值 − 4.

例 4 将半径为 2 m,圆心角为 $\frac{\pi}{2}$ 的扇形铁皮裁成一块矩形 $OPQR$(如图 3-17 所示),设 $\angle QOR = \alpha$.(1)试把矩形 $OPQR$ 的面积表示成 α 的函数;(2)当 α 为多大时,矩形 $OPQR$ 的面积最大? 最大值是多少?

解 (1)设矩形 $OPQR$ 的面积为 S.根据题意,$OQ = 2$,$OR = OQ \cdot \cos \alpha = 2\cos \alpha$,$RQ = OQ \cdot \sin \alpha = 2\sin \alpha$,所以,矩形 $OPQR$ 的面积

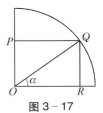

图 3-17

$$S = 2\sin \alpha \times 2\cos \alpha = 4\sin \alpha \cos \alpha$$

$$= 2\sin 2\alpha, \quad 0 < \alpha < \frac{\pi}{2}.$$

(2)因为 α 是锐角,所以,当 $2\alpha = \frac{\pi}{2}$,即 $\alpha = \frac{\pi}{4}$ 时,$\sin 2\alpha$ 取得最大值 1,从而当 $\alpha = \frac{\pi}{4}$ 时,矩形 $OPQR$ 的面积最大,最大值为 2 m².

练习

1. 根据正弦、余弦曲线,回答下列问题:

(1)在 $\left[-\frac{\pi}{2}, \frac{\pi}{2}\right]$ 上满足 $\sin x = \frac{1}{2}$ 的 x 有几个? 在 $(-\infty, +\infty)$ 上有多少个?

(2)在 $(0, \pi)$ 上满足 $\cos x = \frac{1}{2}$ 的 x 有几个? 在 $(-\infty, +\infty)$ 上有多少个?

2. 用"五点法"作下列函数的图像,并指出函数的最大值与最小值:

(1)$y = 3\sin x - 1, x \in [0, 2\pi]$;   (2)$y = -\cos x, x \in [0, 2\pi]$.

三、正切函数的图像和性质

1. 正切函数的图像

由前面的讨论可知,正切函数 $y = \tan x$ 的周期是 π,定义域是 $\left\{x \mid x \neq k\pi + \frac{\pi}{2}, k \in \mathbf{Z}\right\}$,下面先用描点法作出正切函数在一个周期区间 $\left(-\frac{\pi}{2}, \frac{\pi}{2}\right)$ 内的图像.

列表:

x	...	$-\frac{5\pi}{12}$	$-\frac{\pi}{3}$	$-\frac{\pi}{4}$	$-\frac{\pi}{6}$	$-\frac{\pi}{12}$	0	$\frac{\pi}{12}$	$\frac{\pi}{6}$	$\frac{\pi}{4}$	$\frac{\pi}{3}$	$\frac{5\pi}{12}$	...
$y = \tan x$	...	-3.7	-1.7	-1	-0.58	-0.27	0	0.27	0.58	1	1.7	3.7	...

在直角坐标系中描出这些点,并用光滑曲线连结,得到 $y = \tan x$, $x \in \left(-\dfrac{\pi}{2}, \dfrac{\pi}{2} \right)$ 的图像,如图 3-18(a)所示.

根据正切函数的周期性,将 $y = \tan x$ 在区间 $\left(-\dfrac{\pi}{2}, \dfrac{\pi}{2} \right)$ 上的图像向左、向右平移(每次平移 π 个单位长度),就得到正切函数 $y = \tan x$ 在定义域 $\left\{ x \mid x \neq k\pi + \dfrac{\pi}{2}, k \in \mathbf{Z} \right\}$ 上的图像,如图 3-18(b)所示,正切函数的图像又叫做**正切曲线**.

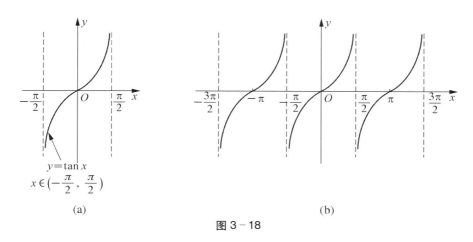

(a)　　　　　　　　　　　　　(b)

图 3-18

2. 正切函数的性质

将正切函数的性质总结如下:

(1)定义域、周期性

正切函数 $y = \tan x$ 的定义域是 $\left\{ x \mid x \neq k\pi + \dfrac{\pi}{2}, k \in \mathbf{Z} \right\}$,即 $\left(k\pi - \dfrac{\pi}{2}, k\pi + \dfrac{\pi}{2} \right)$, $k \in \mathbf{Z}$;它是周期函数,周期是 π.

(2)值域、有界性

从图 3-18(b)可以看出,当 x 无限接近于 $k\pi + \dfrac{\pi}{2}(k \in \mathbf{Z})$ 时,$|\tan x|$ 无限增大,即正切值可以是任何实数,所以正切函数 $y = \tan x$ 的值域是 $(-\infty, +\infty)$,它是无界函数.

(3)奇偶性、单调性

由 $\tan(-x) = -\tan x$ 可知,正切函数 $y = \tan x$ 是奇函数,图像关于原点对称;$y = \tan x$ 在每个开区间 $\left(k\pi - \dfrac{\pi}{2}, k\pi + \dfrac{\pi}{2} \right)$, $k \in \mathbf{Z}$ 内都是单调增加的.

例 5　求函数 $y = \tan\left(2x - \dfrac{\pi}{4} \right)$ 的定义域.

解　令 $z = 2x - \dfrac{\pi}{4}$，则 $y = \tan z$ 的定义域是 $\left\{ z \mid z \neq k\pi + \dfrac{\pi}{2},\ k \in \mathbf{Z} \right\}$，从而

$$2x - \frac{\pi}{4} = z \neq k\pi + \frac{\pi}{2},$$

即

$$2x \neq k\pi + \frac{\pi}{2} + \frac{\pi}{4},$$

解得

$$x \neq \frac{1}{2}k\pi + \frac{3\pi}{8},$$

所以 $y = \tan\left(2x - \dfrac{\pi}{4} \right)$ 的定义域为

$$\left\{ x \mid x \neq \frac{1}{2}k\pi + \frac{3\pi}{8},\ k \in \mathbf{Z} \right\}.$$

§3−6　微课视频

练习

1. 观察正切曲线,回答下列问题:

(1) 满足 $\tan x > 0$ 的 x 的集合是什么?

(2) 在 $\left(-\dfrac{\pi}{2}, \dfrac{\pi}{2} \right)$ 上满足 $\tan x = 1$ 的 x 有几个? 在函数 $y = \tan x$ 的定义域内又有多少个?

2. 求函数 $y = \tan\left(x + \dfrac{\pi}{6} \right)$ 的定义域.

习题 3−6

A 组

1. 判断正误:

(1) 正切函数 $y = \tan x$ 在定义域上是单调增加的.　　　　　　　　　(　　)

(2) 将 $y = \cos x$ 的图像向左平移 $\dfrac{\pi}{2}$ 个单位长度,可以得到 $y = \sin x$ 的图像.　(　　)

2. 使下列等式成立的 x 值存在吗? 为什么?

(1) $2\sin x = 3$;　　　(2) $\cos^2 x = 4$;　　　(3) $\tan x = 2$.

3. 观察正弦、余弦、正切曲线,写出满足下列条件的 x 的集合:

(1) $\sin x > 0,\ 0 \leqslant x \leqslant 2\pi$;　　　　　(2) $\sin x < 0,\ 0 \leqslant x \leqslant 2\pi$;

（3）$\cos x > 0$，$-\pi \leqslant x \leqslant \pi$；　　　　（4）$\tan x > 0$，$x \in \mathbf{R}$.

4. 求下列函数的周期、最大值与最小值，并分别指出 x 取何值时，函数取得最大值与最小值：

（1）$y = -2\sin x$；　　　　　　　　（2）$y = 2\sin 3x$；

（3）$y = 2\cos x - 1$；　　　　　　　（4）$y = \cos \dfrac{x}{2} + 1$；

（5）$y = 2\cos\left(x - \dfrac{\pi}{5}\right)$；　　　　　（6）$y = 100\sqrt{2}\sin\left(100\pi t + \dfrac{\pi}{4}\right)$.

5. 利用"五点法"，作下列函数的图像：

（1）$y = -\sin x$，$x \in [0, 2\pi]$；　　　（2）$y = 2\sin x - 2$，$x \in [0, 2\pi]$；

（3）$y = 2\cos x$，$x \in [0, 2\pi]$；　　　（4）$y = \dfrac{1}{2}\cos x + 1$，$x \in [0, 2\pi]$.

6. 求下列函数的定义域：

（1）$y = \tan\left(\dfrac{1}{2}x - \dfrac{\pi}{4}\right)$；　　　　　（2）$y = \tan\left(2x + \dfrac{\pi}{3}\right)$.

B 组

1. 根据正弦、余弦曲线，写出满足下列条件的 x 值的集合：

（1）$\sin x > \dfrac{1}{2}$，$x \in \mathbf{R}$；　　　　（2）$\sin x > \cos x$，$x \in \mathbf{R}$.

2. 求下列函数的定义域：

（1）$y = \dfrac{1}{1 - \sin x}$；　　　　　　（2）$y = \sqrt{\cos x}$.

3. 某住宅小区内有一直径为 10 m 的半圆形空地，该小区物业管理部门准备将其绿化，规划如图所示，$\triangle ABC$ 外的地方种草，$\triangle ABC$ 内的内切圆为一水池，其余的地方种花，问：当 $\angle ABC$ 为多少时，$\triangle ABC$ 的面积最大，是多少？

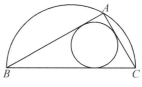

第 3 题图

§3-7 正弦型函数的图像

⊙正弦型函数的"五点法"作图　⊙函数 $y = A\sin(\omega x + \varphi)(A > 0, \omega > 0)$ 的周期、振幅

在物理学和工程技术的许多问题中,经常遇到形如

$$y = A\sin(\omega x + \varphi),\text{其中}A\text{、}\omega\text{、}\varphi\text{都是常数,且}A > 0, \omega > 0$$

的函数.例如,正弦交流电中电流 i 与时间 t 的关系,作简谐振动的弹簧振子离开平衡位置的位移 s 与时间 t 的关系等都可以用上述函数来表示.

下面来讨论如何作出函数 $y = A\sin(\omega x + \varphi)$ 在一个周期内的图像.

例 1 作出函数 $y = 3\sin\left(2x - \dfrac{\pi}{4}\right)$ 在一个周期内的图像.

解 函数 $y = 3\sin\left(2x - \dfrac{\pi}{4}\right)$ 的周期 $T = \dfrac{2\pi}{2} = \pi$. 下面利用"五点法"来作该函数在一个周期内的图像.

令 $X = 2x - \dfrac{\pi}{4}$,则 $y = 3\sin X$,根据 X 在 $[0, 2\pi]$ 上的特殊值列表如下:

$X = 2x - \dfrac{\pi}{4}$	0	$\dfrac{\pi}{2}$	π	$\dfrac{3\pi}{2}$	2π
x	$\dfrac{\pi}{8}$	$\dfrac{3\pi}{8}$	$\dfrac{5\pi}{8}$	$\dfrac{7\pi}{8}$	$\dfrac{9\pi}{8}$
$y = 3\sin\left(2x - \dfrac{\pi}{4}\right) = 3\sin X$	0	3	0	-3	0

在直角坐标系中描出点 $\left(\dfrac{\pi}{8}, 0\right)$、$\left(\dfrac{3\pi}{8}, 3\right)$、$\left(\dfrac{5\pi}{8}, 0\right)$、$\left(\dfrac{7\pi}{8}, -3\right)$、$\left(\dfrac{9\pi}{8}, 0\right)$,并用光滑曲线连结这些点,即可得到 $y = 3\sin\left(2x - \dfrac{\pi}{4}\right)$ 在一个周期内的图像(如图 3-19 所示).

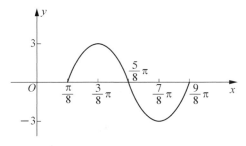

图 3-19

一般地,函数 $y = A\sin(\omega x + \varphi)$,其中 A、ω、φ 是常数,且 $A > 0, \omega > 0$ 在一个周期内的图像可以通过下面的方法作出:令 $X = \omega x + \varphi$,$y = A\sin X$,根据 X 在 $[0, 2\pi]$ 上的五个特殊取值,求出对应的 x、y(如表 3-3 所示),然后在直角坐标系中作出对应的五个特殊点,用光滑曲线连结,就得到 $y = A\sin(\omega x + \varphi)$ 在一个周期内的图像.

函数 $y = A\sin(\omega x + \varphi)$,其中 $x \in \mathbf{R}$ 且 $A > 0, \omega > 0$,称为**正弦型函数**,其图像称为**正弦型曲线**.从表 3-3 可知,函数 $y = A\sin(\omega x + \varphi)$,其中 $A > 0, \omega > 0$,最大值是 A,最小值是 $-A$,周期是 $T = \dfrac{2\pi}{\omega}$. 当函数 $y = A\sin(\omega x + \varphi)$,其中 $A > 0, \omega > 0$,表示一个振动量时,A 叫做这

表 3 - 3

$X = \omega x + \varphi$	0	$\dfrac{\pi}{2}$	π	$\dfrac{3\pi}{2}$	2π
$x = \dfrac{X - \varphi}{\omega}$	$\dfrac{-\varphi}{\omega}$	$\dfrac{\dfrac{\pi}{2} - \varphi}{\omega}$	$\dfrac{\pi - \varphi}{\omega}$	$\dfrac{\dfrac{3\pi}{2} - \varphi}{\omega}$	$\dfrac{2\pi - \varphi}{\omega}$
$y = A\sin X$	0	A	0	$-A$	0

个振动量的**振幅**,表示振动量离开平衡位置的最大距离;$T = \dfrac{2\pi}{\omega}$ 表示振动量往复振动一次所需要的时间,叫做振动的**周期**;单位时间内振动量往复振动的次数 $f = \dfrac{1}{T} = \dfrac{\omega}{2\pi}$ 叫做振动的**频率**,$\omega x + \varphi$ 叫做**相位**,φ 叫做**初相**(就是 $x = 0$ 时的相位).

例 2　弹簧下挂着的小球作上下振动(如图 3 - 20 所示),它在时间 $t(\text{s})$ 离开平衡位置(就是静止时的位置)的位移 $s(\text{cm})$ 为

$$s = 4\sin\left(\pi t + \dfrac{\pi}{3}\right)$$

($s > 0$ 时小球在平衡位置的上方;$s < 0$ 时小球在平衡位置的下方),试作出这个函数在一个周期内的图像,并回答下列问题:

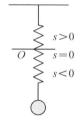

图 3 - 20

(1) 小球上升到最高点(或下降到最低点)时,与平衡位置的距离是多少?

(2) 经过多长时间小球往复振动一次(即振动的周期)?

(3) 小球每秒往复振动多少次(即振动的频率)?

(4) 求 $t = 1.5\ \text{s}$ 时,小球离开平衡位置的距离.

解　由函数 $s = 4\sin\left(\pi t + \dfrac{\pi}{3}\right)$ 可知,$A = 4$,$T = \dfrac{2\pi}{\pi} = 2$,又因为时间 $t \geqslant 0$,且当 $t = 0$ 时 $s = 2\sqrt{3}$,$t = 2$ 时,$s = 2\sqrt{3}$,所以下面作出它在区间 $[0, 2]$ 上的图像.首先用"五点法"作出函数 $s = 4\sin\left(\pi t + \dfrac{\pi}{3}\right)$ 在一个周期内的图像,列表如下:

$X = \pi t + \dfrac{\pi}{3}$	0	$\dfrac{\pi}{2}$	π	$\dfrac{3\pi}{2}$	2π
t	$-\dfrac{1}{3}$	$\dfrac{1}{6}$	$\dfrac{2}{3}$	$\dfrac{7}{6}$	$\dfrac{5}{3}$
$s = 4\sin\left(\pi t + \dfrac{\pi}{3}\right) = 4\sin X$	0	4	0	-4	0

在直角坐标系中描出五个特殊点,并用光滑曲线连结,就得到该函数在 $\left[-\dfrac{1}{3},\dfrac{5}{3}\right]$ 上

的图像(如图 3-21 所示),由于 $t \geq 0$,实际中函数图像应从 $(0,$

$2\sqrt{3})$ 开始到 $(2,2\sqrt{3})$ 为止,所以应再画出区间 $\left[\dfrac{5}{3},2\right]$ 上的一段

图像,这样从点 $(0,2\sqrt{3})$ 开始到 $(2,2\sqrt{3})$ 的图像就是位移函数

$s=4\sin\left(\pi t+\dfrac{\pi}{3}\right)$ 在一个周期内的图像(如图 3-21 所示).

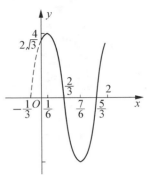

图 3-21

（1）小球上升到最高点(或下降到最低点)时,与平衡位置
的距离就是振幅,即 4 cm;

（2）小球往复振动一次所需时间,即小球振动的周期是

$T=2$ s;

（3）小球每秒振动的次数,即小球振动的频率是 $f=\dfrac{1}{T}=\dfrac{1}{2}$（赫兹）.

（4）当 $t=1.5$ 时,$s=4\sin\dfrac{11}{6}\pi=-2$,所以当 $t=1.5$ s 时,小球离开平衡位置的距离是

2 cm.

例3 受日月引力影响,海水会发生涨落,这种现象叫做潮汐.已知沿海港口的潮高

$y(\text{cm})$ 是时间 $t(\text{h})$ 的函数,记为 $y=f(t)$.下表给出了某港口 2021 年 9 月 29 日从 0 点到 23

点潮高 y 的值(潮高基准面:平均海平面下 328 cm):

$t(\text{h})$	0	1	2	3	4	5	6	7
$y(\text{cm})$	282	351	419	474	502	486	426	342
$t(\text{h})$	8	9	10	11	12	13	14	15
$y(\text{cm})$	264	203	163	155	191	255	327	401
$t(\text{h})$	16	17	18	19	20	21	22	23
$y(\text{cm})$	464	495	481	430	367	313	275	256

（1）根据以上数据,利用数学软件 MATLAB 在直角坐标系中作出数据点,并用光滑曲线
连结,得到 $y=f(t)$ 的图像;

（2）设函数 $y=f(t)$ 可以用 $y=A\sin\omega t+b$ 来近似,试根据已知数据,求出该函数的近似
表达式.

解 （1）在 MATLAB 命令窗口中输入下列语句:

```
>>t=0:23;                              %输入时间 t 的取值
```

>>y = [282, 351, 419, 474, 502, 486, 426, 342, 264, 203, 163, 155, 191, 255, 327, 401,…

464, 495, 481, 430, 367, 313, 275, 256]; %输入潮高 y 的值

>>cftool %打开拟合工具箱

此时会出现如图 3 - 22 所示的对话框,在对话框中设置自变量数据"Xdata"为 t,因变量数据"Ydata"为 y,模型框选择"Smothing Spline",即可得到 $y = f(t)$ 的图像,如图 3 - 22 所示.

（2）由数据表和图像可以看出,周期 $T = 13$, $b = 282$. 不妨取

$$y_{最大} = \frac{y_4 + y_{17}}{2} = 498.5,$$

则得

$$\omega = \frac{2\pi}{T} = \frac{2\pi}{13}, \quad A = 498.5 - 282 = 216.5.$$

所以函数 $y = f(t)$ 的近似表达式为

$$y = 216.5\sin\frac{2\pi t}{13} + 282.$$

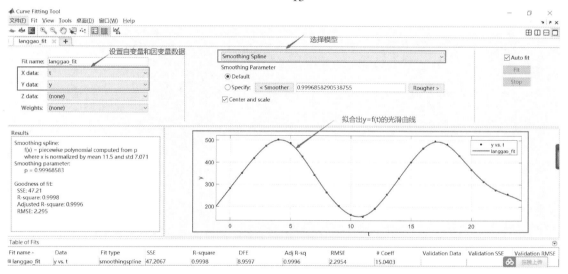

图 3 - 22 拟合过程图

§3 - 7 微课视频

练习

1. 用"五点法"作出下列函数在一个周期内的图像:

（1）$y = \sin\left(x + \dfrac{\pi}{3}\right)$；   （2）$y = 3\sin 2x$；

（3）$y = 2\sin\dfrac{x}{3}$；   （4）$y = 4\sin\left(\dfrac{1}{2}x - \dfrac{\pi}{4}\right)$.

2. 已知正弦交流电的电流强度 $i(\mathrm{A})$ 与时间 $t(\mathrm{s})$ 之间的关系式为

$$i = 50\sin 100\pi t,$$

试作出该函数在一个周期内的图像,并求出电流强度 i 变化的周期、振幅、频率.

习题 3-7

A 组

1. 求下列函数的周期、振幅、频率以及初相:

(1) $y = 4\sin\left(x - \dfrac{\pi}{5}\right)$; $\qquad$ (2) $y = 10\sin\left(2x + \dfrac{\pi}{6}\right)$;

(3) $y = 5\sin\left(\dfrac{1}{2}x - \dfrac{\pi}{3}\right)$; $\qquad$ (4) $y = 311\sin\left(100\pi t + \dfrac{\pi}{6}\right)$.

2. 用"五点法"作出下列函数在一个周期内的图像:

(1) $y = 2\sin\left(x - \dfrac{\pi}{3}\right)$; $\qquad$ (2) $y = 3\sin 4x$;

(3) $y = 2\sin\left(\dfrac{x}{2} + \dfrac{\pi}{8}\right)$; $\qquad$ (4) $y = \dfrac{1}{2}\sin\left(2x - \dfrac{\pi}{6}\right)$;

(5) $y = 3\cos 2x$; $\qquad$ (6) $y = 2\cos\left(2x + \dfrac{\pi}{4}\right)$.

3. 已知某正弦交流电的电压 $U(\mathrm{V})$ 与时间 $t(\mathrm{s})$ 的关系式为

$$U = 200\sin\left(100\pi t - \dfrac{\pi}{3}\right),$$

试求电压 U 变化的振幅、周期、频率,并求出 t 取何值时,电压达到最大值和最小值.

4. 弹簧下挂着的小球作上下振动,它在时间 $t(\mathrm{s})$ 离开平衡位置的位移 $s(\mathrm{m})$ 为 $s = 3\sin\left(2t + \dfrac{\pi}{4}\right)$,试求:

(1) 小球开始振动时的位置;

(2) 小球上升到最高点和下降到最低点时的位置;

(3) 经过多长时间小球往复振动一次?

(4) 每秒钟小球往复振动的次数.

5. 已知某正弦交流电的电压 $u(\mathrm{v})$ 随时间 $t(\mathrm{s})$ 的变化曲线如图所示,试写出电压 u 与时间 t 的关系式.

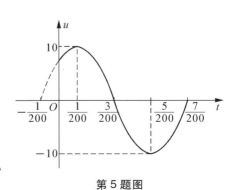

第 5 题图

B 组

1. 一个大风车的半径为 10 m, 12 min 旋转一周(逆时针旋转), 它的最低点离地面2 m, 求风车一个翼片的端点离地面的距离 h(m)与时间 t(min)之间的函数关系式(假设该翼片旋转的起始位置是水平的, 且开始旋转后其端点先是向上).

 2. 已知某港口的潮高 y(cm)是时间 t(h)的函数, 记为 $y = f(t)$, 其中 $0 \leqslant t \leqslant 23$. 下表给出了该港口某天从 0 时至 23 时记录的潮高数据(潮高基准面: 平均海平面下 328 cm). 经过观察, 该港口这一天的潮高可以用函数 $y = A\sin\omega t + k$ 来近似.

t(h)	0	1	2	3	4	5	6	7
y(cm)	268	309	364	419	462	478	457	403
t(h)	8	9	10	11	12	13	14	15
y(cm)	332	265	211	177	174	204	257	321
t(h)	16	17	18	19	20	21	22	23
y(cm)	388	447	474	469	433	383	334	297

(1) 用数学软件 MATLAB 作出函数 $y = f(t)$ 的图像;

(2) 求出函数 $y = f(t)$ 的近似表达式.

§3-8 反三角函数

⊙反正弦函数　⊙反余弦函数　⊙反正切函数

在解决与三角函数有关的问题中, 有时需要由已知角求其三角函数值, 有时需要由角的某个三角函数值反过来求角. 像后者这样的问题, 可以用反三角函数的知识来解决.

一、反正弦函数

正弦函数 $y = \sin x$, $x \in (-\infty, +\infty)$ 的值域是 $[-1, 1]$, 从它的图像(如图 3-23 所示)可以看出, 对于值域 $[-1, 1]$ 上的每一个 y 值, 在 $(-\infty, +\infty)$ 上都有无穷多个 x 值与之对应. 例如, 当 $y = 0$ 时, $x = -2\pi, -\pi, 0, \pi, 2\pi, \cdots$. 因此, 函数 $y = \sin x$, $x \in (-\infty, +\infty)$ 没有反函数.

现在, 把 x 的取值范围限制在 $\left[-\dfrac{\pi}{2}, \dfrac{\pi}{2}\right]$, 由图 3-23 可知, 对于区间 $\left[-\dfrac{\pi}{2}, \dfrac{\pi}{2}\right]$ 上的

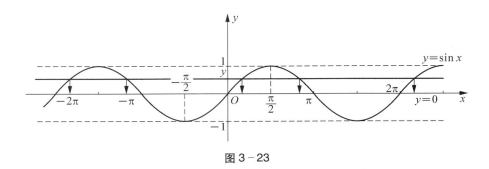

图 3-23

每一个 x 值,都有区间 $[-1,1]$ 上的唯一的 y 值与之对应,反过来,对于区间 $[-1,1]$ 上的每一个 y 值,在区间 $\left[-\dfrac{\pi}{2},\dfrac{\pi}{2}\right]$ 上也都有唯一的 x 值与之对应.所以,函数 $y=\sin x$, $x\in$ $\left[-\dfrac{\pi}{2},\dfrac{\pi}{2}\right]$ 有反函数,它的反函数记为 $x=\arcsin y$,习惯上,用 x 表示自变量,用 y 表示函数,所以这个反函数又可记为 $y=\arcsin x$.

定义 1 函数 $y=\sin x$, $x\in\left[-\dfrac{\pi}{2},\dfrac{\pi}{2}\right]$ 的反函数叫做**反正弦函数**,记作 $y=\arcsin x$,其定义域是 $[-1,1]$,值域是 $\left[-\dfrac{\pi}{2},\dfrac{\pi}{2}\right]$.

对于任意的 $x\in[-1,1]$,记号 $\arcsin x$ 表示 $\left[-\dfrac{\pi}{2},\dfrac{\pi}{2}\right]$ 上正弦值等于 x 的那个角,即

$$\sin(\arcsin x)=x,\ x\in[-1,1]. \tag{3-21}$$

例 1 把下列各式写成反正弦函数的形式:

(1) $\sin\dfrac{\pi}{6}=\dfrac{1}{2}$; (2) $\sin\left(-\dfrac{\pi}{3}\right)=-\dfrac{\sqrt{3}}{2}$; (3) $\sin\dfrac{\pi}{2}=1$.

解 (1) 因为 $\dfrac{\pi}{6}\in\left[-\dfrac{\pi}{2},\dfrac{\pi}{2}\right]$,所以,$\sin\dfrac{\pi}{6}=\dfrac{1}{2}$ 可以写成

$$\arcsin\dfrac{1}{2}=\dfrac{\pi}{6}.$$

(2) 因为 $-\dfrac{\pi}{3}\in\left[-\dfrac{\pi}{2},\dfrac{\pi}{2}\right]$,所以,$\sin\left(-\dfrac{\pi}{3}\right)=-\dfrac{\sqrt{3}}{2}$ 可以写成

$$\arcsin\left(-\frac{\sqrt{3}}{2}\right) = -\frac{\pi}{3}.$$

（3）因为 $\frac{\pi}{2} \in \left[-\frac{\pi}{2}, \frac{\pi}{2}\right]$，所以，$\sin\frac{\pi}{2} = 1$ 可以写成

$$\arcsin 1 = \frac{\pi}{2}.$$

例2 求下列各式的值：

（1）$\arcsin\frac{\sqrt{2}}{2}$；

（2）$\arcsin\left(-\frac{\sqrt{2}}{2}\right)$；

（3）$\arcsin 0$；

（4）$\arcsin 0.567\,8$（利用 MATLAB）.

解 （1）因为 $\sin\frac{\pi}{4} = \frac{\sqrt{2}}{2}$，且 $\frac{\pi}{4} \in \left[-\frac{\pi}{2}, \frac{\pi}{2}\right]$，所以

$$\arcsin\frac{\sqrt{2}}{2} = \frac{\pi}{4}.$$

（2）因为 $\sin\left(-\frac{\pi}{4}\right) = -\frac{\sqrt{2}}{2}$，且 $-\frac{\pi}{4} \in \left[-\frac{\pi}{2}, \frac{\pi}{2}\right]$，所以

$$\arcsin\left(-\frac{\sqrt{2}}{2}\right) = -\frac{\pi}{4}.$$

（3）因为 $\sin 0 = 0$，且 $0 \in \left[-\frac{\pi}{2}, \frac{\pi}{2}\right]$，所以

$$\arcsin 0 = 0.$$

（4）在 MATLAB 命令窗口中输入语句

  asin(0.567 8)

输出结果为

  ans = 0.603 8.

得 $$\arcsin 0.567\,8 \approx 0.603\,8(\text{rad}).$$

从例 2 中的（1）、（2），可知 $\arcsin\left(-\frac{\sqrt{2}}{2}\right) = -\arcsin\frac{\sqrt{2}}{2}$.

一般地，有

$$\arcsin(-x) = -\arcsin x, \quad x \in [-1, 1]. \tag{3-22}$$

由式（3-22）可知，反正弦函数 $y = \arcsin x$ 是奇函数.

根据互为反函数的函数图像间的关系可知，函数 $y = \sin x$, $x \in \left[-\dfrac{\pi}{2}, \dfrac{\pi}{2} \right]$ 与函数 $y = \arcsin x$, $x \in [-1, 1]$ 的图像关于直线 $y = x$ 对称，由此可以得到反正弦函数 $y = \arcsin x$, $x \in [-1, 1]$ 的图像，如图 3-24 所示.

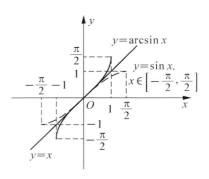

图 3-24

从图 3-24 可以看出，反正弦函数有如下性质：

（1）它是奇函数，其图像关于原点对称；

（2）它在定义域 $[-1, 1]$ 上是增函数.

例 3　求下列各式的值：

（1）$\sin(\arcsin 0.758\,3)$;　　　　　（2）$\sin\left[\arcsin\left(-\dfrac{2}{5} \right) \right]$.

解　（1）因为 $0.758\,3 \in [-1, 1]$，由式（3-21）可知

$$\sin(\arcsin 0.758\,3) = 0.758\,3.$$

（2）因为 $-\dfrac{2}{5} \in [-1, 1]$，由式（3-21）可知

$$\sin\left[\arcsin\left(-\dfrac{2}{5} \right) \right] = -\dfrac{2}{5}.$$

例 4　根据下列条件求角 x：

（1）$\sin x = 0.653\,8$, $x \in \left(-\dfrac{\pi}{2}, \dfrac{\pi}{2} \right)$;

（2）$\sin x = \dfrac{\sqrt{3}}{2}$, $x \in (0, 2\pi)$.

解　（1）因为 $x \in \left(-\dfrac{\pi}{2}, \dfrac{\pi}{2} \right)$，所以

$$x = \arcsin 0.653\,8 \approx 41°.$$

（2）由 $\sin x = \dfrac{\sqrt{3}}{2} > 0$, $x \in (0, 2\pi)$ 可知，$0 < x < \dfrac{\pi}{2}$ 或 $\dfrac{\pi}{2} < x < \pi$.

当 $x \in \left(0, \dfrac{\pi}{2} \right)$ 时，$x = \arcsin \dfrac{\sqrt{3}}{2} = \dfrac{\pi}{3}$;

当 $\dfrac{\pi}{2} < x < \pi$ 时，由 $\sin\left(\pi - \dfrac{\pi}{3} \right) = \sin \dfrac{\pi}{3} = \dfrac{\sqrt{3}}{2}$ 可知，$x = \pi - \dfrac{\pi}{3} = \dfrac{2\pi}{3}$.

因此，在 $(0, 2\pi)$ 上满足 $\sin x = \dfrac{\sqrt{3}}{2}$ 的角 x 分别是 $x = \dfrac{\pi}{3}$ 和 $x = \dfrac{2\pi}{3}$.

练习

1. $\arcsin 2$ 是否有意义？为什么？

2. 把下列各式化为反正弦函数的形式：

（1）$\sin\left(-\dfrac{\pi}{2}\right)=-1$；　　　　　（2）$\sin\dfrac{\pi}{3}=\dfrac{\sqrt{3}}{2}$；　　　　　（3）$\sin\dfrac{47\pi}{100}=0.995\,6$.

3. 求下列各式的值：

（1）$\arcsin\left(-\dfrac{\sqrt{3}}{2}\right)$；　　　　　　　　　（2）$\arcsin 0.785\,6$（利用计算器）；

（3）$\sin\left(\arcsin\dfrac{1}{3}\right)$；　　　　　　　　　（4）$\sin[\arcsin(-0.7)]$.

4. 已知 $\sin x=\dfrac{1}{2}$，并且 $x\in(0,2\pi)$，求角 x.

二、反余弦函数

从图 3-14(a) 可以看出，余弦函数 $y=\cos x$，$x\in(-\infty,+\infty)$，对于 $[-1,1]$ 上的每一个 y 值，在 $(-\infty,+\infty)$ 上有无穷多个 x 与之对应，所以余弦函数 $y=\cos x$，$x\in(-\infty,+\infty)$ 无反函数，例如，当 $y=0$ 时，$x=-\dfrac{3\pi}{2}$，$-\dfrac{\pi}{2}$，$\dfrac{\pi}{2}$，$\dfrac{3\pi}{2}$，…. 如果把 x 的取值限制在 $[0,\pi]$ 上，那么对于 $[-1,1]$ 上的每一个 y 值，在 $[0,\pi]$ 上都有唯一的 x 值和它对应，因此，函数 $y=\cos x$，$x\in[0,\pi]$ 有反函数.

> **定义 2**　函数 $y=\cos x$，$x\in[0,\pi]$ 的反函数叫做**反余弦函数**，记作 $y=\arccos x$，其定义域是 $[-1,1]$，值域是 $[0,\pi]$.

对于任意的 $x\in[-1,1]$，$\arccos x$ 表示在 $[0,\pi]$ 上余弦值等于 x 的那个角，即

$$\cos(\arccos x)=x,\quad x\in[-1,1]. \tag{3-23}$$

例 5　求下列各式的值：

（1）$\arccos\dfrac{1}{2}$；　　　　　（2）$\arccos\left(-\dfrac{1}{2}\right)$；　　　　　（3）$\arccos 0.667\,1$.

解　（1）因为 $\cos\dfrac{\pi}{3}=\dfrac{1}{2}$，且 $\dfrac{\pi}{3}\in[0,\pi]$，根据定义，可得

$$\arccos \frac{1}{2} = \frac{\pi}{3}.$$

（2）因为 $\cos \dfrac{2\pi}{3} = \cos\left(\pi - \dfrac{\pi}{3}\right) = -\cos\dfrac{\pi}{3} = -\dfrac{1}{2}$，且 $\dfrac{2\pi}{3} \in [0, \pi]$，根据定义，可得

$$\arccos\left(-\frac{1}{2}\right) = \frac{2\pi}{3}.$$

（3）利用计算器，可得

$$\arccos 0.667\,1 = 0.840\,5.$$

从例 5 中的（1）、（2）可以看到：

$$\arccos\left(-\frac{1}{2}\right) = \frac{2\pi}{3} = \pi - \frac{\pi}{3} = \pi - \arccos\frac{1}{2}.$$

一般地，有

$$\arccos(-x) = \pi - \arccos x, \quad x \in [-1, 1]. \tag{3-24}$$

因为函数 $y = \cos x$，$x \in [0, \pi]$ 与函数 $y = \arccos x$，$x \in [-1, 1]$ 互为反函数，所以它们的图像关于直线 $y = x$ 对称，反余弦函数 $y = \arccos x$，$x \in [-1, 1]$ 的图像如图 3-25 所示.

从反余弦函数的图像可以看出：

（1）反余弦函数 $y = \arccos x$ 在区间 $[-1, 1]$ 上是减函数；

（2）反余弦函数既不是奇函数也不是偶函数.

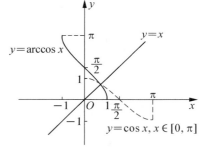

图 3-25

▎例6 已知角 A 是三角形 ABC 的一个内角，并且 $\cos A = -0.382\,7$，求 A.

▎解 由角 A 是三角形 ABC 的一个内角可知，$0 < A < \pi$，从而

$$A = \arccos(-0.382\,7) \approx 113°.$$

▎练习

1. $\arccos(-1.5)$ 有意义吗？为什么？

2. 把下列各式化为反余弦函数的形式：

（1）$\cos 0 = 1$；　　　　　　　　　（2）$\cos\dfrac{5\pi}{6} = -\dfrac{\sqrt{3}}{2}$.

3. 求下列各式的值:

(1) $\arccos\dfrac{\sqrt{3}}{2}$; (2) $\arccos\dfrac{\sqrt{2}}{2}$; (3) $\arccos(-1)$.

4. 已知 $\cos x = 0.57$,并且 $x \in (0,\pi)$,求角 x(精确到 $1°$).

三、反正切函数

从正切函数 $y = \tan x$ 的图像(如图 $3-18$(b)所示)可以看出,它在其定义域 $\left\{ x \mid x \neq k\pi + \dfrac{\pi}{2}, k \in \mathbf{Z} \right\}$ 内没有反函数,但在单调区间 $\left(-\dfrac{\pi}{2}, \dfrac{\pi}{2} \right)$ 上有反函数.

定义3 函数 $y = \tan x$,$x \in \left(-\dfrac{\pi}{2}, \dfrac{\pi}{2} \right)$ 的反函数叫做**反正切函数**,记作 $y = \arctan x$,其定义域是 $(-\infty, +\infty)$,值域是 $\left(-\dfrac{\pi}{2}, \dfrac{\pi}{2} \right)$.

对于任意的 $x \in (-\infty, +\infty)$,$\arctan x$ 表示区间 $\left(-\dfrac{\pi}{2}, \dfrac{\pi}{2} \right)$ 上正切值等于 x 的那个角,即

$$\tan(\arctan x) = x, \quad x \in (-\infty, +\infty). \tag{3-25}$$

反正切函数 $y = \arctan x$ 的图像,如图 $3-26$ 所示.

从反正切函数的图像中可以看出:

(1)反正切函数 $y = \arctan x$ 在 $(-\infty, +\infty)$ 上是增函数;

(2)反正切函数的图像关于原点对称,它是奇函数,即

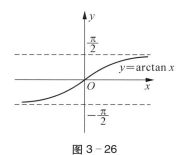

图 $3-26$

$$\arctan(-x) = -\arctan x, \quad x \in (-\infty, +\infty). \tag{3-26}$$

反正弦函数、反余弦函数、反正切函数统称为**反三角函数**.

例7 求下列各式的值:

(1) $\arctan\sqrt{3}$; (2) $\arctan(-1)$; (3) $\tan\left[\arctan(-5) \right]$.

解 （1）因为 $\tan \dfrac{\pi}{3} = \sqrt{3}$ ，且 $\dfrac{\pi}{3} \in \left(-\dfrac{\pi}{2} , \dfrac{\pi}{2} \right)$ ，所以 $\arctan \sqrt{3} = \dfrac{\pi}{3}$.

（2）因为 $\tan \dfrac{\pi}{4} = 1$ ，且 $\dfrac{\pi}{4} \in \left(-\dfrac{\pi}{2} , \dfrac{\pi}{2} \right)$ ，所以 $\arctan 1 = \dfrac{\pi}{4}$ ，于是

$$\arctan(-1) = -\arctan 1 = -\dfrac{\pi}{4}.$$

（3）由公式（3 - 25）可知， $\tan[\arctan(-5)] = -5$.

例 8 已知 $\tan x = \dfrac{\sqrt{3}}{3}$ ，并且 $x \in (0 , 2\pi)$ ，求角 x .

解 由 $\tan x = \dfrac{\sqrt{3}}{3} > 0$ ， $x \in (0 , 2\pi)$ 可知， $0 < x < \dfrac{\pi}{2}$ 或 $\pi < x < \dfrac{3\pi}{2}$.

当 $0 < x < \dfrac{\pi}{2}$ 时， $x = \arctan \dfrac{\sqrt{3}}{3} = \dfrac{\pi}{6}$;

当 $\pi < x < \dfrac{3\pi}{2}$ 时，由 $\tan\left(\pi + \dfrac{\pi}{6} \right) = \tan \dfrac{\pi}{6} = \dfrac{\sqrt{3}}{3}$ 可知， $x = \pi + \dfrac{\pi}{6} = \dfrac{7\pi}{6}$.

所以满足条件的角 x 分别是 $\dfrac{\pi}{6}$ 和 $\dfrac{7\pi}{6}$.

§3 - 8　微课视频

练习

1. 求下列各式的值：

（1）$\arctan 0$; 　　　（2）$\arctan\left(-\dfrac{\sqrt{3}}{3} \right)$; 　　　（3）$\tan(\arctan 3.56)$.

2. 已知 $\tan x = -4.7$ ， $x \in \left(-\dfrac{\pi}{2} , \dfrac{\pi}{2} \right)$ ，求角 x （精确到 $1°$ ）.

习题 3 - 8

A 组

1. 判断正误：

（1）因为 $\sin \dfrac{3\pi}{4} = \dfrac{\sqrt{2}}{2}$ ，所以 $\arcsin \dfrac{\sqrt{2}}{2} = \dfrac{3\pi}{4}$. 　　　　　　（　　）

（2）$\arcsin\left(-\dfrac{\sqrt{3}}{2}\right) = -\arcsin\dfrac{\sqrt{3}}{2}$. （   ）

（3）$\tan(\arctan 6.7) = 6.7$. （   ）

（4）$\cos(\arccos 3.2) = 3.2$. （   ）

（5）因为正弦函数是周期函数，所以反正弦函数也是周期函数. （   ）

2. 求下列各式的值（不是特殊值的，利用计算器计算）：

（1）$\arcsin\left(-\dfrac{1}{2}\right)$； （2）$\arccos\left(-\dfrac{\sqrt{2}}{2}\right)$； （3）$\arctan 2.35$； （4）$\arctan(-\sqrt{3})$.

3. 求下列各式的值：

（1）$\sin\left[\arcsin\left(-\dfrac{3}{7}\right)\right]$； （2）$\cos\left(\arccos\dfrac{15}{17}\right)$； （3）$\tan(\arctan 8)$.

4. 已知一等腰三角形的腰长为 8 cm，底边长为 6 cm，试用反三角函数表示该等腰三角形的底角.

5. 根据下列条件求角 x：

（1）$\sin x = -\dfrac{1}{2}$，$x \in \left[-\dfrac{\pi}{2}, \dfrac{\pi}{2}\right]$； （2）$\cos x = \dfrac{\sqrt{3}}{2}$，$x \in [0, 2\pi]$；

（3）$\cos x = -\dfrac{\sqrt{2}}{2}$，$x \in [0, \pi]$； （4）$\tan x = 1$，$x \in [0, 2\pi]$.

6. 求下列函数的定义域：

（1）$y = 5\arcsin(2x + 1)$； （2）$y = \dfrac{\pi}{2} + \arccos(3x - 2)$.

B 组

1. 求下列各式的值：

（1）$\arcsin\left(\sin\dfrac{7\pi}{4}\right)$； （2）$\cos\left(2\arcsin\dfrac{3}{5}\right)$；

（3）$\arccos\left(\cos\dfrac{5\pi}{6}\right)$； （4）$\arccos\left(\cos\dfrac{11\pi}{6}\right)$；

（5）$\tan(\arctan 2 + \arctan 3)$； （6）$\sin\left(\arcsin\dfrac{3}{5} + \arccos\dfrac{8}{17}\right)$.

2. 根据下列条件求角 x：

（1）$\sin 2x = \dfrac{1}{2}$，$x \in [0, 2\pi]$； （2）$\cos x = \dfrac{\sqrt{2}}{2}$，$x \in (-2\pi, 2\pi)$.

3. 已知矩形的面积是 $25\sqrt{3}$ cm^2，一条对角线的长是 10 cm，试求这条对角线和各边所夹的角.

§3-9 解斜三角形及其应用

⊙正弦定理 ⊙余弦定理

三角形可分为三类:锐角三角形、直角三角形、钝角三角形(如图3-27所示),锐角三角形和钝角三角形又称为**斜三角形**.解三角形就是由三角形已知的边和角求未知的边和角.在初中,我们已经学习过解直角三角形,下面来讨论如何解斜三角形.

为了讨论方便,三角形的三个顶角分别简记为 A、B、C,对应的三条边的长分别记为 a、b、c,如图3-27所示.

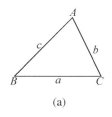
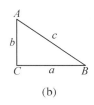
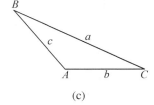

(a)　　　　　　　　(b)　　　　　　　　(c)

图 3-27

一、正弦定理

如图3-28所示,设 $AB = c$,$BC = a$,$AC = b$. 根据三角形的面积公式,可知

$$S_{\triangle ABC} = \frac{1}{2} \cdot AC \cdot BD = \frac{1}{2}AB \cdot CE = \frac{1}{2}BC \cdot AF. \qquad ①$$

从图3-28(a)、(b)、(c)中,又可以知道,

$$BD = c\sin A,\quad CE = a\sin B,\quad AF = b\sin C,$$

将它们代入式(1),得

$$\frac{1}{2} \cdot b \cdot c\sin A = \frac{1}{2}c \cdot a\sin B = \frac{1}{2}a \cdot b\sin C,$$

等式各端同除以 $\frac{1}{2}abc$,得

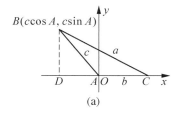
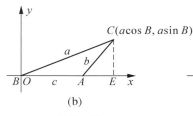
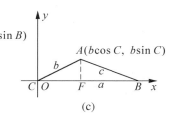

(a)　　　　　　　　(b)　　　　　　　　(c)

图 3-28

$$\frac{\sin A}{a} = \frac{\sin B}{b} = \frac{\sin C}{c},$$

即

$$\frac{a}{\sin A} = \frac{b}{\sin B} = \frac{c}{\sin C}. \qquad \qquad ②$$

对于锐角三角形,用类似的方法,同样可推出式②,特别地,对于直角三角形(如图 3-27(b)所示),由 $\sin A = \frac{a}{c}$,$\sin B = \frac{b}{c}$,$\sin C = 1$,也可推出式②.这就得到了任意三角形的边、角之间的一种重要关系.

正弦定理 在任意一个三角形中,各边与其所对角的正弦的比值相等,即

$$\frac{a}{\sin A} = \frac{b}{\sin B} = \frac{c}{\sin C}. \qquad\qquad (3-27)$$

利用正弦定理,可以解决下列解三角形问题:

(1)已知两角和任一边,求其他两边和一角;

(2)已知两边和其中一边所对的角,求其他两角和一边.

根据上述推导正弦定理的过程,还可以得到三角形面积的一个计算公式:

$$S_{\triangle ABC} = \frac{1}{2}bc\sin A = \frac{1}{2}ac\sin B = \frac{1}{2}ab\sin C.$$

例1 在△ABC中,已知 $A = 105°$,$C = 45°$,$b = 6$,求角 B 及边 a、c(边长保留四位有效数字).

解 由三角形内角和等于180°,得

$$B = 180° - (105° + 45°) = 30°.$$

由式(3-27)中

$$\frac{a}{\sin A} = \frac{b}{\sin B},$$

得

$$a = \frac{b\sin A}{\sin B} = \frac{6 \times \sin 105°}{\sin 30°} \approx \frac{6 \times 0.965\,9}{\frac{1}{2}} = 11.59.$$

类似地,由式(3-27),可得

$$c = \frac{b \sin C}{\sin B} = \frac{6 \times \sin 45°}{\sin 30°} = \frac{6 \times \frac{\sqrt{2}}{2}}{\frac{1}{2}} = 6 \times \sqrt{2} \approx 8.485.$$

例 2 在 $\triangle ABC$ 中,已知 $a = 16$,$b = 20$,$A = 50°$,求角 B、C(精确到 $1°$)及边 c.(结果保留四位有效数字)

解 由式(3 – 27),可得

$$\sin B = \frac{b \sin A}{a} = \frac{20 \times \sin 50°}{16} \approx 0.957\ 5.$$

利用 MATLAB 求 $\sin B$ 的语句是

sinB = 20 * sind(50)/16

又由 $0° < B < 180°$ 可知,有两个满足 $\sin B = 0.957\ 5$ 的角,分别是

$$B_1 = 73°,\ B_2 = 107°.$$

(1)当 $B_1 = 73°$ 时

$$C_1 = 180° - (50° + 73°) = 57°,$$

$$c_1 = \frac{a \sin C_1}{\sin A} = \frac{16 \times \sin 57°}{\sin 50°} \approx 17.52.$$

利用 MATLAB 求 c_1 的语句是

c$_1$ = 16 * sind(57)/sind(50)

(2)当 $B_2 = 107°$ 时

$$C_2 = 180° - (50° + 107°) = 23°,$$

$$c_2 = \frac{a \sin C_2}{\sin A} = \frac{16 \times \sin 23°}{\sin 50°} \approx 8.161.$$

利用 MATLAB 求 c_2 的语句是

c$_2$ = 16 * sind(23)/sind(50)

例 3 海中有岛 A,已知 A 周围 6 海里内有暗礁,今有一货轮由西向东航行,望见 A 在北偏东 $75°$,航行了 $20\sqrt{2}$ 海里后见此岛在北偏东 $30°$,如果货轮不改变航行的方向,继续前进,有无触礁的危险?

解 如图 3 – 29 所示,根据题意可知,在 $\triangle ABC$ 中,

$$BC = 20\sqrt{2}\ (海里),B = 90° - 75° = 15°,$$

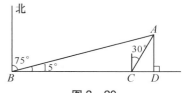

图 3 – 29

$$C = 120°, \quad A = 180° - 15° - 120° = 45°,$$

由正弦定理,得

$$\frac{20\sqrt{2}}{\sin 45°} = \frac{AB}{\sin 120°},$$

解得

$$AB = \frac{20\sqrt{2} \times \sin 120°}{\sin 45°} \approx 34.64.$$

从而,小岛到货轮航线的距离为

$$AD = AB \cdot \sin 15° \approx 8.965(海里).$$

因为 $AD > 6$ 海里,所以如果货轮不改变航行的方向,继续前进,无触礁的危险.

练习

1. 根据下列条件,解三角形(角度精确到 1°,边长保留四位有效数字):

    (1) $A = 45°$, $B = 75°$, $c = 20$;

    (2) $a = 30$, $b = 15$, $A = 120°$;

    (3) $a = 15$, $c = 25$, $A = 25°$.

2. 已知在 600 m 高的山顶上,测得山下一塔的塔顶与塔底的俯角分别为 30° 和 60°,求该塔的塔高.

二、余弦定理

如图 3-28(a)所示,在直角坐标系中,$\triangle ABC$ 的三个顶点分别表示为 $A(0, 0)$,$B(c\cos A, c\sin A)$,$C(b, 0)$.由两点间的距离公式,得

$$a = |BC| = \sqrt{(c\cos A - b)^2 + (c\sin A - 0)^2},$$

两边平方,得

$$a^2 = c^2\sin^2 A + (c\cos A - b)^2,$$

化简整理,得

$$a^2 = b^2 + c^2 - 2bc\cos A.$$

类似地,可以推得

$$b^2 = a^2 + c^2 - 2ac\cos B,$$

$$c^2 = a^2 + b^2 - 2ab\cos C.$$

根据上面的讨论,就得到了下面的余弦定理.

余弦定理 在任意一个三角形中,任何一边的平方等于其他两边平方的和减去这两边与它们夹角的余弦的积的两倍,即

$$
\begin{aligned}
a^2 &= b^2 + c^2 - 2bc\cos A, \\
b^2 &= a^2 + c^2 - 2ac\cos B, \\
c^2 &= a^2 + b^2 - 2ab\cos C.
\end{aligned}
\tag{3-28}
$$

特别地,在余弦定理中,令 $C = 90°$,代入 $c^2 = a^2 + b^2 - 2ab\cos C$,得

$$c^2 = a^2 + b^2,$$

这正是勾股定理,所以勾股定理是余弦定理的特殊情形,余弦定理是勾股定理的推广.

由式(3-28),可得

$$
\begin{aligned}
\cos A &= \frac{b^2 + c^2 - a^2}{2bc}, \\
\cos B &= \frac{a^2 + c^2 - b^2}{2ac}, \\
\cos C &= \frac{a^2 + b^2 - c^2}{2ab}.
\end{aligned}
\tag{3-29}
$$

利用余弦定理,可以解决下列两类解三角形问题:

(1)已知三角形的两边和它们的夹角,求第三边和其他两个角;

(2)已知三角形的三边,求三个角.

例 4 在 $\triangle ABC$ 中,已知 $a = 17$,$b = 23$,$c = 31$,求 $\triangle ABC$ 的三个角(精确到 $1°$).

解 由公式(3-29),得

$$\cos A = \frac{b^2 + c^2 - a^2}{2bc} = \frac{23^2 + 31^2 - 17^2}{2 \times 23 \times 31} \approx 0.842\,2,$$

$$\cos B = \frac{a^2 + c^2 - b^2}{2ac} = \frac{17^2 + 31^2 - 23^2}{2 \times 17 \times 31} \approx 0.684\,1,$$

利用计算器,求得

$$A \approx 33°, \ B \approx 47°, \ C = 180° - A - B \approx 100°.$$

解三角形在科学研究及现实生活中有着广泛的应用,例如,测量有障碍物相隔的两点间的距离、底部不能到达的物体的高度以及灾害的预警和规避等问题,都离不开解三角形.

例 5 某测绘专业学生想知道从操场上的 A 点到图书馆大门 B 点之间的距离,但这两点被一幢教学楼所隔开,无法直接测得它们之间的距离,于是,这位同学就选择了能直线到达这两点的点 C,测得 $AC = 195 \text{ m}$, $BC = 130 \text{ m}$, $\angle ACB = 78°$. 试根据测得的数据,求 A、B 之间的距离(精确到 0.01 m).

解 根据余弦定理,可得

$$AB^2 = 195^2 + 130^2 - 2 \times 195 \times 130 \times \cos 78° \approx 44\,383.88,$$
$$AB \approx 210.67(\text{m}).$$

例 6 在 A 市正西方向 250 km 的 P 处有一台风中心,它以每小时 40 km 的速度沿北偏东 $30°$ 方向移动,已知距台风中心 250 km 以内的地方都要受其影响,问:从现在起,A 市受台风影响要持续多长时间?

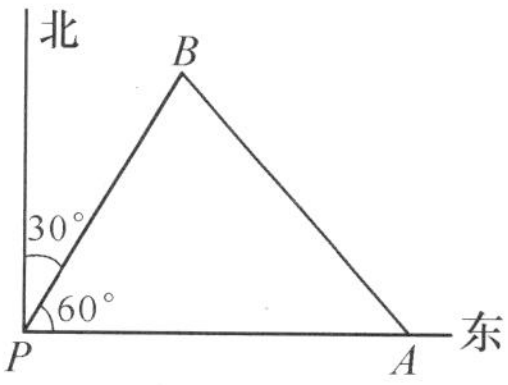

解 设从现在起,经过 t 小时台风中心运动到 B 点,如图 $3-30$ 所示,则在 $\triangle PAB$ 中,$PA = 250$,$PB = 40t$,$\angle BPA = 60°$,由余弦定理得

$$AB^2 = 1\,600t^2 + 250^2 - 2 \times 250 \times 40t \cdot \cos 60°.$$

图 $3-30$

如果在 t 时刻 A 市受台风影响,那么 $AB \leqslant 250$,因此,有

$$AB^2 = 1\,600t^2 + 250^2 - 2 \times 250 \times 40t \cdot \cos 60° \leqslant 250^2,$$

解此不等式得

$$0 \leqslant t \leqslant 6.25.$$

所以,从现在起,A 市受台风影响要持续 6.25 小时.

§3-9 微课视频

练习

1. 在 $\triangle ABC$ 中(角度精确到 $1°$,边长保留四位有效数字):

(1)已知 $a = 30$,$b = 42$,$c = 25$,求它的三个角;

(2)已知 $a = 9$,$b = 10$,$c = 14$,求 A、B;

(3)已知 $b = 8$,$c = 6$,$A = 60°$,求 a、B;

(4)已知 $a = 2\sqrt{3}$,$b = 2$,$C = 120°$,求 c 和 A.

2. 已知 F_1、F_2 是作用于同一质点的两个力，$|F_1| = 56 \text{ N}$，$|F_2| = 64 \text{ N}$，且 F_1、F_2 的夹角是 $60°$，求合力 F 的大小(精确到 0.1 N).

习题 3-9

A 组

1. 根据下列条件,解三角形(角度精确到 $1°$,边长保留四位有效数字):

   (1) $A = 30°$，$B = 45°$，$a = 26$；　　　　(2) $a = 40$，$b = 16$，$A = 150°$；

   (3) $a = 26$，$b = 30$，$c = 42$；　　　　　(4) $a = 12$，$b = 13$，$C = 105°$；

   (5) $b = 15$，$c = 8$，$A = 75°$.

2. 在 $\triangle ABC$ 中，$A = 80°$，$C = 40°$，$b = 36$，求 c 及 $S_{\triangle ABC}$(结果保留四位有效数字).

3. 已知平行四边形的两条邻边的长分别是 6 cm 和 8 cm,它们的夹角是 $45°$,求这个平行四边形的两条对角线的长(结果保留四位有效数字).

4. 某工厂主控制室的工作人员,要根据仪表的数据变化来进行控制操作.已知工作人员坐在距仪表所在墙面 1.2 m 的椅子上,测得仪表底部 A 的仰角为 $30°$,仪表顶部 B 的仰角为 $75°$,试求仪表的高度(精确到 0.01 m).

5. 已知 A、B、C 三个城镇之间的距离分别为 $AB = 20 \text{ km}$，$BC = 30 \text{ km}$，$AC = 25 \text{ km}$，在 BC 两镇的中点 D 处有一水力发电站,现要从 D 处埋电缆到 A 处,试计算电缆的长(精确到 0.01 km).

B 组

1. 为了测量河对岸 A，B 两点的距离,可以在河的另一岸选取 C，D 两点,测得 $CD = 200 \text{ m}$，$\angle ADC = 105°$，$\angle BDC = 15°$，$\angle BCD = 120°$，$\angle ACD = 30°$，求 A、B 两点间的距离(精确到 0.01 m).

2. 我缉私巡逻艇在小岛 A 南偏西 $40°$ 方向距小岛 24 海里的 B 处,发现隐藏在小岛边上的一走私船正开始向岛北偏西 $20°$ 方向行驶,测得其速度为每小时 15 海里,问我巡逻艇用多大的速度朝什么方向航行才能恰在 2 小时后截获该走私船?(角度精确到 $1°$,速度保留到小数点后的两位)

一、神秘的圆周率 π

英国数学家德摩根(De Morgan,1806—1871)说:"神秘的 3.141 59…总是无处不在,想躲都躲不掉."这个神秘的数就是圆周率.所谓圆周率是指平面上圆的周长与直径之比.古人通过测量计算,已经知道圆周率是一常数,例如,我国古算书《周髀算经》(约公元前 2 世纪)中有"经一而周三"的记载.大约在 1700 年,圆周率这一常数被记为 π,即 $\pi = \dfrac{圆的周长}{圆的直径} = 3.141\ 59\cdots$.

据史料记载,古今中外,许多伟大的思想家和科学家曾致力于圆周率 π 的计算和研究,为了这个神秘的数花去了大量的时间和心血.我国数学史家梁宗巨曾说过:"π 的研究,在一定程度上反映了这个地区或时代的数学水平."第一个用科学方法计算圆周率的科学家是叙拉古的阿基米德(Archimedes,前 287—前 212),在他的著作《圆的度量》中介绍了用圆内接和外接正多边形的周长确定圆周长的上下界,从正六边形,逐渐加倍到正 96 边形,得到 3.140 8<π<3.142 9,得出了精确到小数点后两位的 π 值,开创了计算圆周率的几何方法.值得我们自豪的是:我国古代数学家对 π 的研究在很长的时间内都处于领先地位.公元 263 年,我国数学家刘徽在注释《九章算术》中用圆内接正多边形求圆周率,得到了精确到小数点后两位的 π 值.大约在公元 400 年,我国南北朝时期的数学家祖冲之得到 3.141 592 6<π<3.141 592 7,将 π 的值精确到小数点后 7 位,并且还得到 π 的两个近似分数值,即密率 $\dfrac{355}{113}$ 和约率 $\dfrac{22}{7}$.祖冲之所得到的近似值是当时世界上最精密的圆周率,这一世界记录保持了近一千年,直到大约 1436 年才被印度科学家阿尔—喀什打破.祖冲之的杰出研究成果,不仅为我们国家争得了荣誉,也使他享有世界声誉.巴黎"发现宫"科学博物馆的墙壁上著文介绍了祖冲之的圆周率,月球上有以祖冲之命名的"祖冲之环形山".

大约在 16 世纪以后,人们研究 π 的计算已经不仅仅是为了实际计算的需要,而是要探究圆周率是否为循环小数(即 π 是有理数还是无理数),也就是说,人们开始关注 π 的性质.这一时期,人们不仅用几何方法计算 π 的值,而且开始寻找计算 π 的解析方法.例如,德国数学家鲁道夫·柯伦(Ludolph Ceulen,1540—1610)投入毕生精力,于 1610 年将 π 的值精确到小数点后 35 位,1579 年法国数学家韦达(Viète,1540—1603)给出了第一个 π 的解析式

$$\frac{2}{\pi} = \frac{\sqrt{2}}{2} \cdot \frac{\sqrt{2+\sqrt{2}}}{2} \cdot \frac{\sqrt{2+\sqrt{2+\sqrt{2}}}}{2} \cdots,$$

此后,其他形式的解析式开始陆续出现,如:

$$\frac{\pi}{2} = \frac{2 \cdot 2 \cdot 4 \cdot 4 \cdot 6 \cdot 6 \cdot 8 \cdot 8 \cdots}{1 \cdot 3 \cdot 3 \cdot 5 \cdot 5 \cdot 7 \cdot 7 \cdot 9 \cdots},$$

$$\pi = 4\left(1 - \frac{1}{3} + \frac{1}{5} - \frac{1}{7} + \frac{1}{9} - \frac{1}{11} + \cdots\right),$$

$$\frac{\pi}{4} = \cfrac{1}{1 + \cfrac{1^2}{2 + \cfrac{3^2}{2 + \cfrac{5^2}{2 + \cfrac{7^2}{2 + \cfrac{9^2}{2 + \cdots}}}}}},$$

利用这些无穷乘积式、无穷级数或无穷连分式,不用正多边形的介入,也可以计算出 π 的近似值,而且计算精确度也迅速提高.1761 年,瑞士数学家兰伯特(Lambert,1728—1777)首次证明了 π 是无理数,1882 年德国数学家林德曼(Lindemann,1852—1939)证明了 π 是超越数(即 π 不是任何有理方程的解),从此,圆周率的神秘面纱被揭开了.

进入 20 世纪,随着计算机的出现和发展,圆周率的计算突飞猛进.借助超级计算机,人们已经得到了圆周率的 2 061 亿位精度,不过,在实际应用中,圆周率 π 常取为 3.14,即使在要求精度很高的现代科技领域,π 取小数点后十几位也足够了.现在,人们对圆周率的计算更多地是为了验证计算机的计算能力.

二、你知道地球周长的最早测量方法吗?
月球又离我们有多远呢?

古希腊人很早就根据月食认识到大地(地球)是球体,但是从发现地球的形状到测量出地球的周长又经过了很长一段时间.公元前 200 年左右,希腊科学家埃拉托色尼(Eratosthenes,前 275—前 193)开始着手测量地球的周长,当时他正在埃及的亚历山大图书馆从事研究,这个图书馆是当时世界性的科学中心,这使得他有机会了解各种有关地球的研究和观察结果.当时,他得知了在埃及南部城市塞尼(Syene,位于今天的阿斯旺(Aswan)附近)可以观察到一个奇特的现象:一年中只有夏至(即现今的 6 月 22 日)这一天正午时阳光可以直接照射入深井,高大的圆柱没有影子,而他又知道,在他居住的城市——亚历山大,一年中任何一天都不会出现这种现象.经过研究,埃拉托色尼找到了一种可能解释:太阳距离地球很远,而地球本身是球体,是弯曲的,所以在不同的地方影子的方向是不同的. 根据这一推测, 他设计出一个测量地球周长的天才构想, 如图 3-31 所示, 夏至那一天, 在亚历山大可以测得的阳光的方向, 即阳光的入射角, 这个角用 θ 表示, 则

$$\frac{\theta}{360°} = \frac{亚历山大与塞尼之间的距离}{地球的周长}.$$

埃拉托色尼利用一个长而直的杆子测量 θ 的角度, 结果测得 $\theta = 8°$, 他又测得两个城市之间的距离是 4 800 斯塔德 (该单位现已不使用, 1 斯塔德等于 600 希腊尺, 即 606 英尺 9 英寸). 由于 $8°$ 是 $360°$ 的 $\frac{1}{45}$, 所以可以计算出地球的周长为

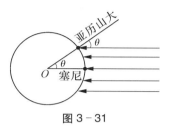

图 3-31

$$45 \times 4\,800 斯塔德 = 216\,000 斯塔德,$$

相当于 1.3 亿英尺, 把这个值换算为公里, 所得的值与我们今天所采用的地球周长 4 万公里非常接近! 埃拉托色尼通过几何学得到因太大而无法直接测量的天体的尺寸, 这是一个多么令人震惊的成就! 知道了地球的周长, 就可以知道地球的半径, 今天我们采用的地球的半径是 6 370 km.

当人们知道了地球的周长和半径后, 开始测量月球到我们的距离. 人们通过长期的观察知道, 同一时刻在不同的位置观察月球, 月球的方位是不同的, 如图 3-32 所示. 已知从地球上的 A 点看月球, 月球 M 刚好在地平线上 (即 AM 和地球半径 OA 垂直), 而同时, 从地球上的 B 点看月球, 月球 M 刚好在天顶处 (即 M 在地球半径 OB 的延长线上), 那么 $\angle M$ 就叫做月球 M 的地平视差. 从图中可以看出, $\angle M = 90° - \angle AOB$, 而 $\angle AOB$ 可以从地球上 A、B 两点的经纬度算出, 经过观察和计算得到 $\angle M = 57'$, 于是, 月球离我们的距离 OM 可以这样计算得到:

在直角三角形 OMA 中, $\sin\angle M = \dfrac{OA}{OM}$, 从而,

$$OM = \frac{OA}{\sin\angle M} = \frac{6\,370}{\sin 57'} \approx \frac{6\,370}{0.016\,58} \approx 384\,198\,(\mathrm{km}),$$

所以月球到我们的距离是 384 198 km. 从月球到地球距离的计算中可以知道, 已知一个天体的地平视差和地球的半径, 可以求出该天体到地球的距离.

练习 已知太阳的地平视差为 8.8′, 地球的半径为 6 370 km, 试求太阳到地球的距离.

复习题三

1. 判断正误:

（1）如果 α 是第二象限角,那么 $\dfrac{\alpha}{2}$ 一定是第一象限角.　　　　　（　　）

（2）$\sin 2\alpha = 2\sin \alpha$.　　　　　（　　）

（3）因为 $\sin \dfrac{5\pi}{6} = \dfrac{1}{2}$,所以 $\arcsin \dfrac{1}{2} = \dfrac{5\pi}{6}$.　　　　　（　　）

（4）如果 α 是第二象限角,那么 $\sqrt{1 - \sin^2\alpha} = -\cos \alpha$.　　　　　（　　）

2. 填空题:

（1）已知点 $P(-2, 3)$ 在角 α 的终边上,则 $\sin \alpha = $ _____ , $\cos \alpha = $ _____ , $\tan \alpha = $ _____ .

（2）在半径为 2 cm 的圆中,一扇形所对的圆心角为 $\dfrac{\pi}{7}$,则这一扇形的面积是 _____（cm^2）,所对的弧长为 _____（cm）.

（3）在区间 $[0, 2\pi]$ 上使得 $\cos \alpha < 0$ 的角的集合为 _____ .

（4）$\cos 67°\cos 37° + \sin 67°\sin 37° = $ _____ .

（5）在区间 $[0, 2\pi]$ 上,使得 $y = \sin x$ 是增函数,$y = \cos x$ 是减函数的 x 的取值区间是 _____ .

3. 选择题:

（1）如果 $\sin \alpha > 0$,$\tan \alpha < 0$,那么角 α 是（　　）.

（A）第一象限角　　　　　　（B）第二象限角

（C）第三象限角　　　　　　（D）第四象限角

（2）已知角 α 的终边与单位圆交点的横坐标是 $\dfrac{1}{2}$ 且 $0 < \alpha < 2\pi$,则角 α 等于（　　）.

（A）$\dfrac{\pi}{3}$　　　　（B）$\dfrac{5\pi}{3}$　　　　（C）$\dfrac{\pi}{6}$　　　　（D）$\dfrac{\pi}{3}$ 或 $\dfrac{5\pi}{3}$

（3）下列函数中是偶函数的是（　　）.

（A）$y = x + \arcsin x$　　　　　　（B）$y = \arctan x$

（C）$y = x^2 + \cos x$　　　　　　（D）$y = \arccos x$

（4）在区间 $[0, 2\pi]$ 上,使得 $y = \cos x$ 是增函数且 $\cos x > 0$ 的 x 的取值区间是（　　）.

（A）$\left[0, \dfrac{\pi}{2}\right)$　　（B）$\left(\dfrac{\pi}{2}, \pi\right)$　　（C）$\left(\pi, \dfrac{3\pi}{2}\right)$　　（D）$\left(\dfrac{3\pi}{2}, 2\pi\right]$

4. 已知角 α 终边在直线 $y = \dfrac{\sqrt{3}}{3}x$ 上，求 $\sin\alpha$、$\cos\alpha$、$\tan\alpha$.

5. 利用计算器计算下列各式的值（结果保留四位有效数字）：

　　（1）$\sin 5$；　　　　　　（2）$\cos 568.5°$；　　　　（3）$\tan(-1.5)$；

　　（4）$\arcsin(-0.25)$；　　（5）$\arccos 0.78$；　　　　（6）$\arctan 10.5$.

6. 计算下列各式的值：

　　（1）$2\cos^2 67.5° - 1$；

　　（2）$\tan\left[\arccos\left(-\dfrac{3}{5}\right)\right]$；

　　（3）$\sin\dfrac{25\pi}{6} + \cos\dfrac{25\pi}{3} + \tan\left(-\dfrac{25\pi}{4}\right)$.

7. （1）已知 $\cos\alpha = \dfrac{9}{41}$，求 $\sin\alpha$、$\tan\alpha$；

　　（2）已知 $\sin(\pi + \alpha) = \dfrac{3}{5}$，且 α 为第三象限角，求 $\sin\alpha$、$\tan\alpha$、$\sin 2\alpha$；

　　（3）已知 $\sin\alpha = \dfrac{4}{5}$，$\cos\beta = -\dfrac{9}{41}$，且 $0 < \alpha < \dfrac{\pi}{2}$，$\dfrac{\pi}{2} < \beta < \pi$，求 $\cos 2\alpha$、$\sin(\alpha + \beta)$、

　　　　$\tan(\alpha - \beta)$.

8. 证明：

　　（1）$\dfrac{1 + 2\sin\alpha\cos\alpha}{\sin^2\alpha - \cos^2\alpha} = \dfrac{\tan\alpha + 1}{\tan\alpha - 1}$；

　　（2）$\sin(\alpha + \beta)\sin(\alpha - \beta) = \sin^2\alpha - \sin^2\beta$.

9. 利用"五点法"，画出下列函数在一个周期内的图像：

　　（1）$y = 3\sin\left(\dfrac{1}{2}x + \dfrac{\pi}{6}\right)$；　　　　　　（2）$y = 2\cos\left(x - \dfrac{\pi}{3}\right)$.

10. 已知某交流电的电压 $u(\text{V})$ 与时间 t（秒）之间的关系为

$$u = 10\sin\left(100\pi t - \dfrac{\pi}{4}\right).$$

　　　试作出该函数在一个周期内的图像，并求出电压变化的振幅、周期、频率.

11. 求满足下列条件的角 x：

　　（1）$\sin x = 0$，$0 \leqslant x \leqslant \pi$；

　　（2）$\cos x = -\dfrac{1}{2}$，$0 < x < 2\pi$；

　　（3）$\tan x = -\dfrac{\sqrt{3}}{3}$，$-\dfrac{\pi}{2} < x < \dfrac{\pi}{2}$.

12. 根据下列条件解三角形(角度精确到 $1°$,边长精确到 0.01):

(1) $a = 16$,$b = 6$,$A = 120°$;

(2) $a = 6$,$b = 8$,$B = 50°$;

(3) $a = 12$,$b = 5$,$C = 45°$;

(4) $a = 8$,$b = 3$,$c = 7$.

13. 当甲船位于 A 处时获悉在 A 的正东方向相距20海里的 B 处有一艘海船遇险等待营救.甲船立即前往救援,同时把消息告知在甲船的南偏西 $30°$,相距10海里的 C 处的乙船,试问乙船应朝北偏东多少度的方向沿直线前往 B 处救援?(精确到 $1°$)

B 组

1. 已知 α 是第二象限角,试确定下列各角是第几象限角:

(1) 2α;   (2) $\dfrac{\alpha}{2}$.

2. 求 $\dfrac{\sqrt{1 - 2\sin 10° \cos 10°}}{\cos 10° - \cos 80°}$ 的值.

3. 已知 $\sin \alpha = \dfrac{8}{17}$,$\cos(\alpha + \beta) = \dfrac{4}{5}$,并且 α、β 均为锐角,试求 $\cos \beta$ 和角 β.(精确到 $0.1°$)

4. 台球技巧关键在于如何掌握击球所用的力度和角度.如图(a)所示,已知台球球桌长度为 3.6 m,宽度为 1.8 m,球的直径为 5.4 cm,假设有一白球刚巧在桌面的中央位置,另一粉红色的球和此白球位于同一中线上,且两球心相距 0.9 m.若想用白球把粉红色球撞入左或右的"尾袋"得分,就必须将白球从侧旁撞击粉红色球(如图(b)所示),那么,把白球击出时所需的角 φ 是多少?(精确到 $0.01°$)

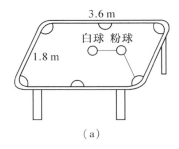

(a)

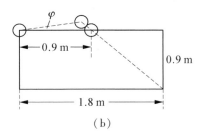

(b)

第4题图

第4章 平面向量

数学是一门非常有用的科学.

聪明在于学习,天才由于积累.

————华罗庚

在日常生活中,我们经常遇到两类不同的量.一类在取定单位后可以由一个实数完全确定,如长度、体积、时间、温度等.这种只有大小的量叫做**数量**.另外还有一类,如力、位移、速度、加速度等,它们不仅有大小还有方向,这种量就是本章要学习的**向量**.

向量是数学中的重要概念,它和数一样可以进行运算,同时向量和坐标又可以相互转化,这为我们解决许多几何、物理等方面的问题提供了很大方便.向量知识在力学、电工学等领域中也都有着重要的应用.

本章我们要学习向量的概念及其线性运算,向量的坐标表示与坐标运算,向量的数量积及向量的一些简单应用.

§4-1 向量的概念

⊙向量 ⊙向量的模 ⊙零向量 ⊙单位向量 ⊙反向量 ⊙相等向量
⊙自由向量 ⊙平行(共线)向量 ⊙向量的夹角

一、向量的概念

定义 既有大小又有方向的量叫做**向量**(或**矢量**).

几何上,规定了起点与终点,并由起点指向终点的线段叫做**有向线段**.如图4-1所示:起点为 A,终点为 B 的有向线段记作 $\overrightarrow{AB}$,线段 AB 的长度叫做有向线段 $\overrightarrow{AB}$ 的长度,记作 $|\overrightarrow{AB}|$.

图 4-1

显然,有向线段同时具备了大小、方向两个特征,可以用来表示向量:用有向线段的长度表示向量的大小、有向线段的方向代表向量的方向;有向线段的起点、终点分别叫做向量的起点、终点.起点为 A、终点为 B 的向量记做 $\overrightarrow{AB}$,也常用小写斜黑体字母 a, b, c,…来表示向量,手写时可写成 $\vec{a}$, $\vec{b}$, $\vec{c}$, ….

向量的大小叫做向量的**模**(或**长度**).向量 $\overrightarrow{AB}$ 的模记作 $|\overrightarrow{AB}|$.

模等于零的向量叫做**零向量**.记作 **0** 或 $\vec{0}$.零向量起点与终点重合,没有确定的方向.

模等于 1 的向量叫做**单位向量**.与 a 具有相同方向的单位向量叫做 a 的单位向量,常用 a^0 表示.

两个模相等,方向相反的向量叫做互为**反向量**.a 的反向量记为 $-a$.如:$\overrightarrow{AB}$ 与 $\overrightarrow{BA}$ 互为反向量.零向量的反向量仍是零向量.

如果两个向量的模相等且方向相同,这两个向量就叫做**相等向量**.a 与 b 相等,记作 $a = b$. 所有零向量均相等.

如图 4-2 所示,已知 $\square ABCD$,则 $\overrightarrow{AB} = \overrightarrow{DC}$, $\overrightarrow{AD} = \overrightarrow{BC}$.

两个向量是否相等与它们的起点无关,只由它们的模和方向决定.这种起点可以任意选取,而只由模和方向决定的向量叫做**自由向量**.本书讨论的正是这种可以任意平移的自由向量.

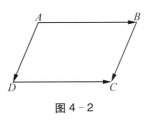

图 4-2

练习

1. 选择适当比例作出有向线段,分别表示下列向量:

　(1) 方向正北,大小为 15 m/s 的速度;

　(2) 方向正西,大小为 10 m/s 的速度;

　(3) 方向正东偏北 30°,大小为 5 m/s 的速度.

2. 判断下列说法是否正确,试说明理由:

　(1) 坐标平面上的 x 轴是向量;　　　　　　　　　　　　　　(　)

　(2) 温度有零上和零下之分,因此温度是向量;　　　　　　　(　)

　(3) $|a| = |b|$,则 $a = b$;　　　　　　　　　　　　　　　　(　)

　(4) 若 $|a| = 0$,则 $a = 0$;　　　　　　　　　　　　　　　　(　)

　(5) $|a| > |b|$,则 $a > b$.　　　　　　　　　　　　　　　　(　)

二、平行向量、向量的夹角

1. 平行向量

方向相同或相反的非零向量叫做**平行向量**(或**共线向量**).向量 a 平行于 b,记作 $a /\!/ b$.如图 4-3 所示.

规定:零向量与任何一个向量平行.

图 4 - 3

例 已知点 O 是正六边形 $ABCDEF$ 的中心(图 4 - 4).

写出:(1)与向量$\overrightarrow{AB}$相等的所有向量;

(2)向量$\overrightarrow{AB}$的所有反向量;

(3)与向量$\overrightarrow{AB}$平行的所有向量.

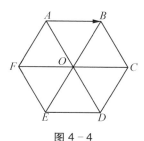

图 4 - 4

解 (1)与向量$\overrightarrow{AB}$相等的向量是:$\overrightarrow{FO}$,$\overrightarrow{OC}$,$\overrightarrow{ED}$.

(2)向量$\overrightarrow{AB}$的反向量是:$\overrightarrow{OF}$,$\overrightarrow{CO}$,$\overrightarrow{DE}$,$\overrightarrow{BA}$.

(3)与向量$\overrightarrow{AB}$平行的向量是:

$\overrightarrow{FO}$,$\overrightarrow{OC}$,$\overrightarrow{ED}$,$\overrightarrow{OF}$,$\overrightarrow{CO}$,$\overrightarrow{DE}$,$\overrightarrow{BA}$,$\overrightarrow{FC}$,$\overrightarrow{CF}$.

2. 向量的夹角

如图 4 - 5 所示,设 a,b 是两个非零向量,点 O 是平面内任一点,作 $\overrightarrow{OA} = a$,$\overrightarrow{OB} = b$,射线 OA 和 OB 所夹的介于 0 至 π 之间的角规定为向量 a 与 b 的**夹角**.记作$\angle(a,b)$.

因此,如果 a 与 b 同向,则 $\angle(a,b) = 0$;如果 a 与 b 反向,则 $\angle(a,b) = \pi$;如果 a 与 b 不平行,则 $0 < \angle(a,b) < \pi$.

当 $\angle(a,b) = \dfrac{\pi}{2}$ 时,就说 a 与 b **垂直**,记作 $a \perp b$.

a b

A

O $\theta = \angle(a,b)$

B

图 4 - 5

§4 - 1 微课视频

练习

1. 判断正误:

(1) $a /\!/ b$ 且 $|a| = |b|$,则 $a = b$. ( )

(2) $\overrightarrow{AB} /\!/ \overrightarrow{BC}$,则点 A、B、C 共线. ( )

(3) $\overrightarrow{AB}$ 与 $\overrightarrow{CD}$ 共线,则点 A、B、C、D 共线. ( )

2. $\square ABCD$ 中,对角线 AC 与 BD 的交点是 O.分别写出:

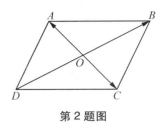

（1）与向量$\overrightarrow{OA}$相等的所有向量；

（2）向量$\overrightarrow{OB}$的所有反向量；

（3）与向量$\overrightarrow{OC}$平行的所有向量.

第 2 题图

习题 4−1

A 组

1. 下面给出的是向量还是数量？试说明理由：

（1）车票的价格；

（2）河水的流速；

（3）从北京到上海的航空路线；

（4）世界的人口数.

2. 作出长度为$\sqrt{2}$，向北偏东 45° 的向量，再作它的反向量.

3. 下列情形中，向量的终点各构成什么图形？

（1）把坐标平面上一切单位向量的起点都固定在原点 O 处；

（2）把平行于直线 l 的一切单位向量的起点都固定在该直线上的某一定点 P 处；

（3）把平行于直线 l 的一切向量的起点都固定在该直线上的某一定点 M 处.

4. 如图所示，$\triangle ABE$、$\triangle BCD$、$\triangle BDE$ 是三个全等的等边三角形，分别写出：

（1）与向量$\overrightarrow{AB}$相等的所有向量；

（2）向量$\overrightarrow{AB}$的所有反向量；

（3）与向量$\overrightarrow{AB}$平行的所有向量.

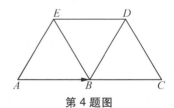

第 4 题图

B 组

1. 一辆汽车从 A 地出发，向东行驶 20 km，到达 B 点，然后改变方向，向北偏东 40° 行驶 40 km，到达 C 点，最后改变方向，向西行驶 20 km 到达 D 点.

（1）作出向量$\overrightarrow{AB}$、$\overrightarrow{BC}$、$\overrightarrow{CD}$；　　　　（2）求$\overrightarrow{AD}$.

2. 分别以图中各点为起点、终点，最多可以写出几个互不相等的非零向量：

（1）设 B 是线段 AC 的中点；

（2）设 B、C 是线段 AD 的三等分点.

第 2（1）题图　　　　　第 2（2）题图

§4-2　向量的线性运算

⊙向量的加法　⊙三角形法则　⊙平行四边形法则　⊙向量的减法　⊙数乘向量　⊙向量共线的充要条件

一、向量的加法

一质点接连作两次位移 $\overrightarrow{AB}$ 和 $\overrightarrow{BC}$，其结果等于作了位移 $\overrightarrow{AC}$，称 $\overrightarrow{AC}$ 是 $\overrightarrow{AB}$ 与 $\overrightarrow{BC}$ 的和.如图 4-6 所示.

> **定义 1**　已知向量 $\boldsymbol{a}$、$\boldsymbol{b}$，在平面内任取一点 A 为起点，作 $\overrightarrow{AB} = \boldsymbol{a}$，$\overrightarrow{BC} = \boldsymbol{b}$，则向量 $\overrightarrow{AC} = \boldsymbol{c}$，就是 $\boldsymbol{a}$、$\boldsymbol{b}$ 之和，记作 $\overrightarrow{AC} = \overrightarrow{AB} + \overrightarrow{BC}$ 或 $\boldsymbol{c} = \boldsymbol{a} + \boldsymbol{b}$.（如图 4-6 所示）

求向量和的运算叫做**向量的加法**.上述求两个向量和的方法叫做**三角形法则**.

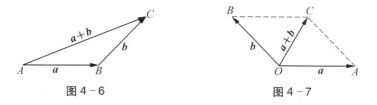

图 4-6　　　　　　图 4-7

求向量和还有另一种方法：如图 4-7 所示，在平面内任取一点 O 为起点，作 $\overrightarrow{OA} = \boldsymbol{a}$，$\overrightarrow{OB} = \boldsymbol{b}$，以 OA、OB 为邻边作 $\square OACB$，对角线上的向量 $\overrightarrow{OC} = \boldsymbol{c}$，就是 $\boldsymbol{a}$、$\boldsymbol{b}$ 之和.这种求两个向量和的方法叫做**平行四边形法则**.

对任意的向量 $\boldsymbol{a}$ 有结论：

$$\boldsymbol{a} + (-\boldsymbol{a}) = (-\boldsymbol{a}) + \boldsymbol{a} = \boldsymbol{0}; \qquad \boldsymbol{a} + \boldsymbol{0} = \boldsymbol{0} + \boldsymbol{a} = \boldsymbol{a}.$$

如图 4-8 所示，容易验证向量加法满足：

（1）交换律　$\boldsymbol{a} + \boldsymbol{b} = \boldsymbol{b} + \boldsymbol{a}$；

（2）结合律　$(\boldsymbol{a} + \boldsymbol{b}) + \boldsymbol{c} = \boldsymbol{a} + (\boldsymbol{b} + \boldsymbol{c})$.

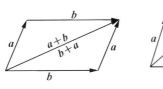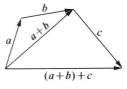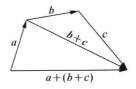

图 4–8

例1 如图 4–9 所示,已知一艘船在静水中航行的速度是 $4\sqrt{3}$ km/h.假设该船从 O 点出发,向垂直于对岸的方向行驶,同时河水流速是 4 km/h.求船实际航行速度的大小与方向(用与流速间的夹角表示).

解 设 $\overrightarrow{OA}$ 表示船向垂直于对岸方向行驶的速度,$\overrightarrow{OB}$ 表示河水的流速,则 $\overrightarrow{OC}$ 表示船实际航行的速度.

$$|\overrightarrow{OC}| = \sqrt{|\overrightarrow{OA}|^2 + |\overrightarrow{OB}|^2} = \sqrt{(4\sqrt{3})^2 + 4^2} = 8(\text{km/h}),$$

$$\tan\angle COB = \frac{|\overrightarrow{BC}|}{|\overrightarrow{OB}|} = \frac{|\overrightarrow{OA}|}{|\overrightarrow{OB}|} = \sqrt{3}, \quad 即 \angle COB = \frac{\pi}{3}.$$

图 4–9

因此,船实际航速为 8 km/h,行驶方向与水流方向的夹角为 $\frac{\pi}{3}$ 弧度.

例2 如图 4–10 所示,试用三角形法则作 $\boldsymbol{a} + \boldsymbol{b} + \boldsymbol{c}$.

图 4–10

解 任取一点 O 为起点,作 $\overrightarrow{OA} = \boldsymbol{a}$,以 $\boldsymbol{a}$ 的终点 A 为起点,作 $\overrightarrow{AB} = \boldsymbol{b}$,以 $\boldsymbol{b}$ 的终点 B 为起点,作 $\overrightarrow{BC} = \boldsymbol{c}$.则由第一个向量 $\boldsymbol{a}$ 的起点指向最后一个向量 $\boldsymbol{c}$ 的终点的向量 $\overrightarrow{OC}$ 就是它们的和向量,即 $\overrightarrow{OC} = \boldsymbol{a} + \boldsymbol{b} + \boldsymbol{c}$.

练习

1. 如图所示,已知 $\boldsymbol{a}$、$\boldsymbol{b}$,用向量加法的三角形法则作出 $\boldsymbol{a} + \boldsymbol{b}$.

第 1 题图

2. 如上面第 1 题图 (a)、(b) 所示,用向量加法的平行四边形法则作出 $a+b$.

3. 若 $a \parallel b$,问可用平行四边形法则作 $a+b$ 吗?为什么?

4. 根据图示填空:

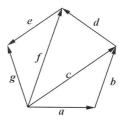

(1) $a+b =$ _____;

(2) $c+d =$ _____;

(3) $a+b+d =$ _____;

(4) $c+d+e =$ _____.

第 4 题图

二、向量的减法

> **定义 2** 如果 $b+c=a$,那么把 c 叫做 a 与 b 的差,记作 $c = a - b$,其中 a 叫做被减向量,b 叫做减向量,求两个向量差的运算,叫做**向量的减法**.

如图 4-11 所示,在平面上任取一点 O,作 $\overrightarrow{OA} = a$,$\overrightarrow{OB} = b$,由向量加法的三角形法则有 $\overrightarrow{OB} + \overrightarrow{BA} = \overrightarrow{OA}$,据向量减法的定义,$\overrightarrow{BA} = \overrightarrow{OA} - \overrightarrow{OB} = a - b$,即当减向量 b 和被减向量 a 位于同一起点时,**差向量就是减向量 b 的终点指向被减向量 a 的终点的向量**.

图 4-11

如果 $c = a - b$,则 $b + c = a$,等式两边同时加 b 的反向量,得 $(b+c) + (-b) = a + (-b)$,$c = a + (-b)$,

即

$$a - b = a + (-b).$$

这说明:**减去一个向量等于加上这个向量的反向量**.

另外,$-b$ 的反向量是 b,$a - (-b) = a + b$,从而有:加上一个向量等于减去这个向量的反向量.

　　由上述结论可以推出向量等式的移项方法:在一个向量等式中,将某个向量移到等号的另一端,只需改变它的符号即可.

　　例如,若 $a + b + c = d$,则 $a + b = d - c$;

　　若 $b = a - x$,则 $x = a - b$.

　　例3　　如图 4-12 所示,在 $\square ABCD$ 中,$\overrightarrow{AB} = a$,$\overrightarrow{AD} = b$,用 a、b 表示 $\overrightarrow{AC}$、$\overrightarrow{DB}$.

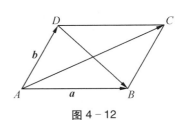

图 4-12

　　解　　由向量加法的平行四边形法则可知:

$$\overrightarrow{AC} = \overrightarrow{AB} + \overrightarrow{AD} = a + b;$$

　　由向量减法的法则可知:

$$\overrightarrow{DB} = \overrightarrow{AB} - \overrightarrow{AD} = a - b.$$

　　例4　　如果两个力的合力与其中一个力大小相等且垂直,求另一个力.

　　解　　如图 4-13 所示,在平面内任取一点 O,作 $\overrightarrow{OA}$ 为两个力的合力,作 $\overrightarrow{OB} \perp \overrightarrow{OA}$ 且 $|\overrightarrow{OB}| = |\overrightarrow{OA}|$,则所求的另一个力为: $\overrightarrow{BA} = \overrightarrow{OA} - \overrightarrow{OB}$.

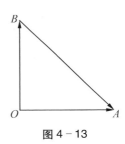

图 4-13

　　练习

　　1. 填空:

　　$\overrightarrow{AB} - \overrightarrow{AC} = $ ＿＿＿＿＿;　$\overrightarrow{BA} - \overrightarrow{BC} = $ ＿＿＿＿＿;　$\overrightarrow{OC} - \overrightarrow{OB} = $ ＿＿＿＿＿.

　　2. 如图所示,已知 a、b,求作 $a-b$.

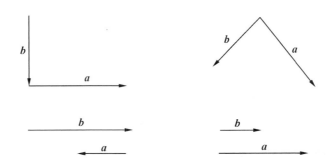

第 2 题图

三、数乘向量

1. 数与向量相乘

> **定义 3** 实数 λ 与向量 $\boldsymbol{a}$ 相乘是一个向量,记作 $\lambda\boldsymbol{a}$,它的模规定为 $|\lambda\boldsymbol{a}| = |\lambda||\boldsymbol{a}|$,方向规定为:
>
> (1) $\lambda > 0$ 时,与 $\boldsymbol{a}$ 同方向;
>
> (2) $\lambda < 0$ 时,与 $\boldsymbol{a}$ 反方向;
>
> $\lambda = 0$ 时,规定 $\lambda\boldsymbol{a} = \boldsymbol{0}$.

由上述定义,易知:

$$0\boldsymbol{a} = \boldsymbol{0}; \qquad \lambda\boldsymbol{0} = \boldsymbol{0}; \qquad 1\boldsymbol{a} = \boldsymbol{a}; \qquad (-1)\boldsymbol{a} = -\boldsymbol{a}.$$

数与向量相乘也叫做**数乘向量**.可以验证,对任意实数 λ、μ,数乘向量满足以下运算律:

(1) $\lambda(\mu\boldsymbol{a}) = (\lambda\mu)\boldsymbol{a}$;

(2) $(\lambda + \mu)\boldsymbol{a} = \lambda\boldsymbol{a} + \mu\boldsymbol{a}$;

(3) $\lambda(\boldsymbol{a} + \boldsymbol{b}) = \lambda\boldsymbol{a} + \lambda\boldsymbol{b}$.

通过上面的讨论可知,向量的加、减、数乘运算,可以像多项式那样进行.向量的这三种运算总称为向量的**线性运算**(或**初等运算**).

例 5 计算:

(1) $(-2) \times 3\boldsymbol{a}$;

(2) $5(\boldsymbol{a} + 3\boldsymbol{b}) - 2(2\boldsymbol{a} - \boldsymbol{b}) - \boldsymbol{a}$.

解 (1) 原式 $= [(-2) \times 3]\boldsymbol{a} = -6\boldsymbol{a}$;

(2) 原式 $= 5\boldsymbol{a} + 15\boldsymbol{b} - 4\boldsymbol{a} + 2\boldsymbol{b} - \boldsymbol{a} = 17\boldsymbol{b}$.

例 6 设 AM 是 $\triangle ABC$ 的中线,求证:

$$\overrightarrow{AM} = \frac{1}{2}(\overrightarrow{AB} + \overrightarrow{AC}).$$

证 如图 $4-14$ 所示,一方面 $\overrightarrow{AM} = \overrightarrow{AB} + \overrightarrow{BM}$,另一方面 $\overrightarrow{AM} = \overrightarrow{AC} + \overrightarrow{CM}$,两式相加得

$$2\overrightarrow{AM} = (\overrightarrow{AB} + \overrightarrow{BM}) + (\overrightarrow{AC} + \overrightarrow{CM})$$
$$= (\overrightarrow{AB} + \overrightarrow{AC}) + (\overrightarrow{BM} + \overrightarrow{CM}).$$

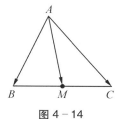

图 $4-14$

因为 M 是 BC 的中点,所以 $\overrightarrow{BM} + \overrightarrow{CM} = \boldsymbol{0}$,于是

$$\overrightarrow{AM} = \frac{1}{2}(\overrightarrow{AB} + \overrightarrow{AC}).$$

若非零向量 a 的单位向量为 a^0,则下面的等式成立.

$$a = |a| a^0; \qquad a^0 = \frac{a}{|a|}.$$

2. 与非零向量共线的充要条件

如果 $b = \lambda a$, $a \neq 0$, λ 为实数,由向量的数乘定义,b 与 a 或者同方向,或者反方向,或者 $b = 0$, 总之 b 与 a 共线.

反过来,如果 b 与非零向量 a 共线,是否一定有唯一确定的实数 λ,使得 $b = \lambda a$ 呢? 事实上,若 $b = 0$,有唯一确定的实数 $\lambda = 0$;若 $b \neq 0$:

(1) 当 b 与 a 同向时, $b = |b| a^0 = \dfrac{|b|}{|a|} a$, 即有 $\lambda = \dfrac{|b|}{|a|}$;

(2) 当 b 与 a 反向时, $b = |b|(-a^0) = -\dfrac{|b|}{|a|} a$, 即有 $\lambda = -\dfrac{|b|}{|a|}$.

这样就得到如下定理:

> **定理** 向量 b 与非零向量 a 共线的充要条件是:有且只有一个实数 λ,使得 $b = \lambda a$.

如图 $4-15$ 所示,在 Ox 轴上,与坐标轴同向的单位向量记为 e,对数轴上任意一点 P,以原点 O 为起点,P 为终点的向量 $\overrightarrow{OP}$ 与 e 共线,所以存在唯一的实数 x,使得 $\overrightarrow{OP} = xe$.事实上,这里的 x 就是点 P 在 Ox 轴上的坐标.

例如:点 M 坐标为 -2,则 $\overrightarrow{OM} = -2e$.

图 $4-15$

练习

1. 如图,已知向量 a,作向量 $2a$、$-3a$.

第 1 题图　　　　　　　　第 2 题图

2. 如图,点 B、C 是线段 AD 的三等分点,在横线上填适当的数:

$\overrightarrow{AD}=$ _____ $\overrightarrow{AB}$；$\overrightarrow{CA}=$ _____ $\overrightarrow{AB}$；$\overrightarrow{DC}=$ _____ $\overrightarrow{AB}$.

3. 化简下列各式：

（1）$2(3\boldsymbol{a}+\boldsymbol{b})-3(\boldsymbol{a}-\boldsymbol{b})$；

（2）$\dfrac{1}{2}(\boldsymbol{a}+2\boldsymbol{b}+3\boldsymbol{c})-\dfrac{3}{2}(2\boldsymbol{a}+\boldsymbol{b}+\boldsymbol{c})$.

§4-2　微课视频

习题 4-2

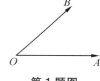

A 组

1. 如图所示，已知向量$\overrightarrow{OA}$、$\overrightarrow{OB}$，求作向量：

（1）$\overrightarrow{OM}=\dfrac{1}{2}(\overrightarrow{OA}+\overrightarrow{OB})$；

（2）$\overrightarrow{ON}=\dfrac{1}{2}(\overrightarrow{OA}-\overrightarrow{OB})$；

（3）$\overrightarrow{OG}=2\overrightarrow{OA}+3\overrightarrow{OB}$.

第 1 题图

2. 已知$|\boldsymbol{a}|=1$，$|\boldsymbol{b}|=2$，$\angle(\boldsymbol{a},\boldsymbol{b})=60°$，作出向量$\boldsymbol{a}+\boldsymbol{b}$ 和 $\boldsymbol{a}-\boldsymbol{b}$.

3. 船向正北开，水向正西流；两小时后，船已向北偏西30°行 30 海里，问水的流速、船在静水中的速度、船实际航行的速度各是多少？

4. 已知▱$ABCD$ 中，两条对角线交于点O，设$\overrightarrow{OA}=\boldsymbol{a}$，$\overrightarrow{OB}=\boldsymbol{b}$，试用 $\boldsymbol{a}$、$\boldsymbol{b}$ 表示$\overrightarrow{OC}$、$\overrightarrow{AB}$、$\overrightarrow{BC}$.

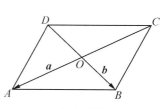

第 4 题图

5. 判断下列各小题中，两个向量是否共线：

（1）$-2\boldsymbol{a}$，$2\boldsymbol{a}$；

（2）$\boldsymbol{a}-\boldsymbol{b}$，$-2\boldsymbol{a}+2\boldsymbol{b}$；

（3）$4\boldsymbol{a}-3\boldsymbol{b}$，$3\boldsymbol{a}-2\boldsymbol{b}$ 且 $\boldsymbol{a}$ 与 $\boldsymbol{b}$ 不共线；

（4）$\boldsymbol{a}+\boldsymbol{b}$，$3\boldsymbol{a}-2\boldsymbol{b}$ 且 $\boldsymbol{a}$ 与 $\boldsymbol{b}$ 共线.

6. 化简下列各式：

（1）$3(5\boldsymbol{a}-2\boldsymbol{b})+4(3\boldsymbol{b}-2\boldsymbol{a})$；

（2）$\dfrac{1}{4}(\boldsymbol{a}-\boldsymbol{b})-\dfrac{1}{2}(2\boldsymbol{a}+\boldsymbol{b})+\dfrac{1}{3}(3\boldsymbol{a}-2\boldsymbol{b})$；

（3）$3(\boldsymbol{a}-\boldsymbol{b}+3\boldsymbol{c})-4(-\boldsymbol{a}+2\boldsymbol{b}-\boldsymbol{c})$；

（4）$(x+y)(\boldsymbol{a}+\boldsymbol{b})-(y-x)(\boldsymbol{a}-\boldsymbol{b})$.

7. 化简下列各式：

（1）$\overrightarrow{OP} + \overrightarrow{PQ} + \overrightarrow{QO}$；

（2）$\overrightarrow{OA} + \overrightarrow{OB} + \overrightarrow{CO} + \overrightarrow{BO}$；

（3）$\overrightarrow{AB} + \overrightarrow{BC} + \overrightarrow{DA} - \overrightarrow{DC}$；

（4）$\overrightarrow{MN} - \overrightarrow{MQ} - \overrightarrow{QP}$．

B　组

1. 已知 $\boldsymbol{a} // \boldsymbol{b}$，$\boldsymbol{b} // \boldsymbol{c}$，问 $\boldsymbol{a} // \boldsymbol{c}$ 是否一定成立？

2. 已知 A、B、C、D 四点共在一个平面上，且 $\overrightarrow{AB} // \overrightarrow{CD}$，问 $\overrightarrow{AC}$、$\overrightarrow{BD}$ 是否平行？

3. 设 $\boldsymbol{a}$ 与 $\boldsymbol{b}$ 是两个不共线的向量，画图用向量的加法或减法法则验证下列等式：

（1）$(\boldsymbol{a} + \boldsymbol{b}) + (\boldsymbol{a} - \boldsymbol{b}) = 2\boldsymbol{a}$；　　　　（2）$(\boldsymbol{a} + \boldsymbol{b}) - (\boldsymbol{a} - \boldsymbol{b}) = 2\boldsymbol{b}$；

（3）$\dfrac{\boldsymbol{a}}{2} + \dfrac{\boldsymbol{b}}{2} = \dfrac{1}{2}(\boldsymbol{a} + \boldsymbol{b})$；　　　（4）$\boldsymbol{a} + \dfrac{\boldsymbol{b} - \boldsymbol{a}}{2} = \dfrac{\boldsymbol{a} + \boldsymbol{b}}{2}$．

§4-3　向量的坐标运算

⊙位置向量　⊙向量的坐标　⊙坐标线性运算　⊙向量平行的坐标表示
⊙模的计算公式　⊙定比分点公式　⊙中点公式

　　向量法的优点在于较为直观,但向量的运算不如数的运算简洁.给向量引进坐标,向量运算就转化为数的运算,使向量的计算与应用更为方便.

一、直角坐标系下向量的坐标及其运算

1. 向量的坐标

　　如图 4-16 所示,在平面直角坐标系 Oxy 中,以原点 O 为起点,以平面内任意一点 P 为终点的向量 $\overrightarrow{OP}$,叫做点 P 的**位置向量**（或**径矢**）.显然,点 P 与位置向量 $\overrightarrow{OP}$ 互相唯一确定.

　　如图 4-17 所示,在直角坐标系 Oxy 中,分别取与 x 轴、y 轴同向的单位向量 $\boldsymbol{i}$、$\boldsymbol{j}$,则位置向量 $\overrightarrow{OP}$ 可唯一地表示成 $\overrightarrow{OP} = x\boldsymbol{i} + y\boldsymbol{j}$.

　　事实上,过点 P 作 $PM \perp x$ 轴,垂足为 M,则 M 在 x 轴上有唯一确定的坐标 x,使得 $\overrightarrow{OM} = x\boldsymbol{i}$;作 $PN \perp y$ 轴,垂足为 N,则 N 在 y 轴上有唯一确定的坐标 y,使得 $\overrightarrow{ON} = y\boldsymbol{j}$. 由向量加法的平行四边形法则,得

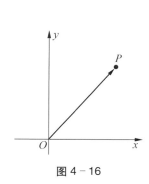

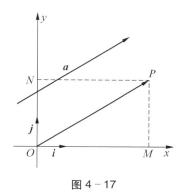

图 4 - 16   图 4 - 17

$$\overrightarrow{OP} = \overrightarrow{OM} + \overrightarrow{ON} = x\boldsymbol{i} + y\boldsymbol{j}.$$

对于 Oxy 坐标系,互相垂直的单位向量 $\boldsymbol{i}$、$\boldsymbol{j}$ 称为坐标平面 Oxy 的**基本向量**或**基向量**或**坐标向量**.对坐标平面内的任一向量 $\boldsymbol{a}$,如图 4 - 17 所示,如果 $\boldsymbol{a} = \overrightarrow{OP} = x\boldsymbol{i} + y\boldsymbol{j}$,则称有序实数对 (x, y) 是**向量 $\boldsymbol{a}$ 的坐标**,记为 $\boldsymbol{a} = (x, y)$. 其中 x 叫做 $\boldsymbol{a}$ 在 $\boldsymbol{x}$ 轴上的坐标分量,y 叫做 $\boldsymbol{a}$ 在 $\boldsymbol{y}$ 轴上的坐标分量.

显然,位置向量 $\overrightarrow{OP}$ 的坐标就是点 P 的坐标.

容易知道,$\boldsymbol{i} = (1, 0)$,$\boldsymbol{j} = (0, 1)$,$\boldsymbol{0} = (0, 0)$.

例 1 已知 $\boldsymbol{a} = (3, -2)$,$\boldsymbol{b} = (-2, -1)$,试在坐标平面 Oxy 内作出向量 $\boldsymbol{a}$、$\boldsymbol{b}$.

解 如图 4 - 18 所示,描点 $A(3, -2)$、$B(-2, -1)$,作向量 $\overrightarrow{OA}$、$\overrightarrow{OB}$,则 $\overrightarrow{OA} = \boldsymbol{a}$,$\overrightarrow{OB} = \boldsymbol{b}$.

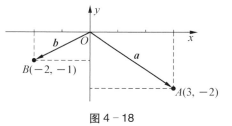

图 4 - 18

2. 向量的坐标线性运算

设 $\boldsymbol{a} = (x_1, y_1)$,$\boldsymbol{b} = (x_2, y_2)$,则

(1) $\boldsymbol{a} + \boldsymbol{b} = (x_1, y_1) + (x_2, y_2) = (x_1\boldsymbol{i} + y_1\boldsymbol{j}) + (x_2\boldsymbol{i} + y_2\boldsymbol{j})$

$\qquad = (x_1 + x_2)\boldsymbol{i} + (y_1 + y_2)\boldsymbol{j} = (x_1 + x_2, y_1 + y_2).$

(2) $\boldsymbol{a} - \boldsymbol{b} = (x_1, y_1) - (x_2, y_2) = (x_1\boldsymbol{i} + y_1\boldsymbol{j}) - (x_2\boldsymbol{i} + y_2\boldsymbol{j})$

$\qquad = (x_1 - x_2)\boldsymbol{i} + (y_1 - y_2)\boldsymbol{j} = (x_1 - x_2, y_1 - y_2).$

(3) $\lambda\boldsymbol{a} = \lambda (x_1, y_1) = \lambda(x_1\boldsymbol{i} + y_1\boldsymbol{j}) = \lambda x_1\boldsymbol{i} + \lambda y_1\boldsymbol{j}$

$\qquad = (\lambda x_1, \lambda y_1).$

即

$$设 \boldsymbol{a} = (x_1, y_1), \boldsymbol{b} = (x_2, y_2), \lambda \in \mathbf{R}, 则$$
$$\boldsymbol{a} + \boldsymbol{b} = (x_1 + x_2, y_1 + y_2);$$
$$\boldsymbol{a} - \boldsymbol{b} = (x_1 - x_2, y_1 - y_2);$$
$$\lambda \boldsymbol{a} = (\lambda x_1, \lambda y_1).$$

这样就得到结论:

两个向量之和(差)的坐标,等于它们对应坐标分量的和(差);数乘向量的坐标等于数与对应坐标分量的积.

例2 已知 $\boldsymbol{a} = (3, -4)$,$\boldsymbol{b} = (-2, 6)$,求:$\boldsymbol{a} + \boldsymbol{b}$、$\boldsymbol{a} - \boldsymbol{b}$、$3\boldsymbol{a} + 2\boldsymbol{b}$.

解
$$\boldsymbol{a} + \boldsymbol{b} = (3, -4) + (-2, 6) = (3 - 2, -4 + 6) = (1, 2);$$
$$\boldsymbol{a} - \boldsymbol{b} = (3, -4) - (-2, 6) = (3 + 2, -4 - 6) = (5, -10);$$
$$3\boldsymbol{a} + 2\boldsymbol{b} = 3(3, -4) + 2(-2, 6) = (9, -12) + (-4, 12) = (5, 0).$$

3. 向量 $\overrightarrow{AB}$ 的坐标表示

如图 $4-19$ 所示,设 $\overrightarrow{AB}$ 是坐标平面 Oxy 上的任意向量,如果 A、B 的坐标分别为 (x_1, y_1)、(x_2, y_2),那么

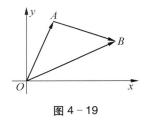

图 $4-19$

$$\overrightarrow{OA} = (x_1, y_1) = x_1\boldsymbol{i} + y_1\boldsymbol{j},$$
$$\overrightarrow{OB} = (x_2, y_2) = x_2\boldsymbol{i} + y_2\boldsymbol{j},$$
$$\overrightarrow{AB} = \overrightarrow{OB} - \overrightarrow{OA} = (x_2\boldsymbol{i} + y_2\boldsymbol{j}) - (x_1\boldsymbol{i} + y_1\boldsymbol{j})$$
$$= (x_2 - x_1)\boldsymbol{i} + (y_2 - y_1)\boldsymbol{j} = (x_2 - x_1, y_2 - y_1),$$

即

$$\overrightarrow{AB} = (x_2 - x_1, y_2 - y_1).$$

这就是说:**向量 $\overrightarrow{AB}$ 的坐标等于它终点的坐标减去起点的坐标.**

例3 已知点 $A(2, 7)$、$B(5, 0)$,求 $\overrightarrow{AB}$、$\overrightarrow{BA}$ 和 $\dfrac{1}{2}\overrightarrow{AB}$ 的坐标.

解
$$\overrightarrow{AB} = (5 - 2, 0 - 7) = (3, -7);$$
$$\overrightarrow{BA} = (2 - 5, 7 - 0) = (-3, 7);$$

$$\frac{1}{2}\overrightarrow{AB} = \frac{1}{2}(3, -7) = \left(\frac{3}{2}, -\frac{7}{2}\right).$$

例 4　已知 $\Box ABCD$，如果 $\overrightarrow{AC} = (2, -3)$，$\overrightarrow{BD} = (6, 5)$．求 $\overrightarrow{AB}$、$\overrightarrow{BC}$、$\overrightarrow{CD}$、$\overrightarrow{DA}$ 的坐标．

解　如图 4 - 20 所示，设对角线 AC 与 BD 交于点 O，因为对角线 AC、BD 互相平分，所以

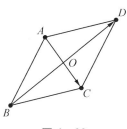

图 4 - 20

$$\overrightarrow{AB} = \overrightarrow{OB} - \overrightarrow{OA} = \left(-\frac{1}{2}\overrightarrow{BD}\right) - \left(-\frac{1}{2}\overrightarrow{AC}\right)$$

$$= -\frac{1}{2}(\overrightarrow{BD} - \overrightarrow{AC}) = -\frac{1}{2}(6 - 2, 5 + 3) = (-2, -4),$$

$$\overrightarrow{BC} = \overrightarrow{OC} - \overrightarrow{OB} = \frac{1}{2}\overrightarrow{AC} - \left(-\frac{1}{2}\overrightarrow{BD}\right)$$

$$= \frac{1}{2}(\overrightarrow{AC} + \overrightarrow{BD}) = \frac{1}{2}(2 + 6, -3 + 5) = (4, 1),$$

$$\overrightarrow{CD} = -\overrightarrow{AB} = (2, 4), \quad \overrightarrow{DA} = -\overrightarrow{BC} = (-4, -1).$$

练习

1. 已知向量 $\boldsymbol{a}$、$\boldsymbol{b}$ 的坐标，求 $\boldsymbol{a}+\boldsymbol{b}$、$\boldsymbol{a}-\boldsymbol{b}$、$2\boldsymbol{b}$ 的坐标.

 （1）$\boldsymbol{a} = (-2, 4)$、$\boldsymbol{b} = (5, 2)$；

 （2）$\boldsymbol{a} = (4, 3)$、$\boldsymbol{b} = (-3, 8)$；

 （3）$\boldsymbol{a} = (-2, 0)$、$\boldsymbol{b} = (0, 3)$.

2. 已知 $\boldsymbol{a} = (3, 1)$、$\boldsymbol{b} = (0, -1)$，求 $-2\boldsymbol{a}+4\boldsymbol{b}$、$4\boldsymbol{a}+3\boldsymbol{b}$ 的坐标.

3. 已知两点 A、B 的坐标，求 $\overrightarrow{AB}$、$\overrightarrow{BA}$ 的坐标.

 （1）$A(-3, -4)$、$B(5, 6)$；　　　　　　（2）$A(0, 3)$、$B(-7, -2)$.

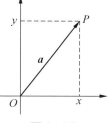

图 4 - 21

二、模的计算、平行的坐标表示

1. 向量模的计算公式

如图 4 - 21 所示，设向量 $\boldsymbol{a} = x\boldsymbol{i} + y\boldsymbol{j} = (x, y)$，作 $\overrightarrow{OP} = \boldsymbol{a} = (x, y)$，则 $|\overrightarrow{OP}| = \sqrt{x^2 + y^2}$，即

$$|\boldsymbol{a}| = \sqrt{x^2 + y^2}. \tag{4-1}$$

这就是**向量模的坐标计算公式**.

例 5 已知 $a = (3, -4)$，求 $|a|$.

解
$$|a| = \sqrt{3^2 + (-4)^2} = 5.$$

例 6 已知点 $A(2, 3)$、$B(-1, 4)$，求 $\overrightarrow{AB}$、$|\overrightarrow{AB}|$.

解
$$\overrightarrow{AB} = (-1 - 2, 4 - 3) = (-3, 1);$$
$$|\overrightarrow{AB}| = \sqrt{(-3)^2 + 1^2} = \sqrt{10}.$$

一般地，设坐标平面内点 A、B 的坐标分别为 (x_1, y_1)、(x_2, y_2)，则

$$\overrightarrow{AB} = (x_2 - x_1, y_2 - y_1),$$

$$|\overrightarrow{AB}| = \sqrt{(x_2 - x_1)^2 + (y_2 - y_1)^2}.$$

该公式是**向量 $\overrightarrow{AB}$ 模的计算公式**，也是平面内 A、B **两点间的距离公式**.

例 7 已知作用在坐标原点 O 处的三个力 $F_1 = (3, 4)$、$F_2 = (-7, 5)$、$F_3 = (0, -1)$.求作用在原点的合力 F 的坐标及 $|F|$.

解 $F = F_1 + F_2 + F_3$
$$= (3 - 7 + 0, 4 + 5 - 1) = (-4, 8);$$
$$|F| = \sqrt{(-4)^2 + 8^2} = 4\sqrt{5};$$

即合力 F 的坐标为 $(-4, 8)$，$|F|$ 是 $4\sqrt{5}$.

2. 两向量相等的坐标表示

设 a，b 是两个相等向量，当 b 的始点叠合在 a 的始点上时，它们的终点也将叠合在一起，因而向量 a 和 b 有相同的坐标；反过来，有相同坐标的两个向量当然相等.

如果 $a = (x_1, y_1)$，$b = (x_2, y_2)$，则

$$a = b \Leftrightarrow x_1 = x_2 \text{ 且 } y_1 = y_2.$$

例 8 设 $a = (x, 4)$，$b = (6, 2y-x)$ 且 $a = b$，求 x、y.

解 由 $a = b$，得方程组

$$\begin{cases} x = 6, \\ 2y - x = 4, \end{cases} \quad \text{即} \begin{cases} x = 6, \\ y = 5. \end{cases}$$

3. 两向量平行的坐标表示

设 $\boldsymbol{a} = (x_1, y_1)$，$\boldsymbol{b} = (x_2, y_2)$，$\boldsymbol{b} \neq \boldsymbol{0}$，且 $\boldsymbol{a} \parallel \boldsymbol{b}$，根据 $\boldsymbol{a} \parallel \boldsymbol{b}(\boldsymbol{b} \neq \boldsymbol{0})$ 的充要条件，得 $(x_1, y_1) = \lambda(x_2, y_2) = (\lambda x_2, \lambda y_2)$，

即 $$x_1 = \lambda x_2, \quad y_1 = \lambda y_2.$$

这就得到：

$$\boldsymbol{a} \parallel \boldsymbol{b}(\boldsymbol{b} \neq \boldsymbol{0}) \Leftrightarrow x_1 : x_2 = y_1 : y_2. \text{（其中 } x_2 \neq 0, y_2 \neq 0）$$

即 $\boldsymbol{a} \parallel \boldsymbol{b}(\boldsymbol{b} \neq \boldsymbol{0})$ **的充要条件是它们的对应坐标成比例.**

例9 已知 $\boldsymbol{a} = (3, 2)$，$\boldsymbol{b} = (-6, y)$，且 $\boldsymbol{a} \parallel \boldsymbol{b}$，求 y.

解 由 $\boldsymbol{a} \parallel \boldsymbol{b}$ 得 $\dfrac{3}{-6} = \dfrac{2}{y}$，即 $y = -4$.

例10 已知点 $A(1, 2)$、$B(3, 4)$、$C(4, 5)$，判断 ABC 是否构成三角形.

解
$$\overrightarrow{AB} = (3 - 1, 4 - 2) = (2, 2),$$
$$\overrightarrow{AC} = (4 - 1, 5 - 2) = (3, 3).$$

因为 $\dfrac{2}{3} = \dfrac{2}{3}$，所以 $\overrightarrow{AB} \parallel \overrightarrow{AC}$；又直线 AB、AC 有公共点 A，所以点 A、B、C 在同一条直线上，ABC 不能构成三角形.

$$\boldsymbol{a} \parallel \boldsymbol{b}(\boldsymbol{b} \neq \boldsymbol{0}) \text{ 的充要条件也常表示为：} x_1 y_2 - x_2 y_1 = 0.$$

练习

1. 已知 $\boldsymbol{a} = (-3, -4)$、$\boldsymbol{b} = (2, 3)$，求 $|\boldsymbol{a}|$、$|\boldsymbol{b}|$、$|\boldsymbol{a} + \boldsymbol{b}|$.

2. 已知点 $A(1, 2)$、$B(-3, -4)$，求 $\overrightarrow{BA}$、$|\overrightarrow{AB}|$.

3. 已知 $\boldsymbol{a} = (3x + 4y, 1)$、$\boldsymbol{b} = (2x, x - y + 3)$，且 $\boldsymbol{a} = \boldsymbol{b}$，求 x、y.

4. 已知点 $A(1, 0)$、$B(0, 1)$、$C(2, 3)$、$D(3, 2)$，问 $\overrightarrow{AB}$ 与 $\overrightarrow{CD}$ 是否共线？

三、线段的定比分点公式

如图4-22所示,已知P_1、P_2是直线l上的两个点,而点 P是直线l上不同于P_1、P_2的一个点,由于$\overrightarrow{P_1P}$与$\overrightarrow{PP_2}$共线,因此存在唯一实数λ,使得$\overrightarrow{P_1P}=\lambda\overrightarrow{PP_2}$,$\lambda$叫做**点$P$分有向线段$\overrightarrow{P_1P_2}$所成的比**.

图4-22

当$\lambda>0$时,$\overrightarrow{P_1P}$、$\overrightarrow{PP_2}$同向,P是线段P_1P_2内部的点,点P称为**内分点**.

当$\lambda<0$时,$\overrightarrow{P_1P}$、$\overrightarrow{PP_2}$反方向,P是线段P_1P_2外部的点,点P称为**外分点**.

设分点P和端点P_1、P_2的坐标依次为(x,y)、(x_1,y_1)、(x_2,y_2),$\overrightarrow{P_1P}=\lambda\overrightarrow{PP_2}$,因为

$$\overrightarrow{P_1P}=(x-x_1,y-y_1),\quad \overrightarrow{PP_2}=(x_2-x,y_2-y),$$

于是有

$$\begin{cases} x-x_1=\lambda(x_2-x) \\ y-y_1=\lambda(y_2-y) \end{cases}$$

解这个方程组,得

$$x=\frac{x_1+\lambda x_2}{1+\lambda},\ y=\frac{y_1+\lambda y_2}{1+\lambda}. \tag{4-2}$$

公式(4-2)叫做有向线段$\overrightarrow{P_1P_2}$的**定比分点公式**.

特别地,当$\lambda=1$时,P是线段P_1P_2的中点,由公式(4-2)得

$$x=\frac{x_1+x_2}{2},\ y=\frac{y_1+y_2}{2}. \tag{4-3}$$

这就是有向线段$\overrightarrow{P_1P_2}$的**中点公式**.

例 11 已知点$A(3,-6)$、$B(5,2)$,P分$\overrightarrow{AB}$的比$\lambda=2$,求分点P的坐标(x,y).

解

$$x=\frac{x_1+\lambda x_2}{1+\lambda}=\frac{3+2\times5}{1+2}=\frac{13}{3};$$

$$y=\frac{y_1+\lambda y_2}{1+\lambda}=\frac{-6+2\times2}{1+2}=-\frac{2}{3}.$$

因此,分点P的坐标为$\left(\dfrac{13}{3},-\dfrac{2}{3}\right)$.

例 12　已知点 $A(1, 2)$、$B(-2, 3)$、$C(0, -1)$，M、N 分别是线段 AB、AC 的中点.
(1)求中位线 $\overrightarrow{MN}$ 的坐标；(2)验证中位线定理，即：$\overrightarrow{MN} \parallel \overrightarrow{BC}$ 且 $|\overrightarrow{MN}| = \dfrac{1}{2}|\overrightarrow{BC}|$.

解　(1) 设 M、N 的坐标分别为 (x_M, y_M)、(x_N, y_N)，由中点坐标公式，得

$$
\begin{cases}
x_M = \dfrac{1 + (-2)}{2} = -\dfrac{1}{2}, \\[2mm]
y_M = \dfrac{2 + 3}{2} = \dfrac{5}{2};
\end{cases}
$$

$$
\begin{cases}
x_N = \dfrac{1 + 0}{2} = \dfrac{1}{2}, \\[2mm]
y_N = \dfrac{2 + (-1)}{2} = \dfrac{1}{2}.
\end{cases}
$$

于是
$$
\overrightarrow{MN} = \left(\dfrac{1}{2} + \dfrac{1}{2},\ \dfrac{1}{2} - \dfrac{5}{2} \right) = (1, -2).
$$

(2) 由 $\overrightarrow{BC} = (0 + 2, -1 - 3) = (2, -4)$，可知 $\overrightarrow{MN} = \dfrac{1}{2}\overrightarrow{BC}$，

即 $\overrightarrow{MN} \parallel \overrightarrow{BC}$ 且 $|\overrightarrow{MN}| = \dfrac{1}{2}|\overrightarrow{BC}|$ 成立.

§4-3　微课视频

练习

1. 已知线段两端点的坐标，求中点坐标：
   (1) $A(7, -3)$、$B(-2, 4)$；
   (2) $A(0, 3)$、$B(-4, 0)$.

2. 已知 $|\overrightarrow{P_1 P_2}| = 3$，点 P 是内分点，写出点 P 分有向线段 $\overrightarrow{P_1 P_2}$ 所成的比 λ.
   (1) $|\overrightarrow{P_1 P}| = 2$；　　　(2) $|\overrightarrow{P P_2}| = 2$.

3. 已知点 $A(4, -3)$、$B(-5, 2)$，点 C 分有向线段 $\overrightarrow{BA}$ 的比 $\lambda = -2$，求分点 C 的坐标.

习题 4-3

A　组

1. 已知 $A(1, 2)$、$B(0, -1)$ 两点，求向量 $\overrightarrow{AB}$ 的坐标及 $|\overrightarrow{AB}|$.

2. 已知 $\overrightarrow{AB} = (3, -2)$，又起点 $A(-2, 4)$，求终点 B 的坐标.

3. 已知作用在坐标原点 O 处的两个力 $F_1 = (2, 3)$、$F_2 = (3, -4)$，求作用在原点的合力 F 的坐标及 $|F|$.

4. 已知 $\boldsymbol{a} = (-1, 4)$、$\boldsymbol{b} = (2, -3)$、$\boldsymbol{c} = (-3, 2)$，求：

   (1) $3\boldsymbol{a} - 5\boldsymbol{b} + \boldsymbol{c}$；   (2) $|\boldsymbol{a} - \boldsymbol{b} + \boldsymbol{c}|$.

5. 已知点 $A(1, 2)$、$B(-2, 3)$，且 $\overrightarrow{AC} = 2\overrightarrow{AB}$，$\overrightarrow{AD} = -\dfrac{1}{2}\overrightarrow{AB}$，求点 C、D 的坐标.

6. 判断下列各组点是否共线：

   (1) $A(1, 2)$、$B(-3, -4)$、$C(2, 3)$； (2) $P(-1, 2)$、$Q(1, 3)$、$R(3, 4)$.

7. x 为何值时，$\boldsymbol{a} = (3, 4)$ 与 $\boldsymbol{b} = (3x, -8)$ 共线.

8. 已知 $\triangle ABC$ 的三个顶点为 $A(1, 2)$、$B(-3, 4)$、$C(3, 2)$，D 是 AB 边的中点，求 $\overrightarrow{CD}$.

9. 已知点 $A(-7, 2)$、$B(1, 6)$，点 P 分有向线段 $\overrightarrow{AB}$ 所成的比 $\lambda = -3$，求点 P 的坐标.

B 组

1. 已知 $\triangle ABC$ 的三个顶点为 $A(x_1, y_1)$、$B(x_2, y_2)$、$C(x_3, y_3)$，求 $\triangle ABC$ 的重心 G 的坐标.

2. 已知四边形的四个顶点为 $A(1, 0)$、$B(2, 3)$、$C(4, 4)$、$D(5, 2)$，求两条对角线交点 M 的坐标.(提示：点 M 与 A、C 共线，与 B、D 也共线)

3. 已知点 $P_1(2, -6)$、$P_2(3, 0)$，求 $P(-2, y)$ 分 $\overrightarrow{P_1P_2}$ 所成的比 λ 及 y 的值.

§4-4 向量的数量积

⊙向量的数量积 ⊙向量垂直的充要条件 ⊙数量积的坐标表示 ⊙向量夹角余弦的坐标表示

一、向量数量积的概念

前面学习了数与向量相乘，这里我们要引进向量与向量之间的一种乘法——**数量积**.

1. 数量积的定义

> **定义** 设 $\boldsymbol{a}$、$\boldsymbol{b}$ 是两个非零向量，把 $|\boldsymbol{a}||\boldsymbol{b}|\cos\angle(\boldsymbol{a}, \boldsymbol{b})$ 叫做 $\boldsymbol{a}$ 与 $\boldsymbol{b}$ 的**数量积**(或**点积**或**内积**)，记作 $\boldsymbol{a} \cdot \boldsymbol{b}$，即
>
> $$\boldsymbol{a} \cdot \boldsymbol{b} = |\boldsymbol{a}||\boldsymbol{b}|\cos\angle(\boldsymbol{a}, \boldsymbol{b}). \tag{4-4}$$

规定零向量与任何向量的数量积为零.

由定义可知两个向量的数量积已不再是向量,而是实数.记号 $a \cdot b$ 也读作 a 点乘 b,书写时 a 与 b 中间的"·"不能省略.

例1　已知 $|a|=3$,$|b|=4$,$\angle(a,b)=135°$,求 $a \cdot b$.

解
$$a \cdot b = |a||b|\cos\angle(a,b)$$
$$= 3 \times 4 \times \cos 135° = -6\sqrt{2}.$$

2. 数量积的物理意义

在物理学中,我们知道一个质点 O 在力 F 作用下,产生了位移 s
(如图 4-23 所示),那么这个力所做的功为:

$$W = |F||s|\cos\theta,即 W = F \cdot s.$$

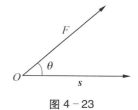

图 4-23

例2　如图 4-24 所示,一个木箱被一个 200 N 且倾角为 30° 的力沿直线拉动了 8 m,求力所作的功.

解　力的大小 $|F|=200$ N,位移的大小 $|s|=8$ m,所以力所做的功为:

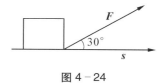

$$W = F \cdot s = |F||s|\cos\theta$$
$$= 200 \times 8 \times \cos 30° = 800\sqrt{3}\,(\text{J}).$$

图 4-24

当 $0 \leqslant \theta < \dfrac{\pi}{2}$ 时,$W > 0$,F 是推动质点运动的力,对质点做正功;当 $\theta = \dfrac{\pi}{2}$ 时,$W = 0$,F 和 s 垂直,对质点运动没有贡献,不做功;当 $\dfrac{\pi}{2} < \theta \leqslant \pi$ 时,$W < 0$,F 是阻碍质点运动的力,对质点做负功.

3. 数量积的性质

设 a、b 均为非零向量,e 是 b 的单位向量,向量的数量积有如下性质:

(1) $e \cdot a = a \cdot e = |a|\cos\angle(a,b)$;

(2) 若 a 与 b 同向,$a \cdot b = |a||b|$;

　　若 a 与 b 反向,$a \cdot b = -|a||b|$;

　　特别地,$a \cdot a = |a|^2$(记 $a \cdot a = a^2$)即 $|a| = \sqrt{a \cdot a}$;

(3) $\cos\angle(a,b) = \dfrac{a \cdot b}{|a||b|}$;

(4) $|a \cdot b| \leqslant |a||b|$.

4. 向量垂直(正交)的充要条件

如果 $a \perp b$，$a \neq 0$，$b \neq 0$，则 $a \cdot b = |a||b| \cos \frac{\pi}{2} = 0$.

反之，如果 $a \cdot b = 0$，又 $|a| \neq 0$，$|b| \neq 0$，则由数量积性质 $\cos \angle(a, b) = \dfrac{a \cdot b}{|a||b|} = 0$，

可知 $\angle(a, b) = \dfrac{\pi}{2}$，所以 $a \perp b$.

因此，**两个非零向量垂直的充要条件是它们的数量积等于零**.即

$$a \perp b \quad \Leftrightarrow \quad a \cdot b = 0, \text{ 其中 } a \neq 0, b \neq 0.$$

5. 运算律

已知向量 a、b、c 和实数 λ，则向量的数量积满足下列运算律：

(1) $a \cdot b = b \cdot a$;　　　　　　　　　　（交换律）

(2) $(\lambda a) \cdot b = \lambda(a \cdot b) = a \cdot (\lambda b)$;

(3) $(a + b) \cdot c = a \cdot c + b \cdot c$.　　　（分配律）

例 3　　已知向量 a、b 互相垂直，向量 c 与 a 的夹角为 $60°$，与 b 的夹角为 $30°$，且 $|a| = 2$、$|b| = 1$、$|c| = 3$，计算：

(1) $(a+b)^2$;　　　　　　　　　(2) $(3a - 2b) \cdot (b - 3c)$.

解　　(1) $(a + b)^2 = (a + b) \cdot (a + b) = a^2 + 2a \cdot b + b^2$

$$= |a|^2 + 2|a||b| \cos \angle(a, b) + |b|^2 = 5;$$

(2) $(3a - 2b) \cdot (b - 3c) = 3a \cdot b - 9a \cdot c - 2b^2 + 6b \cdot c$

$$= -9|a||c| \cos \angle(a, c) - 2|b|^2 + 6|b||c| \cos \angle(b, c)$$

$$= -9 \times 2 \times 3 \times \cos 60° - 2 \times 1 + 6 \times 1 \times 3 \times \cos 30°$$

$$= -27 - 2 + 9\sqrt{3} = -29 + 9\sqrt{3}.$$

练习

1. 已知 $|a| = 4$，$|b| = 5$，$\angle(a, b) = 150°$，求 $a \cdot b$.

2. 已知 $|a| = 3$，$|b| = 2$，$a \cdot b = 3$，求 $\angle(a, b)$.

二、数量积的坐标表示

1. 数量积的坐标表示

设 i、j 分别为直角坐标系 x 轴、y 轴上的单位向量,所以 $|i| = |j| = 1$,且 $i \perp j$,于是

$$i \cdot i = i^2 = 1; \qquad j \cdot j = j^2 = 1; \qquad i \cdot j = j \cdot i = 0.$$

设 $a = x_1 i + y_1 j = (x_1, y_1)$, $b = x_2 i + y_2 j = (x_2, y_2)$,那么

$$a \cdot b = (x_1 i + y_1 j) \cdot (x_2 i + y_2 j)$$
$$= x_1 x_2 i^2 + (x_1 y_2 + x_2 y_1) i \cdot j + y_1 y_2 j^2 = x_1 x_2 + y_1 y_2.$$

这就得到

$$a \cdot b = x_1 x_2 + y_1 y_2. \tag{4-5}$$

即**两个向量的数量积等于它们对应坐标乘积之和**.

设 $a = (x, y)$,由公式(4-5)立得在上一节中曾经得到的计算模的坐标公式:

$$|a| = \sqrt{x^2 + y^2}.$$

例 4　已知力 $F = 3i + 4j$,一个质点在这个力的作用下由点 $A(2, 1)$ 移动到 $B(4, 6)$,求力所做的功.

解　位移 $s = \overrightarrow{AB} = (4 - 2, 6 - 1) = (2, 5)$,力所做的功为:$W = F \cdot s = (3, 4) \cdot (2, 5) = 6 + 20 = 26$(功单位).

2. 两向量夹角余弦的坐标表示

设 $a = (x_1, y_1)$, $b = (x_2, y_2)$,则

$$\cos \angle (a, b) = \frac{a \cdot b}{|a||b|} = \frac{x_1 x_2 + y_1 y_2}{\sqrt{x_1^2 + y_1^2} \sqrt{x_2^2 + y_2^2}}.$$

即得公式

$$\cos \angle (a, b) = \frac{x_1 x_2 + y_1 y_2}{\sqrt{x_1^2 + y_1^2} \sqrt{x_2^2 + y_2^2}}. \tag{4-6}$$

例 5　已知 $a = (-2, 0)$, $b = (1, -1)$,求 $\angle (a, b)$.

解 因为 $\cos\angle(\boldsymbol{a},\boldsymbol{b})=\dfrac{x_1x_2+y_1y_2}{\sqrt{x_1^2+y_1^2}\sqrt{x_2^2+y_2^2}}$

$$=\dfrac{-2\times1+0\times(-1)}{\sqrt{(-2)^2+0^2}\sqrt{1^2+(-1)^2}}$$

$$=-\dfrac{\sqrt{2}}{2},$$

所以 $\angle(\boldsymbol{a},\boldsymbol{b})=\arccos\left(-\dfrac{\sqrt{2}}{2}\right)=\dfrac{3\pi}{4}.$

3. 向量垂直的坐标表示

设 $\boldsymbol{a}=(x_1,y_1)$，$\boldsymbol{b}=(x_2,y_2)$，且 $\boldsymbol{a}$、$\boldsymbol{b}$ 均不为零向量.

由 $\boldsymbol{a}\perp\boldsymbol{b}\Leftrightarrow\boldsymbol{a}\cdot\boldsymbol{b}=0$，即得

$$\boldsymbol{a}\perp\boldsymbol{b}\quad\Leftrightarrow\quad x_1x_2+y_1y_2=0.$$

即**两非零向量垂直的充要条件是它们对应坐标乘积的和为零**.

例6 已知 $\boldsymbol{a}=(4,3)$，求与 $\boldsymbol{a}$ 垂直的单位向量.

解 先求一个与 $\boldsymbol{a}$ 垂直的向量.

设 $\boldsymbol{b}=(x,y)$，且 $\boldsymbol{b}\perp\boldsymbol{a}$，于是 $\boldsymbol{a}\cdot\boldsymbol{b}=0$ 即 $4x+3y=0$. 取 $x=3$，得 $y=-4$.
所以 $\boldsymbol{b}=(3,-4)$ 是一个与 $\boldsymbol{a}$ 垂直的向量；又

$$|\boldsymbol{b}|=\sqrt{3^2+(-4)^2}=5,$$

$\dfrac{\boldsymbol{b}}{|\boldsymbol{b}|}$ 与 $-\dfrac{\boldsymbol{b}}{|\boldsymbol{b}|}$ 是与 $\boldsymbol{b}$ 共线的单位向量，

于是与 $\boldsymbol{a}$ 垂直的单位向量是 $\left(\dfrac{3}{5},-\dfrac{4}{5}\right)$ 和 $\left(-\dfrac{3}{5},\dfrac{4}{5}\right).$

§4-4 微课视频

练习

1. 已知 $\boldsymbol{a}=(2,3)$，$\boldsymbol{b}=(4,2)$，$\boldsymbol{c}=(-1,-2)$，求：

   (1) $\boldsymbol{a}\cdot\boldsymbol{b}$；　　　　　　　　(2) $(\boldsymbol{a}+\boldsymbol{b})\cdot(\boldsymbol{a}-\boldsymbol{b})$；

   (3) $\boldsymbol{a}\cdot(\boldsymbol{b}+\boldsymbol{c})$；　　　　　　(4) $(\boldsymbol{a}+\boldsymbol{b}+\boldsymbol{c})^2.$

2. 已知 $\boldsymbol{a}=(-3,1)$，$\boldsymbol{b}=(-2,4)$，求 $\angle(\boldsymbol{a},\boldsymbol{b}).$

3. 已知 $\boldsymbol{a}=(3,4)$，$\boldsymbol{b}=(5,y)$，且 $\boldsymbol{a}\perp\boldsymbol{b}$，求 y 的值.

解练习题
微课视频

习题 4－4

1. 已知下列各条件,求 $\boldsymbol{a} \cdot \boldsymbol{b}$:

 (1) $|\boldsymbol{a}| = 8$, $|\boldsymbol{b}| = 5$, $\angle(\boldsymbol{a}, \boldsymbol{b}) = 60°$;

 (2) $|\boldsymbol{a}| = |\boldsymbol{b}| = 1$, $\angle(\boldsymbol{a}, \boldsymbol{b}) = 135°$;

 (3) $\boldsymbol{a} \perp \boldsymbol{b}$;

 (4) $|\boldsymbol{a}| = 3$, $|\boldsymbol{b}| = 6$, $\boldsymbol{a}$ 与 $\boldsymbol{b}$ 同向;

 (5) $|\boldsymbol{a}| = 3$, $|\boldsymbol{b}| = 1$, $\boldsymbol{a}$ 与 $\boldsymbol{b}$ 反向.

2. 已知 $|\boldsymbol{a}| = 3$, $|\boldsymbol{b}| = 6$, $\angle(\boldsymbol{a}, \boldsymbol{b}) = \dfrac{2\pi}{3}$,求(1)$(\boldsymbol{a} + \boldsymbol{b})^2$;(2)$|\boldsymbol{a} + \boldsymbol{b}|$.

3. 一个 30 N 的水平力,把一个物体沿斜坡向上推了 10 m,斜坡与水平面的夹角是 45°,求这个力做的功.

4. 已知 $|\boldsymbol{a}| = 2$, $|\boldsymbol{b}| = 4$, $\boldsymbol{a} \cdot \boldsymbol{b} = -4\sqrt{3}$,求 $\angle(\boldsymbol{a}, \boldsymbol{b})$.

5. 证明:向量 $\boldsymbol{a}$ 垂直于 $(\boldsymbol{a} \cdot \boldsymbol{b})\boldsymbol{c} - (\boldsymbol{a} \cdot \boldsymbol{c})\boldsymbol{b}$.

6. 已知 $|\boldsymbol{a}| = 3$, $|\boldsymbol{b}| = 2$, $\boldsymbol{a}$、$\boldsymbol{b}$ 不共线,试确定常数 k,使 $\boldsymbol{a}+k\boldsymbol{b}$ 与 $\boldsymbol{a}-k\boldsymbol{b}$ 垂直.

7. 已知 $\boldsymbol{a}$、$\boldsymbol{b}$ 的坐标如下,求数量积 $\boldsymbol{a} \cdot \boldsymbol{b}$ 和 $|\boldsymbol{a}|$:

 (1) $\boldsymbol{a} = (1, 4)$, $\boldsymbol{b} = (-2, 6)$;

 (2) $\boldsymbol{a} = (3, 0)$, $\boldsymbol{b} = (2, -4)$;

 (3) $\boldsymbol{a} = (5, 1)$, $\boldsymbol{b} = (-3, 2)$.

8. 已知 $\boldsymbol{a} = (0, 3)$, $\boldsymbol{b} = (2, -2)$,求 $\angle(\boldsymbol{a}, \boldsymbol{b})$.

9. 已知 $\boldsymbol{a} = (-2, z)$, $\boldsymbol{b} = (-1, 3)$, $\boldsymbol{a} \perp \boldsymbol{b}$,求 z.

10. 已知力 $\boldsymbol{F} = 5\boldsymbol{i} + 4\boldsymbol{j}$,在这个力的作用下,一个物体沿着直线从点 $A(2, 3)$ 移动到 $B(4, 9)$,求力所做的功.

1. 某商店卖出了 n_1 袋红花牌奶粉, n_2 袋绿叶牌奶粉;每袋奶粉的售价,红花牌为 a_1 元,绿叶牌为 a_2 元.设向量 $\boldsymbol{n} = (n_1, n_2)$,向量 $\boldsymbol{a} = (a_1, a_2)$,则 $\boldsymbol{n} \cdot \boldsymbol{a}$ 表示什么?

2. 已知 $|\boldsymbol{a}| = 5$, $\boldsymbol{b} = (-1, 2)$,且 $\boldsymbol{a} /\!/ \boldsymbol{b}$,求 $\boldsymbol{a}$ 的坐标.

3. 已知 $\boldsymbol{a} = (3, -4)$,求:(1)与 $\boldsymbol{a}$ 平行的单位向量;(2)与 $\boldsymbol{a}$ 垂直的单位向量.

📖 阅读

有趣的风速计算

通常我们所说的风速,指的是人在静止时,感觉到的风.如果我们顺着风的方向,按风速的大小行进,将感觉不到风的存在;当然逆风行进,感觉到的风比实际的风速要大.另外,如果行进方向与实际风向有一定的夹角,感觉到的风速不仅在大小而且在方向上都与实际风速差别很大.

例1 一个人骑自行车向东而行,在速度为 5 m/s 时,觉得有南风;速度增至 10 m/s时,觉得有东南风,求风的实际速度.

解决风速问题,首先要理清:行进中感觉到的风速与实际的风速有什么不同? 其次要明确:人行进的速度、行进中感觉到的风速以及实际风速三者间的关系.下面我们将通过例2来说明这一问题.

例2 火车从 A 点行至 B 点,火车相对地面的位移是 $S_{车对地} = \overrightarrow{AB} = \boldsymbol{a}$,同时车厢中一名旅客从车厢的 C 点行至车厢的 D 点,即人相对车厢的位移 $S_{人对车} = \overrightarrow{CD} = \boldsymbol{b}$,那么,人相对地面的位移 $S_{人对地}$ 是多少?

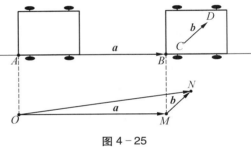

图 4-25

解 如图 4-25 所示,任取一点 O,作 $\overrightarrow{OM} = \boldsymbol{a}$,$\overrightarrow{MN} = \boldsymbol{b}$,则 $S_{人对地} = \overrightarrow{ON}$,而 $\overrightarrow{ON} = \overrightarrow{OM} + \overrightarrow{MN}$,于是有

$$S_{人对地} = S_{人对车} + S_{车对地}.$$

同样的道理,风速问题可以这样考虑:

"人骑车的速度"是指:人相对于地面的速度 $V_{人对地}$;

"骑车时感觉到的风"是指:风相对于人的速度 $V_{风对人}$;

要求计算的"风速"是指:风相对于地面的速度 $V_{风对地}$.

这三者之间的关系应该是:

$$V_{风对地} = V_{风对人} + V_{人对地}.$$

例1 涉及两个过程：

第一个过程：一人骑车向东而行，速度为 5 m/s 时，觉得有南风；如图 4-26 所示. 已知人骑车的速度 $V_{人对地}=(5,0)$.

设骑车时感觉到的南风 $V_{风对人}=(0,y)$，则实际风速

$$V_{风对地}=V_{风对人}+V_{人对地}=(0,y)+(5,0)=(5,y). \qquad ①$$

第二个过程：人骑车继续向东，速度增至 10 m/s 时，感觉有东南风；如图 4-27 所示.

已知增速后骑车速度 $V^*_{人对地}=(10,0)$.

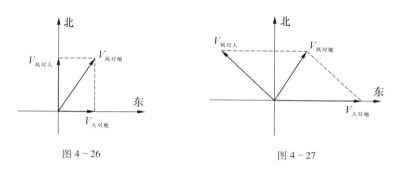

图 4-26   图 4-27

设增速后感觉到的东南风 $V^*_{风对人}=(-x,x)$，则实际风速又表示为

$$V_{风对地}=V^*_{风对人}+V^*_{人对地}=(-x,x)+(10,0)=(10-x,x). \qquad ②$$

由①、②得 $(5,y)=(10-x,x)$，即 $x=y=5$，所以

$$V_{风对地}=(5,5).$$

因此，实际相对于地面的风是西南风，风速大小是 $|V_{风对地}|=5\sqrt{2}$ m/s. 按这种方法同学们可尝试下面的风速计算.

练 习

1. 一辆车向西而行，速度为 5 m/s 时，觉得迎面而来的西风速度为 2 m/s，问实际的风速应该是多少？

2. 一辆车向西而行，速度为 5 m/s 时，觉得背后吹来的东风速度为 2 m/s，问实际的风速应该是多少？

3. 一辆车向西而行，速度为 5 m/s 时，感觉有北风，速度增至 15 m/s 时，测得风向为南偏东 30°，问实际的风速应该是多少？

复习题四

A 组

1. 判断正误：

    (1) 若 $\boldsymbol{b}$ 是单位向量,则 $|\boldsymbol{b}| = \pm 1$;   (   )

    (2) $\overrightarrow{AB} + \overrightarrow{BA} = \boldsymbol{0}$;   (   )

    (3) $\boldsymbol{0} \cdot \overrightarrow{AB} = \boldsymbol{0}$;   (   )

    (4) $\overrightarrow{AB} - \overrightarrow{AC} = \overrightarrow{BC}$;   (   )

    (5) $(\boldsymbol{a} \cdot \boldsymbol{b})\boldsymbol{c}$ 是一个实数.   (   )

2. 填空题：

    (1) 已知点 $A(3, 2)$、$B(3, -1)$,则 $\overrightarrow{AB} = $ _____ $|\overrightarrow{AB}| = $ _____ .

    (2) 已知 $\boldsymbol{a} = (2, -3)$,$\boldsymbol{b} = (4, 3)$,则 $\boldsymbol{a} - \boldsymbol{b} = $ _____ .

    (3) 已知 $\boldsymbol{a} = (-2, 3)$,若 $|\boldsymbol{b}| = |\boldsymbol{a}|$ 且 $\boldsymbol{b}$ 与 $\boldsymbol{a}$ 反向,则 $\boldsymbol{b}$ 的坐标为 _____ ;
        若 $|\boldsymbol{c}| = 2|\boldsymbol{a}|$ 且 $\boldsymbol{c}$ 与 $\boldsymbol{a}$ 同向,则 $\boldsymbol{c}$ 的坐标为 _____ .

    (4) 在 $\square ABCD$ 中,已知三个点是 $A(-2, 1)$、$B(3, 4)$、$C(1, 3)$,$\overrightarrow{DC} = \overrightarrow{AB}$,则点 D 的
        坐标是 _____ .

3. 选择题：

    (1) 已知 $\boldsymbol{a}$、$\boldsymbol{b}$ 为两个单位向量,下列四个命题中正确的是(   ).

        (A) $\boldsymbol{a} = \boldsymbol{b}$ (B) 若 $\boldsymbol{a} \, / \! / \, \boldsymbol{b}$ 则 $\boldsymbol{a} = \boldsymbol{b}$

        (C) $\boldsymbol{a} \cdot \boldsymbol{b} = 1$ (D) $\boldsymbol{a}^2 = \boldsymbol{b}^2$

    (2) 对于向量 $\boldsymbol{a}$、$\boldsymbol{b}$,下列四个命题中正确的是(   ).

        (A) $|\boldsymbol{a}| = |\boldsymbol{b}| \Rightarrow \boldsymbol{a} = \boldsymbol{b}$ (B) $|\boldsymbol{a}| > |\boldsymbol{b}| \Rightarrow \boldsymbol{a} > \boldsymbol{b}$

        (C) $|\boldsymbol{a}| = 0 \Rightarrow \boldsymbol{a} = 0$ (D) $\boldsymbol{a} = \boldsymbol{b} \Rightarrow \boldsymbol{a} \, / \! / \, \boldsymbol{b}$

    (3) 设点 O 是正三角形 ABC 的中心,则向量 $\overrightarrow{OA}$、$\overrightarrow{OB}$、$\overrightarrow{OC}$ 是(   ).

        (A) 相等向量   (B) 模相等的向量

        (C) 平行向量   (D) 共线向量

    (4) 如图所示 $\triangle ABC$ 中,D、E、F 分别是 AB、BC、CA 的中点,则 $\overrightarrow{AF} - \overrightarrow{DB}$ 等于(   ).

        (A) $\overrightarrow{FD}$ (B) $\overrightarrow{FC}$ (C) $\overrightarrow{FE}$ (D) $\overrightarrow{BE}$

4. 如图所示,$\square ABCD$ 中,$\overrightarrow{AD} = (3, 7)$,$\overrightarrow{AB} = (-2, 3)$,两对角线交点为 M,求下列向量的坐标：

    (1) $\overrightarrow{AC}$; (2) $\overrightarrow{BD}$; (3) $\overrightarrow{CM}$; (4) $\overrightarrow{BM}$.

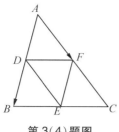

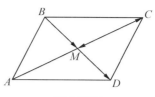

第3(4)题图　　　　　　　　　　第4题图

5. 已知三点 $A(1,1)$、$B(2,-4)$、$C(x,-9)$ 共线，求常数 x.

6. 已知 $\boldsymbol{a}=(1,0)$，$\boldsymbol{b}=(1,1)$，且 $\boldsymbol{a} \perp (\boldsymbol{a}+k\boldsymbol{b})$，求常数 k.

7. 已知 $|\boldsymbol{a}|=1$，$|\boldsymbol{b}|=2$，$\angle(\boldsymbol{a},\boldsymbol{b})=\dfrac{\pi}{3}$，求 $|\boldsymbol{a}+\boldsymbol{b}|$ 和 $|\boldsymbol{a}-\boldsymbol{b}|$.

8. 已知 $\boldsymbol{a}=(3,-1)$，$\boldsymbol{b}=(1,2)$，且 $\boldsymbol{c}\cdot\boldsymbol{a}=9$，$\boldsymbol{c}\cdot\boldsymbol{b}=-4$，求向量 $\boldsymbol{c}$ 的坐标 (x,y).

9. 已知 $\boldsymbol{a}+\boldsymbol{b}=(-\sqrt{3},1)$，$\boldsymbol{a}-\boldsymbol{b}=(\sqrt{3},3)$，求：$(1)\boldsymbol{a}$、$\boldsymbol{b}$ 的坐标；$(2)\angle(\boldsymbol{a},\boldsymbol{b})$.

B 组

1. 点 M、N 是 $\triangle ABC$ 一边 BC 上的两个三等分点，已知 $\overrightarrow{AB}=\boldsymbol{a}$，$\overrightarrow{AC}=\boldsymbol{b}$，求向量 $\overrightarrow{MN}$.

2. 已知 $\boldsymbol{a}$、$\boldsymbol{b}$ 满足 $|\boldsymbol{a}|=|\boldsymbol{b}|=1$，且 $\boldsymbol{a}+\boldsymbol{b}=\left(\dfrac{1}{2},\dfrac{\sqrt{3}}{2}\right)$，求向量 $\boldsymbol{a}$、$\boldsymbol{b}$ 的坐标.

3. 已知 $\triangle ABC$ 的三个顶点分别为 $A(-1,0)$、$B(3,0)$、$C(0,4)$，BD 是 $\angle B$ 的平分线，求：$(1)D$ 的坐标；(2)向量 $\overrightarrow{BD}$.

   （提示：BD 是 $\angle B$ 的平分线，则 $|AD|:|DC|=|AB|:|BC|$）

第5章 复 数

上帝创造了整数,所有其余的数都是人造的.

——L·克隆内克(德国数学家)

一方面,数是由于生产和生活实际需要而逐渐发展的;另一方面,数学理论的研究和发展也推动着数的概念的发展.为满足人类活动中计数的需要,逐步产生了正整数、零、负整数和分数,将数扩充到了有理数.当人们开始用正方形的边长来描述对角线的时候,又不得不引入无理数.有理数和无理数构成了实数.但是,要解决许多自然科学和工程技术方面的问题,实数范围的数已经不够用了.例如,在解方程 $x^2 = -1$ 时,就会遇到负数开平方的问题,这在实数范围内是不可能的.为了使这类方程也能有解,又一次需要扩充数的范围.于是,一种新的数——"虚数"诞生了.虚数的出现,把数由实数集进一步扩充到复数集.

后来,复数被广泛应用于力学、电磁学、理论物理和其他技术领域.本章将要学习复数的概念及其运算、复数的几何表示、复数的三角形式与指数形式等.

§5-1 复数的概念

⊙虚数单位i ⊙复数 ⊙复数的相等 ⊙用复平面内的点表示复数 ⊙用向量表示复数 ⊙复数的模与辐角 ⊙共轭复数

一、复数的定义

1. 复数的定义

我们知道,方程 $x^2 + 1 = 0$ 无实数解,因为负数不能开平方.为解决这一问题,引入一个新数i,规定 $i^2 = -1$,i 称作**虚数单位**,并规定它和实数可以进行四则运算,运算时原有的运算律仍成立.

由此,方程 $x^2 + 1 = 0$ 有两个根,分别为 i, -i.

根据上面的规定,i 与实数 b 相乘,再与实数 a 相加,这个结果可以写成:$a+bi(a, b \in \mathbf{R})$.对于这种形式的数,给出以下定义:

定义1 形如

$$a + bi \quad (a、b \in \mathbf{R})$$

的数,叫做**复数**,a 与 b 分别叫做复数 $a+bi$ 的**实部**和**虚部**.

例如,$2+\sqrt{3}\,\mathrm{i}$、$\sqrt{5}\,\mathrm{i}$、-1 等都是复数,它们的实部分别是 2、0、-1;虚部分别是 $\sqrt{3}$、$\sqrt{5}$、0.

通常用字母 z 来表示复数,即 $z=a+b\mathrm{i}\ (a\text{、}b\in\mathbf{R})$. 这种形式称为复数的**代数形式**. 当 $b\neq 0$ 时,$a+b\mathrm{i}$ 叫做**虚数**;当 $a=0$ 且 $b\neq 0$ 时,即 $z=b\mathrm{i}\ (b\neq 0)$,叫做**纯虚数**. 所有虚数组成的集合称为**虚数集**.

例如上面写出的 $2+\sqrt{3}\,\mathrm{i}$、$\sqrt{5}\,\mathrm{i}$ 都是虚数,其中 $\sqrt{5}\,\mathrm{i}$ 还是纯虚数.

特别地,对于复数 $z=a+b\mathrm{i}$,当且仅当 $b=0$ 时,z 就是实数 a;当且仅当 $a=b=0$ 时,z 就是实数 0.

所有复数组成的集合称为**复数集**,一般用字母 $\mathbf{C}$ 表示. 由上面讨论可知:实数集和虚数集都是复数集 $\mathbf{C}$ 的真子集.

复数集 $\mathbf{C}=\{z|z=a+b\mathrm{i},\ a\text{、}b\in\mathbf{R}\}$ 的分类情况列出如下:

$$\begin{array}{l}\text{复数 } a+b\mathrm{i}\\ (a\text{、}b\in\mathbf{R})\end{array}\begin{cases}\text{实数}\ (b=0);\\[1mm]\text{虚数}\ (b\neq 0).\ (\text{当 } a=0 \text{ 时为纯虚数 } b\mathrm{i})\end{cases}$$

例 1 实数 m 为何值时,复数

$$z=(m-1)+(m+3)\mathrm{i}$$

是实数、虚数、纯虚数?

解 当 $m+3=0$,即 $m=-3$ 时,z 为实数;

当 $m+3\neq 0$,即 $m\neq -3$ 时,z 为虚数;

当 $m+3\neq 0$,且 $m-1=0$,即 $m=1$ 时,z 为纯虚数.

2. 复数的相等

定义 2 如果两个复数的实部和虚部分别相等,那么就称这两个**复数相等**.

这就是说对复数 $z_1=a+b\mathrm{i}$ 和 $z_2=c+d\mathrm{i}\ (a\text{、}b\text{、}c\text{、}d\in\mathbf{R})$,$a=c$ 且 $b=d$ 是 $z_1=z_2$ 的充要条件.

例 2 已知 $(2x-1)+y\mathrm{i}=x+(2y+1)\mathrm{i}$,其中 $x\text{、}y\in\mathbf{R}$,求 x 和 y 的值.

解 由复数相等的定义,得

$$\begin{cases}2x-1=x,\\ y=2y+1.\end{cases}$$

解方程组得 $x=1$,$y=-1$.

两个实数可以比较大小,但虚数之间没有大小之分.因而,如果两个复数不全是实数,就无法比较大小.如,1+2i 和 2 是无法比较大小的.

练习

1. 说明下列数中哪些是实数,哪些是虚数,哪些是纯虚数:
   $-3+2i$, $(2-\sqrt{3})i$, $1+\sqrt{2}$, $3i$.

2. 指出下列复数的实部和虚部:
   $-1+2i$, $-2i$, $\sqrt{3}-i$, 0, $1+\sqrt{5}$.

3. 已知 x、y 为实数,且 $2x + i = 3 + 4yi$,那么 x、y 的值分别为 _____ 、_____.

二、复数的几何表示

1. 用复平面内的点表示复数

实数与数轴上的点是一一对应的,而数轴上的点只能表示实数.对于任一复数 $z = a + bi$,由复数相等的定义,它的实部 a 与虚部 b 是唯一确定的,即任何一个复数可由一个有序实数对 (a, b) 唯一确定,而有序实数对 (a, b) 与直角坐标平面内的点 $Z(a, b)$ 是一一对应的,所以复数 $z = a + bi$ 与点 $Z(a, b)$ 一一对应,即复数集与直角坐标平面内的点一一对应,因此,复数可以用直角坐标平面内的点来表示.

如图 5－1 所示,我们把用来表示复数的直角坐标平面,称为**复平面**.在复平面中,复数 $z = a + bi$ 可用横坐标为 a,纵坐标为 b 的点 $Z(a, b)$ 来表示.横轴上的点 $(a, 0)$ 都表示实数,因此横轴叫做**实轴**.而纵轴上的点(除原点外)$(0, b)$ 都表示纯虚数,因此纵轴叫做**虚轴**.

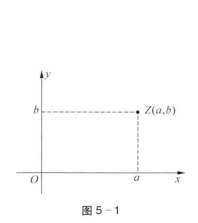

图 5－1

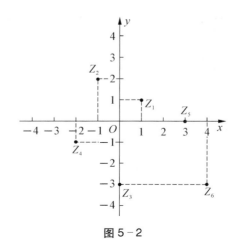

图 5－2

例 3 在复平面内表示出下列复数所对应的点：$z_1 = 1 + i$，$z_2 = -1 + 2i$，$z_3 = -3i$，$z_4 = -2 - i$，$z_5 = 3$，$z_6 = 4 - 3i$.

解 各点如图 5 - 2 所示.

2. 用向量表示复数

因为复数 $a + bi$ 与复平面内的点 $Z(a, b)$ 一一对应，而点 $Z(a, b)$ 与以原点 O 为起点，Z 为终点的向量 $\overrightarrow{OZ}$ 是一一对应的，所以复数 $z = a + bi$ 与向量 $\overrightarrow{OZ}$ 一一对应. 因此复数可以用向量 $\overrightarrow{OZ}$ 表示（如图 5 - 3 所示），其中 Z 点的坐标是 (a, b). 这样，在复平面内就有

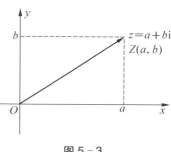

图 5 - 3

$$\text{复数} \atop z = a + bi \quad \xleftrightarrow{\text{一一对应}} \quad \text{点 } Z(a, b) \quad \xleftrightarrow{\text{一一对应}} \quad \text{向量 } \overrightarrow{OZ}$$

复数 $z = a + bi$ 所对应向量 $\overrightarrow{OZ}$ 的长度称为复数 $a + bi$ 的**模**（或绝对值），记作 $|z| = |a + bi|$. 因为 $|\overrightarrow{OZ}| = \sqrt{a^2 + b^2}$，所以

$$|z| = |a + bi| = \sqrt{a^2 + b^2}.$$

例 4 求下列复数的模：

$$z_1 = 1 + 2i; \quad z_2 = -\sqrt{2}; \quad z_3 = \frac{1}{2} - \frac{\sqrt{3}}{2}i, \quad z_4 = -3i.$$

解 $|z_1| = |1 + 2i| = \sqrt{1^2 + 2^2} = \sqrt{5}.$

$|z_2| = |-\sqrt{2}| = \sqrt{(-\sqrt{2})^2} = \sqrt{2}.$

$|z_3| = \left|\frac{1}{2} - \frac{\sqrt{3}}{2}i\right| = \sqrt{\left(\frac{1}{2}\right)^2 + \left(-\frac{\sqrt{3}}{2}\right)^2} = 1.$

$|z_4| = |-3i| = \sqrt{(-3)^2} = 3.$

如图 5 - 4 所示，以实轴的非负半轴为始边，向量 $\overrightarrow{OZ}$ 所在的射线为终边的角 θ 称为复数 $z = a + bi$ 的**辐角**. 由于终边相同的角有无穷多个，所以一个非零复数的辐角有无穷多个，这些角彼此相差 2π 的整数倍. 我们把满足 $0 \le \theta < 2\pi$ 的辐角 θ 称为**辐角的主值**，记作 $\arg z$. 一个非零复数辐角的主值是唯一的.

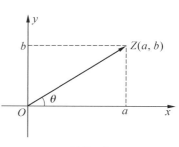

图 5 - 4

特别地,当 $z = 0$ 时向量对应着原点 O,即 $\overrightarrow{OZ}$ 为零向量.零向量的方向是任意的,所以辐角也是任意的.

容易知道,复数 $z = 1 + i$ 的辐角的主值为 $\arg z = \dfrac{\pi}{4}$,它的任意的辐角可以表示为 $2k\pi + \dfrac{\pi}{4}$ $(k \in \mathbf{Z})$.

一般地,当 a、b 均不为零时,复数 $a + bi$ 的辐角 θ 可由公式

$$\tan \theta = \frac{b}{a}$$

和点 (a, b) 所在象限来确定.当 a、b 中恰有一个为零时,θ 的终边在坐标轴上,可以直接确定出 θ 的值.

例5 用向量表示下列复数,并求出辐角的主值:

(1) $z_1 = 3 + \sqrt{3}i$;　　　　　　(2) $z_2 = -1 - i$;

(3) $z_3 = -1 + \sqrt{3}i$;　　　　　　(4) $z_4 = -2i$.

解 如图 5-5 所示,

(1) 向量 $\overrightarrow{OZ_1}$ 表示复数 $z_1 = 3 + \sqrt{3}i$.

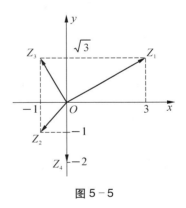

图 5-5

由 $a = 3$,$b = \sqrt{3}$,得 $\tan \theta = \dfrac{\sqrt{3}}{3}$,又点 Z_1 在第一象限,所以 $\arg z_1 = \dfrac{\pi}{6}$.

(2) 向量 $\overrightarrow{OZ_2}$ 表示复数 $z_2 = -1 - i$.

由 $a = -1$,$b = -1$,得 $\tan \theta = \dfrac{-1}{-1} = 1$,又点 Z_2 在第三象限,所以 $\arg z_2 = \pi + \dfrac{\pi}{4} = \dfrac{5}{4}\pi$.

(3) 向量 $\overrightarrow{OZ_3}$ 表示复数 $z_3 = -1 + \sqrt{3}i$.

由 $a = -1$,$b = \sqrt{3}$,得 $\tan \theta = \dfrac{\sqrt{3}}{-1} = -\sqrt{3}$,又点 Z_3 在第二象限,所以 $\arg z_3 = \pi - \dfrac{\pi}{3} = \dfrac{2\pi}{3}$.

(4) 向量 $\overrightarrow{OZ_4}$ 表示复数 $z_4 = -2i$.因点 Z_4 在虚轴的负半轴上,所以 $\arg z_4 = \dfrac{3\pi}{2}$.

3. 共轭复数

如果两个复数实部相等,虚部互为相反数,那么这两个复数互称为**共轭复数**.复数 z 的共轭复数记作 $\bar{z}$.

设 $z = a + bi(a、b \in \mathbf{R})$,则 $\bar{z} = a - bi$,于是

$$|a - bi| = \sqrt{a^2 + (-b)^2}$$
$$= \sqrt{a^2 + b^2} = |a + bi|.$$

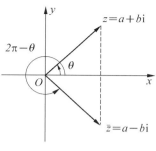

图 5-6

这就是说,**共轭复数的模相等**.如图 5-6 所示,复数 $z = a + bi$ 与 $\bar{z} = a - bi$ 所对应的向量是关于 x 轴对称的.因此,如果 $\arg z = \theta$,那么 $\arg \bar{z} = 2\pi - \theta$.

练习

1. 在复平面内,描出表示下列复数的点和向量:

$z_1 = 1 + 2i$; $z_2 = 2 - 3i$;

$z_3 = -1 - 3i$; $z_4 = 4i$.

2. 求下列复数的模及幅角的主值,并写出其共轭复数:

$z_1 = \sqrt{3} + i$; $z_2 = -\dfrac{\sqrt{2}}{2} - \dfrac{\sqrt{2}}{2}i$;

$z_3 = \dfrac{3}{2}i$; $z_4 = -4$.

§5-1 微课视频

习题 5-1

A 组

1. 填空:

已知复数 $z = 2m + 1 + (m - 3)i$,$m \in \mathbf{R}$,若 z 为实数,则 $m = $＿＿＿＿＿＿;若 z 为虚数,则 m ＿＿＿＿＿＿;若 z 为纯虚数,则 $m = $＿＿＿＿＿＿.

2. 在符号: $=$、$\neq$、$<$、$>$ 中,选择适当的一个填空:

(1) $2 + i$＿＿＿i;   (2) $3 + \sqrt{2}i$＿＿＿$\sqrt{2}$;

(3) $|4 + i|$＿＿＿$|3 + 2\sqrt{2}i|$;   (4) $\left|\dfrac{1}{2} + \dfrac{\sqrt{3}}{2}i\right|$＿＿＿$|1 + 2i|$;

(5) $|3 + 2i|$＿＿＿$|2 + i|$;   (6) $|-\sqrt{3} - i|$＿＿＿$|-2i|$.

3. 已知 $(2x + 1) + (3y + 5)i = (x + 3) + (y + 8)i$,$x、y \in \mathbf{R}$,则 $x = $＿＿＿＿＿＿,$y = $＿＿＿＿＿＿.

4. 求下列复数的模和辐角的主值:

(1) -3;　　　　　　　(2) $4\mathrm{i}$;　　　　　　　(3) $-\sqrt{3}-\sqrt{3}\,\mathrm{i}$;

(4) $-\dfrac{\sqrt{2}}{2}+\dfrac{\sqrt{6}}{2}\mathrm{i}$;　　　(5) $\cos\dfrac{\pi}{6}+\mathrm{i}\sin\dfrac{\pi}{6}$;　　　(6) $\sqrt{2}-\sqrt{2}\,\mathrm{i}$.

5. 设 $(2x+3)+(y+4)\mathrm{i}$ 与 $1+(3y+6)\mathrm{i}$ 互为共轭复数,求实数 x、y 的值.

B　组

1. 实数 m 满足什么条件时,复数 $(m^2-3m-4)+(m^2-5m+6)\mathrm{i}$ 是虚数?

2. 在复平面内,满足条件 $|z|=3$ 的复数 z 对应的点的集合是什么图形?

§5-2　复数代数形式的四则运算

⊙复数代数形式的加法、减法、乘法、除法　⊙实系数一元二次方程在复数集内的解

一、复数代数形式的加法与减法

1. 加法、减法

设 $z_1=a+b\mathrm{i}$、$z_2=c+d\mathrm{i}$(a、b、c、$d\in\mathbf{R}$)是任意两个复数,则复数的加法与减法法则如下:

两个复数相加(减)等于把它们的实部与实部,虚部与虚部分别相加(减).

即

$$z_1+z_2=(a+b\mathrm{i})+(c+d\mathrm{i})=(a+c)+(b+d)\mathrm{i};$$
$$z_1-z_2=(a+b\mathrm{i})-(c+d\mathrm{i})=(a-c)+(b-d)\mathrm{i}.$$

显然,两个复数的和(差)仍然是复数.

设 z_1、z_2、z_3 为任意的复数,容易验证复数加法满足以下运算律:

(1) **交换律**: $z_1+z_2=z_2+z_1$;

(2) **结合律**: $(z_1+z_2)+z_3=z_1+(z_2+z_3)$.

设 $z=a+b\mathrm{i}(a$、$b\in\mathbf{R})$,则:

$$z + \bar{z} = (a + bi) + (a - bi) = (a + a) + (b - b)i = 2a;(实数)$$

$$z - \bar{z} = (a + bi) - (a - bi) = (a - a) + [b - (-b)]i$$

$$= 2bi.(纯虚数,当 b \neq 0 时)$$

这表明:**两个共轭复数的和是一个实数;当虚部 $b \neq 0$ 时,两个共轭复数的差是一个纯虚数.**

例 1　计算:

(1) $(3 + 4i) + (2 - i) - (1 + i)$;

(2) $(-3 + i) - \sqrt{5}i + (-3 - i)$.

解　(1) 原式 $= (3 + 2 - 1) + (4 - 1 - 1)i = 4 + 2i$.

(2) 原式 $= (-3 + 0 - 3) + (1 - \sqrt{5} - 1)i = -6 - \sqrt{5}i$.

2. 利用向量求复数的和(差)

设复数 $z_1 = a + bi$、$z_2 = c + di(a、b、c、d \in \mathbf{R})$,如图 5 - 7 所示,$\overrightarrow{OZ_1}$、$\overrightarrow{OZ_2}$ 为 z_1、z_2 所对应的向量,那么这两个向量的坐标分别为 (a, b)、(c, d).以 $\overrightarrow{OZ_1}$、$\overrightarrow{OZ_2}$ 为邻边作平行四边形 OZ_1ZZ_2,根据向量的加法法则可知,$\overrightarrow{OZ} = \overrightarrow{OZ_1} + \overrightarrow{OZ_2} = (a, b) + (c, d) = (a + c, b + d)$.而复数 z_1 与 z_2 的和为 $z_1 + z_2 = (a + c) + (b + d)i$,因此平行四边形 OZ_1ZZ_2 的对角线向量 $\overrightarrow{OZ}$ 就表示复数 z_1 与 z_2 的和 $z_1 + z_2$.

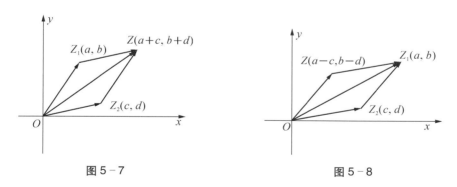

图 5 - 7　　　　　　　　　　图 5 - 8

用向量求复数 z_1 与 z_2 的差时,首先在复平面内作出表示 z_1 与 z_2 的向量 $\overrightarrow{OZ_1}$ 与 $\overrightarrow{OZ_2}$,然后以 $\overrightarrow{OZ_1}$ 为对角线,$\overrightarrow{OZ_2}$ 为一邻边,作平行四边形 OZZ_1Z_2(如图 5 - 8 所示),根据向量的减法法则,可以得到

$$\overrightarrow{OZ} = \overrightarrow{Z_2Z_1} = \overrightarrow{OZ_1} - \overrightarrow{OZ_2}$$

$$= (a, b) - (c, d)$$

$$= (a - c, b - d),$$

而复数 z_1 与 z_2 的差为 $z_1 - z_2 = (a - c) + (b - d)\mathrm{i}$. 因此平行四边形 OZZ_1Z_2 的另一边 $\overrightarrow{OZ}$ 就表示复数 z_1 与 z_2 的差 $z_1 - z_2$.

例 2 设复数 $z_1 = 3 - \mathrm{i}$, $z_2 = -1 + 2\mathrm{i}$, 在复平面内用向量表示出下面的复数:

(1) $z_1 + z_2$;　　　　　　　　(2) $z_1 - z_2$.

解 在复平面内作出 z_1 与 z_2 对应的向量为 $\overrightarrow{OZ_1}$ 与 $\overrightarrow{OZ_2}$.

(1) 如图 5-9(a) 所示, 作出以 $\overrightarrow{OZ_1}$、$\overrightarrow{OZ_2}$ 为两邻边的平行四边形 OZ_1ZZ_2, 其对角线向量 $\overrightarrow{OZ}$ 就表示 $z_1 + z_2$. $\overrightarrow{OZ}$ 的坐标为 $z_1 + z_2 = (3 - 1, -1 + 2) = (2, 1)$.

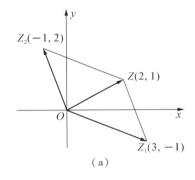 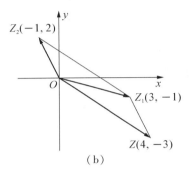

图 5-9

(2) 如图 5-9(b) 所示, 作出以 $\overrightarrow{OZ_1}$ 为对角线, $\overrightarrow{OZ_2}$ 为一边的平行四边形 OZZ_1Z_2, 其另一边 $\overrightarrow{OZ}$ 就表示 $z_1 - z_2$. $\overrightarrow{OZ}$ 的坐标为 $z_1 - z_2 = (3 - (-1), -1 - 2) = (4, -3)$.

练习

1. 计算:

(1) $(2 - \mathrm{i}) + (4 + 3\mathrm{i})$;　　　(2) $6\mathrm{i} + (2 + \mathrm{i})$;

(3) $(\sqrt{3} + \mathrm{i}) - 5\mathrm{i} - (\sqrt{3} + 2\mathrm{i})$.

2. 已知 $z_1 = 2 + \mathrm{i}$, $z_2 = 1 + 2\mathrm{i}$, 在复平面内用向量分别表示复数 $z_1 + z_2$ 与 $z_1 - z_2$.

二、复数代数形式的乘法与除法

1. 乘法

设 $z_1 = a + b\mathrm{i}$、$z_2 = c + d\mathrm{i}$ $(a、b、c、d \in \mathbf{R})$ 是任意两个复数, 则复数的乘法法则如下:

$$z_1 \cdot z_2 = (a + bi)(c + di)$$
$$= ac + bci + adi + bdi^2$$
$$= (ac - bd) + (bc + ad)i.$$

即:

$$z_1 \cdot z_2 = (ac - bd) + (bc + ad)i.$$

显然,两个复数的乘积仍是一个复数.

设 z_1、z_2、z_3 为任意的复数,容易验证,复数乘法满足以下运算律:

(1) **交换律**:$z_1 \cdot z_2 = z_2 \cdot z_1$;

(2) **结合律**:$(z_1 \cdot z_2) \cdot z_3 = z_1 \cdot (z_2 \cdot z_3)$;

(3) **分配律**:$z_1 \cdot (z_2 + z_3) = z_1 \cdot z_2 + z_1 \cdot z_3$.

设 $z = a + bi(a、b \in \mathbf{R})$,则

$$z \cdot \bar{z} = (a + bi)(a - bi) = a^2 - b^2 i^2 = a^2 + b^2.$$

即两个共轭复数的积是一个实数.

例 3 计算:

(1) $(3 + i)(1 - 5i)$; (2) $2(3 + i)(-1 + 2i)$.

解 (1) $(3 + i)(1 - 5i) = 3 - 15i + i - 5i^2 = 8 - 14i.$

(2) $2(3 + i)(-1 + 2i) = (6 + 2i)(-1 + 2i)$
$$= -6 + 12i - 2i + 4i^2$$
$$= -10 + 10i.$$

规定 $i^0 = 1$,下面来讨论 $i^n(n \in \mathbf{N})$ 的值:

$$i^1 = i, \ i^2 = -1, \ i^3 = i^2 \times i = -1 \times i = -i,$$

$$i^4 = i^2 \times i^2 = (-1)(-1) = 1 = i^0,$$

$$i^5 = i^4 \times i = 1 \times i = i = i^1,$$

$$i^6 = i^5 \times i = i \times i = i^2 = -1,$$

$$i^7 = i^6 \times i = i^2 \times i = i^3 = -i,$$

$$\cdots\cdots$$

一般地,有如下结论:

$$i^n = \begin{cases} 1, & n = 4k, \\ i, & n = 4k + 1, \\ -1, & n = 4k + 2, \\ -i, & n = 4k + 3. \end{cases} (k \in \mathbf{N})$$

例 4 计算:

(1) $i^{2007} + i^{2008} + i^{2009}$;　　　　　(2) $(1 - i)^8$.

解 (1) $i^{2007} + i^{2008} + i^{2009} = i^{4 \times 501 + 3} + i^{4 \times 502} + i^{4 \times 502 + 1} = -i + 1 + i = 1$.

(2) $(1 - i)^8 = [(1 - i)^2]^4 = (1 - 2i + i^2)^4$

$$= (-2i)^4 = (-2)^4 \times i^4 = 16.$$

2. 除法

设 $z_1 = a + bi$、$z_2 = c + di(a、b、c、d \in \mathbf{R})$,且 $z_2 \neq 0$,在进行除法运算求 $z_1 \div z_2$ 时,首先把 $(a + bi) \div (c + di)$ 写成 $\dfrac{a + bi}{c + di}$,然后把分子、分母同乘以分母的共轭复数 $c-di$,经过运算、化简后,把结果写成复数的代数形式.即:

$$z_1 \div z_2 = \frac{z_1}{z_2} = \frac{a + bi}{c + di}$$

$$= \frac{(a + bi)(c - di)}{(c + di)(c - di)}$$

$$= \frac{(ac + bd) + (bc - ad)i}{c^2 + d^2}$$

$$= \frac{ac + bd}{c^2 + d^2} + \frac{bc - ad}{c^2 + d^2}i. (其中 c + di \neq 0)$$

即:

$$(a + bi) \div (c + di) = \frac{ac + bd}{c^2 + d^2} + \frac{bc - ad}{c^2 + d^2}i. (其中 c + di \neq 0)$$

例 5 计算:

(1) $(2 + 3i) \div (1 + i)$;　　　　　(2) $\dfrac{\sqrt{2} + \sqrt{3}i}{\sqrt{2} - \sqrt{3}i}$.

解 (1) $(2 + 3i) \div (1 + i) = \dfrac{2 + 3i}{1 + i} = \dfrac{(2 + 3i)(1 - i)}{(1 + i)(1 - i)}$

$$= \frac{2 - 2i + 3i + 3}{2} = \frac{5}{2} + \frac{1}{2}i;$$

$$(2)\ \frac{\sqrt{2} + \sqrt{3}i}{\sqrt{2} - \sqrt{3}i} = \frac{(\sqrt{2} + \sqrt{3}i)(\sqrt{2} + \sqrt{3}i)}{(\sqrt{2} - \sqrt{3}i)(\sqrt{2} + \sqrt{3}i)}$$

$$= \frac{2 + 2\sqrt{6}i - 3}{5} = -\frac{1}{5} + \frac{2}{5}\sqrt{6}i.$$

解练习题
微课视频

1. 计算:

(1) $(1 - 2i)(5 + i)$; 　　(2) $(-1 + 2i)(-1 - 2i)$;

(3) $\dfrac{4 + i}{4 - i}$; 　　　　　　(4) $\dfrac{\sqrt{2}i}{3 + i}$.

2. 填出计算结果:

$i^{21} = $ _____ , $i^{32} = $ _____ , $i^{43} = $ _____ , $i^{14} = $ _____ .

3. 实系数一元二次方程在复数集内的解

对于方程 $x^2 = -a\ (a > 0)$, 由 $(\pm\sqrt{a}i)^2 = ai^2 = -a$ 可知, $\sqrt{a}i$ 与 $-\sqrt{a}i$ 都是负数 $-a$ 的平方根. 即方程 $x^2 = -a\ (a > 0)$ 在复数集内有两个根

$$x = \pm\sqrt{a}i.$$

例如, 方程 $x^2 = -9$ 在复数集内的两个根为 $3i$ 与 $-3i$, 方程 $x^2 = -5$ 在复数集内的两个根为 $\sqrt{5}i$ 与 $-\sqrt{5}i$.

下面讨论方程 $ax^2 + bx + c = 0$ (其中 a、b、$c \in \mathbf{R}$, 且 $a \neq 0$), 当判别式 $\Delta = b^2 - 4ac < 0$ 时根的情形.

将方程 $ax^2 + bx + c = 0$ 变形为

$$x^2 + \frac{b}{a}x = -\frac{c}{a},$$

$$x^2 + \frac{b}{a}x + \left(\frac{b}{2a}\right)^2 = -\frac{c}{a} + \left(\frac{b}{2a}\right)^2,$$

$$\left(x + \frac{b}{2a}\right)^2 = \frac{b^2 - 4ac}{(2a)^2},$$

即
$$\left(x + \frac{b}{2a}\right)^2 = -\left[\frac{4ac - b^2}{(2a)^2}\right] \quad (4ac - b^2 > 0).$$

根据上面的讨论,可得

$$x + \frac{b}{2a} = \frac{\pm\sqrt{4ac - b^2}\,\mathrm{i}}{2a}.$$

所以实系数一元二次方程 $ax^2 + bx + c = 0$,当判别式 $\Delta = b^2 - 4ac < 0$ 时,在复数集 $\mathbf{C}$ 内有两个互为共轭复数的根

$$x = \frac{-b \pm \sqrt{4ac - b^2}\,\mathrm{i}}{2a}.$$

例 6   在复数集内解方程 $x^2 + 4x + 5 = 0$.

解   因为判别式 $\Delta = 4^2 - 4 \times 1 \times 5 = -4 < 0$,所以此方程的解为

$$x = \frac{-4 \pm 2\mathrm{i}}{2},$$

即
$$x_1 = -2 + \mathrm{i}, \quad x_2 = -2 - \mathrm{i}.$$

练习

在复数集内解方程:

(1) $2x^2 - x + 1 = 0$;

(2) $x^2 + 2x + 4 = 0$.

§5-2 微课视频

习题 5-2

A 组

1. 计算:

(1) $(-3 + 5\mathrm{i}) + (1 + \mathrm{i}) - (2 + \mathrm{i})$;   (2) $(1 - 3\mathrm{i})(-1 + \mathrm{i})$;

(3) $(1 + \mathrm{i}^7)(2 - \mathrm{i}^6)$;   (4) $5\mathrm{i}^{13} + (3 - \mathrm{i})^2$;

(5) $\left(\frac{1}{2} - \frac{\sqrt{2}}{2}\mathrm{i}\right)^2$;   (6) $\frac{1 - 2\mathrm{i}}{3 - 4\mathrm{i}}$;

(7) $2i \div (1 + i)$; (8) $\left(\dfrac{1 - i}{1 + i}\right)^{50}$.

2. 已知 $(1 + i) \div (3 - i) = x + yi$，则实数 x、y 的值分别是 _____ 和 _____.

3. 填空：设 $z_1 = 1 - i$，$z_2 = 2 + i$，则 $z_1 \cdot z_2$ 的实部是 _____、虚部是 _____、模是 _____，$|z_1| + |z_2| =$ _____.

4. 设 $z_1 = 2 + i$，$z_2 = 4 + 3i$，在复平面内用向量表示 $z_1 + z_2$ 与 $z_1 - z_2$.

5. 在复数集内求方程 $3x^2 - 2x + 1 = 0$.

B 组

1. 在复数集内分解因式：

(1) $x^2 + 4$;   (2) $3x^2 + 2$;   (3) $x^4 - 64$;   (4) $x^2 + 2y^2$.

2. 说出在复平面内满足条件 $|z - (1 + \sqrt{2}i)| = \sqrt{3}$ 的所有点组成一个怎样的图形.

📖 阅读

虚 数 的 诞 生

在求解方程 $x^2 = b$ 时，总是要强调 b 是非负数，否则该方程无根. 人们对事物的认识总是螺旋式上升的，现在，我们知道对负数进行开方可以用虚数 i 来表示. 从虚数的名字就已经可以联想到其诞生过程的艰难.

1545 年，意大利数学家卡尔达诺（Cardano，1501—1576）在求解三次方程时，用到了表达式 $40 = (5 + \sqrt{-15})(5 - \sqrt{-15})$. 尽管他认为这两个表达式是没有意义的、想象的、虚无飘渺的，但他是第一个把负数的平方根写到公式中的数学家，也由此肯定了负数的平方根的用处.

首次给出"虚数"这一名称的是法国数学家笛卡儿（Descartes，1596—1650），他在 1637 年发表的《几何学》中使"虚的数"与"实的数"相对应. 从此，虚数才流传开来. 1777 年，瑞士数学大师欧拉（Euler，1707—1783）在论文中，首次使用符号 i 表示 -1 的一个平方根，即 $\sqrt{-1} = i$，创立了虚数的单位 i. 后来人们在这两个成果的基础上，把实数和虚数结合起来，记成 $a + bi$ 形式，称为复数.

数系中发现一颗新星——虚数，引起了数学界的一片困惑，很多大数学家都不承认虚数. 德国数学家莱布尼茨（Leibniz，1646—1716）就曾经说过："虚数是奇妙的人生寄托，它好像是存在与不存在之间的一种两栖动物."数轴上的点只能表示实数，那么虚数的位置在哪里？它到底有什么意义？

1797年,挪威测量学家威塞尔(Wessel,1745—1818)给出了复数的几何意义,正式提出把复数 $a+bi$ 用平面上的点 (a,b) 来表示,用平面上的向量表示,初步建立了复平面的概念,真正作出了虚数的几何解释.

德国数学家高斯(Gauss,1777—1855)在1806年公布了虚数的图像表示法,把平面当成复数的点的集合,这个平面叫做"复平面",后来又称"高斯平面".明确了复数与平面内点的一一对应关系.至此之后,没有人再怀疑复数的存在了.

18世纪以后,复数的理论日益完善,人们发现了复数有许多良好的性质,许多问题都可以方便地用复数运算来处理,并且复数在力学、电学、理论物理学等学科中显示了它的独特地位,成为科学技术中一个重要的数学工具.

复习题五

A 组

1. 判断正误:

(1) 复数就是虚数. （ ）

(2) 任意两个复数不一定能比较大小. （ ）

(3) 复数 $z = \dfrac{1}{4} + \dfrac{1}{4}$i 只有一个辐角 $\dfrac{\pi}{4}$. （ ）

(4) 设 $z = a + bi(a、b \in \mathbf{R})$,则 $z \cdot \bar{z} = |z|^2$. （ ）

2. 填空题:

(1) 复数 $(a-1) + (b-2)$i 是纯虚数,其中 $a、b \in \mathbf{R}$,则 $a = $ _____ , b _____ .

(2) 若 $(x + yi)(1 + i) = 3 + i$,则实数 $x、y$ 的值分别为 _____ 和 _____ .

(3) 若 $z = 2 + i$,则 $\bar{z} = $ _____ , $z \cdot \bar{z}$ 的值是 _____ .

(4) 复数 $z = \sin \dfrac{\pi}{3} + i\cos \dfrac{\pi}{3}$ 的模为 _____ ,辐角的主值是 _____ .

(5) 已知复数 $z = \dfrac{3}{2}i + (1 - i)^2$,则 z 的实部是 _____ 、虚部是 _____ 、

模是 _____ ,辐角的主值是 _____ .

(6) 复数 $z = \dfrac{1}{\sqrt{2} + 3i}$ 在复平面内对应的点在第 _____ 象限.

3. 选择题:

(1) 若复数 $z = (m^2 + i)(-1 + i)$ 是实数,则实数 m 的值是( ).

(A) ± 1 (B) -1 (C) $\sqrt{3}$ (D) $-\sqrt{2}$

(2) $i^{100} + i^{101} + i^{102} + i^{103}$ 的值是( ).

(A) i (B) 1 (C) -1 (D) 0

(3) 复平面内,平行四边形 $ABCD$ 的 $A、B、D$ 点对应的复数分别为 $1+2i、3+4i、1+3i$,那么 C 点对应的复数是( ).

(A) $3+5i$ (B) $3+2i$ (C) $-3+5i$ (D) i

(4) 若复数 z 满足方程 $z^2 + 2 = 0$,则 $z^5 = ($).

(A) 8 (B) $4\sqrt{2}i$ (C) $\pm 4\sqrt{2}i$ (D) -8

(5) 若一元二次方程有两个共轭的复数根 $x = -1 + 2i$ 和 $x = -1 - 2i$,则此方程为( ).

(A) $x^2 - 2x + 5 = 0$ (B) $x^2 + 2x - 3 = 0$

$$(\text{C}) \ x^2 + 2x + 5 = 0 \qquad\qquad (\text{D}) \ 2x^2 + 3x + 1 = 0$$

4. 计算：

$(1) \ \dfrac{2-\mathrm{i}}{2+\mathrm{i}} + \dfrac{2+\mathrm{i}}{2-\mathrm{i}}$; $\qquad (2) \ \dfrac{(1-\mathrm{i})^5 - 1}{(1+\mathrm{i})^5 + 1}$; $\qquad (3) \ (1 + \sqrt{3}\,\mathrm{i})^6$.

5. 证明 $|z_1 - z_2|$ 表示在复平面内 z_1 与 z_2 两点间的距离.

B 组

1. 计算：

$(1) \ z = \dfrac{(1+\mathrm{i})^2 (-1 + \sqrt{3}\,\mathrm{i})^{10}}{(1-\mathrm{i})^{12}}$;

(2) 设 $n \in \mathbf{N}_+$，求 $\left(\dfrac{1+\mathrm{i}}{1-\mathrm{i}} \right)^{4n+3}$.

2. 若复数 z 满足 $|z + 2\mathrm{i}| = 3$，且 $\arg z = \dfrac{\pi}{2}$，求 z.

第6章 空间图形

> 几何学是磨练我们思维能力的最强有力的工具,它为我们正确思维和讨论提供机会.
>
> ——伽利略

在平面几何里,我们已经学习了平面图形的有关知识.但在日常生活及生产实践中,遇到的图形,并不都是平面图形,还有大量的空间图形,如各种各样的机器零部件、各种包装盒子、各种杯子和瓶子、鸟巢国家体育场、北京国家大剧院,等等.这就需要进一步学习有关空间图形的知识.

本章将学习空间的点、线、面的性质以及它们之间的关系,并以此为基础解决常见空间几何图形的有关计算问题.

§6-1 平面

> ⊙平面的概念　⊙平面的表示　⊙水平放置的平面图形直观图的画法　⊙平面的基本性质:三个公理,三个推论

一、平面及其表示法

常见的桌面、墙面、黑板面等,都给我们以平面的形象,然而,它们只是数学中所说的平面的一部分,数学中所说的平面是从具体事物中抽象出来的,可以无限延展的几何元素.通常用平行四边形来表示平面,并在其顶角内部写上希腊字母 α、β、γ、…来表示.如图6-1(a)、(b)、(c)中的平面 α、β、γ.有时也用平行四边形顶点字母表示平面,如图6-1(d)中的平

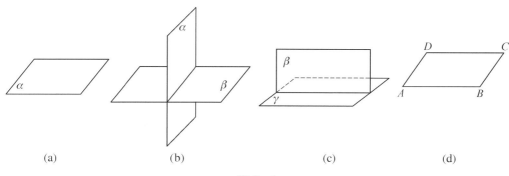

(a)　　　　　(b)　　　　　(c)　　　　　(d)

图6-1

面,可以记作平面 AC 或平面 $ABCD$.

画水平放置的平面时,一般把平行四边形的锐角画成 45°,把横边的长度画成大约等于邻边长度的二倍,且使横边与水平方向平行.

画竖直放置的平面时,平行四边形一组对边要画成铅垂线.如图 6-1(b)中的平面 α 与(c)中的平面 β.

当一个平面的一部分被另一个平面遮住时,被遮住部分的线段不画或画成虚线,如图 6-1(b)中的 β 与(c)中的 γ.

二、水平放置的平面图形直观图的画法

把空间图形按照某些规定用画在一个平面内的图形表示,这样的平面图形就叫做空间图形的直观图.直观图给人以立体的感觉,对研究空间图形很有帮助,而要画空间图形的直观图,就应首先会画水平放置的平面图形的直观图.下面举例说明平面图形的直观图画法.

例 1 在平面 α 内画已知正方形 $ABCD$ 的直观图.

画法 (1)在平面 α 内画水平线段 A_1B_1,使 $A_1B_1 = AB$;

(2)作 $\angle B_1A_1D_1 = 45°$,且使 $A_1D_1 = \dfrac{1}{2}AD$;

(3)作 $D_1C_1 \parallel A_1B_1$,且使 $D_1C_1 = A_1B_1$;

(4)连接 B_1C_1.

则 $\square A_1B_1C_1D_1$ 就是正方形 $ABCD$ 的直观图,如图 6-2 所示.

图 6-2

例 2 在平面内作已知正五边形 $ABCDE$ 的直观图.

画法 (1)在正五边形 $ABCDE$ 内,连接 BE,过 A 作 $AH \perp CD$,交 BE 于 O,交 CD 于 H;

(2)在平面 α 内作水平线段 C_1D_1,且使 $C_1D_1 = CD$;

(3)在 C_1D_1 上取 H_1,使 $C_1H_1 = CH$,作 $\angle A_1H_1D_1 = 45°$,且使 $A_1H_1 = \dfrac{1}{2}AH$,$O_1H_1 = \dfrac{1}{2}OH$;

（4）过 O_1 作 B_1E_1 ∥ C_1D_1，且使 $B_1O_1 = BO$，$O_1E_1 = OE$；

（5）分别连接 C_1B_1、B_1A_1、A_1E_1、E_1D_1.

则五边形 $A_1B_1C_1D_1E_1$ 就是正五边形 $ABCDE$ 的直观图，如图 6-3 所示.

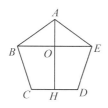 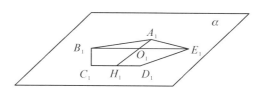

图 6-3

在水平平面内画平面图形的直观图的原则是：把水平线段画成长度相等的水平线段，把与水平线段垂直的线段画成与水平线段成 45°角（或 135°角），而长度为其原来长度一半的线段.

练习

画出正三角形的直观图.

三、平面的基本性质

公理1 如果一条直线上的两个点在一个平面内，那么这条直线上的所有点都在这个平面内（如图 6-4 所示）.

这时，我们说直线在平面内，或者说平面过直线.

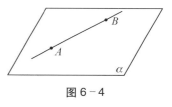

图 6-4

公理2 如果两个平面有一个公共点，那么它们相交于经过这点的一条直线.

例如，教室里相邻的两面墙壁，在墙角处有一个公共点，它们就相交于过这一点的一条直线.

公理3 不在同一条直线上的任意三点可以确定一个平面.

也可以说，过不在同一条直线上的任意三点可以作并且只可以作一个平面.例如，平面水准仪的水平面就是利用此公理来调准、确定的.

推论1 过一条直线和这条直线外的一个点，可以并且只可以作一个平面（如图 6-5(a)）.

推论2 两条相交直线可以确定一个平面（如图 6-5(b)）.

推论3 两条平行直线可以确定一个平面（如图 6-5(c)）.

空间的点、直线和平面的关系，可以用符号来表示.规定：

（1）点 A 在直线 l 上，记作 $A \in l$，点 A 在直线 l 外，记作 $A \notin l$；

（2）点 A 在平面 α 内，记作 $A \in \alpha$，点 A 在平面 α 外，记作 $A \notin \alpha$；

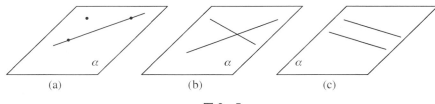

图 6-5

（3）直线 l 在平面 α 内，记作 $l \subset \alpha$ 或 $\alpha \supset l$，直线 l 在平面 α 外，记作 $l \not\subset \alpha$；

（4）平面 α 和平面 β 相交于直线 l，记作 $\alpha \cap \beta = l$，平面 α 和平面 β 无交点，记作 $\alpha \cap \beta = \varnothing$.

空间几个点或几条直线如果在同一平面内，可以简单地说它们"共面"，否则，就说它们"不共面".

§6-1 微课视频

练习

判断下列命题正确与否：

1. 空间的任意三个点确定一个平面.   （   ）

2. 两个平面如果相交，交点一定有无穷多个.   （   ）

3. 相交于同一点的三条直线一定共面.   （   ）

习题 6-1

A 组

1. 试画出下列图形的直观图：

（1）矩形；   （2）等腰梯形.

2. 观察下面这两个图形，说明它们有何异同.

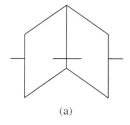

(a)

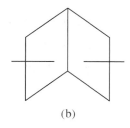

(b)

第 2 题图

3. 四条线段依次首尾相接,所得到的封闭图形一定是平面图形吗?

B 组

1. 判断下列命题正确与否:

　　(1) 点 $A \in \alpha$,点 $B \notin \alpha$ 时,直线 $AB \cap \alpha = A$; 　　　　　　(　　)

　　(2) 点 $A \in \alpha$,点 $B \in \alpha$,且点 $C \in AB$,则 $C \in \alpha$; 　　　　　　(　　)

　　(3) 线段 AB 在平面 α 内,但直线 AB 不全在平面 α 内. 　　　　(　　)

2. 空间中四个点最多可以确定几个不同的平面?四条平行线最多可以确定几个不同的平面?

§6-2 空间两条直线的位置关系

⊙平行直线 　⊙相交直线 　⊙异面直线 　⊙有关平行的两个定理 　⊙两条异面直线所成的角 　⊙两条异面直线间的距离

一、两条直线的位置关系

同一平面内的两条直线不是平行,就是相交.而空间的两条直线则可能既不平行,也不相交.如教室内面对讲台摆放着的课桌的腿棱所在的直线与黑板上沿所在的直线就属于这种关系.

> **定义** 不同在任何一个平面内的直线叫做**异面直线**.

因此,在空间不重合的两条直线的位置关系有三种:

　　(1) **平行直线**——在同一个平面内,没有公共点;

　　(2) **相交直线**——只有一个公共点;

　　(3) **异面直线**——不同在任何一个平面内,没有公共点.

画异面直线时,要像图 6-6 中的直线 l 和 m 那样,显示出它们既不平行也不相交的特点.

在平面几何里,平行线具有传递性,在空间也有类似的结论:

定理1 空间中平行于同一条直线的两条直线互相平行.

例如,地面为矩形的教室四面侧墙的交线都是互相平行的.

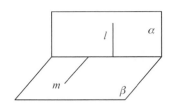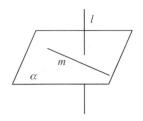

图 6－6

定理 2 空间中如果一个角的两边和另一个角的两边分别平行且方向相同,那么这两个角相等.

如图 6－7 所示:AC、$A'C'$ 是门框的上下沿线,BC、$B'C'$ 是门板上下沿线,由于 $AC /\!/ A'C'$,$BC /\!/ B'C'$,所以无论门板在何位置,都有 $\angle ACB = \angle A'C'B'$.

注意:不是所有的平面几何定理在空间中都有类似的结论.你能举例说明吗?

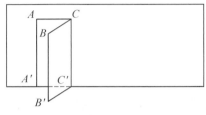

图 6－7

练习

过一条直线外的一点作该直线的平行线,能作几条?

二、两条异面直线所成的角

两条异面直线不能直接相交成角,下面给出两条异面直线所成的角的定义.

定义 过空间任一点,分别作两条异面直线的平行线,这两条直线相交所成的**锐角(或直角)**叫做**两条异面直线所成的角**.

如图 6－8(a)所示,a 和 b 是异面直线,经过空间任意一点 O,作直线 $a' /\!/ a$,$b' /\!/ b$,那么

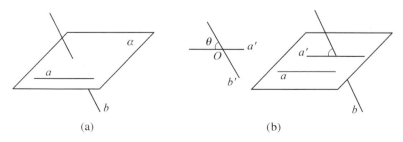

(a)　　　　　　　(b)

图 6－8

a' 与 b' 相交成的锐角（或直角）θ 就是异面直线 a 和 b 所成的角.一般地,将点取在其中一条直线上,过这一点作另一条直线的平行线,即得异面直线所成的角,如图 6-8(b) 所示.

如果两条异面直线所成的角是直角,就称这**两条异面直线互相垂直**.两条异面直线 a 和 b 互相垂直,记作 $a\perp b$.由此可见,空间两条互相垂直的直线,可以是相交直线,也可以是异面直线.

在图 6-9 所示的正方体中,$AA'\perp BC$,$AA'\perp AB$,前者是异面直线,后者是共面直线.

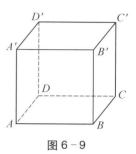

图 6-9

在图 6-9 中,直线 AB 与两条异面直线 AA'、BC 都垂直且相交.我们把和两条异面直线都垂直且相交的直线叫做两条异面直线的**公垂线**.两条异面直线的公垂线在这两条异面直线间的线段的长度叫做**两条异面直线间的距离**.

练习

填写两条直线的位置关系:

只有一个公共点的两条直线是_____;没有公共点的两条直线是_____或_____;在同一平面内的两条直线是_____或_____;不同在任何一个平面内的两条直线是_____.

§6-2 微课视频

习题 6-2

A 组

1. 判断下列命题正确与否:

(1) 空间中如果两条直线垂直,那么它们相交. （   ）

(2) 空间中平行于同一直线的两条直线互相平行. （   ）

(3) 空间中垂直于同一直线的两条直线互相平行. （   ）

(4) 两条互相垂直的直线一定共面. （   ）

2. a、b 为异面直线,b、c 也是异面直线,那么 a、c 一定是异面直线吗？举例说明.

3. 如图,$ABCD-A_1B_1C_1D_1$ 是棱长为 a 的正方体.说明下列各组线段所成的角,如果是平行线段,指出它们之间的距离.

(1) AB 和 CC_1；

(2) AA_1 和 B_1C；

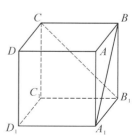

第3题图

（3）B_1C_1 和 AD；　　　　　　　　　　　（4）A_1B 和 B_1C.

B 组

1. l，m，n 为三条直线,判断下列描述是否正确:

（1）如果 $l /\!/ m$，$l \perp n$，则 $m \perp n$.　　　　　　　（　　）

（2）如果 $l \perp m$，$l \perp n$，则 $m /\!/ n$.　　　　　　　（　　）

2. 如图所示,在正方体 $ABCD - A_1B_1C_1D_1$ 中，P、N 分别是 A_1B_1、B_1C_1 的中点.

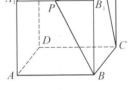

第2题图

（1）画出并求出：PN 和 DC 所成的角；PN 和 C_1C 所成的角；PN 和 BD 所成的角.

（2）画出 PB 和 NC 所成的角.

§6−3　直线和平面的位置关系

> ⊙直线和平面的三种位置关系　⊙直线和平面平行的判定和性质　⊙直线和平面垂直的定义、判定及性质　⊙斜线及其在平面内的射影　⊙直线和平面所成的角　⊙三垂线定理及其逆定理

一、直线和平面的位置关系

观察教室某条下垂的电灯吊线,它和侧墙没有交点,和顶板只有一个交点.

如果一条直线和一个平面没有公共点,那么称**这条直线和这个平面平行**.直线和平面的位置关系有三种:

（1）**直线在平面内**——有无数个公共点；

（2）**直线和平面相交**——只有一个公共点；

（3）**直线和平面平行**——没有公共点.

画直线和平面平行时,把直线画在表示平面的平行四边形以外,并且使其与平行四边形的一边平行,如图 6−10（a）所示.画直线和平面相交时,把直线延伸到表示平面的平行四边形以外,并且把被平面遮住的部分画成虚线（如图 6−10（b）），或者不画出（如图 6−10（c））.

直线 l 与平面 α 交于点 N,记作 $l \cap \alpha = N$；

直线 l 与平面 α 平行,记作 $l /\!/ \alpha$.

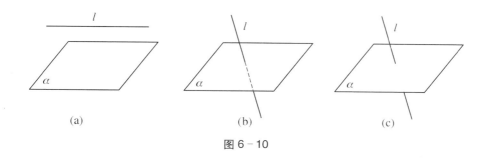

图 6 - 10

二、直线和平面平行

定理 1 直线和平面平行的判定定理

如果平面外一条直线平行于这个平面内的一条直线,那么这条直线和这个平面平行.(可简记为"线线平行,线面平行")

如图 6 - 11 所示,这个判定定理说的就是:如果 $a \not\subset \alpha$, $b \subset \alpha$,且 $a /\!/ b$,那么 $a /\!/ \alpha$.

定理 2 直线和平面平行的性质定理

如果一条直线和一个平面平行,经过这条直线的另外一个平面与这个平面相交,那么交线和这条直线平行.(可简记为"线面平行,线线平行")

如图 6 - 11 所示,这个性质定理说的就是:如果 $a /\!/ \alpha$, $a \subset \beta$,且 $\alpha \cap \beta = b$,那么 $a /\!/ b$.

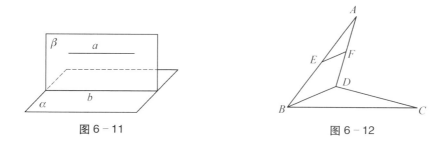

图 6 - 11   图 6 - 12

例 1 如图 6 - 12 所示,E、F 分别是空间四边形 $ABCD$ 两邻边 AB、AD 的中点,试说明线段 EF 与平面 BCD 之间的关系.

解 因为 E、F 分别是 AB、AD 的中点,所以 $EF /\!/ BD$. 又 BD 在平面 BCD 内,由直线和平面平行的判定定理,得 $EF /\!/$ 平面 BCD.

练习

判断下列命题正确与否:

1. 平行于同一平面的两条直线一定互相平行. ( )

2. 一条直线平行于一个平面,就和这个平面内任意直线平行. ( )

3. 如果直线 a 与直线 b 平行,那么 a 就与过 b 的所有平面都平行. ( )

4. 过平面外一点作平面的平行线,能且只能作一条. ( )

三、直线和平面垂直

定义 1　如果一条直线和一个平面相交,并且和这个平面内的任意一条直线都垂直,那么称**这条直线和这个平面互相垂直**.这条直线叫做这个平面的**垂线**,这个平面叫做这条直线的**垂面**,垂线和平面的交点叫做**垂足**.

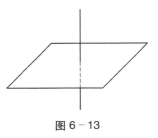

图 6-13

直线 l 和平面 α 垂直,记作 $l \perp \alpha$.

画直线和平面垂直时,要把直线画成和表示平面的平行四边形的一条边互相垂直(图 6-13).

定理 3　直线和平面垂直的判定定理

如果一条直线和平面内的两条相交直线都垂直,那么这条直线和这个平面垂直.

要把一根电线杆竖在地上,看它是否垂直于地面,只需从两个不同的角度观察,电线杆与地面上的直线垂直即可.其根据就是这个判定定理.

定理 4　直线和平面垂直的性质定理

如果两条直线都垂直于同一平面,那么这两条直线平行.

推论:过平面外(或平面内)一点,有且仅有一条与这个平面垂直的直线.

从平面外一点向平面引垂线,这个点到垂足之间的距离叫做**点到平面的距离**.

例 2　如图 6-14 所示,在长方体 $ABCD-A_1B_1C_1D_1$ 中,设 $A_1A = a$, $AB = b$, $AD = c$.

求证:(1) $A_1A \perp$ 底面 $ABCD$;

(2) $A_1C = \sqrt{a^2 + b^2 + c^2}$.

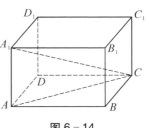

图 6-14

证　(1) 因为 $ABCD - A_1B_1C_1D_1$ 是长方体,所以 $A_1A \perp AB$, $A_1A \perp AD$.

又 AB 和 AD 是底面 $ABCD$ 的两条相交直线,由直线和平面垂直的判定定理,得 $A_1A \perp$ 底面 $ABCD$.

（2）连接 AC、A_1C，则 $A_1A \perp AC$.

在直角 $\triangle ABC$ 中，$AC = \sqrt{AB^2 + BC^2} = \sqrt{b^2 + c^2}$；

在直角 $\triangle A_1C$ 中，$A_1C = \sqrt{AA_1^2 + AC^2} = \sqrt{a^2 + b^2 + c^2}$.

练习

判断下列命题正确与否：

1. 如果直线 a 垂直于平面内的一条直线，那么直线 a 就和该平面垂直.　　　(　　)

2. 如果直线 a 垂直于平面内的两条直线，那么直线 a 就和该平面垂直.　　　(　　)

3. 如果直线 a 垂直于平面内的无数条直线，那么直线 a 就一定垂直于这个平面.　(　　)

4. 过平面外一点作平面的垂线，能且只能作一条.　　　　　　　　　(　　)

四、直线和平面斜交

1. 斜线及其在平面内的射影

与平面相交但不垂直的直线叫做平面的**斜线**，斜线与平面的交点叫做**斜线足**（或**斜足**）. 从平面外一点向这个平面引垂线和斜线，从这点到垂足间线段的长即点到平面的距离，又叫做这点到这个平面的垂线长；从这点到斜足间线段的长，叫做这点到这个平面的**斜线长**. 斜足和垂足之间的线段叫做从这点到平面所引斜线在这个平面内的**射影**.

如图 6-15 所示，AC 是平面 α 的斜线，B 是垂足，C 是斜足，线段 AB 是垂线长，线段 AC 是斜线长，线段 BC 是斜线 AC 在平面 α 内的射影.

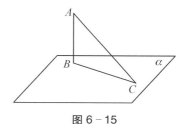

图 6-15

定理5 从平面外一点向这个平面引垂线和斜线：

（1）**两条斜线的射影相等，斜线长也相等；反之，斜线长相等，射影也相等.**

（2）**两条斜线，射影较长的斜线也较长；反之，斜线较长，射影也较长.**

（3）**垂线比任何一条斜线都短.**

2. 直线和平面所成的角

定义2 如果一条直线和一个平面斜交，那么这条直线和它在平面内的射影所成的角，叫做**这条直线和这个平面所成的角.**

如果直线垂直于平面，就说它们所成的角是直角；如果直线与平面平行或在平面内，就说它们所成的角是0°的角.

定理6 斜线和平面所成的角是斜线和这个平面内过斜足的所有直线所成的角中最小的角.

例3 如图 6 – 16 所示,8 m 高的旗杆 DA 直立于地面上,拉绳 DB 和地面成 60°的角,拉绳 DC 在地面上的射影 AC 长为 8 m.求:

(1) 绳 DB 的长及其在地面上射影 AB 的长;

(2) 拉绳 DC 的长及其与地面所成的角(绳长精确到 0.1 m).

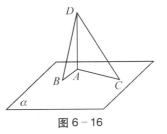

图 6 – 16

解 因为 $DA \perp$ 地面(平面 α),所以 $DA \perp AB$,$DA \perp AC$.

(1) 在直角三角形 BAD 中,因为 $\angle DBA = 60°$,$DA = 8(m)$,所以

$$DB = \frac{DA}{\sin 60°} = \frac{16\sqrt{3}}{3} \approx 9.2(m),$$

$$AB = DA\cot 60° = 8 \cdot \frac{\sqrt{3}}{3} \approx 4.6(m).$$

(2) 在直角三角形 DAC 中,因为 $DA = AC$,所以 $\angle ACD = 45°$,于是

$$DC = \sqrt{DA^2 + AC^2} = \sqrt{8^2 + 8^2} = \sqrt{128} \approx 11.3(m).$$

练习

判断下列命题正确与否:

1. 从平面外的两点分别向这个平面引斜线,若两条斜线的射影长相等,则这两条斜线长也相等.   (　　)

2. 若平面 α 的两条斜线与 α 所成的角相等,则这两条斜线平行.   (　　)

五、三垂线定理

定理7 三垂线定理

平面内的一条直线,如果它和一条斜线在平面内的射影垂直,那么它就和这条斜线垂直.

如图 6 – 17 所示,已知 AB 和 AO 分别为平面 α 的垂线和斜线,BO 为 AO 在平面内的射影,$CD \subset \alpha$,且 $BO \perp CD$.求证:$CD \perp AO$.

证 因为 $AB \perp \alpha$,$CD \subset \alpha$,所以 $AB \perp CD$.

又 $CD \perp BO$，故 CD 垂直于两相交直线 AB 和 BO 所在的平面 ABO. 所以 $CD \perp AO$.

定理 8 三垂线定理的逆定理

平面内的一条直线，如果和这个平面的一条斜线垂直，那么它也和这条斜线在平面内的射影垂直.

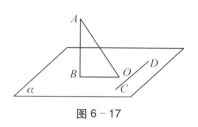

图 6-17

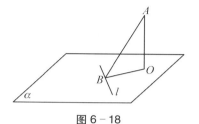

图 6-18

例 4 如图 6-18 所示，l 是平面 α 内的一条直线，AO 是平面 α 的垂线，O 是垂足，$AO = 12$ cm，点 O 到 l 的距离是 5 cm，求点 A 到 l 的距离.

解 在平面 α 内过 O 点作 $OB \perp l$，交 l 于 B，连接 AB. 由三垂线定理，得 $AB \perp l$，即 AB 的长就是点 A 到 l 的距离. 因为 $AO \perp \alpha$，$OB \subset \alpha$，所以 $AO \perp BO$. 于是，在直角三角形 ABO 中，

$$AB = \sqrt{AO^2 + BO^2}$$
$$= \sqrt{12^2 + 5^2}$$
$$= 13 (\text{cm}).$$

即点 A 到直线 l 的距离是 13 cm.

§6-3 微课视频

练习

如图所示，在正方体 $ABCD - A_1B_1C_1D_1$ 中：

（1）对角线 A_1C_1 与对角线 BD_1 垂直吗？为什么？

（2）对角线 BD_1 与底面 $ABCD$ 所成的角是多少？

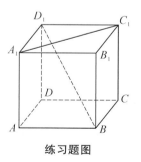

练习题图

习题 6-3

A 组

1. 画两个相交平面，且在一个平面内画一条直线和另一个平面平行.

2. 如图所示,在长方体中,$AB = BC = 4$ cm,$AA' = 2$ cm,求:

(1) BC 与 AA' 所成的角; 　　　　(2) AA' 与 BC' 所成的角;

(3) $A'B'$ 与 DC' 的距离; 　　　　(4) $B'C'$ 与 CD 的距离.

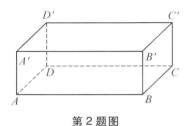

第 2 题图

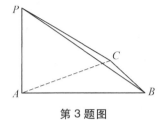

第 3 题图

3. 如图所示,在 △ABC 中,$\angle ACB = 90°$,$PA \perp$ 平面 ABC.

(1) 求证:$PC \perp BC$;

(2) 已知 $PA = 6$,$PC = 8$,$BC = 6$,求 PB 的长及点 A 到 PB 的距离.

B 组

1. 已知空间 A、B、C 三点不共线,且 C 在直线 l 上,$AC \perp l$,$BC \perp l$,求证:$AB \perp l$.

2. 如图所示,P-ABC 叫做正四面体,它的四个面 PAB、PAC、PBC、ABC 都是正三角形.

(1) 已知 $PO \perp$ 平面 ABC,O 在平面 ABC 内,求证 O 是 △ABC 的中心;

(2) 求证:异面直线 $PC \perp AB$;

(3) 求 PC 和平面 ABC 所成的角(精确到 $1°$).

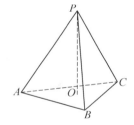

第 2 题图

3. 一个等边三角形的边长为 $3a$,从它所在的平面外一点到它的三个顶点的距离都等于 $2a$,求该点到这个平面的距离.

§6-4　两个平面的位置关系

⊙两个平面的位置关系:平行、相交 　⊙两个平面平行的判定与性质 　⊙二面角及其平面角 　⊙两个平面垂直的判定与性质

一、两个平面的位置关系

观察教室,地面和侧墙面相交,而地面和顶面不相交.

如果两个平面没有公共点,那么称这两个平面**互相平行**.空间两个不重合的平面,位置关系有两种:

（1）两个平面平行——没有公共点;

（2）两个平面相交——有一条公共直线;

画两个互相平行的平面时,要使表示平面的两个平行四边形对应边互相平行(图6－19(a));画两个相交平面时,要使表示两个相交平面的平行四边形有一条交线(图6－19(b)).

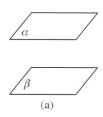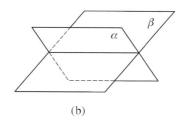

图 6－19

二、两个平面平行

定理 1　两个平面平行的判定定理

如果一个平面内的两条相交直线都平行于另一个平面,那么这两个平面互相平行.

推论 1　如果一个平面内的两条相交直线分别和另一个平面内的两条相交直线平行,那么这两个平面互相平行.如图 6－20(a)所示.

推论 2　垂直于同一条直线的两个平面互相平行.如图 6－20(b)所示.

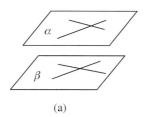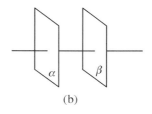

图 6－20

例 1　如图 6－21 所示,D、E 和 F 分别是 PA、PB 和 PC 的中点,$\triangle ABC$ 和 $\triangle DEF$ 分别在平面 α 和 β 内.求证 $\alpha \parallel \beta$.

证明　因为 D、E 和 F 分别是 PA、PB 和 PC 的中点,所以 $DE \parallel AB$,$DF \parallel AC$,又 $DE \cap DF = D$,$AB \cap AC = A$,所以 DE、DF 所在平面平行于 AB、AC 所在平面,即 $\alpha \parallel \beta$.

定理 2　两个平面平行的性质定理 1

如果两个平行平面分别和第三个平面相交,那么它们的交线互相平行.

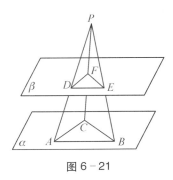

图 6－21

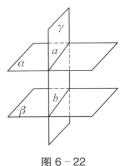

图 6－22

如图 6－22 所示,这个定理就是说,如果 $\alpha /\!/ \beta, \alpha \cap \gamma = a, \beta \cap \gamma = b$,那么 $a /\!/ b$.

定理 3 两个平面平行的性质定理 2

夹在两个平行平面之间的平行线段的长度都相等.

推论 两个平行平面之间的垂直线段的长度都相等.

夹在两个平行平面之间且和两个平面都垂直的线段叫做这两个平行平面的**公垂线段**,公垂线段的长度叫做**两个平行平面之间的距离**.

例 2 如图 6－23 所示,已知 $\alpha /\!/ \beta$, AC 和 BD 是夹在 α 和 β 间的两条线段,$AC = 13\,\text{cm}$,$BD = 15\,\text{cm}$,AC 和 BD 在 β 内的射影之比为 $5:9$.求两个平行平面 α 和 β 之间的距离及两线段射影之长.

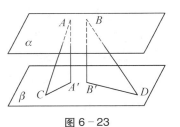

图 6－23

解 过 A 和 B 分别作平面 β 的垂线 AA' 和 BB',A' 和 B' 为垂足,连接 $A'C$ 和 $B'D$,则 $A'C$ 和 $B'D$ 分别是 AC 和 BD 在平面 β 内的射影.在直角三角形 $AA'C$ 和直角三角形 $BB'D$ 中,

$$AA' = \sqrt{AC^2 - A'C^2}, \quad BB' = \sqrt{BD^2 - B'D^2}.$$

由已知,$AC = 13\,\text{cm}$,$BD = 15\,\text{cm}$,$A'C : B'D = 5 : 9$,又 $AA' = BB'$,

所以
$$\sqrt{13^2 - A'C^2} = \sqrt{15^2 - B'D^2},$$

$$13^2 - \left(\frac{5}{9} B'D\right)^2 = 15^2 - B'D^2.$$

解之,得 $B'D = 9\,(\text{cm})$,$A'C = 5\,(\text{cm})$.所以

$$AA' = \sqrt{13^2 - 5^2} = 12\,(\text{cm}).$$

即 α 和 β 之间的距离是 12 cm,两线段射影的长分别是 5 cm 和 9 cm.

练习

判断下列命题正确与否：

（1）分别在两个平行平面内的直线互相平行；　　　　　　　　　　（　　）

（2）如果一个平面内的一条直线平行于另一个平面，那么这两个平面互相平行；（　　）

（3）如果一个平面内的两条直线同时平行于另一个平面，那么这两个平面互相平行；

（　　）

（4）如果一个平面内的任何一条直线，都平行于另一个平面，那么这两个平面互相平行；

（　　）

（5）平行于同一个平面的两个平面互相平行；　　　　　　　　　　（　　）

（6）平行于同一条直线的两个平面互相平行.　　　　　　　　　　（　　）

三、二面角及其平面角

一个平面内的一条直线，把这个平面分成两部分，每一部分都叫做**半平面**.

由一条直线引出的两个半平面组成的图形叫做**二面角**.这条直线叫做**二面角的棱**，两个半平面叫做**二面角的面**.

图 6 - 24 就是以 EF 为棱，α 和 β 为面的二面角，记作二面角 $\alpha - EF - \beta$.

在二面角的棱上任取一点，分别在两个半平面内作垂直于棱的两条射线，这两条射线组成的角叫做**二面角的平面角**.

如图 6 - 24 所示，O 是二面角 $\alpha - EF - \beta$ 的棱 EF 上任意一点，在 α，β 内分别作 $OA \perp EF$，$OB \perp EF$，则 $\angle AOB$ 就是二面角 $\alpha - EF - \beta$ 的平面角.

二面角的大小是用它的平面角来度量的，二面角的平面角是多少度，就说这个二面角是多少度.根据平面角的大小，二面角分为锐二面角，直二面角和钝二面角.

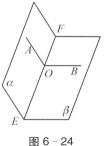

图 6 - 24

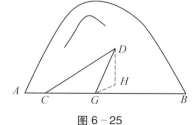

图 6 - 25

例3　山坡的倾斜度是 60°，即山坡面和地平面成 60° 的二面角（图 6 - 25）.山坡上直线坡道 CD 和山坡底线 AB 成 30° 角.某人从 C 点出发，沿坡道 CD 前进至距地平面 75 m 高度时，大约要走多少 m（精确到 1 m）？

解 设 DH 是地平面的垂线，H 是垂足，则 $DH = 75$ m. 过 H 作 $HG \perp AB$，交 AB 于 G，连接 DG. 由已知条件和三垂线定理，得 $DG \perp AB$，$\angle DGH = 60°$，所以

$$CD = \frac{DG}{\sin 30°} = \frac{1}{\sin 30°} \cdot \frac{DH}{\sin 60°} = \frac{75}{\sin 30° \sin 60°}$$

$$= \frac{75}{\frac{1}{2} \cdot \frac{\sqrt{3}}{2}} = 100\sqrt{3} \approx 173 \ (\text{m}).$$

即沿坡道 CD 前进至距地平面 75 m 高度时，大约要走 173 m.

练习

如图所示，四边形 $ABCD$ 是边长为 a 的正方形，PA 垂直平面 $ABCD$，那么平面 PAC 和平面 PAD 所成的二面角是多少度？

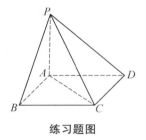

练习题图

四、两个平面垂直

两个平面相交，如果所成的二面角是直角，那么就称这**两个平面互相垂直**. 平面 α 与 β 垂直，记作 $\alpha \perp \beta$.

画两个互相垂直的平面，要把直立平面的竖边画成和水平平面的横边互相垂直（如图 6 - 26 所示）

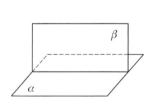 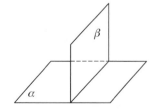

图 6 - 26

定理 4 两个平面垂直的判定定理

如果一个平面经过另一个平面的一条垂线，那么这两个平面互相垂直.

例 4 如图 6 - 27 所示，P 是矩形 $ABCD$ 所在平面外一点，$PD \perp$ 平面 AC. 试说明平面 AC，平面 PDA 和平面 PDC 之间的关系.

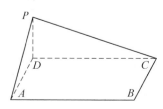

图 6 - 27

解 因为 $PD \perp$ 平面 AC，又 $PD \subset$ 平面 PDC，$PD \subset$ 平面

PDA,所以平面 $PDC \perp$ 平面 AC,平面 $PDA \perp$ 平面 AC.

因为 $AD \perp PD$,$AD \perp CD$,又 $CD \cap PD = D$,所以平面 $PDA \perp$ 平面 PDC.

所以,平面 AC、平面 PDC 和平面 PDA 两两互相垂直.

定理5　两个平面垂直的性质定理

如果两个平面互相垂直,那么在一个平面内垂直于交线的直线,一定垂直于另一个平面.

如图 6-28 所示,$\alpha \perp \beta$.如果在 α 内作 $AB \perp EF$,那么 $AB \perp \beta$.事实上,只要过 B 点在平面 β 内作 $BC \perp EF$,则 $\angle ABC$ 就是二面角 $\alpha - EF - \beta$ 的平面角.于是 $AB \perp BC$.又 $AB \perp EF$,故有 $AB \perp \beta$.

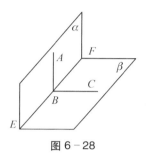

图 6-28

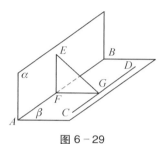

图 6-29

例5　如图 6-29 所示,已知 $\alpha \perp \beta$,$\alpha \cap \beta = AB$,在平面 β 内,$CD /\!/ AB$,CD 到 AB 的距离为 3.5 cm,E 点在平面 α 内,E 到 AB 距离为 12 cm.求 E 点到 CD 的距离.

解　在平面 α 内过 E 作 $EF \perp AB$,F 为垂足.因为 $\alpha \perp \beta$,所以 $EF \perp \beta$.

在平面 β 内过 F 作 $FG \perp CD$,G 为垂足,连接 EG,则 $EG \perp CD$.

在直角三角形 EFG 中,$EF = 12 \text{ cm}$,$FG = 3.5 \text{ cm}$,所以

$$EG = \sqrt{EF^2 + FG^2} = \sqrt{12^2 + 3.5^2} = 12.5.$$

即 E 到 CD 的距离是 12.5 cm.

§6-4　微课视频

练习

判断下列命题正确与否:

(1) 过平面外一点,作和这个平面垂直的平面,能且只能作一个;　　　　　　　　(　　)

(2) 垂直于同一个平面的两个平面互相平行;　　　　　　　　　　　　　　　　(　　)

(3) 垂直于同一条直线的两个平面互相平行.　　　　　　　　　　　　　　　　(　　)

习题 6-4

A 组

1. 试画下列图形：

   （1）画一个平面和两个相交平面都垂直；

   （2）画一个锐二面角；

   （3）画两个平行平面和两条异面直线都相交；

   （4）画三个平面使它们两两垂直相交.

2. 在 30° 的二面角的一个面内有一个点，该点到另一个面的距离是 5 cm. 求这个点到棱的距离.

3. 二面角的一个面内有一个点，该点到棱的距离是它到另一个面的距离的二倍. 求这个二面角的度数.

4. 把边长为 a 的正方形纸片 $ABCD$ 沿对角线 AC 折成 60° 的二面角，求 B 和 D 之间的距离.

5. 直角三角形 ABC 中，$\angle A = 90°$，$AC = 4$ cm，$\angle ABC = 30°$，AD 为 BC 上的高，沿 AD 把三角形折成直二面角. 求折后 B 和 C 两点连线的长.

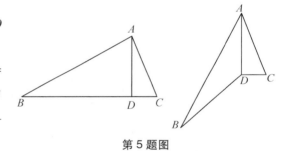

第 5 题图

B 组

1. 两个平面 α、β 垂直相交于 EF，直线 m、n 分别在两个面内，且都平行于交线 EF，m 到 EF 距离为 7 cm，n 到 EF 距离为 24 cm. 求 m、n 之间的距离.

2. 在两个互相垂直的平面 α 和 β 的交线上，有两个点 A 和 B，AC 和 BD 分别是这两个平面内垂直于 AB 的线段，已知 $AC = 6$ cm，$AB = 8$ cm，$BD = 24$ cm. 求 CD 的长.

§6-5　几种简单的几何体

⊙棱柱、棱锥、棱台　⊙圆柱、圆锥、圆台、球

一、棱柱、棱锥、棱台

由几个多边形围成的封闭几何体叫做**多面体**. 围成多面体的各个多边形叫做多面体的**面**, 两个相邻多边形的交线叫做多面体的**棱**, 棱和棱的交点叫做多面体的**顶点**, 不在同一个面内的两个顶点的连线叫做多面体的**对角线**.

多面体按其面数分类, 可分为四面体、五面体、六面体等, 但多面体最少应有四个面. 常见的多面体有棱柱、棱锥、棱台等.

在一个多面体中, 如果有两个面互相平行, 而其余每相邻的两个面的交线互相平行, 这样的多面体称为**棱柱**. 棱柱中两个互相平行的面称为棱柱的底面, 其余各个面称为棱柱的侧面, 侧面与侧面的交线称为棱柱的侧棱, 两底面间的距离称为棱柱的高, 分别在两个底面内且不在同一侧面内的两个顶点的连线称为棱柱的对角线. 侧棱垂直于底面的棱柱称为**直棱柱**. 图 6–30(a) 所示的是一个直五棱柱, 可记作棱柱 $ABCDE - A'B'C'D'E'$. 侧棱不垂直于底面的棱柱称为**斜棱柱**. 图 6–30(b) 所示的是一个斜四棱柱.

在一个多面体中, 有一个面是多边形, 其余各个面都是有一个公共点的三角形, 这样的多面体称为**棱锥**.

图 6–31 所示的是一个五棱锥, 可记作棱锥 $V-ABCDE$, 或记作棱锥 V(顶点字母). 其中, 多边形 $ABCDE$ 是棱锥的底面, $VA, VB, \cdots$ 是棱锥的侧棱, $\triangle VAB$, $\triangle VBC$, $\cdots$ 是棱锥的侧面, 而 V 是棱锥的顶点, 顶点到底面的距离是棱锥的高.

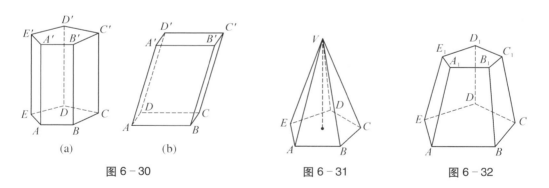

图 6–30　　　　图 6–31　　　　图 6–32

一个棱锥如果被一个平行于底面的平面所截, 截面与底面间的部分称为**棱台**. 图 6–32 所示的是一个由五棱锥截得的五棱台, 可记作棱台 $ABCDE - A_1B_1C_1D_1E_1$.

棱台中, 两个平行的面称为棱台的底面, 两底面间的距离称为棱台的高, 其余各面称为棱台的侧面, 相邻两个侧面的交线称为棱台的侧棱.

几种常见多面体的定义、主要特征以及计算公式见表 6–1.

在使用该表时要注意:

（1）本表中所列多面体的主要特征, 只是正棱柱、正棱锥、正棱台的特征;

（2）要分清计算公式中各字母所代表的意义及计量单位.

表 6 - 1

名称	图　形	计 算 公 式	定　义	主 要 特 征
正棱柱		侧面积 $S_侧 = p \cdot H$ （p 为底面周长） 全面积 $S_全 = 2S + p \cdot H$ 体积 $V = S \cdot H$ （以上三个公式适合于任何直棱柱）	底面是正多边形的直棱柱叫做**正棱柱**	（1）各条侧棱都相等；（2）侧棱和高相等；（3）两个底面是全等的正多边形；（4）各个侧面都是全等的矩形；（5）两个底面中心的连线垂直于底面.
正棱锥		侧面积 $S_侧 = \dfrac{1}{2}p \cdot h$; （$p$ 为底面周长）① 全面积 $S_全 = S + \dfrac{1}{2}p \cdot h$; ② 体积 $V = \dfrac{1}{3}S \cdot H$; ③ （公式①、②分别是计算正棱锥的侧面积和全面积的计算公式,公式③适用于任何棱锥.）	底面是正多边形,并且顶点到底面的垂线足是底面正多边形的中心的棱锥叫做**正棱锥**.	（1）各条侧棱都相等；（2）各条斜高都相等；（3）各个侧面是全等的等腰三角形；（4）各侧棱和底面所成的角都相等；（5）各侧面和底面所成的二面角都相等；（6）顶点和底面中心的连线垂直于底面.
正棱台		侧面积 $S_侧 = \dfrac{1}{2}(p_1 + p_2)h$; （$p_1$、$p_2$ 为上、下底的周长）① 全面积 $S_全 = S_1 + S_2 + S_侧$; ② 体积 $V = \dfrac{1}{3}H\left(S_1 + S_2 + \sqrt{S_1 \cdot S_2}\right)$. ③ （公式①仅适合于正棱台,公式②,③适合于任何棱台）	由正棱锥截得的棱台叫做**正棱台**	（1）各条侧棱都相等；（2）各条斜高都相等；（3）上、下底面是正多边形；（4）各侧面都是全等的等腰梯形；（5）各侧棱和底面所成的角都相等；（6）各侧面和底面所成的二面角都相等；（7）两底面中心的连线垂直于底面.

二、多面体计算举例

多面体的计算,除包括面积和体积外,还有线段及一些角的计算,这都必须在掌握多面体特征的基础上进行.计算中还常应用到直线和直线、直线和平面、平面和平面相互关系的知识,所以它是空间图形综合知识的应用.

例 1 在正四棱柱 $ABCD-A_1B_1C_1D_1$ 中,底面的边长为 5 cm,侧棱长为 6 cm.求正四棱柱的全面积及体积.

解 由题设条件和表 6-1,得

底面周长 $p = 4 \times 5 = 20(\text{cm})$,

高 $H = 6(\text{cm})$,

底面积 $S = 5 \times 5 = 25(\text{cm}^2)$.

所以,全面积 $S_{全} = 2S + p \cdot H = 2 \times 25 + 6 \times 20 = 170(\text{cm}^2)$;

体积 $V = S \cdot H = 25 \times 6 = 150(\text{cm}^3)$.

例 2 如图 6-33 所示,四棱锥 $P-ABCD$ 的底面 $ABCD$ 为矩形,$AB = 4$ cm,$BC = 6$ cm,高 $PO = 4$ cm,O 为矩形 $ABCD$ 的中心.求棱锥的侧面积和体积.

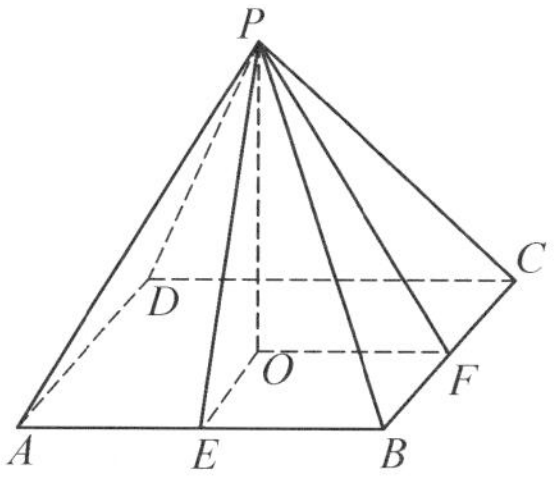

解 在棱锥底面 $ABCD$ 内过 O 作 $OE \perp AB$ 交 AB 于 E,作 $OF \perp BC$ 交 BC 于 F.连接 PE、PF.由已知,得 $OE = 3$ cm,$OF = 2$ cm,$PE \perp AB$,$PF \perp BC$. 在 $\text{Rt}\triangle POE$ 中

图 6-33

$$PE = \sqrt{PO^2 + EO^2} = \sqrt{4^2 + 3^2} = 5(\text{cm}),$$

所以, $S_{\triangle PAB} = \dfrac{1}{2}AB \cdot PE = \dfrac{1}{2} \times 4 \times 5 = 10(\text{cm}^2)$.

在 $\text{Rt}\triangle POF$ 中,

$$PF = \sqrt{PO^2 + FO^2} = \sqrt{4^2 + 2^2} = 2\sqrt{5}(\text{cm}),$$

所以, $S_{\triangle PBC} = \dfrac{1}{2}BC \cdot PF = \dfrac{1}{2} \times 6 \times 2\sqrt{5} = 6\sqrt{5}(\text{cm}^2)$.

所以棱锥的侧面积和体积分别是

$$S_{侧} = 2(S_{\triangle PAB} + S_{\triangle PBC}) = 2(10 + 6\sqrt{5}) \approx 46.8(\text{cm}^2),$$

$$V = \frac{1}{3}S \cdot H = \frac{1}{3} \times 4 \times 6 \times 4 = 32(\text{cm}^3).$$

例 3 如图 6-34 所示,正三棱柱 $ABC-A_1B_1C_1$ 的底面边长为4 cm,过 BC 的一个平面与底面交成 $30°$ 的二面角,并交侧棱 AA_1 于 D.求 AD 的长及截面 $\triangle BCD$ 的面积.

解 设 E 为 BC 的中点,连接 AE 和 DE.

因为 $\triangle ABC$ 是正三角形,$DA \perp$ 平面 ABC,
所以 $AE \perp BC$,$DE \perp BC$,$DA \perp AE$.

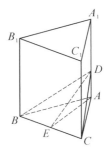

因此 $\angle AED$ 是二面角 $D-BC-A$ 的平面角,即

$$\angle AED = 30°.$$

图 6-34

又 $AC = 4 \text{ cm}$,所以

$$AE = AC\sin 60° = 4 \cdot \frac{\sqrt{3}}{2} = 2\sqrt{3}\,(\text{cm}),$$

$$AD = AE\tan 30° = 2\sqrt{3} \cdot \frac{\sqrt{3}}{3} = 2\,(\text{cm}),$$

$$DE = \frac{AD}{\sin 30°} = \frac{2}{\frac{1}{2}} = 4\,(\text{cm}),$$

$$S_{\triangle BCD} = \frac{1}{2}BC \cdot DE = \frac{1}{2} \times 4 \times 4 = 8\,(\text{cm}^2).$$

即 AD 长 2 cm,截面 $\triangle BCD$ 的面积是 8 cm^2.

例 4 已知正三棱锥 $P-ABC$ 的高是 H,侧面和底面成 $60°$ 的二面角. 求它的全面积.

解 如图 6-35 所示,过顶点 P 作 PO 垂直于底面,O 是垂足,则 O 是 $\triangle ABC$ 的中心. 连接 CO,并延长交 AB 于 D,则 $CD \perp AB$. 连接 PD,则 $PD \perp AB$. 所以 $\angle PDC$ 是侧面 $\triangle PAB$ 和底面 $\triangle CAB$ 所成的二面角的平面角,即 $\angle PDC = 60°$.

在 $\text{Rt}\triangle POD$ 中,

$$PD = \frac{PO}{\sin 60°} = \frac{H}{\frac{\sqrt{3}}{2}} = \frac{2\sqrt{3}}{3}H,$$

$$OD = PO\cot 60° = \frac{\sqrt{3}}{3}H.$$

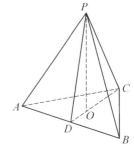

图 6-35

在 $\triangle ABC$ 中,

$$CD = 3OD = 3 \times \frac{\sqrt{3}}{3}H = \sqrt{3}H.$$

在 $\text{Rt}\triangle BCD$ 中,

$$BC = \frac{CD}{\sin 60°} = \frac{\sqrt{3}H}{\frac{\sqrt{3}}{2}} = 2H.$$

所以正三棱锥的全面积是

$$S = \frac{1}{2}AB \cdot CD + 3 \cdot \frac{1}{2}AB \cdot PD$$

$$= \frac{1}{2} \cdot 2H \cdot \sqrt{3}H + 3 \cdot \frac{1}{2} \cdot 2H \cdot \frac{2\sqrt{3}}{3}H$$

$$= 3\sqrt{3}H^2.$$

在正棱锥的计算中,高、斜高及斜高在底面内的射影组成的直角三角形和高、侧棱及侧棱在底面内的射影组成的直角三角形,起着很重要的作用.

练习

1. 已知长方体的高为 6 cm,长与宽之比为 5 : 4,一条对角线长为 $10\sqrt{2}$ cm,求此长方体的长和宽.

2. 已知正四棱锥的底面边长为 2 cm,高为 3 cm,求它的体积.

三、旋转体

1. 旋转体

一个平面图形,绕着与它在同一平面内的一条定直线旋转一周所成的几何体,叫做**旋转体**.这条定直线叫做旋转体的**轴**.

常见的旋转体有圆柱,圆锥,圆台和球等.它们的定义、特征及计算公式见表6－2.

表6－2

名 称	图 形	计 算 公 式	定 义	主 要 特 征
圆柱		侧面积 $S_{侧} = 2\pi RH$; 全面积 $S_{全} = 2\pi R(R+H)$; 体积 $V = \pi R^2 H.$	一个矩形,绕着它的一边旋转一周而得到的几何体叫做**圆柱**.被绕着旋转的一边叫做轴.与轴相对的另一边叫做母线,由母线旋转所形成的面叫做侧面,由矩形的其他两边旋转所成的面叫做底面.两底面间的距离叫做高.	(1)两底面是相等的圆,且互相平行; 　(2)母线平行且相等,并等于圆柱的高.

（续表）

名　称	图　　形	计　算　公　式	定　　义	主　要　特　征
圆锥	顶点 母线l 高H 底面半径R 底面S	侧面积 $S_{侧} = \pi R l$； 全面积 $S_{全} = \pi R(R + l)$； 体积 $V = \dfrac{1}{3}\pi R^2 H$.	一个直角三角形，绕着它的一条直角边旋转一周而得到的几何体叫做**圆锥**.被绕着旋转的一边叫做轴，斜边叫做母线，由母线旋转所形成的面叫做侧面.由直角三角形的另一边旋转所成的面叫做底面.从顶点到底面的距离叫做高.	（1）底面为圆； （2）圆锥的轴经过底面的中心并垂直于底面，轴长等于圆锥的高； （3）母线都经过顶点，并且相等； （4）各条母线与轴所成的角都相等； （5）各条母线与底面所成的角都相等.
圆台	上底面S_1 上底半径R_1 母线l 高H 下底半径R_2 下底面S_2	侧面积$S_{侧}$ $= \pi l(R_1 + R_2)$； 全面积$S_{全}$ $= \pi[R_1^2 + R_2^2 + l(R_1 + R_2)]$； 体积$V$ $= \dfrac{1}{3}H(S_1 + S_2 + \sqrt{S_1 S_2})$ $= \dfrac{1}{3}\pi H(R_1^2 + R_2^2 + R_1 R_2)$.	一个直角梯形，绕着垂直于底边的腰旋转一周而得到的几何体叫做**圆台**.被绕着旋转的腰叫做轴.另一腰叫做母线，由母线旋转所成的面叫做侧面.由梯形的两条底边旋转所成的面叫做底面.两个底面之间的距离叫做高.	（1）两底面是圆； （2）圆台的轴经过两个底面的中心，并且垂直于底面，轴长等于圆台的高； （3）各条母线都相等；它们的延长线交于一点； （4）各条母线与底面所成的角都相等.
球	半径R 直径D 大圆	表面积 $S = 4\pi R^2$； 体积 $V = \dfrac{4}{3}\pi R^3$.	一个半圆绕着它的直径旋转一周所得到的面叫做**球面**，由球面围成的几何体叫做**球**.半圆的圆心叫做球心，连结球心和球面上一点的直线段叫做球的半径，连结球面上两点且过球心的直线段叫做球的直径.	（1）球的截面是圆，过球心的截面叫做球的**大圆**； （2）球切面（和球只有一个公共点的平面）垂直于过切点的球半径； （3）球切线（和球只有一个公共点的直线）垂直于过切点的球半径.

例5 高和底面直径相等的圆柱叫做等边圆柱.求高为 H 的等边圆柱的全面积.

解 由已知,得圆柱底面半径 $R = \frac{1}{2}H$,所以圆柱的全面积是

$$S = 2\pi R(R + H) = 2\pi \cdot \frac{H}{2}\left(\frac{H}{2} + H\right) = \frac{3}{2}\pi H^2.$$

例6 设圆锥底面半径为 R,母线长为 L,侧面展开扇形的圆心角为 θ(θ 以度计).求证:$\theta = \frac{R}{L} \cdot 360$(度).

解 如图 6-36 所示,由题意,得

$$AB = 2\pi R.$$

又

$$AB = \frac{2\pi L\theta}{360},$$

所以

$$\frac{2\pi L\theta}{360} = 2\pi R.$$

即

$$\theta = \frac{R}{L} \cdot 360\text{(度)}.$$

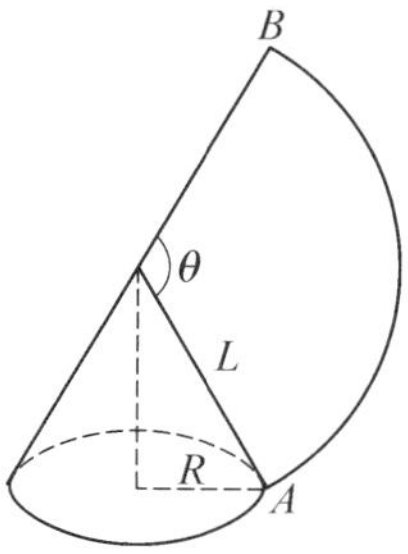

图 6-36

2. 旋转体的轴截面

过旋转体轴的平面,与旋转体相交得到的图形叫做**旋转体的轴截面**.

圆柱的轴截面是过轴的矩形;圆锥的轴截面是过轴的等腰三角形;圆台的轴截面是过轴的等腰梯形;球的轴截面是过球心的大圆.

例7 已知圆台高 1 m,它的一底面的直径为另一底面直径的两倍,母线与大底面成 45°的角.求此圆台的体积.

解 作圆台的轴截面(图 6-37).其中 O、O_1 分别为上、下底面圆心,则 $OO_1 = 1$,过 D 作 $DE \perp AB$ 交 AB 于 E,则 $\angle DAE = 45°$,所以

$$AE = DE = OO_1 = 1.$$

又 $AB = 2DC$,所以

$$AE + EO_1 = 2DO = 2EO_1,$$
$$EO_1 = AE = 1, \quad DO = 1.$$

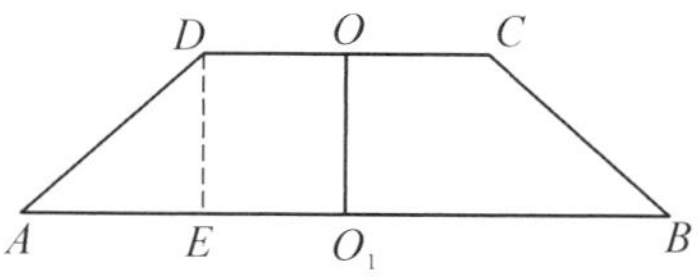

图 6-37

所以,圆台的体积是

$$V = \frac{1}{3}\pi \times 1 \times (1^2 + 2^2 + 1 \times 2) = \frac{7}{3}\pi\,(\text{m}^3).$$

例 8 在一球心的同侧有两个相距 9 cm 的互相平行的球的截面,其面积分别为 49π cm² 和 400π cm².求这个球的表面积.

解 作与两平行截面垂直的球的轴截面(如图 6-38 所示).

设球半径为 R,两平行截面的半径分别为 R_1 和 R_2.由题设,得

$$\pi R_1^2 = 49\pi, \quad \pi R_2^2 = 400\pi,$$

所以 $\quad\quad\quad\quad\quad R_1 = 7, \quad R_2 = 20.$

过球心 O 作 $OO_1 \perp AA_1$,分别交 AA_1 和 BB_1 于 O_1 和 O_2,则

$$O_1A = R_1 = 7, \quad O_2B = R_2 = 20.$$

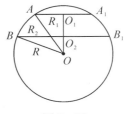

图 6-38

在 Rt△AO_1O 中,

$$O_1O = \sqrt{OA^2 - AO_1^2} = \sqrt{R^2 - R_1^2} = \sqrt{R^2 - 49};$$

在 Rt△BO_2O 中,

$$O_2O = \sqrt{BO^2 - BO_2^2} = \sqrt{R^2 - R_2^2} = \sqrt{R^2 - 400}.$$

又 $O_1O_2 = OO_1 - OO_2$,所以

$$\sqrt{R^2 - 49} - \sqrt{R^2 - 400} = 9,$$

解之得 $\quad\quad\quad\quad\quad\quad R = 25.$

所以球的表面积是 $S = 4\pi R^2 = 4\pi \cdot 25^2 = 2\,500\pi\,(\text{cm}^2).$

§6-5 微课视频

练习

1. 一个顶角为 30°,高为 h 的圆锥形容器.当液面高为多少时,液体体积为该容器容积的一半?

2. 把直径为 10 cm 的铁球熔化后,做成直径为 1 cm 的小铁球,共可做多少个?求出小铁球的体积.

解练习题
微课视频

习题 6-5

A 组

1. 已知直四棱柱底面为菱形,高为 3 cm,底面两条对角线长分别为 8 cm 和 6 cm.求棱柱

的全面积.

2. 已知正四棱锥高为 14 cm,底面边长 16 cm,求侧棱长.

3. 已知一个正四棱台的两个底面边长分别为 8 cm 和 6 cm,它的侧面与较大的底面成 60° 的二面角.求棱台的全面积.

4. 已知圆柱高为 H,它的侧面展开图中,母线和对角线夹角为 60°.求这个圆柱的体积.

5. 已知轴截面为正三角形的圆锥叫做等边圆锥,一等边圆锥高为 H.求它的体积及全面积.

6. 已知一个圆锥的侧面积为 136π cm^2,母线长为 17 cm,求圆锥的高.

7. 已知球的一个截面面积为 144π cm^2,该截面到球心的距离为 9 cm.求这个球的表面积及它的大圆的面积.

B 组

1. 已知正六棱柱最长的对角线为 13 cm,侧棱为 5 cm.求棱柱的侧面积.

2. 已知圆台两个底面的半径分别为 3 cm 和 7 cm,母线长 5 cm,求它的轴截面的面积.

3. 已知一个球内切于母线长为 l 的等边圆锥,求这个球的体积.

 阅读

几何之父——欧几里得

古希腊数学家欧几里得(Euclid,约前 330 年—前 275 年),出生于雅典,被称为"几何之父",是欧氏几何学的开创者.著名的古希腊数学家阿基米德是他"学生的学生".

他的身世鲜为人知,但他的著作《几何原本》被广泛认为是历史上最成功的教科书.《几何原本》是一部集前人思想和欧几里得个人创造于一体的不朽之作,全书共分 13 卷,包含了 5 条"公理"、5 条"公设"、23 个定义和 467 个命题.在每一卷内容当中,欧几里得都采用了与前人完全不同的叙述方式,即先提出公理、公设和定义,然后再由简到繁地证明它们;在整部书的内容安排上,由浅到深,先后论述了直边形、圆、比例论、相似形、数、立体几何以及穷竭法等内容,其中有关穷竭法的讨论,成为近代微积分思想的来源.《几何原本》是古希腊数学发展的顶峰,是欧式几何的奠基之作,哥白尼、伽利略、笛卡尔、牛顿等许多伟大的学者都曾学习过《几何原本》,从中吸取了丰富的营养,从而作出了许多伟大的成就.

徐光启在评论《几何原本》时说过:"此书为益,能令学理者祛其浮气,练其精心;学事者资其定法,发其巧思,故举世无一人不当学."其大意是:读《几何原本》的好处在于能去掉浮夸之气,练就精思的习惯,会按一定的法则,培养巧妙的思考.所以全世界人人都要学习几何.徐光启同时也说过:"能精此书者,无一事不可精;好学此书者,无一事不可学."爱因斯坦更是认为:"如果欧几里得未激发你少年时代的科学热情,那你肯定不是天才科学家."

欧几里得知识渊博,曾受埃及的托勒密王的邀请到亚历山大城教学.据说,托勒密王曾经问欧几里德,学习几何学有没有捷径,欧几里得笑道:"陛下,很抱歉,在学习科学的时候,国王与普通百姓是一样的.科学上没有专供国王行走的捷径.学习几何,人人都要独立思考.就像种庄稼一样,不耕耘,就不会有收获.""几何无王者之道"这句话成为千古传颂的学习箴言.

欧几里得还解决了测量金字塔高度的难题.当时,人们建造了高大的金字塔,可是谁也不知道金字塔究竟有多高.有人这么说:"要想测量金字塔的高度,比登天还难!"这话传到欧几里得耳朵里.他笑着告诉别人:"这有什么难的呢? 当你的影子跟你的身体一样长的时候,你去量一下金字塔的影子有多长,那长度便等于金字塔的高度!"

欧几里得除了写作重要几何学巨著《几何原本》外,还写了一些关于透视、圆锥曲线、球面几何学及数论的作品,例如:《已知数》《图形的分割》《圆锥曲线论》《光学》《反射光学》等,但不少著作都已失传.欧几里得将公元前7世纪以来希腊几何积累起来的丰富成果,整理在严密的逻辑系统运算之中,使几何学成为一门独立的、演绎的科学.

复习题六

A 组

1. 判断正误：

（1）不相交的两条直线是异面直线. （ ）

（2）如果两条直线在同一平面内的射影互相平行，那么这两条直线也互相平行.

（ ）

（3）如果两个平面同时平行于一条直线，那么这两个平面互相平行. （ ）

（4）如果两条直线与同一平面所成的角相等，那么这两条直线互相平行. （ ）

（5）球的表面积是其大圆面积的 4 倍. （ ）

2. 填空题：

（1）如果直线 l 与平面 α 内的两条相交直线都垂直，那么 l 与 α 的关系是_____.

（2）正方体的对角线与其一个面的对角线长度之比为_____.

（3）把一个半径为 R 的铁球放入一个半径为 R，高为 $2R$ 的盛满水的圆柱形容器，则溢出的水的体积是原容积的_____.

（4）正六棱台的两底面边长分别为 3 cm 与 2 cm，侧棱与底面所成的角为 $45°$，则该正六棱台的体积为_____.

（5）棱长为 1 的正方体的内切球的半径是_____，外接球的半径是_____，外接球的面积是_____.

（6）一个球的半径为 r，放在墙角（直三面角），与墙角的三个面都相切，则球心与墙角顶点的距离是_____.

3. 选择题：

（1）下列条件可以确定一个平面的是（ ）.

（A）两条直线 （B）三个点

（C）一条直线和直线外一点 （D）相交于一点的三条直线

（2）正方体的一条对角线与正方体的棱组成的异面直线的对数是（ ）.

（A）2 （B）3 （C）6 （D）12

（3）若一圆锥的轴截面是正三角形，则它的侧面积是底面积的（ ）.

（A）3 倍 （B）2 倍 （C）4 倍 （D）$\sqrt{2}$ 倍

（4）若一个正四棱锥，它的底面边长为 a，斜高也为 a，则它的每一个侧面与底面的夹角为（ ）.

（A）$30°$ （B）$60°$ （C）$45°$ （D）$75°$

（5）已知某正方体的一条对角线长为 a，那么该正方体的表面积是（ ）.

(A) $2\sqrt{2}a^2$ (B) $2a^2$ (C) $2\sqrt{3}a^2$ (D) $3\sqrt{2}a^2$

(6) 已知正三棱台两底边长分别是 2 和 6,侧面和底面成 60° 角,则这个正三棱台的高为( ).

(A) 2   (B) $\dfrac{2}{3}$ (C) 6   (D) 4

4. 已知平面 α 内有一菱形 $ABCD$, $AB = 6$, $\angle BAD = 60°$, 又 $PA \perp \alpha$, $PA = 10$. 求 P 到 BD 的距离.

5. 已知一个倒立着的圆锥形容器内水面高是圆锥高的一半,问水的体积是圆锥体积的几分之几?

6. 已知一个圆柱的轴截面是正方形,这个正方形对角线的长为 4,求这个圆柱的体积.

7. 已知圆锥底面半径为 r,轴截面是直角三角形,求侧面面积.

B 组

1. 填空题:

(1) 若正三棱柱的每一条棱长都是 a,则经过底面一边和相对侧棱一个顶点的截面的面积为_____.

(2) 要使球的表面积扩大 k 倍,球的半径需扩大_____倍.

(3) 若一个正方体和一个圆柱等高,并且侧面积相等,则这个圆柱和这个正方体体积之比是_____.

(4) 若三棱锥的三个侧面互相垂直,它们的面积分别是 6、4 和 3,则这个三棱锥的体积是_____.

(5) 若正三棱锥的棱长都是 a,则它的内切球的半径为_____,外接球的半径为_____.

2. 选择题:

(1) 已知正三棱锥底面边长是 4,侧棱与底面成 60° 角,过底面一边作一截面,使其与底面成 30° 角,则这截面的面积是( ).

(A) $4\sqrt{3}$ (B) $\dfrac{16}{3}$ (C) 6   (D) 8

(2) 如果圆锥的底面半径为 $\sqrt{2}$,高为 2,那么它的侧面积是( ).

(A) $4\sqrt{3}\pi$ (B) $2\sqrt{2}\pi$ (C) $2\sqrt{3}\pi$ (D) $4\sqrt{2}\pi$

(3) 如果球的大圆面积增大为原来的 m 倍,那么球的表面积就增大为原来的( )倍.

(A) m (B) $2m$ (C) $4m$ (D) $8m$

3. 已知正三棱台的两底面边长分别是 12 cm 和 18 cm, 侧面积等于两底面积之和, 求正三棱台的体积.

4. 把长为 4, 宽为 3 的长方形 $ABCD$ 沿对角线 AC 折成直二面角, 求顶点 B 和 D 之间的距离.

5. 如果圆柱和圆锥的底面直径及高都等于球的直径, 求证:

$$V_{圆柱} : V_{球} : V_{圆锥} = 3 : 2 : 1.$$

6. 求证: 球的体积, 球的外切等边圆柱的体积, 球的外切等边圆锥的体积之比为 $4 : 6 : 9$.

第7章 直线 二次曲线

> 数形本是相倚依,焉能分作两边飞.数缺形时少直觉,形少数时难入微.数形结合百般好,割裂分家万事非.几何代数统一体,永远联系莫分离.
>
> ——华罗庚

本章内容属于平面解析几何.解析几何学的基本方法是通过坐标的建立,将几何中的基本元素"点"与代数的基本研究对象"数"对应起来,在此基础上建立起曲线和方程的对应,把图形问题转化为数量之间的问题,用代数计算去处理几何问题.解析几何学把代数与几何有机地结合在了一起.法国数学家、物理学家拉格朗日(Lagrange,1736—1813)曾把这些优点写进他的《数学概要》中:"只要代数和几何分道扬镳,它们的进展就缓慢,它们的应用就狭窄.但当这两门科学结成伴侣时,它们就互相吸取新鲜的活力,就以快速走向完善."

公元前4世纪,古希腊学者梅纳科莫斯最早通过截割圆锥的方法得到三种不同类型的曲线——椭圆(圆)、双曲线、抛物线,统称圆锥曲线.而在很长一段时间内人们认为椭圆、双曲线、抛物线在自然界中是没有对应物的.直到16世纪,著名天文学家开普勒(Johanns Kepler,1571—1630)发现行星按椭圆形轨道运行,伽利略证明了不计阻力的抛物体运动的轨迹是抛物线,后来人们又认识到有些彗星或其他一些天体的运行轨道是双曲线.这说明圆锥曲线并不是附生于圆锥之上的静态曲线,而是自然界中物体常见的运动形式.

现如今,圆锥曲线的美妙身影更是随处可见,从飞逝的流星到雨后的彩虹,从古代的石拱桥到现代横跨江河的铁路、公路桥,从接收卫星信号的天线到射电望远镜等等.

本章主要就是用解析几何学的方法建立直线、圆、椭圆、双曲线和抛物线的方程,通过方程研究这些曲线的一些几何性质,并简要介绍椭圆、双曲线、抛物线的光学性质及其应用.

§7-1 直线的方程

⊙直线的倾斜角和斜率 ⊙斜率公式 ⊙点斜式方程 ⊙斜截式方程 ⊙一般式方程

一、直线的倾斜角和斜率

1. 直线与方程

我们知道,在平面直角坐标系中,函数 $y = kx + b$ 的图像是一条直线. 例如,说函数 $y = \frac{4}{3}x + 2$ 的图像是直线 l(如图7－1所示)时,这意味着以满足

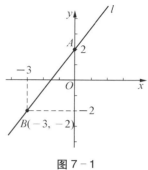

函数式 $y = \frac{4}{3}x + 2$ 的每一对 x、y 的值为坐标的点都在直线 l 上; 反过来,直线 l 上每一点的坐标都满足这个函数式. 如 $x = 0$, $y = 2$ 满足函数式 $y = \frac{4}{3}x + 2$,所以点 $A(0, 2)$ 就在 l 上;l 上的点 B 的坐标是 $(-3, -2)$,所以 $x = -3$,$y = -2$ 就满足函数式 $y = \frac{4}{3}x + 2$.

图 7－1

函数式 $y = kx + b$ 也可以看作二元一次方程. 因此,一般地,当我们说方程 $y = kx + b$ 的图像是一条直线 l 时,就是指这个方程和直线 l 之间满足下列关系:

(1) 以方程 $y = kx + b$ 的每一个解为坐标的点都在直线 l 上;

(2) 直线 l 上每一点的坐标都是方程 $y = kx + b$ 的解.

方程 $y = kx + b$ 的图像是直线 l 时,就把这个方程叫做**直线 l 的方程**,直线 l 叫做这个**方程的直线**.

2. 直线的倾斜角

直线 l 向上的方向与 x 轴正方向所成的最小正角叫做直线 l 的**倾斜角**. 如图 7－2 所示,角 α_1 是直线 l_1 的倾斜角,角 α_2 是直线 l_2 的倾斜角.

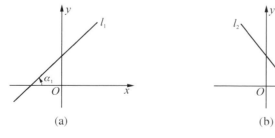

(a)   (b)

图 7－2

当直线 l 与 x 轴平行或重合时,规定它的倾斜角是 $0°$. 因此倾斜角 α 的取值范围是 $0° \leqslant \alpha < 180°$(即 $0 \leqslant \alpha < \pi$).

3. 直线的斜率

当直线 l 的倾斜角不是 $90°$ 时,它的倾斜角的正切叫做 l 的**斜率**. 直线的斜率常用 k 表示,即

$$k = \tan \alpha \ (0° \leqslant \alpha < 180°, 且 \alpha \neq 90°).$$

根据直线倾斜角的取值范围,直线的斜率有下面四种情形:

(1) 当 $\alpha = 0°$ 时(直线平行或重合于 x 轴), $k = \tan \alpha = 0$;

(2) 当 α 为锐角时, $k = \tan \alpha > 0$;

(3) 当 α 为钝角时, $k = \tan \alpha < 0$;

(4) 当 $\alpha = 90°$ 时(直线垂直于 x 轴),因为 $\tan 90°$ 不存在,所以斜率 k 不存在.

在坐标平面内,如果已知两点 $P_1(x_1, y_1)$、$P_2(x_2, y_2)$,那么直线 P_1P_2 就是确定的,当直线 P_1P_2 的倾斜角不等于 $90°$ 时,这条直线有斜率.下面讨论如何用 P_1、P_2 两点的坐标来表示直线 P_1P_2 的斜率.

设直线 P_1P_2 的倾斜角是 α,斜率是 k,向量 $\overrightarrow{P_1P_2}$ 的方向是向上的(如图 7-3(a)、(b)所示),向量 $\overrightarrow{P_1P_2}$ 的坐标是 $(x_2 - x_1, y_2 - y_1)$.过原点作向量 $\overrightarrow{OP} = \overrightarrow{P_1P_2}$,那么点 P 的坐标就是 $(x_2 - x_1, y_2 - y_1)$,且直线 OP 的倾斜角也是 α.根据正切函数的定义,

$$\tan \alpha = \frac{y_2 - y_1}{x_2 - x_1},$$

即

$$k = \frac{y_2 - y_1}{x_2 - x_1}. \tag{7-1}$$

类似地,当向量 $\overrightarrow{P_2P_1}$ 的方向向上时(如图 7-3(c)、(d)所示),仍可得出这一结果.公式 (7-1) 就是过 $P_1(x_1, y_1)$ 和 $P_2(x_2, y_2)$ 两点的直线的**斜率公式**.

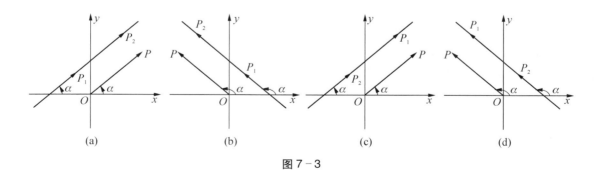

图 7-3

例 1　求经过两点 $A(-2, 3)$、$B(2, -1)$ 的直线的斜率 k 和倾斜角 α.

解　由公式 (7-1),得

$$k = \frac{-1-3}{2-(-2)} = -1,$$

即

$$\tan \alpha = -1.$$

因为

$$0° \leqslant \alpha < 180°,$$

所以

$$\alpha = 135°.$$

例 2　三点 $A(1,-1)$、$B(9,5)$、$C(-3,-4)$ 是否在同一条直线上?

解　由已知条件可得

$$k_{AB} = \frac{5-(-1)}{9-1} = \frac{3}{4}, \qquad k_{AC} = \frac{-4-(-1)}{-3-1} = \frac{3}{4}.$$

由于直线 AB 和 AC 的斜率相等,而且它们经过同一点 A,因此 A、B、C 三点在同一条直线上.

4. 直线的方向向量

设 $P_1(x_1,y_1)$ 和 $P_2(x_2,y_2)$ 是直线 l 上的两点,则向量 $\overrightarrow{P_1P_2}$ 及与它平行的非零向量都叫做直线 l 的**方向向量**.因此,对任意给定的非零实数 λ,$\lambda(x_2-x_1,y_2-y_1)$ 都是方向向量的坐标.当直线 l 与 x 轴不垂直时,$x_1 \neq x_2$,故可取 $\lambda = \dfrac{1}{x_2-x_1}$,于是

$$\lambda(x_2-x_1,y_2-y_1) = \frac{1}{x_2-x_1} \cdot (x_2-x_1,y_2-y_1) = \left(1,\frac{y_2-y_1}{x_2-x_1}\right) = (1,k).$$

这就是说,当直线 l 与 x 轴不垂直时,它的方向向量可用坐标 $(1,k)$ 表示,其中 k 是直线 l 的斜率.

练习

1. 直线的倾斜角的取值范围是什么? 平行于 x 轴的直线的倾斜角是什么? 平行于 y 轴的呢? 当直线的倾斜角 $\alpha = 90°$ 时,直线的斜率是否存在?

2. 求经过两点的直线的斜率和倾斜角:

　　(1) $A(0,-2)$、$B(4,2)$;　　　　　(2) $C(0,-3)$、$D(4,-3)$;

　　(3) $M(0,0)$、$N(-1,\sqrt{3})$;　　　　(4) $P(-4,0)$、$Q(-4,8)$.

3. 判断 A、B、C 三点是否在同一条直线上:

　　(1) $A(0,-3)$、$B(-4,1)$、$C(1,-1)$;

　　(2) $A(2,3)$、$B(1,-3)$、$C(3,9)$.

二、直线方程的几种常用形式

1. 点斜式

已知直线 l 的斜率是 k,并且经过定点 $P_0(x_0, y_0)$,求直线 l 的方程.

如图 7-4 所示,设点 $P(x, y)$ 是直线 l 上不同于 P_0 的任意一点,由斜率公式,得

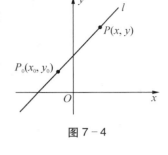

图 7-4

$$k = \frac{y - y_0}{x - x_0},$$

改写成

$$y - y_0 = k(x - x_0). \tag{7-2}$$

方程(7-2)称为直线的**点斜式方程**,因为它是由直线上一个定点和直线的斜率确定的.

特别地,当直线 l 的倾斜角 $\alpha = 0°$,即 $k = 0$ 时,直线 l 的方程为 $y = y_0$;倾斜角 $\alpha = 90°$ 时,k 不存在,直线 l 的方程不能用点斜式表示,但 l 上每一点的横坐标都等于 x_0,所以它的方程为 $x = x_0$.

例 3 求过点 $P_0(-2, 3)$,倾斜角为 $135°$ 的直线方程.

解 由题意,得斜率 $k = \tan 135° = -1$,由点斜式方程(7-2),得

$$y - 3 = -(x + 2),$$

即

$$x + y - 1 = 0.$$

2. 斜截式

如果直线 l 与 x 轴交于点 $(a, 0)$,与 y 轴交于点 $(0, b)$（如图 7-5),那么数 a 叫做直线 l 的**横截距**(或 l 在 x 轴上的截距),数 b 叫做直线 l 的**纵截距**(或 l 在 y 轴上的截距).

若已知直线 l 的斜率是 k,纵截距为 b,则由点斜式方程得

$$y - b = k(x - 0),$$

即

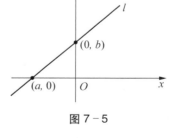

图 7-5

$$y = kx + b. \tag{7-3}$$

方程(7-3)叫做直线的**斜截式方程**.

例 4 求与 y 轴交于点 $(0, -2)$,且倾斜角为 $\dfrac{5\pi}{6}$ 的直线方程.

> **解**　由题意,得 $k = \tan \dfrac{5\pi}{6} = -\dfrac{\sqrt{3}}{3}$,把 $k = -\dfrac{\sqrt{3}}{3}$, $b = -2$ 代入式(7-3) 得

$$y = -\frac{\sqrt{3}}{3}x - 2,$$

即

$$\sqrt{3}\,x + 3y + 6 = 0.$$

3. 一般式

无论是由点斜式建立的直线方程还是由斜截式建立的直线方程,通过整理,都可以化为方程 $Ax + By + C = 0$ 的形式.事实上,任何一条直线都可以用关于 x 和 y 的二元一次方程 $Ax + By + C = 0$ 来表示,而每一个二元一次方程 $Ax + By + C = 0$ 的图像都表示一条直线.我们把方程

$$Ax + By + C = 0 \tag{7-4}$$

叫做直线的**一般式方程**,其中 A、B 不同时为零.

> **例 5**　已知直线 l 经过点 $A(-4, 2)$,斜率为 $\dfrac{1}{2}$,求直线 l 的点斜式、斜截式和一般式方程.

> **解**　经过点 $A(-4, 2)$,斜率为 $\dfrac{1}{2}$ 的直线的点斜式方程是

$$y - 2 = \frac{1}{2}(x + 4),$$

化为斜截式为

$$y = \frac{1}{2}x + 4,$$

化为一般式为

$$x - 2y + 8 = 0.$$

> **例 6**　求直线 $3x - 2y - 6 = 0$ 的斜率和纵截距.

> **解**　将直线方程 $3x - 2y - 6 = 0$ 变形为

$$y = \frac{3}{2}x - 3,$$

与直线方程的斜截式 $y = kx + b$ 比较,可知,斜率 $k = \dfrac{3}{2}$,纵截距 $b = -3$.

§7-1　微课视频

练习

1. 根据下列条件写出直线方程,并化为一般式:

(1) 斜率为 $-\dfrac{1}{3}$,经过点 $(5, -2)$;

(2) 倾斜角为 $120°$,在 y 轴上截距是 4;

(3) 倾斜角为 $30°$,与 x 轴交于点 $A(2, 0)$;

(4) 经过点 $(4, 2)$,平行于 x 轴;

(5) 经过点 $(-3, 4)$,平行于 y 轴.

2. 求下列直线的斜率和在 y 轴上的截距:

(1) $3x + y - 5 = 0$;　(2) $2y + 7 = 0$;　(3) $x + 2y = 0$.

习题 7-1

A 组

1. 如图所示,求直线 l 的倾斜角和斜率.

2. 已知各直线的倾斜角如下,求各直线的斜率:

(1) $45°$;　(2) $\dfrac{\pi}{3}$;　(3) $150°$;　(4) $\dfrac{2\pi}{3}$.

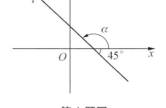

第 1 题图

3. 填空:

(1) 若直线 l 的斜率为 $\dfrac{2}{5}$,且过点 $(-3, 1)$,则直线 l 的点斜式方程为＿＿＿＿＿,一般式方程为＿＿＿＿＿.

(2) 若直线 l 的倾斜角为 $120°$,且过点 $(6, -5)$,则直线 l 的点斜式方程为＿＿＿＿＿,一般式方程为＿＿＿＿＿.

(3) 若直线 l 的倾斜角为 $\dfrac{3\pi}{4}$,纵截距为 7,则直线 l 的斜截式方程为＿＿＿＿＿,一般式方程为＿＿＿＿＿.

(4) 直线 $2x + 3y - 5 = 0$ 的斜截式方程为＿＿＿＿＿,其斜率为＿＿＿＿＿,纵截距为＿＿＿＿＿.

(5) 过点 $A(2,-3)$,倾斜角为 $0°$ 的直线方程为 _____,倾斜角为 $90°$ 的直线方程为 _____.

4. 已知直线 l 的方程为 $2x+y-3=0$,判断点 $M_1\left(\dfrac{1}{2},2\right)$ 和 $M_2(1,2)$ 是否在直线 l 上.

5. 已知直线的斜率 $k=2$,$P_1(3,5)$、$P_2(x_2,7)$、$P_3(-1,y_3)$ 是这条直线上的三个点,求 x_2 和 y_3.

6. 求证:$A(2,1)$、$B(3,-2)$、$C(0,7)$ 三点在同一直线上.

7. 根据下列条件写出直线的方程,并化成一般式:

(1) 斜率是 $-\dfrac{1}{2}$,经过点 $A(8,-2)$;

(2) 经过点 $B(4,-3)$,平行于 x 轴;

(3) 经过点 $C(5,0)$,平行于 y 轴;

(4) 在 x 轴和 y 轴上的截距分别是 2 和 -3.

8. 已知直线 l 经过点 $(5,-1)$,且它的斜率等于经过 $(0,3)$ 和 $(2,0)$ 两点的直线的斜率,求直线 l 的方程.

9. 指出下列直线的特点并画出图像:

(1) $y+4=0$;   (2) $x-3=0$;   (3) $x+1=0$;

(4) $y-2=0$;   (5) $y=-x$;   (6) $y=x$.

10. 求下列直线的斜率和纵截距,并画出图像:

(1) $x+2y+4=0$;   (2) $4x+3y-12=0$;

(3) $2x-3y=0$;   (4) $y+7=0$.

11. 一根弹簧,挂 $4\ kg$ 的物体时,长 $20\ cm$,在弹性限度内所挂物体的重量每增加 $1\ kg$,弹簧伸长 $1.5\ cm$,利用点斜式方程表示弹簧的长度 $L(cm)$ 和所挂物体重量 $F(kg)$ 之间的关系.

B 组

1. 当 a 为何值时,过点 $A(a,2)$、$B(3,-1)$ 的直线的倾斜角是锐角? 是钝角?

2. 方程 $\dfrac{y-y_1}{y_2-y_1}=\dfrac{x-x_1}{x_2-x_1}$ $(x_1\neq x_2,y_2\neq y_1)$ 称为直线的**两点式方程**,它由直线上两点 (x_1,y_1)、(x_2,y_2) 确定.利用两点式方程求:

(1) 过两点 $(2,1)$、$(0,-3)$ 的直线方程并化成一般式;

(2) 过两点 $(6,0)$、$(0,6)$ 的直线方程并化成一般式.

3. 求过点 $A(2,3)$,并且在两轴上的截距相等的直线方程.

4. 若直线和 y 轴相交于点 $P(0,2)$,它的倾斜角的正弦为 $\dfrac{4}{5}$,求直线的方程.

5. 已知正方形的中心在坐标原点,两条对角线分别在 x 轴、y 轴上,边长为 $4\sqrt{2}$,求正方形四条边所在直线的方程.

§7-2 点、直线间的关系

⊙两直线平行与垂直的判定　⊙两直线的夹角公式　⊙两直线的交点　⊙点到直线的距离公式

一、两条直线的平行和垂直

1. 两条直线平行

设两条直线都有斜率,它们的斜截式方程分别为

$$l_1: y = k_1 x + b_1, \qquad l_2: y = k_2 x + b_2.$$

如图 7-6 所示,当 $l_1 /\!/ l_2$ 时,$b_1 \ne b_2$,但它们的倾斜角相等,即

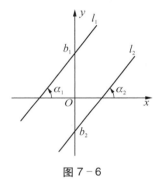

图 7-6

$$\alpha_1 = \alpha_2,$$

所以

$$\tan \alpha_1 = \tan \alpha_2,$$

即

$$k_1 = k_2.$$

反之,当 $k_1 = k_2$,即 $\tan \alpha_1 = \tan \alpha_2$ 时,如果 $b_1 \ne b_2$,则 l_1 与 l_2 不重合.根据倾斜角的取值范围,得

$$\alpha_1 = \alpha_2,$$

所以

$$l_1 /\!/ l_2.$$

这就是说,当两条直线 l_1 与 l_2 有斜截式方程 $y = k_1 x + b_1$ 与 $y = k_2 x + b_2$ 时,

$l_1 /\!/ l_2$ 的充要条件是 $k_1 = k_2$,且 $b_1 \ne b_2$.

若 l_1 与 l_2 中恰有一条斜率不存在,则 l_1 与 l_2 不平行;若 l_1 与 l_2 的斜率都不存在,则它们的倾斜角都是 $\dfrac{\pi}{2}$,所以 $l_1 /\!/ l_2$.

例 1 判定直线 $l_1: 2x - 3y + 5 = 0$ 与 $l_2: 4x - 6y - 3 = 0$ 是否平行.

解 把 l_1、l_2 的方程写成斜截式,有

$$l_1: y = \frac{2}{3}x + \frac{5}{3} \text{ 和 } l_2: y = \frac{2}{3}x - \frac{1}{2}.$$

因为 $k_1 = k_2$ 且 $b_1 \neq b_2$,所以 $l_1 /\!/ l_2$.

例 2 求过点 $A(2, -3)$ 且平行于直线 $l: 3x - 2y + 2 = 0$ 的直线方程.

解 把直线方程 $3x - 2y + 2 = 0$ 化为

$$y = \frac{3}{2}x + 1,$$

可知直线 l 的斜率为 $\frac{3}{2}$,因所求直线与 l 平行,所以它的斜率也是 $\frac{3}{2}$,由点斜式方程,所求直线的方程为

$$y + 3 = \frac{3}{2}(x - 2),$$

即

$$3x - 2y - 12 = 0.$$

2. 两条直线垂直

设直线 l_1 和 l_2 的斜率分别为 k_1 和 k_2,则 l_1 有方向向量 $\boldsymbol{a} = (1, k_1)$,$l_2$ 有方向向量 $\boldsymbol{b} = (1, k_2)$. 由两非零向量垂直的充要条件,得

$$l_1 \perp l_2 \Leftrightarrow \boldsymbol{a} \perp \boldsymbol{b} \Leftrightarrow \boldsymbol{a} \cdot \boldsymbol{b} = 0 \Leftrightarrow 1 \times 1 + k_1 \cdot k_2 = 0,$$

即

$$l_1 \perp l_2 \Leftrightarrow k_1 \cdot k_2 = -1.$$

这就得到,当两条直线 l_1 和 l_2 分别有斜率 k_1、k_2 时,

$$l_1 \perp l_2 \text{ 的充要条件是 } k_1 \cdot k_2 = -1.$$

例 3 判定直线 $l_1: 2x - 4y + 3 = 0$ 与 $l_2: 2x + y - 7 = 0$ 是否垂直.

解 l_1 的斜率 $k_1 = \frac{1}{2}$,l_2 的斜率 $k_2 = -2$. 因为

$$k_1 \cdot k_2 = \frac{1}{2} \times (-2) = -1,$$

所以 $\qquad\qquad l_1 \perp l_2.$

例 4 求过点 $A(-2,1)$ 且与直线 $l: 2x + y - 5 = 0$ 垂直的直线方程.

解 直线 l 的斜率为 -2,因为所求直线与 l 垂直,所以它的斜率

$$k = -\frac{1}{-2} = \frac{1}{2}.$$

由点斜式方程,得所求直线的方程为

$$y - 1 = \frac{1}{2}(x + 2).$$

即 $\qquad\qquad x - 2y + 4 = 0.$

练习

1. 判断下列各对直线是否平行或垂直:

(1) $y = \frac{1}{2}x + 3$ 与 $y = \frac{1}{2}x - 1$;

(2) $y = -3x + 2$ 与 $y = \frac{1}{3}x$;

(3) $3x + 5y - 4 = 0$ 与 $6x + 10y + 7 = 0$;

(4) $2x + 3y + 4 = 0$ 与 $3x - 2y - 1 = 0$;

(5) $2x - 1 = 0$ 与 $x + 3 = 0$.

2. 求过点 $A(2,3)$ 且与直线 $2x + y - 5 = 0$ 平行的直线的方程.

3. 求过点 $A(-1,4)$ 且与直线 $4x - 6y + 8 = 0$ 垂直的直线的方程.

二、两条直线的夹角

两条直线相交构成四个角,它们是两对对顶角,其中不大于 $90°$ 的角叫做**两条直线的夹角**.

下面讨论怎样根据两条直线的斜率求它们的夹角.

设两条相交直线 l_1 与 l_2 都有斜率,分别记为 k_1、k_2,它们的斜截式方程为

$$l_1: y = k_1x + b_1 \text{ 和 } l_2: y = k_2x + b_2,$$

倾斜角分别为 α_1、α_2,夹角为 θ.

如果 $k_1 \cdot k_2 = -1$,则 l_1 与 l_2 的夹角为 $90°$.下面讨论 $k_1 \cdot k_2 \neq -1$,即 l_1 与 l_2 的夹角是锐角

时,如何确定 θ.

（1）当 $0° < \alpha_2 - \alpha_1 < 90°$ 时,如图 7-7(a)所示, $\theta = \alpha_2 - \alpha_1$,这时

$$\tan \theta = \tan(\alpha_2 - \alpha_1) > 0.$$

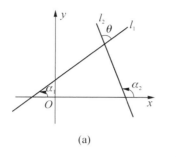 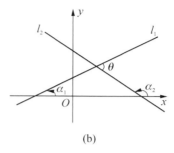

(a)   (b)

图 7-7

（2）当 $\alpha_2 - \alpha_1 > 90°$ 时,如图 7-7(b)所示, $\theta = 180° - (\alpha_2 - \alpha_1)$,这时

$$\tan \theta = \tan[180° - (\alpha_2 - \alpha_1)] = -\tan(\alpha_2 - \alpha_1) > 0.$$

由上述讨论知,无论 $\alpha_2 - \alpha_1$ 是锐角还是钝角,都有

$$\tan \theta = |\tan(\alpha_2 - \alpha_1)| = \left| \frac{\tan \alpha_2 - \tan \alpha_1}{1 + \tan \alpha_1 \tan \alpha_2} \right|.$$

即

$$\tan \theta = \left| \frac{k_2 - k_1}{1 + k_1 k_2} \right| \quad (0° < \theta < 90°). \tag{7-5}$$

此式称为两条直线的**夹角公式**.

例 5 已知直线 $l_1: 4x - 2y + 3 = 0$ 与 $l_2: 3x + y - 2 = 0$,求 l_1 和 l_2 的夹角 θ.

解 l_1 和 l_2 的斜率分别为 $k_1 = 2$, $k_2 = -3$,由公式(7-5)得

$$\tan \theta = \left| \frac{k_2 - k_1}{1 + k_1 k_2} \right| = \left| \frac{-3 - 2}{1 + 2 \times (-3)} \right| = 1.$$

由 θ 的范围知 $\theta = 45°$.

练习

1. 求直线 $\sqrt{3}x - y + 3 = 0$ 与 $\sqrt{3}x + y - 5 = 0$ 的夹角.

2. 求直线 $3x - y + 5 = 0$ 与 $x + 3y - 6 = 0$ 的夹角.

三、两条直线的交点

如果两条直线 l_1 与 l_2 都有斜率,它们的斜截式方程分别为

$$l_1 : y = k_1 x + b_1 \text{ 和 } l_2 : y = k_2 x + b_2.$$

由本节前面的讨论,可以知道:

(1) 当 $k_1 = k_2$,且 $b_1 \neq b_2$ 时,$l_1 \parallel l_2$,l_1 与 l_2 无交点;

(2) 当 $k_1 = k_2$,且 $b_1 = b_2$ 时,l_1 与 l_2 重合;

(3) 当 $k_1 \neq k_2$ 时,l_1 与 l_2 相交.因为交点同时在这两条直线上,所以交点坐标一定是方程组

$$\begin{cases} y = k_1 x + b_1, \\ y = k_2 x + b_2 \end{cases}$$

的解.反之,如果此方程组有唯一解,那么以这一解为坐标的点必是 l_1 与 l_2 的交点.

为了使用方便,下面给出一般式方程的情形.

设两条直线的方程为

$$l_1 : A_1 x + B_1 y + C_1 = 0, \ l_2 : A_2 x + B_2 y + C_2 = 0,$$

并假定 A_1、A_2、B_1、B_2 均不为 0.

由上面讨论可知:

(1) 当 $\dfrac{A_1}{A_2} \neq \dfrac{B_1}{B_2}$ 时,l_1 与 l_2 相交,有一个交点;

(2) 当 $\dfrac{A_1}{A_2} = \dfrac{B_1}{B_2} \neq \dfrac{C_1}{C_2}$ 时,l_1 与 l_2 平行,没有交点;

(3) 当 $\dfrac{A_1}{A_2} = \dfrac{B_1}{B_2} = \dfrac{C_1}{C_2}$ 时,l_1 与 l_2 重合.

例6　求下列两条直线的交点:

$$l_1 : 5x - y - 7 = 0, \qquad l_2 : 3x + 2y - 12 = 0.$$

解　解方程组

$$\begin{cases} 5x - y - 7 = 0, \\ 3x + 2y - 12 = 0 \end{cases}$$

得

$$\begin{cases} x = 2, \\ y = 3. \end{cases}$$

因此, l_1 与 l_2 的交点是 $(2, 3)$.

例 7 当 A、C 分别取什么值时, 直线 $l_1: Ax + 4y - 2 = 0$ 与 $l_2: 6x + 8y + C = 0$:
(1)相交? (2)平行? (3)重合?

解 (1) 当 $\dfrac{A}{6} \neq \dfrac{4}{8}$, 即 $A \neq 3$ 时, l_1 与 l_2 相交.

(2) 当 $\dfrac{A}{6} = \dfrac{4}{8} \neq \dfrac{-2}{C}$, 即 $A = 3$, 但 $C \neq -4$ 时, l_1 与 l_2 平行.

(3) 当 $\dfrac{A}{6} = \dfrac{4}{8} = \dfrac{-2}{C}$, 即 $A = 3$, 且 $C = -4$ 时, l_1 与 l_2 重合.

练习

1. 求下列各对直线的交点:

(1) $l_1: 2x + 3y - 4 = 0$, $l_2: x + y - 3 = 0$;

(2) $l_1: x = 3$, $l_2: 3x + 4y - 5 = 0$.

2. 判断下列各对直线的位置关系是相交、平行还是重合:

(1) $l_1: 2x - 3y - 7 = 0$, $l_2: 4x + 5y - 3 = 0$;

(2) $l_1: 2x - 3y - 7 = 0$, $l_2: 4x - 6y - 3 = 0$;

(3) $l_1: 2x - 3y - 7 = 0$, $l_2: 4x - 6y - 14 = 0$.

3. 当 A、C 分别取什么值时, 直线 $l_1: Ax - 4y + 10 = 0$ 与 $l_2: 3x - 2y + C = 0$:(1)相交?
(2)平行?(3)重合?

四、点到直线的距离

在平面直角坐标系中, 如果已知某点 P_0 的坐标为 (x_0, y_0), 直线 l 的方程是 $Ax + By + C = 0$ (A、B 不同时为 0), 怎样由点的坐标和直线的方程求出点 P_0 到直线 l 的距离呢? 下面通过例子来讨论这个问题.

例8　求点 $P_0(-2, 1)$ 到直线 $l: 3x - 4y - 5 = 0$ 的距离.

解　如图 7-8 所示,作 $P_0P_1 \perp l$,垂足为 P_1,则点 $P_0(-2, 1)$ 到直线 l 的距离为 $d = |P_0P_1|$. 由直线 l 的方程可知其斜率是 $\dfrac{3}{4}$,所以与直线 l 垂直的直线 P_0P_1 的斜率 $k = -\dfrac{4}{3}$,则直线 P_0P_1 的方程为

$$y - 1 = -\frac{4}{3}(x + 2),$$

即

$$4x + 3y + 5 = 0.$$

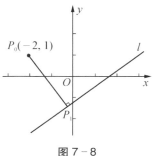

图 7-8

解方程组

$$\begin{cases} 3x - 4y - 5 = 0, \\ 4x + 3y + 5 = 0 \end{cases}$$

得交点 P_1 的坐标 $\left(-\dfrac{1}{5}, -\dfrac{7}{5}\right)$. 根据两点间距离公式,得

$$d = |P_0P_1| = \sqrt{\left(-\frac{1}{5} + 2\right)^2 + \left(-\frac{7}{5} - 1\right)^2} = 3.$$

一般地,按照例8的方法步骤可以得出:点 $P_0(x_0, y_0)$ 到直线 $Ax + By + C = 0$ 的**距离公式**为

$$d = \frac{|Ax_0 + By_0 + C|}{\sqrt{A^2 + B^2}}. \tag{7-6}$$

如例8,把 $A = 3$,$B = -4$,$C = -5$,$x_0 = -2$,$y_0 = 1$ 代入公式(7-6),得

$$d = \frac{|3 \times (-2) + (-4) \times 1 - 5|}{\sqrt{3^2 + (-4)^2}} = 3.$$

例9　求两条平行直线 $l_1: 3x + 4y - 6 = 0$ 与 $l_2: 3x + 4y + 12 = 0$ 间的距离.

解　两条平行线 l_1 与 l_2 间的距离就是 l_1、l_2 中任一直线上的任一点到另一直线的距离. 在 l_1 上任取一点,如取 $P(2, 0)$,则点 P 到 l_2 的距离为

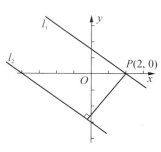

$$d = \frac{|3 \times 2 + 4 \times 0 + 12|}{\sqrt{3^2 + 4^2}} = \frac{18}{5}.$$

这就是 l_1 与 l_2 间的距离(如图 7-9 所示).

图 7-9

练习

1. 求点到直线 l 的距离 d：

   （1）$P(2,3)$，l：$2x + 3y - 5 = 0$；   （2）$O(0,0)$，l：$x - y + 5 = 0$；

   （3）$A(1,-1)$，l：$2x - 5 = 0$；   （4）$B(2,3)$，l：$y = 4$.

2. 求两条平行线 $3x + 4y = 10$ 与 $3x + 4y = 0$ 间的距离.

习题 7-2

§7-2 微课视频

A 组

1. 判定下列各对直线是否平行或垂直：

   （1）$3x + y + 11 = 0$，$9x + 3y - 5 = 0$；

   （2）$x - 2y + 3 = 0$，$3x - 6y = 0$；

   （3）$7x - 2y + 6 = 0$，$2x + 7y = 0$；

   （4）$x + 5y - 7 = 0$，$5x - y + 4 = 0$.

2. 填空题：

   （1）过点 $P(-3,2)$ 且与直线 $2x + 3y - 1 = 0$ 平行的直线方程为 _____.

   （2）直线 $ax + 2y + 1 = 0$ 与直线 $x + y - 2 = 0$ 互相垂直，那么 $a = $ _____.

3. 已知直线 l 平行于直线 $2x + 2y - 5 = 0$，在 y 轴上的截距为 -2，求 l 的方程.

4. 已知直线 l 垂直于直线 $x + y + 9 = 0$，且经过点 $(-2,1)$，求 l 的方程.

5. 求以下各对直线间的夹角：

   （1）l_1：$y = \dfrac{1}{2}x + 2$，l_2：$y = 3x + 5$；

   （2）l_1：$\sqrt{3}x + 3y - 4 = 0$，l_2：$\sqrt{3}x + y + 1 = 0$.

6. 已知直线 l 与直线 $2x - 4y + 5 = 0$ 的夹角是 $45°$，求 l 的斜率.

7. 求下列各对直线的交点：

   （1）l_1：$x - 2y + 1 = 0$，l_2：$2x + y - 8 = 0$；

   （2）l_1：$2x - y = 10$，l_2：$4x + 3y = 10$.

8. 当 k 为何值时，直线 $y = kx + 3$ 过直线 $2x - y + 1 = 0$ 与 $y = x + 5$ 的交点？

9. 求点到直线的距离：

   （1）$A(0,0)$，l：$3x + 2y - 26 = 0$；   （2）$B(-2,3)$，l：$2x - y + 3 = 0$；

   （3）$C(-3,0)$，l：$x - 2 = 0$；   （4）$D(-3,0)$，l：$y + 3 = 0$.

10. 两平行线 $y - 1 = 0$ 与 $y + 3 = 0$ 间的距离是多少？

11. 若原点到直线 $y = kx + 2$ 的距离是 $\sqrt{2}$，求 k 的值.

12. 求直线 $2x - 5y - 10 = 0$ 和坐标轴所围成的三角形的面积.

B 组

1. 已知点 $A(-3, -2)$、$B(1, -6)$，求 $\triangle ABO$（O 是原点）的面积.

2. 已知等腰三角形两腰所在直线的方程为 $l_1: 7x - y - 9 = 0$，$l_2: x + y - 7 = 0$，它的底边所在直线经过点 $M(3, -8)$，求底边所在直线的方程.

3. 求过直线 $x - 2y + 4 = 0$ 和 $x + y - 2 = 0$ 的交点，且垂直于直线 $3x - 4y + 5 = 0$ 的直线方程.

4. 已知平行四边形的三个顶点为 $A(1, 1)$、$B(2, 2)$、$C(1, 2)$，求第四个顶点 D 的坐标.

5. 已知两直线为 $4ax + y = 1$ 和 $(1 - a)x + y = -1$，问：

   （1）当 a 取什么值时，两直线平行？

   （2）当 a 取什么值时，两直线垂直？

6. 已知光线从点 $M(-2, 3)$ 射到 x 轴上一点 $P(1, 0)$ 后被 x 轴反射，求反射光线所在直线的方程（提示：反射角等于入射角）.

§7-3 曲线与方程

⊙ 曲线与方程　⊙ 根据条件建立曲线的方程

一、曲线与方程

前面讨论了直线和二元一次方程的关系，下面来看直角坐标平面内曲线和方程的关系.

同直线与其方程间的关系类似，在直角坐标系中，如果某曲线 C 上的点与一个二元方程 $f(x, y) = 0$ 的实数解之间满足：

（1）曲线上的点的坐标都是这个方程的解；

（2）以这个方程的解为坐标的点都是曲线上的点.

那么，方程 $f(x, y) = 0$ 叫做**曲线 C 的方程**；曲线 C 叫做**方程 $f(x, y) = 0$ 的曲线**（**图形**）.

设曲线 C 的方程是 $f(x, y) = 0$，根据上述曲线与其方程间的关系可知，若点 (x_0, y_0) 在曲线 C 上，则必有 $f(x_0, y_0) = 0$；反之，若 $f(x_0, y_0) = 0$，则点 (x_0, y_0) 一定是曲线 C 上的点.

例1 判定点 $A(-3, 4)$ 和 $B(3, 5)$ 是否在曲线 $x^2 + y^2 = 25$ 上.

解 把点 A 的坐标代入所给方程,左、右两边相等,即

$$(-3)^2 + 4^2 = 25,$$

这就是说点 A 的坐标满足所给方程,所以点 $A(-3, 4)$ 在曲线 $x^2 + y^2 = 25$ 上;

把点 B 的坐标代入所给方程,左、右两边不相等,即

$$3^2 + 5^2 \neq 25,$$

这就是说点 B 的坐标不满足所给方程,所以点 $B(3, 5)$ 不在曲线 $x^2 + y^2 = 25$ 上.

练习

1. 判断点 $M(-1, 0)$ 和 $N(1, 1)$ 是否在曲线 $(x + 1)^2 + (y - 3)^2 = 9$ 上.
2. 已知曲线 $x^2 + y^2 = 25$ 过点 $M(m, 3)$,求 m 的值.

二、求曲线的方程

曲线可以看作适合某种条件的点的集合或轨迹.下面讨论根据条件求曲线的方程,先看一个例子.

例2 求到定点 A 距离等于 5 的点的轨迹方程.

解 以 A 为原点建立直角坐标系,如图 7 - 10 所示.设 $M(x, y)$ 是曲线上任意一点,按题意,有

$$|MA| = 5.$$

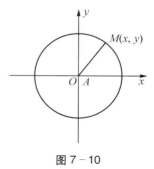

图 7 - 10

由两点间的距离公式得

$$\sqrt{x^2 + y^2} = 5,$$

两边平方得 $\quad\quad x^2 + y^2 = 25. \quad\quad\quad ①$

可以证明方程①就是所求的点的轨迹方程,该轨迹是以原点为圆心,半径 $r = 5$ 的圆.

由上面例子可以看出.

由已知条件求曲线方程的步骤一般如下:

(1) 建立适当的坐标系,设曲线上任意一点 M 的坐标为 (x, y);

（2）按题意用等式写出动点 M 所适合的条件；

（3）用点 M 的坐标 (x, y) 表示点所适合的条件,得到方程 $f(x, y) = 0$；

（4）化方程 $f(x, y) = 0$ 为最简形式；

（5）证明化简后的方程为所求的曲线方程.

步骤(5)一般省略.

例 3　已知两点 $A(2, 4)$ 和 $B(6, -2)$,求线段 AB 的垂直平分线的方程.

解　设点 $M(x, y)$ 是线段 AB 的垂直平分线上的任意一点（如图 $7 - 11$ 所示）,按题意得

$$|MA| = |MB|,$$

根据两点间的距离公式,得

$$\sqrt{(x - 2)^2 + (y - 4)^2} = \sqrt{(x - 6)^2 + (y + 2)^2},$$

化简,得

$$2x - 3y - 5 = 0.$$

这就是线段 AB 的垂直平分线的方程.

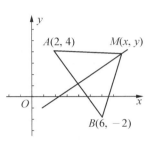

图 $7 - 11$

练习

1. 求与点 $C(4, 0)$ 的距离等于 3 的点的轨迹方程.

2. 设 A、B 两点的坐标分别是 $(-2, -1)$、$(3, 3)$,求线段 AB 的垂直平分线的方程.

§7-3　微课视频

解练习题
微课视频

习题 7-3

A 组

1. 判定各点是否在所给曲线上：

（1）$(0, 0)$、$(0, -3)$、$(-1, \sqrt{6})$、$(-1, -2)$,　　$x^2 + y^2 - 2x - 9 = 0$；

（2）$(-1, 2)$、$(0, 3)$、$(3, 5)$、$(2, -1)$,　　$y = -\dfrac{2x}{x + 2}$.

2. 已知点 $M(x_0, -2)$ 在曲线 $x^2 - 4x - 2y - 5 = 0$ 上，求 x_0.

3. 求曲线 $x^2 + 2xy + y^2 - 2x - 3 = 0$ 与 x 轴交点的横坐标 x_0.

4. 求适合下列条件的动点的轨迹方程：

    （1）与点 $(0, 2)$ 的距离等于 1；

    （2）与点 $A(-1, 2)$ 的距离等于 4；

    （3）与直线 $y + 3 = 0$ 的距离等于 6；

    （4）与两定点 $A(3, 1)$ 和 $B(-1, 5)$ 的距离相等.

5. 已知一曲线是与两个定点 $O(0, 0)$、$A(2, 0)$ 的距离之比为 2 的点的轨迹，求曲线的方程.

B 组

1. 已知点 $Q(3t^2 - 4, 2t^2 - 3t)$ 在直线 $x - y = 0$ 上，求点 Q 的坐标.

2. 设动点 M 到点 $(2, 4)$ 的连线的斜率等于它到点 $(-2, 4)$ 连线的斜率加 4，求动点 M 的轨迹方程.

3. 已知等腰三角形一腰的两个端点是 $A(4, 2)$ 和 $B(3, 5)$，求三角形第三个顶点的轨迹方程.

§7-4 圆的方程

> ⊙圆的标准方程 　⊙圆的一般方程 　⊙坐标系的平移 　⊙平移公式

一、圆的标准方程

我们知道，圆是平面内到一定点（即圆心）的距离等于定长（即半径）的点的轨迹.下面来求以点 $C(h, k)$ 为圆心,r 为半径的圆的方程.

如图 $7-12$ 所示，设 $M(x, y)$ 是圆上任意一点，根据圆的定义，得

$$|MC| = r.$$

由两点间的距离公式，得

$$\sqrt{(x-h)^2 + (y-k)^2} = r,$$

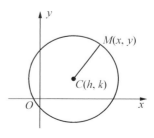

图 $7-12$

两边平方,得

$$(x - h)^2 + (y - k)^2 = r^2. \hspace{2cm} (7-7)$$

这就是圆心在点 $C(h, k)$,半径为 r 的圆的方程,把它叫做**圆的标准方程**.

特别地,当 $h = k = 0$ 时,方程(7-7)成为

$$x^2 + y^2 = r^2. \hspace{2cm} (7-8)$$

这是以原点为圆心,r 为半径的圆的标准方程.

例 1 求以 $A(-2, 3)$ 为圆心,并过点 $B(1, 1)$ 的圆的方程.

解 所求圆的半径为

$$r = |AB| = \sqrt{(1 + 2)^2 + (1 - 3)^2} = \sqrt{13},$$

圆心为 $A(-2, 3)$,所以圆的标准方程为

$$(x + 2)^2 + (y - 3)^2 = 13.$$

练习

1. 填空题:

(1) 圆的方程是 $(x - 2)^2 + (y + 5)^2 = 9$,其圆心在点_____,半径是_____.

(2) 圆心是 $(3, k)$,半径是 r,则此圆的方程是_____.

(3) 圆心是 $(-5, -4)$,半径是 $\sqrt{2}$,则此圆的方程是_____.

2. 求适合下列条件的圆的标准方程:

(1) 圆心在原点,半径 $r = \sqrt{5}$;

(2) 经过点 $P(4, -1)$,圆心在点 $C(5, -2)$.

二、圆的一般方程

把圆的标准方程(7-7)展开,得

$$x^2 + y^2 - 2hx - 2ky + h^2 + k^2 - r^2 = 0,$$

令 $D = -2h$,$E = -2k$,$F = h^2 + k^2 - r^2$,得

$$x^2 + y^2 + Dx + Ey + F = 0. \tag{7-9}$$

上面的讨论说明任何一个圆的方程都可以写成(7-9)的形式,下面反过来,看具有(7-9)形式的方程的图形是否都为圆.

将方程(7-9)配方,得

$$\left(x + \frac{D}{2}\right)^2 + \left(y + \frac{E}{2}\right)^2 = \frac{D^2 + E^2 - 4F}{4}.$$

当 $D^2 + E^2 - 4F > 0$ 时,方程 $(7-9)$ 表示圆,圆心为 $\left(-\dfrac{D}{2}, -\dfrac{E}{2}\right)$,半径为 $\dfrac{1}{2}\sqrt{D^2 + E^2 - 4F}$. 此时,把方程(7-9)叫做**圆的一般方程**.

当 $D^2 + E^2 - 4F = 0$ 时,方程仅有实数解 $x = -\dfrac{D}{2}$, $y = -\dfrac{E}{2}$,所以只表示一个点 $\left(-\dfrac{D}{2}, -\dfrac{E}{2}\right)$.

当 $D^2 + E^2 - 4F < 0$ 时,方程(7-9)没有实数解,因而没有图形,所以方程不表示任何曲线.

圆的标准方程的优点在于它明确地指出了圆心和半径,而一般方程突出了方程形式上的以下特点:

(1) x^2 和 y^2 的系数相等且不等于零;

(2) 不含 xy 这种二次项(即 xy 项的系数等于零).

以上两点是一般的二元二次方程

$$Ax^2 + Bxy + Cy^2 + Dx + Ey + F = 0$$

表示圆的必要条件.

求圆的一般方程,只要求出三个系数 D、E、F 就可以了.

例 2　化下列圆的一般方程为标准方程并指出圆心坐标和半径:

(1) $4x^2 + 4y^2 - 12x + 16y + 9 = 0$;

(2) $x^2 + y^2 + ax - by = 0$(a、b 不都为0).

解　(1) 将原方程化为

$$x^2 + y^2 - 3x + 4y + \frac{9}{4} = 0,$$

配方,得

$$\left(x - \frac{3}{2}\right)^2 + (y + 2)^2 = 4.$$

所以圆心坐标为 $\left(\dfrac{3}{2}, -2\right)$,半径为 2.

(2)将原方程配方,得

$$\left(x + \frac{a}{2}\right)^2 + \left(y - \frac{b}{2}\right)^2 = \frac{a^2 + b^2}{4}.$$

所以圆心坐标为 $\left(-\dfrac{a}{2}, \dfrac{b}{2}\right)$,半径为 $\dfrac{1}{2}\sqrt{a^2 + b^2}$.

例 3 求以 $C(1, 3)$ 为圆心,并且和直线 $3x - 4y + 5 = 0$ 相切的圆的方程.

解 已知圆心是 $C(1, 3)$,又因为圆心到切线的距离等于半径 r,所以根据点到直线的距离公式,得

$$r = \frac{|3 \times 1 - 4 \times 3 + 5|}{\sqrt{3^2 + (-4)^2}} = \frac{4}{5},$$

所求圆的方程为

$$(x - 1)^2 + (y - 3)^2 = \frac{16}{25}.$$

例 4 求过三点 $O(1, -2)$、$A(2, -1)$、$B(5, 0)$ 的圆的方程.

解 设所求圆的方程为

$$x^2 + y^2 + Dx + Ey + F = 0.$$

因为 O、A、B 三点均在圆上,所以它们的坐标都满足这个方程,因此,得方程组

$$\begin{cases} D - 2E + F + 5 = 0, \\ 2D - E + F + 5 = 0, \\ 5D + F + 25 = 0. \end{cases}$$

解方程组,得 $D = -10$,$E = 10$,$F = 25$. 于是所求圆的方程为

$$x^2 + y^2 - 10x + 10y + 25 = 0.$$

像这样先设方程,然后根据已知条件来确定系数的方法叫**待定系数法**.

练习

1. 把下列圆的标准方程化成一般方程：

   （1）$(x + 3)^2 + y^2 = 16$；   （2）$(x - 2)^2 + (y + 1)^2 = 4$.

2. 把下列圆的一般方程化为标准方程并写出圆心坐标和半径：

   （1）$x^2 + y^2 - 2x + 4y - 6 = 0$；   （2）$x^2 + y^2 + 8x - 6y = 0$.

3. 求以 $C(5, 2)$ 为圆心，并且和直线 $3x - 4y + 8 = 0$ 相切的圆的方程.

三、坐标系的平移变换

我们知道，点的坐标、曲线的方程都和坐标系的选择有关，在不同的坐标系中，同一个点有不同的坐标，同一条曲线有不同的方程.例如，图 7 – 13 中所示的圆，在坐标系 Oxy 下的方程为

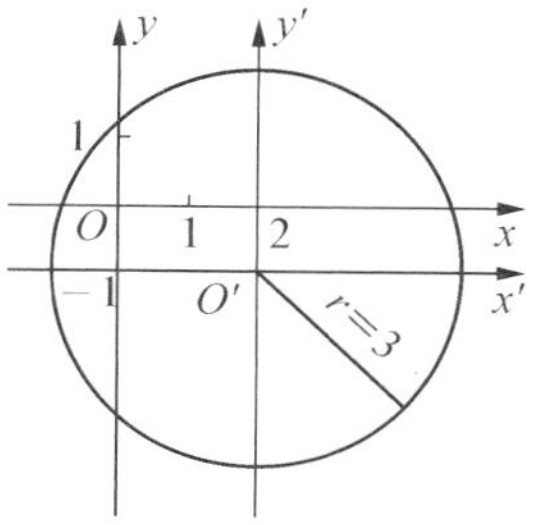

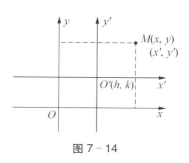

$$(x - 2)^2 + (y + 1)^2 = 3^2,$$

而在坐标系 $O'x'y'$ 下的方程为

$$x'^2 + y'^2 = 3^2.$$

图 7 – 13

由这个例子可以看出，把一个坐标系变换为另一个适当的坐标系，可以使曲线的方程简化.在科学研究中，常利用坐标轴位置的平移来简化曲线的方程，以便更好地研究曲线的性质.

坐标轴的方向和单位长度都不改变，只改变原点的位置，这种坐标系的变换叫做**坐标系的平移变换**，简称**平移**.

下面讨论在平移后，同一个点在两个不同的坐标系中坐标之间的关系.

设点 O' 在原坐标系 xOy 中的坐标为 (h, k).以 O' 为新原点平移坐标轴，建立新坐标系 $x'O'y'$.设平面内任一点 M 在原坐标系中的坐标为 (x, y)，在新坐标系中的坐标为 (x', y')，如图 7 – 14 所示.容易看出

图 7 – 14

$$x = x' + h, \ y = y' + k;$$
$$\text{或} \quad x' = x - h, \ y' = y - k. \tag{7 – 10}$$

以上公式称为**平移公式**，它给出了同一点的新坐标和原坐标之间的关系.利用平移公式，可以变换点的坐标和方程的形式.

例5 以 $O'(-3, 2)$ 为新原点平移坐标轴,求:

(1)原坐标系中的点 $A(-1, 5)$ 在新坐标系下的坐标;

(2)新坐标系中的点 $B(4, -2)$ 在原坐标系下的坐标.

解 (1)设点 $A(-1, 5)$ 的新坐标为 (x', y').由题意,得

$h = -3$, $k = 2$, $x = -1$, $y = 5$,所以,由平移公式,得

$$x' = -1 + 3 = 2, \quad y' = 5 - 2 = 3.$$

即点 A 在新坐标系下的坐标为 $(2, 3)$.

(2)设点 $B(4, -2)$ 在原坐标系下的坐标为 (x, y).由题意,得

$h = -3$, $k = 2$, $x' = 4$, $y' = -2$,所以,由平移公式,得

$$x = 4 - 3 = 1, \quad y = -2 + 2 = 0.$$

即点 B 在原坐标系下的坐标为 $(1, 0)$.

例6 利用坐标系平移变换,使曲线 $x^2 + y^2 - 6x + 4y - 12 = 0$ 在新坐标系下的方程不含 x' 和 y' 的一次项.

解 将方程的左端配方,得

$$(x - 3)^2 + (y + 2)^2 = 25.$$

设 $x' = x - 3$, $y' = y + 2$,代入上面的方程,得

$$x'^2 + y'^2 = 25.$$

这就是曲线在新坐标系下的方程,即平移坐标轴,把原点移到 $O'(3, -2)$,原方程就化为圆心在原点的圆的标准方程.

§7-4 微课视频

练习

1. 平移坐标轴,以 $O'(3, 4)$ 为新原点,求:

(1)原坐标系中的点 $A_1(-3, 2)$、$A_2(5, 3)$、$A_3(4, 1)$ 在新坐标系下的坐标;

(2)新坐标系中的点 $B_1(1, -3)$、$B_2(-5, -2)$、$B_3(2, 1)$ 在原坐标系下的坐标.

2. 平移坐标轴,把原点移到 $O'(1, -3)$,求下列曲线在新坐标系下的方程,并画出新旧坐标系和曲线:

(1) $x = 7$; (2) $y = \dfrac{1}{2}x^2 - x - \dfrac{5}{2}$; (3) $x^2 + y^2 - 2x + 6y - 6 = 0$.

习题 7 - 4

A　组

1. 填空题:

(1) 圆 $(x + 3)^2 + (y - 2)^2 = 25$ 的圆心坐标为_____,半径为_____.

(2) 圆心在点 $C(-3, 4)$,半径为 6 的圆的标准方程为_____.

(3) 圆心在点 $C(3, 2)$,并过点 $P(-1, 4)$ 的圆的标准方程为_____.

(4) 圆 $3x^2 + 3y^2 - 18x = 0$ 的圆心坐标为_____,半径为_____.

(5) 平移坐标轴,把原点移到 $O'\left(\dfrac{3}{2}, 0\right)$,则 $2x + 4y - 3 = 0$ 在新坐标系下的方程为

_____.

(6) 若圆 $(x - a)^2 + (y + 4)^2 = 25$ 和 y 轴相切,则 a 的值为_____.

2. 按所给条件求圆的方程:

(1) 圆心在点 $C(8, -3)$ 且经过点 $A(6, 3)$;

(2) 圆心在 $C(-2, 3)$,并与直线 $3x + 4y + 3 = 0$ 相切;

(3) 过三点 $A(0, 0)$、$B(1, 1)$、$C(4, 2)$;

(4) 半径是 5,圆心在 y 轴上,且与直线 $y = 6$ 相切;

(5) 过直线 $x + 3y + 7 = 0$ 与 $3x - 2y - 12 = 0$ 的交点,圆心为 $C(4, -1)$.

3. 求下列各圆的圆心坐标和半径:

(1) $x^2 + y^2 - 8x + 6y = 0$;　　　　(2) $x^2 + y^2 - 60x + 897 = 0$;

(3) $x^2 + y^2 + 4x - 6y - 36 = 0$;　　(4) $x^2 + y^2 - 2by - 2b^2 = 0$.

4. 若点 $(1, 12a)$ 在圆 $(x - 1)^2 + y^2 = 1$ 的内部,求 a 的取值范围.

5. 求证:两圆 $x^2 + y^2 - 4x - 6y + 9 = 0$ 和 $x^2 + y^2 + 12x + 6y - 19 = 0$ 相外切.

6. 平移坐标轴,原点移到何位置时使得点的坐标分别变化如下:

(1) $A(2, 1) \rightarrow A(5, 4)$;　　　　(2) $B(3, -2) \rightarrow B(3, -6)$.

7. 平移坐标轴,原点移到何位置时使下列曲线的新方程不含 x' 和 y' 的一次项:

(1) $x^2 + y^2 - 4x - 12 = 0$;　　　　(2) $x^2 + y^2 + 4by = 0$.

B　组

1. 一圆过点 $A(2, -1)$,圆心在直线 $y = -2x$ 上且与 $x + y = 1$ 相切,求该圆的方程.

2. 已知方程 $x^2 + y^2 - 2x - 4y + m = 0$ 表示圆,求 m 的取值范围.

3. 赵州桥的跨度是 37.4 m,圆拱高约为 7.2 m,求这座圆拱桥的圆拱方程(方程中的数据

精确到 0.1 m).

4. 已知圆的方程为 $(x+1)^2 + (y+2)^2 = 25$, 对于点 $P(2, m)$, m 分别为何值时:

(1)点 P 在圆上？ (2)点 P 在圆外？ (3)点 P 在圆内？

§7-5 椭圆

⊙椭圆的定义 ⊙椭圆的两种标准方程 ⊙椭圆的焦点、焦距、长轴、短轴、离心率 ⊙椭圆的应用 ⊙ * 平移简化椭圆方程

一、椭圆的定义与标准方程

取一根适当长的细绳,在平板上将绳的两端分别固定在 F_1、F_2 两个点上($|F_1F_2|$ 小于绳的长度),如图 7-15 所示,用笔尖绷紧细绳,在平板上慢慢移动一圈,画出的就是一个椭圆.

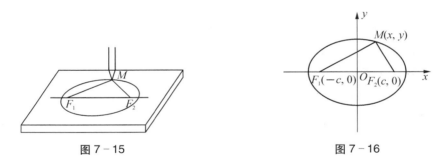

图 7-15   图 7-16

定义 平面内与两个定点 F_1、F_2 的距离的和等于常数(大于 $|F_1F_2|$)的点的轨迹叫做**椭圆**. 两定点 F_1、F_2 叫做**椭圆的焦点**, 两焦点间的距离叫做**椭圆的焦距**.

下面来求椭圆的方程.

如图 7-16 所示,取过点 F_1、F_2 的直线为 x 轴,线段 F_1F_2 的垂直平分线为 y 轴,建立直角坐标系.

设 $M(x, y)$ 是椭圆上任意一点,椭圆的焦距为 $2c$ ($c>0$),则焦点 F_1、F_2 的坐标分别是 $(-c, 0)$、$(c, 0)$. 又设点 M 到 F_1 和 F_2 的距离之和等于正常数 $2a$. 由椭圆的定义,得

$$|MF_1| + |MF_2| = 2a.$$

由两点间的距离公式,得

$$\sqrt{(x+c)^2 + y^2} + \sqrt{(x-c)^2 + y^2} = 2a,$$

化简整理,得

$$(a^2 - c^2)x^2 + a^2 y^2 = a^2(a^2 - c^2).$$

因为 $2a > 2c$,所以 $a^2 - c^2 > 0$.令 $b^2 = a^2 - c^2$,得

$$b^2 x^2 + a^2 y^2 = a^2 b^2,$$

两边同除以 $a^2 b^2$,得

$$\frac{x^2}{a^2} + \frac{y^2}{b^2} = 1 \ (a > b > 0). \tag{7-11}$$

这个方程叫做**椭圆的标准方程**,它所表示的椭圆的焦点在 x 轴上,焦点为 $F_1(-c, 0)$ 和 $F_2(c, 0)$,三个正数 a、b、c 之间具有关系:$c^2 = a^2 - b^2$.

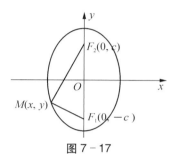

图 7-17

如果取过两焦点 F_1、F_2 的直线为 y 轴,线段 $F_1 F_2$ 的垂直平分线为 x 轴建立坐标系(如图 7-17 所示),则两个焦点分别为 $F_1(0, -c)$ 和 $F_2(0, c)$.与上面推得(7-11)类似,得到的椭圆方程是

$$\frac{x^2}{b^2} + \frac{y^2}{a^2} = 1 \ (a > b > 0). \tag{7-12}$$

这个方程也是椭圆的标准方程,椭圆的焦点在 y 轴上,并仍具有关系 $c^2 = a^2 - b^2$.

比较方程(7-11)和(7-12)及它们的图形可发现,x^2 项的分母比 y^2 项分母大时,焦点在 x 轴上;y^2 项的分母比 x^2 项分母大时,焦点在 y 轴上.

例1 求适合下列条件的椭圆的标准方程:

(1)两焦点分别是 $F_1(-4, 0)$、$F_2(4, 0)$,椭圆上的点到 F_1、F_2 的距离之和的一半等于 $\sqrt{20}$;

(2)$a = 7$,$c = 3$,焦点在 y 轴上.

解 (1)由已知条件知道 $a = \sqrt{20}$.因为焦点在 x 轴上,所以设椭圆的标准方程为

$$\frac{x^2}{a^2} + \frac{y^2}{b^2} = 1 \ (a > b > 0),$$

由 $a = \sqrt{20}$,$c = 4$,得 $b^2 = a^2 - c^2 = 4$,所以所求椭圆的标准方程为

$$\frac{x^2}{20} + \frac{y^2}{4} = 1.$$

（2）因为焦点在 y 轴上，所以设椭圆的标准方程为

$$\frac{x^2}{b^2} + \frac{y^2}{a^2} = 1 \ (a > b > 0),$$

因为 $a = 7$，$c = 3$，所以 $b^2 = a^2 - c^2 = 7^2 - 3^2 = 40$，故所求椭圆的标准方程为

$$\frac{x^2}{40} + \frac{y^2}{49} = 1.$$

练习

1. 说出下列椭圆焦点的坐标：

（1）$\dfrac{x^2}{16} + \dfrac{y^2}{9} = 1$；

（2）$\dfrac{x^2}{10} + \dfrac{y^2}{13} = 1$；

（3）$4x^2 + 5y^2 = 20$；

（4）$\dfrac{4x^2}{5} + \dfrac{3y^2}{7} = 1$.

2. 写出适合下列条件的椭圆的标准方程：

（1）$a = 3$，$b = 1$，焦点在 x 轴上；

（2）$a = 3$，$c = \sqrt{5}$，焦点在 y 轴上.

二、椭圆的几何性质

下面我们以椭圆的标准方程(7-11)，即

$$\frac{x^2}{a^2} + \frac{y^2}{b^2} = 1 \ (a > b > 0)$$

为例来研究椭圆的几何性质.

1. 范围

由方程 $\dfrac{x^2}{a^2} + \dfrac{y^2}{b^2} = 1$ 可知，椭圆上点的坐标都适合不等式

$$\frac{x^2}{a^2} \leqslant 1, \ \frac{y^2}{b^2} \leqslant 1,$$

即

$$|x| \leqslant a, \ |y| \leqslant b.$$

这说明椭圆位于直线 $x = \pm a$ 和 $y = \pm b$ 所围成的矩形里(如图 7 - 18 所示).

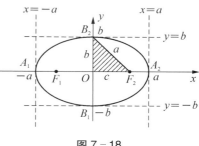

图 7 - 18

2. 对称性

方程(7 - 11)表示的椭圆关于 x 轴、y 轴和坐标原点都对称.这时, x 轴和 y 轴都是**椭圆的对称轴**,坐标原点是椭圆的对称中心.椭圆的对称中心叫做**椭圆的中心**.

3. 顶点

在方程(7 - 11)中,令 $x = 0$,得 $y = \pm b$,说明 $B_1(0, -b)$、$B_2(0, b)$ 是椭圆与 y 轴(对称轴)的两个交点.同理,令 $y = 0$,得 $x = \pm a$,即 $A_1(-a, 0)$、$A_2(a, 0)$ 是椭圆与 x 轴(对称轴)的两个交点.椭圆和它的对称轴的四个交点叫做**椭圆的顶点**.

线段 A_1A_2、B_1B_2 分别叫做椭圆的**长轴**和**短轴**,它们的长分别等于 $2a$ 和 $2b$, a 和 b 分别叫做椭圆的**长半轴长**和**短半轴长**.

根据椭圆的定义和它的形状可知椭圆的焦点一定在长轴上.

如图 7 - 18 所示,在 Rt $\triangle OB_2F_2$ 中, $|OF_2|^2 = |B_2F_2|^2 - |OB_2|^2$,即 $c^2 = a^2 - b^2$,这就是在推导椭圆的标准方程(7 - 11)时,令 $b^2 = a^2 - c^2$ 的几何意义.

4. 离心率

椭圆的焦距与长轴的长之比,叫做**椭圆的离心率**,通常用 e 表示,即

$$e = \frac{2c}{2a} = \frac{c}{a}.$$

因为 $0 < c < a$,所以 $0 < e < 1$.

离心率的大小决定了椭圆的扁平程度,由于

$$\frac{b}{a} = \frac{\sqrt{a^2 - c^2}}{a} = \sqrt{1 - \left(\frac{c}{a}\right)^2} = \sqrt{1 - e^2},$$

所以 e 越大,则 $\dfrac{b}{a}$ 越小,从而椭圆越扁平; e 越小,则 $\dfrac{b}{a}$ 越大,从而椭圆越接近于圆.

例 2　求椭圆 $16x^2 + 25y^2 = 400$ 的长轴和短轴的长、顶点和焦点坐标、离心率,并画出它的图形.

解　把已知方程化为标准方程

$$\frac{x^2}{5^2} + \frac{y^2}{4^2} = 1,$$

这里 $a = 5$，$b = 4$，所以 $c = \sqrt{25 - 16} = 3$，椭圆的焦点在 x 轴上.

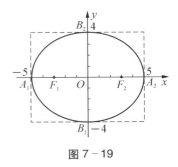

因此，椭圆的长轴和短轴长分别是 $2a = 10$，$2b = 8$，两焦点坐标分别是 $(-3, 0)$ 和 $(3, 0)$，四个顶点的坐标是 $(-5, 0)$、$(5, 0)$、$(0, -4)$ 和 $(0, 4)$，离心率 $e = \dfrac{c}{a} = \dfrac{3}{5}$.

这个椭圆的图形如图 7-19 所示.

图 7-19

例 3 已知椭圆的焦距与长半轴长之和等于 10，离心率为 $\dfrac{1}{3}$，求椭圆的标准方程.

解 由题设条件可知，椭圆的焦点既可以在 x 轴上，又可以在 y 轴上，故应设椭圆的标准方程为

$$\frac{x^2}{a^2} + \frac{y^2}{b^2} = 1 \text{ 或 } \frac{x^2}{b^2} + \frac{y^2}{a^2} = 1 \, (a > b > 0).$$

由已知条件，得

$$\begin{cases} 2c + a = 10, \\ \dfrac{c}{a} = \dfrac{1}{3}. \end{cases}$$

解此方程组，得 $a = 6$，$c = 2$，从而 $b^2 = a^2 - c^2 = 36 - 4 = 32$. 故所求椭圆的标准方程为

$$\frac{x^2}{36} + \frac{y^2}{32} = 1 \text{ 或 } \frac{x^2}{32} + \frac{y^2}{36} = 1.$$

例 4 2011 年 11 月 1 日 5 时 58 分，中国的神州八号载人飞船发射升空，在成功进入预定规道后，开始巡天飞行.该轨道是以地球的中心 F_2 为一个焦点的椭圆，如图 7-20 所示，近地点 A 距地面 200 km，远地点 B 距地面 350 km，地球半径约为 6 371 km，求飞船飞行的轨道方程.

解 设椭圆的方程为 $\dfrac{x^2}{a^2} + \dfrac{y^2}{b^2} = 1 \, (a > b > 0)$. 由题设条件得

$$2a = 350 + 6\,371 \times 2 + 200 = 13\,292,$$

所以 $a = 6\,646$，$c = a - 6\,371 - 200 = 75$，于是

$$b^2 = a^2 - c^2 = 6\,646^2 - 75^2 = 44\,163\,691.$$

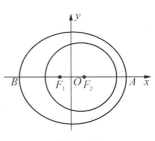

图 7-20

因此飞船飞行的轨道方程为

$$\frac{x^2}{44\ 169\ 316} + \frac{y^2}{44\ 163\ 691} = 1.$$

练习

1. 填写下表:

椭 圆 方 程	长轴长	短轴长	焦点坐标	顶点坐标	离心率
$\dfrac{x^2}{100} + \dfrac{y^2}{36} = 1$					
$4x^2 + y^2 = 16$					
$x^2 + 9y^2 = 81$					
$x^2 + 2y^2 = 1$					
$9x^2 + 4y^2 = 1$					

2. 求适合下列条件的椭圆的标准方程:

(1) 两个顶点是 $(-4, 0)$、$(4, 0)$,一个焦点是 $(2, 0)$;

(2) $a = 5$, $e = \dfrac{3}{5}$, 焦点在 y 轴上.

三、椭圆的一些应用

椭圆是一种常见的曲线,如有的汽车油罐横截面的轮廓,圆柱形管道的斜截口形状,一些行星和有些卫星运行的轨道等都呈椭圆形.无论是在日常生活,还是国防科技等领域,椭圆都有着广泛的应用.

椭圆具有独特的光学性质,即从椭圆的一个焦点发出的光线或声波经过椭圆反射后,都集中到它的另一个焦点上.如图 7-21 所示.这种光学性质被人们广泛地应用于各种设计中.

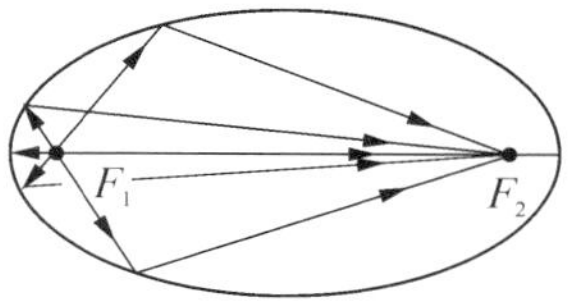

图 7-21

图 7-22 所示为电影放映机工作原理示意图,电影放映机的聚光灯有一个反光镜,它的形状是旋转椭圆面.为了使片门(电影胶片通过的地方)处获得最强的光线,灯丝 F_1 与片门 F_2 应位于椭圆的两个焦点处,这就是利用椭圆光学性质的一个实例.

17 世纪,德国人开普勒(Johanns Kepler, 1571—1630)在"日心说"的基础上,整理了他的老师丹麦人第谷(Tycho Brahe, 1546—1601)20 多年观测行星运动的数据后,经过四年艰苦计算,总结出了关于行星运动的三条定律.其中第一定律也叫做椭圆轨道定律,它的具体内容是:行星沿椭圆轨道绕太阳运行,太阳位于椭圆的一个焦点上.

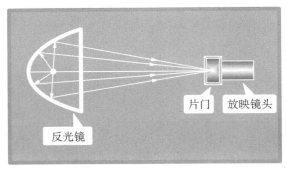

| 图 7 - 22 | 图 7 - 23 |

椭圆所具有的简洁美、和谐美和对称美还被应用于一些建筑中.比如北京的国家大剧院(图 7 - 23),其中心建筑呈半椭球形(该椭球是由椭圆绕其轴旋转得到的),其中长轴长为216.57 m,短轴长为 145.57 m.整个建筑漂浮于人工湖面之上,以"湖中明珠"的独特姿态展示给世人.

*四、平移简化椭圆方程

当椭圆中心不在原点,两条对称轴分别平行于 x 轴、y 轴时,可以选择适当的新坐标系,利用坐标轴平移公式将椭圆方程简化为标准方程,从而得知曲线的形状和它在坐标系中的位置.

例 5　已知二元二次方程为 $4x^2 + 9y^2 - 8x + 18y - 23 = 0$,试证该方程为椭圆方程.

证　将已知方程按 x 和 y 分别配方,得

$$\frac{(x-1)^2}{9} + \frac{(y+1)^2}{4} = 1.$$

令 $x' = x - 1$, $y' = y + 1$,作平移变换,得

$$\frac{x'^2}{9} + \frac{y'^2}{4} = 1.$$

这是一个椭圆方程,因此,所给方程为椭圆方程.

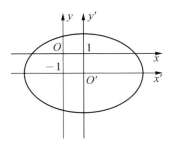

图 7 - 24

如图 7 - 24 所示,该椭圆中心在点 $O'(1, -1)$,焦点在直线 $y = -1$ 上,长轴长为 6,短轴长为 4.

一般地,中心在 $O'(h, k)$,对称轴为直线 $x = h$、$y = k$ 的椭圆的方程是

$$\frac{(x-h)^2}{a^2} + \frac{(y-k)^2}{b^2} = 1, \text{或} \frac{(x-h)^2}{b^2} + \frac{(y-k)^2}{a^2} = 1 (a > b > 0).$$

练习

平移坐标轴,将坐标原点移到 $O'(-1, 2)$ 点,求曲线 $\frac{(x+1)^2}{36} + \frac{(y-2)^2}{32} = 1$ 在新坐标系下的方程.

§7-5 微课视频

习题 7-5

A 组

1. 填空题:

(1) 椭圆 $\frac{x^2}{16} + \frac{y^2}{9} = 1$ 中,$a =$ _____,$b =$ _____,$c =$ _____,焦点坐标为 _____.

(2) 如果椭圆的焦点为 $(0, \pm 3)$,长轴长是 10,那么短轴长是 _____,该椭圆的标准方程是 _____.

(3) 椭圆 $\frac{x^2}{16} + \frac{y^2}{8} = 1$ 的长轴长是 _____,短轴长是 _____,离心率 $e =$ _____.

(4) 椭圆 $\frac{x^2}{9} + \frac{y^2}{4} = 1$ 的焦点是 F_1、F_2,椭圆上一点 M 到 F_2 的距离是 1,则 M 到 F_1 的距离是 _____.

(5) 椭圆 $\frac{x^2}{m} + \frac{y^2}{4} = 1$ 的焦距为 2,则 m 的值是 _____.

2. 求适合下列条件的椭圆的标准方程:

(1) 短轴长为 10,焦距为 $2\sqrt{39}$,焦点在 x 轴上;

(2) 长轴长为 16,短轴长为 10,焦点在 y 轴上;

(3) 长半轴长为 8,离心率为 $\frac{3}{4}$;

(4) 焦点坐标为 $(-5, 0)$,$(5, 0)$,离心率为 $\frac{1}{2}$;

(5) 长轴长是短轴长的 3 倍,且过点 $P(3, 0)$.

3. 已知椭圆上的点到两定点 F_1、F_2 的距离之和为 20,$|F_1F_2| = 16$,求椭圆的标准方程.

4. 已知椭圆的焦距与长轴长的和为 32,离心率 $e = \dfrac{3}{5}$,求椭圆的标准方程,并画出图形.

5. 椭圆的中心在原点,焦点在 y 轴上,焦距等于 6,长轴长是短轴长的 2 倍,求椭圆的标准方程.

6. 椭圆的中心在原点,焦点在 x 轴上,经过点 $M_1(6,4)$ 和 $M_2(8,-3)$,求椭圆的标准方程.

7. 如图所示,某隧道设计为双向四车道,车道总宽 22 m,要求通行车辆限高 4.5 m,隧道的拱线近似地看成半个椭圆形状.若最大拱高 h 为 6 m,则隧道设计的拱宽 l 是多少(精确到 0.1 m)?

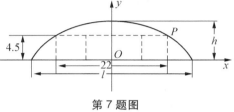

第 7 题图

*8. 利用坐标轴平移公式简化下列方程,使新方程中不含 x'、y' 的一次项,求出新坐标系的原点在原坐标系中的坐标,并画出图形:

(1) $9x^2 + 4y^2 - 18x + 16y - 11 = 0$;

(2) $100x^2 + 25y^2 - 400x + 50y + 325 = 0$.

B 组

1. 已知椭圆 $x^2 + (m+3)y^2 = m\ (m>0)$ 的离心率 $e = \dfrac{\sqrt{3}}{2}$,求 m 的值及椭圆的长轴和短轴的长、焦点坐标、顶点坐标.

2. 一动点到定点 $A(3,0)$ 的距离和它到直线 $x - 12 = 0$ 的距离的比为 $\dfrac{1}{2}$,求动点的轨迹方程.

§7-6 双曲线

⊙双曲线的定义　⊙双曲线的两种标准方程　⊙双曲线的焦点、焦距、实轴、虚轴、渐近线、离心率　⊙双曲线的应用　⊙*平移简化双曲线方程

一、双曲线的定义与标准方程

如图 7-25 所示,取一条拉链,先拉开一部分,分成两支,把一支剪短,将短的一支的端点

固定在平板上的点 F_2 处,长的一支的端点固定在平板上的点 F_1 处,拉开拉链时,拉链锁头 M 移动的轨迹是一条曲线(图 7 - 25 中右边的曲线).交换两支拉链端点的位置,就得到另一条曲线(图 7 - 25 中左边的曲线).这两条曲线合起来叫做双曲线,每一条叫做双曲线的一支.

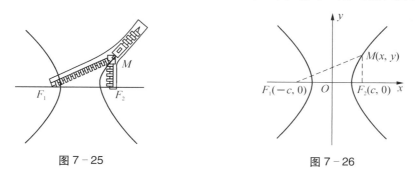

图 7 - 25　　　　　　　　　　图 7 - 26

> **定义**　平面内与两个定点 F_1、F_2 的距离的差的绝对值等于常数(小于 $|F_1F_2|$)的点的轨迹叫做**双曲线**,两定点 F_1、F_2 叫做双曲线的**焦点**,两焦点间的距离叫做**双曲线的焦距**.

仿照求椭圆标准方程的方法,下面来求双曲线的标准方程.

取过两焦点 F_1 和 F_2 的直线为 x 轴,线段 F_1F_2 的垂直平分线为 y 轴,建立直角坐标系,如图 7 - 26 所示.

设点 $M(x, y)$ 是双曲线上任意一点,双曲线的焦距为 $|F_1F_2| = 2c$ ($c > 0$),则焦点为 $F_1(-c, 0)$、$F_2(c, 0)$.又设点 M 到 F_1、F_2 的距离之差的绝对值为正常数 $2a$.由双曲线的定义,得

$$|MF_1| - |MF_2| = \pm 2a,$$

由两点间的距离公式,得

$$\sqrt{(x+c)^2 + y^2} - \sqrt{(x-c)^2 + y^2} = \pm 2a,$$

化简整理,得

$$(c^2 - a^2)x^2 - a^2 y^2 = a^2(c^2 - a^2).$$

由双曲线定义可知,$2c > 2a$,即 $c > a$,所以,令 $c^2 - a^2 = b^2$ ($b > 0$),代入上式得

$$b^2 x^2 - a^2 y^2 = a^2 b^2,$$

两边同除以 $a^2 b^2$,得

$$\frac{x^2}{a^2} - \frac{y^2}{b^2} = 1(a > 0, \, b > 0). \tag{7-13}$$

这个方程叫做**双曲线的标准方程**,它所表示的双曲线的焦点在 x 轴上,焦点为 $F_1(-c, 0)$、$F_2(c, 0)$,且有 $c^2 = a^2 + b^2$.

若双曲线的焦点在 y 轴上,如图 7-27 所示,F_1、F_2 的坐标分别是 $(0, -c)$ 和 $(0, c)$,与上面类似,可得到它的方程

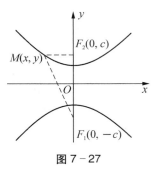

图 7-27

$$\frac{y^2}{a^2} - \frac{x^2}{b^2} = 1 \, (a > 0, \, b > 0). \tag{7-14}$$

这是焦点在 y 轴上的双曲线的标准方程,a、b、c 仍满足 $c^2 = a^2 + b^2$.

比较方程(7-13)和(7-14)及它们的图形可发现,x^2 项符号为正时,焦点在 x 轴上;y^2 项符号为正时,焦点在 y 轴上.

例1 已知双曲线的焦点坐标为 $F_1(-5, 0)$、$F_2(5, 0)$,双曲线上一点 P 到 F_1、F_2 的距离的差的绝对值等于 6,求双曲线的标准方程.

解 由条件知焦点在 x 轴上,所以设所求双曲线的标准方程为

$$\frac{x^2}{a^2} - \frac{y^2}{b^2} = 1.$$

由已知条件知 $c = 5$,$2a = 6$,所以 $a = 3$,于是 $b^2 = c^2 - a^2 = 25 - 9 = 16$,故所求双曲线的标准方程为

$$\frac{x^2}{9} - \frac{y^2}{16} = 1.$$

例2 判断下列双曲线的焦点位置,并求出焦点:

(1) $\frac{x^2}{10} - \frac{y^2}{5} = 1$; (2) $\frac{x^2}{6} - \frac{y^2}{12} = -1$.

解 (1) 由 $\frac{x^2}{10} - \frac{y^2}{5} = 1$ 可判断双曲线焦点在 x 轴上,因为 $a^2 = 10$,$b^2 = 5$,所以 $c^2 = a^2 + b^2 = 15$,即 $c = \sqrt{15}$.所以双曲线焦点为 $F_1(-\sqrt{15}, 0)$ 和 $F_2(\sqrt{15}, 0)$.

(2) 将 $\frac{x^2}{6} - \frac{y^2}{12} = -1$ 化为 $\frac{y^2}{12} - \frac{x^2}{6} = 1$ 可知,双曲线焦点在 y 轴上,因为 $a^2 = 12$,$b^2 = 6$,所以

$c^2 = a^2 + b^2 = 18$,即 $c = 3\sqrt{2}$.所以双曲线焦点为 $F_1(0, -3\sqrt{2})$、$F_2(0, 3\sqrt{2})$.

练习

求适合下列条件的双曲线的标准方程:

(1) $a = 6$,$b = 8$,焦点在 x 轴上;

(2) $a = 2$,$c = 4$,焦点在 y 轴上;

(3) 焦距为 14,$a = 6$,焦点在 x 轴上.

二、双曲线的几何性质

下面以双曲线的标准方程(7-13),即

$$\frac{x^2}{a^2} - \frac{y^2}{b^2} = 1 \ (a > 0, \ b > 0)$$

为例来研究双曲线的几何性质.

1. 范围

由上面的标准方程可知,双曲线上点的坐标 (x, y) 都适合不等式 $\dfrac{x^2}{a^2} \geq 1$,即 $|x| \geq a$,所以 $x \leq -a$ 或 $x \geq a$.可见,双曲线的一支在直线 $x = -a$ 的左边,另一支在直线 $x = a$ 的右边,而在直线 $x = -a$ 和 $x = a$ 之间,没有双曲线上的点(如图 7-28(a)所示).

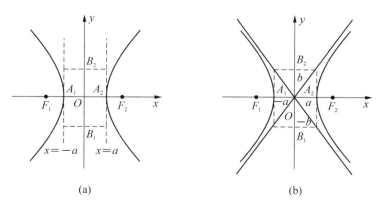

图 7-28

2. 对称性

方程(7-13)表示的双曲线关于 x 轴、y 轴和坐标原点都是对称的,这时,x 轴、y 轴是**双曲线的对称轴**,坐标原点是双曲线的对称中心.双曲线的对称中心叫做**双曲线的中心**.

3. 顶点

在方程(7-13)中,令 $y = 0$,得 $x = \pm a$.因此,双曲线和 x 轴(对称轴)有两个交点 $A_1(-a,$ $0)$ 和 $A_2(a, 0)$,它们叫做**双曲线的顶点**.令 $x = 0$,得 $y^2 = -b^2$,这个方程没有实数根,说明双曲线和 y 轴没有交点,但也把点 $B_1(0, -b)$ 和 $B_2(0, b)$ 在 y 轴上标出来(如图 7-28(a)所示).

线段 A_1A_2 叫做双曲线的**实轴**,它的长为 $2a$,a 叫做双曲线的**实半轴长**,线段 B_1B_2 叫做双曲线的**虚轴**,它的长为 $2b$,b 叫做双曲线的**虚半轴长**.

4. 渐近线

分别过点 A_1、A_2 作 y 轴的平行线 $x = \pm a$,分别过点 B_1、B_2 作 x 轴的平行线 $y = \pm b$,四条直线围成一个矩形,矩形的两条对角线所在直线的方程是 $y = \pm \dfrac{b}{a}x$(如图7-28(b)所示),从图中可以看出,双曲线 $\dfrac{x^2}{a^2} - \dfrac{y^2}{b^2} = 1$ 的各支向外延伸时,与这两条直线无限接近.我们把直线 $y = \pm \dfrac{b}{a}x$ 叫做双曲线 $\dfrac{x^2}{a^2} - \dfrac{y^2}{b^2} = 1$ 的**渐近线**.

同理可得,双曲线 $\dfrac{y^2}{a^2} - \dfrac{x^2}{b^2} = 1$ 的渐近线方程为 $y = \pm \dfrac{a}{b}x$.

5. 离心率

双曲线的焦距与实轴的长之比,即 $e = \dfrac{2c}{2a} = \dfrac{c}{a}$,叫做**双曲线的离心率**.因为 $c > a$,所以双曲线的离心率 $e > 1$.由 $c^2 - a^2 = b^2$,可得

$$\frac{b}{a} = \frac{\sqrt{c^2 - a^2}}{a} = \sqrt{\frac{c^2}{a^2} - 1} = \sqrt{e^2 - 1}.$$

因而 e 越大,则 $\dfrac{b}{a}$ 越大,从而双曲线开口越大.

例3 求双曲线 $\dfrac{x^2}{4^2} - \dfrac{y^2}{2^2} = 1$ 的实半轴长、虚半轴长、顶点坐标、焦点坐标和渐近线方程.

解 由 $\dfrac{x^2}{4^2} - \dfrac{y^2}{2^2} = 1$ 知

$$a = 4, \ b = 2, \ c = \sqrt{a^2 + b^2} = \sqrt{4^2 + 2^2} = 2\sqrt{5},$$

所以实半轴长 $a = 4$,虚半轴长 $b = 2$,顶点坐标为 $(-4, 0)$ 和 $(4, 0)$,焦点坐标是 $(-2\sqrt{5}, 0)$ 和 $(2\sqrt{5}, 0)$,渐近线方程是 $y = \pm \dfrac{1}{2}x$.

例4 已知双曲线的焦点为 $(\pm\sqrt{3}, 0)$,渐近线方程为 $y = \pm\dfrac{4}{3}x$,求双曲线的标准方程.

解 由条件知,焦点在 x 轴上,所以设所求双曲线的标准方程为

$$\frac{x^2}{a^2} - \frac{y^2}{b^2} = 1.$$

由已知条件,得

$$\begin{cases} c = \sqrt{3}, \\ \dfrac{b}{a} = \dfrac{4}{3}, \\ c^2 = a^2 + b^2, \end{cases}$$

解此方程组,得 $a = \dfrac{3\sqrt{3}}{5}$, $b = \dfrac{4\sqrt{3}}{5}$. 于是所求双曲线的标准方程为

$$\frac{x^2}{\left(\dfrac{3\sqrt{3}}{5}\right)^2} - \frac{y^2}{\left(\dfrac{4\sqrt{3}}{5}\right)^2} = 1.$$

在双曲线的方程 $\dfrac{x^2}{a^2} - \dfrac{y^2}{b^2} = 1$ 中,如果 $a = b$,那么 $x^2 - y^2 = a^2$,它的实轴和虚轴长相等,渐近线方程为 $y = \pm x$.

实轴和虚轴等长的双曲线叫做**等轴双曲线**.

练习

求下列双曲线的实轴和虚轴的长、顶点和焦点坐标、离心率以及渐近线方程:

(1) $9x^2 - 16y^2 = 144$;　　　　　　(2) $5y^2 - 4x^2 = 20$;

(3) $x^2 - 4y^2 = -1$;　　　　　　(4) $x^2 - y^2 = 4$.

三、双曲线的一些应用

双曲线也是一种较常见的曲线,下面简单介绍一些有关实际问题和应用.

宇宙飞船的轨道 火箭把宇宙飞船送入太空,当火箭燃料用完时,如果速度超过 $11.19\ \mathrm{km/s}$,飞船就将脱离地球引力,沿一条双曲线轨道飞驰在茫茫太空.

确定声源的位置 在三个不同位置上听到了同一声音,根据它们听到声音的时间差,可以利用双曲线确定出声源的位置.

有一些著名建筑,譬如广州塔的外形是由双曲线的一部分绕其虚轴旋转所成的曲面(如图 7-29 所示).它具有接触面积大、风的对流好、节约建筑材料等优点.作为目前世界上"腰身"最细、施工难度最大的建筑,广州塔创造了世界最高户外观景平台和世界最高惊险速降之旅两项吉尼斯世界纪录.纵观中华民族几千年的历史,像这样的奇迹工程屡见不鲜,而这些都源于中国人的智慧和永不放弃的精神.

图 7-29

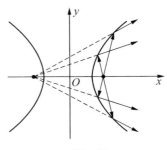

图 7-30

还有工业上用的双曲线型自然通风塔的外形也是由双曲线的一部分绕其虚轴旋转而成的曲面.

双曲线还具有这样的光学性质:从双曲线的一个焦点发出的光线或声波经过双曲线的反射后,就好像是从另一个焦点发射出来的一样,如图 7-30 所示.

* 四、平移简化双曲线方程

当双曲线的中心不在原点,两条对称轴分别平行于 x 轴、y 轴时,可以选择适当的新坐标系,利用坐标轴平移公式来简化方程.

例 5 利用坐标轴的平移,简化方程 $4x^2 - 9y^2 - 32x + 72y - 116 = 0$,使新方程不含一次项.

解 将方程按 x 和 y 分别配方,得

$$\frac{(x-4)^2}{9} - \frac{(y-4)^2}{4} = 1.$$

令 $x' = x - 4$,$y' = y - 4$,即将坐标系平移,将原点移到 $O'(4, 4)$,就得到曲线在新坐标系下的方程

$$\frac{x'^2}{9} - \frac{y'^2}{4} = 1.$$

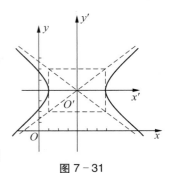

图 7-31

如图 7-31 所示,它表示中心在原点 O',焦点在 x' 轴上,实轴长为 6,虚轴长为 4 的双曲线.

一般地,中心在 $O'(h, k)$,对称轴为直线 $x = h$、$y = k$ 的双曲线的方程是

$$\frac{(x-h)^2}{a^2} - \frac{(y-k)^2}{b^2} = 1 \text{ 或 } \frac{(y-k)^2}{a^2} - \frac{(x-h)^2}{b^2} = 1(a > 0, b > 0).$$

练习

§7-6 微课视频

利用坐标系平移,使下列曲线的新方程不含 x' 和 y' 的一次项:

(1) $x^2 - 4y^2 - 4x - 24y - 64 = 0$; (2) $9x^2 - 4y^2 - 54x - 32y + 13 = 0$.

习题 7-6

A 组

1. 填空题

(1) 到两定点 $F_1(-5, 0)$、$F_2(5, 0)$ 的距离之差的绝对值等于 8 的点 M 的轨迹方程是_____.

(2) 双曲线 $\frac{x^2}{4} - \frac{y^2}{9} = 1$ 的顶点坐标是_____,焦点坐标是_____,实半轴长是_____,虚半轴长是_____,离心率是_____.

(3) 双曲线 $9x^2 - 16y^2 = -144$ 的焦点坐标是_____,离心率是_____,渐近线方程是_____.

2. 求双曲线的标准方程:

(1) $a = 3$,$b = 5$,焦点在 x 轴上;

(2) $a = 3$,焦距是 $2\sqrt{15}$,焦点在 y 轴上;

(3) $b = 4$,一个焦点坐标为 $(-8, 0)$;

(4) $a = 2\sqrt{5}$,经过点 $(2, -5)$,焦点在 y 轴上;

(5) 渐近线的方程是 $y = \pm\frac{3}{4}x$,经过点 $M(2, 0)$.

3. 已知双曲线的焦点在 y 轴上,焦距是 16,离心率为 $\frac{4}{3}$,求它的标准方程.

4. 等轴双曲线的中心在原点,实轴在 x 轴上,并经过点 $(3, -1)$,求它的标准方程.

5. 已知双曲线的渐近线方程是 $y = \pm\frac{1}{2}x$,焦点在 x 轴上且焦距为 10,求此双曲线的标准

方程.

6. 已知双曲线的渐近线方程为 $y = \pm \dfrac{3}{4}x$,求它的离心率.

7. 已知双曲线的虚轴长为12,焦距为实轴长的两倍,求此双曲线的标准方程.

*8. 平移坐标轴,把下列双曲线方程化为标准方程,指出在原坐标系中曲线的中心坐标,并画出图形.

　　(1) $4x^2 - 9y^2 + 16x - 54y - 77 = 0$;　　　(2) $y^2 - 4x^2 + 2y - 16x - 31 = 0$.

9. 如图(a)所示,双曲线型的自然通风塔外形是双曲线的一部分绕其虚轴旋转所成的曲面,其轴截面简图的尺寸(单位:m)如图(b)所示.在所给坐标系中,求双曲线的标准方程和塔高.(塔高精确到0.1 m)

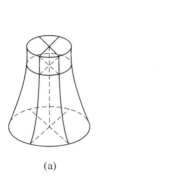

(a)

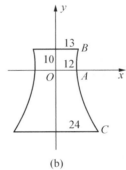

(b)

第9题图

B 组

1. 求焦距为6,且过点 $\left(\sqrt{\dfrac{14}{3}}, -\sqrt{\dfrac{10}{3}} \right)$ 的双曲线的标准方程.

2. 求与椭圆 $\dfrac{x^2}{9} + \dfrac{y^2}{4} = 1$ 有公共焦点,并且离心率为 $\dfrac{\sqrt{5}}{2}$ 的双曲线方程.

3. 已知 P 是双曲线 $\dfrac{x^2}{64} - \dfrac{y^2}{36} = 1$ 上一点, F_1、F_2 是双曲线的两个焦点,若 $|PF_1| = 17$,求 $|PF_2|$ 的值.

4. 双曲线 $\dfrac{x^2}{4} - \dfrac{y^2}{12} = 1$ 上点 P 到左焦点的距离为6,求这样的点 P 的个数.

5. 根据下列条件判断方程 $\dfrac{x^2}{9-k} + \dfrac{y^2}{4-k} = 1$ 表示什么曲线?

　　(1) $k < 4$;　　　　　　　　　　　(2) $4 < k < 9$.

6. 现有一如图(a)所示等压力结构的反应塔,其高为 55 m,塔的底部直径为 27 m,上口直径为 14 m,最细的腰部直径为 12 m.请据此算出,它的外形是怎样的双曲线的一段绕虚轴旋转得到的?(提示:可建立如图(b)的直角坐标系)

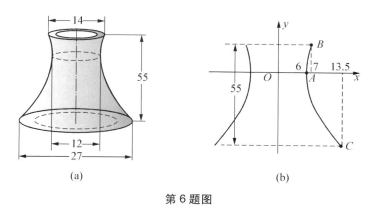

(a)　　　　　　　　　(b)

第 6 题图

§7－7　抛物线

⊙抛物线的定义　⊙抛物线的四种标准方程　⊙抛物线的焦点、准线、对称轴、顶点、离心率　⊙抛物线的应用　⊙*平移简化抛物线方程

一、抛物线的定义与标准方程

如图 7－32 所示,在图板上确定一个点 F 和一条直线 l,把一根直尺固定在直线 l 的位置,取一块三角板 ABC,使其直角边 BC 紧靠直尺的边缘,再把一条与三角板直角边 AC 等长的细绳的一端固定在三角板的顶点 A 处,另一端固定在定点 F 处,用铅笔尖扣着绳子,使点 A 到笔尖 M 的一段绳子始终紧贴着三角板,同时将三角板沿着直尺滑动,笔尖就画出一条抛物线.因为总有 $|MF|=|MC|$,所以笔尖在移动时,它到定点 F 的距离,始终等于它到定直线 l 的距离.

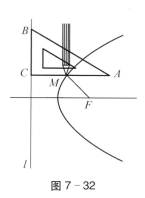

图 7－32

定义　平面内与一个定点 F 和一条定直线 l 的距离相等的点的轨迹叫做**抛物线**.点 F 叫做**抛物线的焦点**,直线 l 叫做**抛物线的准线**.

下面来求抛物线的标准方程.

如图 7-33 所示,取过焦点 F 且垂直于准线 l 的直线为 x 轴,垂足为 H,线段 HF 的中点为原点,建立直角坐标系.设 $|HF|=p$ $(p>0)$,则焦点 F 的坐标为 $\left(\dfrac{p}{2},\ 0\right)$,准线 l 的方程为 $x=-\dfrac{p}{2}$.

设点 $M(x,\ y)$ 是抛物线上任意一点,作 $MN \perp l$,垂足为 N,则 N 点的坐标为 $\left(-\dfrac{p}{2},\ y\right)$,由抛物线的定义,知

$$|MF|=|MN|.$$

根据两点间的距离公式,得

$$\sqrt{\left(x-\frac{p}{2}\right)^2+y^2}=\sqrt{\left(x+\frac{p}{2}\right)^2},$$

两边平方,并化简,得

$$y^2=2px \ (p>0). \tag{7-15}$$

这个方程叫做**抛物线的标准方程**,它表示的抛物线的焦点在 x 轴的正半轴上,坐标是 $\left(\dfrac{p}{2},\ 0\right)$,准线方程是 $x=-\dfrac{p}{2}$.

例 1　已知抛物线的方程是 $y^2=8x$,求它的焦点坐标和准线方程.

解　由题意,得 $2p=8$,$p=4$,所以抛物线的焦点坐标为 $(2,\ 0)$,准线方程为 $x=-2$.

例 2　已知抛物线的焦点坐标是 $(0,\ -2)$,求它的标准方程和准线方程.

解　因为焦点在 y 轴的负半轴上,并且 $-\dfrac{p}{2}=-2$,即 $p=4$,所以所求抛物线的标准方程是

$$x^2=-8y,$$

准线方程是 $y=2$.

当抛物线的焦点选择在 x 轴的负半轴、y 轴的正半轴、y 轴的负半轴上时,还可得到下面三种形式的标准方程:

$$y^2=-2px,\ x^2=2py,\ x^2=-2py.$$

四种抛物线的标准方程、焦点坐标、准线方程以及图形见下表：

方　　　程	焦　　点	准　　线	图　　形
$y^2 = 2px$ $(p > 0)$	$F\left(\dfrac{p}{2}, 0\right)$	$x = -\dfrac{p}{2}$	
$y^2 = -2px$ $(p > 0)$	$F\left(-\dfrac{p}{2}, 0\right)$	$x = \dfrac{p}{2}$	
$x^2 = 2py$ $(p > 0)$	$F\left(0, \dfrac{p}{2}\right)$	$y = -\dfrac{p}{2}$	
$x^2 = -2py$ $(p > 0)$	$F\left(0, -\dfrac{p}{2}\right)$	$y = \dfrac{p}{2}$	

练习

1. 求下列抛物线的焦点坐标和准线方程：

(1) $y^2 = 16x$；　　　　　　　　　　(2) $x^2 = 25y$；

(3) $4y^2 + x = 0$；　　　　　　　　　(4) $4x^2 + 3y = 0$.

2. 根据下列条件，求抛物线的标准方程：

(1) 焦点是 $F(-3, 0)$；　　(2) 准线方程是 $y = -1$；　　(3) 准线方程是 $y = 8$.

二、抛物线的几何性质

下面根据抛物线的标准方程(7-15),即 $y^2 = 2px (p > 0)$,来研究它的几何性质.

1. 范围

因为 $p > 0$,由方程(7-15)可知 $x \geqslant 0$.所以这条抛物线在 y 轴的右侧(即开口向右),当 x 的值增大时,$|y|$ 也增大,说明抛物线向右上方和右下方无限延伸.

2. 对称性

方程(7-15)表示的抛物线关于 x 轴对称.抛物线的对称轴叫做**抛物线的轴**.

3. 顶点

抛物线和它的轴的交点叫做**抛物线的顶点**,在方程(7-15)中,当 $y = 0$ 时,$x = 0$,因此,抛物线(7-15)的顶点就是坐标原点.

4. 离心率

抛物线上的点 M 到焦点和到准线的距离之比叫做**抛物线的离心率**,用 e 表示,由定义可知 $e = 1$.

例3 求以坐标原点为顶点,对称轴为坐标轴,并且经过点 $M(-3, -6)$ 的抛物线的标准方程.

解 由题意,得对称轴可能是 x 轴,也可能是 y 轴.因为点 $M(-3, -6)$ 在第三象限,所以抛物线开口向左或开口向下.

(1)当抛物线开口向左时,焦点在 x 轴的负半轴上,可设抛物线的方程为

$$y^2 = -2px \ (p > 0).$$

把点 M 的坐标代入,得 $(-6)^2 = -2p(-3)$,解得 $p = 6$. 于是所求抛物线的标准方程为

$$y^2 = -12x.$$

(2)当抛物线开口向下时,焦点在 y 轴的负半轴上,可设抛物线的方程为

$$x^2 = -2py \ (p > 0).$$

把点 M 的坐标代入,得 $(-3)^2 = -2p(-6)$,解得 $p = \dfrac{3}{4}$. 于是所求抛物线的标准方程为

$$x^2 = -\dfrac{3}{2}y.$$

所以所求抛物线的方程为 $y^2 = -12x$ 或 $x^2 = -\dfrac{3}{2}y$(如图7-34所示).

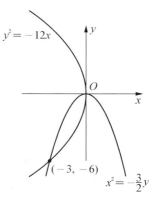

图 7-34

例4 探照灯反射镜的轴截面是抛物线的一部分,光源位于抛物线的焦点处.已知灯口圆的直径是 30 cm,灯深15 cm,求抛物线的标准方程和焦点位置.

解 在探照灯轴截面所在平面内建立直角坐标系,使反光镜的顶点(即抛物线的顶点)与原点重合,x 轴垂直于灯口直径(如图 7-35 所示).

设抛物线的标准方程为 $y^2 = 2px \ (p > 0)$,由条件可知点 A 的坐标为 $(15,\ 15)$,代入方程,得 $15^2 = 2p \times 15$,解得 $p = \dfrac{15}{2}$. 所以所求抛物线的标准方程为

$$y^2 = 15x,$$

焦点位置在 $\left(\dfrac{15}{4},\ 0\right)$.

图 7-35

练习

求下列抛物线的顶点和焦点坐标、对称轴和准线方程,说出开口方向,并画出图形.

(1) $y^2 - 3x = 0$;

(2) $y^2 + 4x = 0$;

(3) $x^2 = \dfrac{3}{2}y$;

(4) $x^2 = -16y$.

三、抛物线的一些应用

抛物线是一种常见的曲线,如有的拱桥隧道顶部曲线的形状是抛物线,探照灯、太阳灶、雷达天线、射电望远镜等轴截面的轮廓线是抛物线,抛射体、流星等物体的运行轨道也是抛物线.

抛物线绕着它的对称轴旋转所得的曲面称为旋转抛物面,放在原抛物线的焦点处的光源发出的光线,经旋转抛物面反射后,汇成一束和抛物面的轴平行的光线射出;反之,一束平行于旋转抛物面的轴的光线,经抛物面反射后,均集中于焦点,如图 7-36 所示.

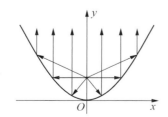 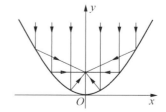

图 7-36

传说早在公元前 212 年,古希腊数学家阿基米德在布匿战争中看到罗马舰队正逼向自己的老家锡拉库扎,便利用抛物面镜子聚集太阳能焚烧了木制战舰.如果传说是事实,那么抛物线的光学性质早在 2 000 年前便得到了应用.

现如今抛物线的应用更是随处可见,从抛物面天线到太阳能发电站,再到可捕获来自宇宙中电波的射电望远镜.图 7-37 所示为位于贵州省黔南平塘县的 500 米口径球面射电望远镜,被

誉为中国天眼,是世界上已经建成的最大最灵敏的射电望远镜.再看看我们身边的一些应用,如果你留心会发现,汽车前灯后面的反射镜呈抛物面形.汽车的远光灯和近光灯就利用了抛物线的光学性质.打开位于焦点处的远光灯泡,则反射的光直射向远方,照射距离远.与此相反,近光灯泡稍微偏离焦点,其光线的行进不与抛物线的对称轴平行,近光只向上下射出,向上射出的被屏蔽,所以只有向下射出的近光,射到比远光所射的距离短的地方.

图 7-37

在桥梁、建筑方面,吊桥与拱桥是桥梁家族中的重要角色.其侧面都呈平滑的抛物线形,让桥梁看起来壮观美丽却不生硬(如图 7-38 所示).

南京栖霞山长江大桥

卢浦大桥

图 7-38

*四、平移简化抛物线方程

当抛物线顶点不在原点,对称轴平行于 x 轴或 y 轴时,可以通过平移坐标轴简化抛物线方程.

例 5　利用坐标轴的平移,简化方程 $x^2 - 4x - 4y - 8 = 0$.

解　把原方程按 x 配方,得

$$(x - 2)^2 = 4(y + 3).$$

令 $x' = x - 2$, $y' = y + 3$,即将坐标原点移到 $O'(2, -3)$,得

$$x'^2 = 4y'.$$

这就是说,进行坐标轴平移,把原点移到 $O'(2, -3)$ 时,所给方程就化为抛物线的标准方程,它的对称轴是 $x = 2$,开口向上(如图 7–39 所示)

一般地,可以知道:

顶点在 $O'(h, k)$,对称轴为直线 $y=k$ 的抛物线的方程为

$$(y - k)^2 = \pm 2p(x - h)(p > 0).$$

顶点在 $O'(h, k)$,对称轴为直线 $x = h$ 的抛物线的方程为

$$(x - h)^2 = \pm 2p(y - k)(p > 0).$$

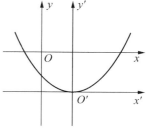

图 7–39

练习

利用配方法化下列抛物线方程为标准方程,并画草图:

(1) $x^2 - 8x - 16y + 32 = 0$;　　　(2) $y^2 + 6y - 8x + 17 = 0$.

§7–7　微课视频

习题 7–7

A　组

1. 根据下列条件求抛物线的标准方程:

　　(1) 焦点为 $(2, 0)$;　　　　　　　(2) 焦点为 $(-4, 0)$;

　　(3) 焦点为 $(0, -3)$;　　　　　　(4) 焦点为 $(0, 5)$;

　　(5) 准线为 $y = 3$;　　　　　　　(6) 准线为 $x = -4$.

2. 求焦点在 x 轴上,顶点在原点,并经过点 $(2, -3)$ 的抛物线的标准方程.

3. 已知抛物线的顶点在原点,对称轴是 y 轴,并且经过点 $M(6, -2)$,求抛物线的标准方程.

4. 求过点 $(-3, 2)$ 的抛物线的标准方程和准线方程.

5. 若抛物线 $y^2 = 8x$ 上的点 M 到焦点的距离是 5,求点 M 到准线的距离及点 M 的坐标.

*6. 利用坐标轴的平移,简化二次方程 $2y^2 + 5x + 12y + 13 = 0$,使新方程中不含 y' 的一次项,并作图.

7. 京福高速公路的某隧道,其横断面由抛物线拱顶与矩形三边组成,尺寸如图所示.一辆卡车在空车时能够通过此隧道,现载一集装箱,箱宽 3 m,车与箱共高 4.5 m,问此车能否通过此隧道,试说明理由.(提示:以隧道横截面的抛物线拱顶为原点,拱高所在直线为 y 轴,以 1 m 为单位建立平面直角坐标系)

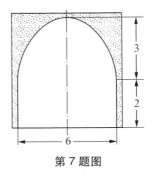

第7题图

B 组

1. 已知抛物线的顶点是双曲线 $16x^2 - 9y^2 = 144$ 的中心,而焦点是双曲线的右顶点,求此抛物线的方程.

2. 已知点 P 到 $(2, 0)$ 的距离比其到直线 $x + 3 = 0$ 的距离少 1,求点 P 的轨迹方程.

3. 若抛物线 $y^2 = 2px$ 的焦点与椭圆 $\dfrac{x^2}{6} + \dfrac{y^2}{2} = 1$ 的右焦点重合,求 p 的值.

4. 图(a)所示为抛物线型拱桥,当水面在 l 时,拱顶离水面 2 m,水面宽 4 m.问水面下降 1 m 后水面宽多少?(提示:可按图(b)中坐标系计算)

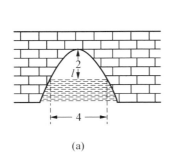

(a)

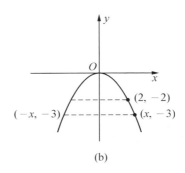

(b)

第4题图

📖 阅读

近代科学之父——笛卡儿

16 世纪,法国拉艾城出生了一个长大后改变了整个数学面貌的伟人,他就是笛卡儿(Descartes,1596—1650).

笛卡儿自幼身体羸弱,好睡早觉和躺着看书,他的大部分成果的思路都是早上躺在床上沉思的产物.他不喜欢欧几里得几何,觉得它缺乏统一的方法和动感;也不喜欢代数,觉得它缺乏直观.他幻想着把两者嫁接起来,保留两者的长处而剔除两者的缺点.他对此昼思夜想,终于领悟到要沿着几何代数化之路搞数学,并于1637年发表了《几何学》.此书是解析几何的开山之作,改变了自古希腊以来代数和几何分离的趋向,把相互对立着的"数"与"形"统一了起来,使几何曲线与代数方程相结合.笛卡儿的这一天才创见,更为微积分的创立奠定了基础,从而开拓了变量数学(即高等数学)的广阔领域.

正如恩格斯所说:"数学中的转折点是笛卡儿的变数.有了变数,运动进入了数学;有了变数,辩证法进入了数学;有了变数,微分和积分也就立刻成为必要的了."

笛卡儿青少年时代学的并非数学,他在巴黎普瓦捷大学获得的是法学博士学位,毕业后不久,他便投笔从戎,想借机开阔眼界.然而长期的军旅生活使笛卡儿感到疲惫,他于1621年回国,时值法国内乱,于是他去荷兰、瑞士、意大利等地旅行.1625年返回巴黎,1628年移居荷兰.

在荷兰长达20多年的时间里,笛卡儿对哲学、数学、天文学、物理学、化学和生理学等领域进行了深入的研究,并通过数学家梅森神父与欧洲主要学者保持密切联系.他的主要著作几乎都是在荷兰完成的.

1628年,笛卡儿写出《指导哲理之原则》,1634年完成了以哥白尼学说为基础的《论世界》.书中总结了他在哲学、数学和许多自然科学问题上的一些看法.1637年,笛卡儿用法文写成三篇论文《折光学》、《气象学》和《几何学》,并为此写了一篇序言《科学中正确运用理性和追求真理的方法论》,哲学史上简称为《方法论》,6月8日在莱顿匿名出版.1641年出版了《形而上学的沉思》,1644年又出版了《哲学原理》等重要著作.

笛卡儿堪称17世纪及其后的欧洲哲学界和科学界最有影响的巨匠之一,被誉为"近代科学之父"和"理性之父".

复习题七

A 组

1. 判断正误:

(1) 当 $a = b \neq 0$ 时,直线 $\dfrac{x}{a} + \dfrac{y}{b} = 1$ 的倾斜角是 $135°$. （　）

(2) 任何直线都有斜率. （　）

(3) $A(a, b+c)$、$B(b, c+a)$、$C(c, a+b)$ 三点不在同一条直线上. （　）

(4) 若 $A = 3$,$C = -2$,则直线 $Ax - 2y - 1 = 0$ 与 $6x - 4y + C = 0$ 不重合. （　）

(5) 曲线 $x^2 - 3x - 2y + 6 = 0$ 过点 $A(-2, 3)$. （　）

(6) 圆 $x^2 + y^2 - 6x = 0$ 的圆心为 $(3, 0)$,半径为 3. （　）

(7) 若方程 $16x^2 + ky^2 = 16k$ 表示焦点在 y 轴上的椭圆,则 $0 < k < 16$. （　）

2. 填空题:

(1) 直线 $5x - 3y + 15 = 0$ 在两坐标轴间的线段的长为 _____.

(2) 经过点 $A(-2, 0)$ 与 $B(0, -1)$ 的直线的斜率是 _____,直线方程的点斜式是 _____,斜截式是 _____,一般式是 _____.

(3) 若点 $A(a, 3)$ 到直线 $4x - 3y + 1 = 0$ 的距离等于 4,则点 A 的坐标是 _____.

(4) 经过点 $(-3, 4)$ 且与直线 $5x + 12y - 16 = 0$ 平行的直线 l 的方程是 _____.

(5) 如果直线 $5y + ax + 2 = 0$ 与直线 $x + 2y + 3 = 0$ 互相垂直,那么 a 的值为 _____.

(6) 点 $(x, -4)$ 位于点 $(0, 8)$ 和 $(-4, 0)$ 的连线上,那么 x 的值为 _____.

(7) 以 $(-1, 3)$、$(3, 1)$ 为直径两端点的圆的方程是 _____.

(8) 椭圆 $11x^2 + 20y^2 = 220$ 的焦距等于 _____.

(9) 双曲线的对称轴是坐标轴,一个焦点是 $(4, 0)$,一条渐近线是 $x - y = 0$,则另一条渐近线是 _____,双曲线的方程是 _____.

(10) 抛物线 $2x^2 - 5y = 0$ 的开口方向为 _____,焦点坐标为 _____,准线方程为 _____.

(11) 设 F_1、F_2 是椭圆 $\dfrac{x^2}{64} + \dfrac{y^2}{36} = 1$ 的两个焦点,P 是椭圆上的一点,$|PF_1| = 10$,则 $|PF_2| = $ _____.

3. 选择题:

(1) 若双曲线的两条渐近线互相垂直,则双曲线的离心率是（　　）.

(A) $\sqrt{2}$ (B) 2 (C) $\sqrt{3}$ (D) -2

(2) 与椭圆 $\dfrac{x^2}{9} + \dfrac{y^2}{4} = 1$ 有公共焦点的椭圆的方程是（　　）.

(A) $\dfrac{x^2}{4}+\dfrac{y^2}{9}=1$　(B) $\dfrac{x^2}{3}+\dfrac{y^2}{2}=1$　(C) $\dfrac{x^2}{81}+\dfrac{y^2}{16}=1$　(D) $\dfrac{x^2}{15}+\dfrac{y^2}{10}=1$

（3）若曲线方程 $x^2+y^2\cos\alpha=1$ 中的 α 满足 $90°<\alpha<180°$，则曲线应为（　　）.

(A) 抛物线　　　(B) 双曲线　　　(C) 椭圆　　　(D) 圆

（4）抛物线的顶点在原点，对称轴是坐标轴，且焦点在直线 $x-y+2=0$ 上，则此抛物线的方程是（　　）.

(A) $y^2=4x$ 或 $x^2=-4y$　　　　　(B) $x^2=4y$ 或 $y^2=-4x$

(C) $x^2=8y$ 或 $y^2=-8x$　　　　　(D) 无法确定

4. 求经过两条直线 $2x+y+1=0$ 和 $x-2y+1=0$ 的交点且平行于直线 $4x-3y-7=0$ 的直线方程.

5. 已知点 $A(1,-2)$ 到点 M 的距离是 3，又知过点 M 和点 $B(0,-1)$ 的直线的斜率等于 $\dfrac{1}{2}$，求点 M 的坐标.

6. 求经过 $(0,3)$ 和 $(1,1)$ 两点的直线与直线 $2x+y-3=0$ 的夹角.

7. 求经过点 $A(1,0)$、$B(-1,1)$、$C(0,0)$ 的圆的方程.

8. 椭圆的一个焦点把长轴分为两段，分别等于 7 和 1，求椭圆的标准方程.

9. 已知双曲线 $\dfrac{x^2}{225}-\dfrac{y^2}{64}=1$ 上一点的横坐标等于 15，求该点到两个焦点的距离.

B 组

1. 填空题：三条直线 $3x-4y+1=0$，$4x+3y+1=0$，$x-y=0$ 所围成的三角形是 _____ 三角形.（填"直角"、"钝角"或"锐角"）

2. 设一条直线经过点 $M(-2,2)$，且与两坐标轴所构成的三角形的面积为 1，求该直线方程.

3. 点 P 与两定点 $A(2,0)$ 和 $B(8,0)$ 的距离的比是 $1:5$，求点 P 的轨迹方程，并说明轨迹是什么图形.

4. 判定方程 $\dfrac{x^2}{25-m}+\dfrac{y^2}{9-m}=1$：

（1）m 在何范围内取值时曲线是椭圆？

（2）m 在何范围内取值时曲线是双曲线？

5. 一炮弹在某处爆炸，在 A 处听到爆炸声的时间比在 B 处晚 2 s.

（1）爆炸点应在什么样的曲线上？

（2）已知 A、B 两地相距 800 m，并且此时声速为 340 m/s，求曲线的方程.

第8章 参数方程 极坐标

数学是打开科学大门的钥匙。

——培根(英国哲学家)

坐标平面内的一条曲线,通常用一个方程 $F(x, y) = 0$ 来表示曲线上任意一点的坐标 x 与 y 之间的直接关系.但在某些实际问题中,x 与 y 的直接关系不易得到,或者关系很复杂.例如,轰炸机在飞行过程中投弹,炸弹在离开飞机后做平抛运动,要想让炸弹准确击中目标,就要同时考虑炸弹水平飞行的距离 x 和垂直下落的距离 y,这两个变量都与炸弹飞行的时间 t 有关,而 x 与 y 之间的直接关系并不明显.通过本章学习的参数方程,可以利用变量 t 把 x、y 间接地联系起来,从而使问题简化.同时,在本章还将学习在生产技术、军事、航海、卫星定位等诸多方面都会用到的另外一种坐标系——极坐标系.

§8-1 参数方程

⊙参数方程 ⊙化参数方程为直角坐标方程 ⊙直线、圆、椭圆、摆线、渐开线的参数方程

一、参数方程的概念

先看下面的例子.

一架轰炸机在离地面 H 的高度,以 v_0 的速度飞行,求飞行员投弹后炸弹运动的轨迹.(不计空气阻力和高度对重力加速度的影响)

如图 8-1 所示,建立直角坐标系.假设投弹时的初始位置为 $P(0, H)$.

设点 $M(x, y)$ 为投弹 t 秒后炸弹的位置,可以看出,要用 x、y 直接表示炸弹的运动轨迹是比较困难的.事实上,炸弹离开飞机后,水平方向不受力的作用,由于惯性,它将继续向前作匀速

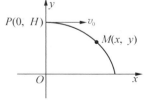

图 8-1

直线运动;但在竖直方向上它受到重力作用,同时竖直方向上初速度为零,它在这个方向上作自由落体运动.炸弹由点 P 运动到点 M,可以看成它同时参与了水平和竖直两个方向上的运动,而这两种运动都与炸弹飞行的时间 t 有关.

根据物理学知识,点 M 的横坐标 $x = v_0 t$,纵坐标 $y = H - \dfrac{1}{2}gt^2$(g 是重力加速度),即

$$\begin{cases} x = v_0 t, \\ y = H - \dfrac{1}{2}gt^2 \end{cases} (0 \leqslant t \leqslant t_1, t_1 \text{ 为炸弹落地时刻}).$$

这就是炸弹的运动轨迹方程.这里 v_0、g 是常量，x、y 都是时间 t 的函数.

一般地,在取定的坐标系中,如果曲线上任意一点的坐标 x、y 都是某个变量 t 的函数,即

$$\begin{cases} x = x(t), \\ y = y(t) \end{cases} (t_1 \leqslant t \leqslant t_2).$$

并且对于 t 的每一个允许值,由上面的方程组所确定的点 $M(x, y)$ 都在这条曲线上,那么这个方程组就叫做这条曲线的**参数方程**,联系 x、y 之间关系的变量 t 叫做**参变量**,简称**参数**.

说明 （1）参数方程中的参数不一定是时间,也可以是有物理、几何意义的变量或没有明显意义的变量.

（2）相对于参数方程来说,前面学过的直接给出曲线上点的坐标 x 与 y 之间关系的方程,叫做曲线的**直角坐标方程**.

二、化曲线的参数方程为直角坐标方程

参数方程和直角坐标方程是曲线方程的不同形式,它们都是表示曲线上点的坐标之间关系的,只不过直角坐标方程直接表示了 x 与 y 的关系,而参数方程是通过一个参数来间接表示 x 与 y 的关系.一般来说,可以通过消去参数方程中的参数而得到直接表示 x 与 y 关系的直角坐标方程.

例 1　把上例中炸弹运动轨迹的参数方程

$$\begin{cases} x = v_0 t, & ① \\ y = H - \dfrac{1}{2}gt^2 & ② \end{cases} (0 \leqslant t \leqslant t_1)$$

化为直角坐标方程.

解　由①得 $t = \dfrac{x}{v_0}$,代入②,消去参数 t,即得直角坐标方程

$$y = H - \frac{gx^2}{2v_0^2} \ (0 \leqslant x \leqslant v_0 t_1).$$

可以看出这是一条抛物线的一段.

例 2　把参数方程 $\begin{cases} x = 3\cos\theta, \\ y = 4\sin\theta \end{cases}$ 化为直角坐标方程.

$\boxed{\text{解}}$ 由 $x = 3\cos\theta$ 得 $\dfrac{x^2}{9} = \cos^2\theta$，由 $y = 4\sin\theta$ 得 $\dfrac{y^2}{16} = \sin^2\theta$，两式相加得直角坐标方程

$$\frac{x^2}{9} + \frac{y^2}{16} = 1.$$

这是一个中心在坐标原点，焦点在 y 轴上的椭圆方程.

$\boxed{\text{练习}}$

将下列参数方程化成直角坐标方程：

(1) $\begin{cases} x = 2 + t, \\ y = 1 - 3t; \end{cases}$ (2) $\begin{cases} x = t^2, \\ y = 4t; \end{cases}$ (3) $\begin{cases} x = \cos t, \\ y = \sin^2 t. \end{cases}$

三、几种曲线的参数方程

1. 直线

如图 8－2 所示，设直线 l 经过点 $M_0(x_0, y_0)$，$\boldsymbol{v} = (a, b)$ 是它的一个方向向量，$M(x, y)$ 是直线 l 上的任意一点，则向量 $\overrightarrow{M_0M}$ 与 $\boldsymbol{v}$ 平行，根据向量平行的充要条件，存在唯一实数 t，使得

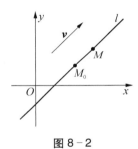

图 8－2

$$\overrightarrow{M_0M} = t\boldsymbol{v},$$

即 $(x - x_0, y - y_0) = t(a, b),$

所以

$$\begin{cases} x = x_0 + at, \\ y = y_0 + bt \end{cases} \quad (t \text{ 为参数}). \tag{8-1}$$

这就是过点 $M_0(x_0, y_0)$ 的直线的参数方程，$\dfrac{b}{a}$ $(a \neq 0)$ 就是直线 l 的斜率 k.

2. 圆

如图 8－3 所示，根据三角函数的定义可以得到圆心在原点，半径为 r 的圆的参数方程为

$$\begin{cases} x = r\cos\theta, \\ y = r\sin\theta \end{cases} \quad (\theta \text{ 为参数}). \tag{8-2}$$

一般地,圆心在点 (a, b),半径为 r 的圆的参数方程为

$$\begin{cases} x = a + r\cos\theta, \\ y = b + r\sin\theta \end{cases} (\theta \text{ 为参数}). \tag{8-3}$$

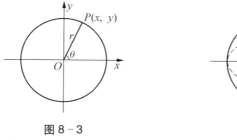

图 8-3

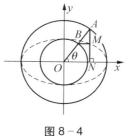

图 8-4

3. 椭圆

如图 8-4 所示,以原点为圆心,分别以 a、b $(a>b>0)$ 为半径作两个圆,点 B 是大圆半径 OA 与小圆的交点,过点 A 作 $AN \perp Ox$,垂足为 N,过点 B 作 $BM \perp AN$,垂足为 M,求当半径 OA 绕点 O 旋转时点 M 的轨迹的参数方程.

设点 M 的坐标为 (x, y),θ 是以 Ox 为始边,OA 为终边的正角,则

$$\begin{cases} x = ON = |OA| \cos\theta = a\cos\theta, \\ y = NM = |OB| \sin\theta = b\sin\theta. \end{cases}$$

即

$$\begin{cases} x = a\cos\theta, \\ y = b\sin\theta \end{cases} (a>b>0, \theta \text{ 为参数}). \tag{8-4}$$

这就是所求点 M 的轨迹的参数方程. 消去方程中的参数 θ 后得到 $\dfrac{x^2}{a^2} + \dfrac{y^2}{b^2} = 1$. 因此方程 (8-4) 就是中心在原点,焦点在 x 轴上的椭圆的参数方程. 其中参数 θ 称为椭圆上点 M 的**离心角**,常数 a、b 分别是椭圆的长半轴长和短半轴长.

用同样的方法可以得到中心在原点,焦点在 y 轴上的椭圆的参数方程为

$$\begin{cases} x = b\cos\theta, \\ y = a\sin\theta \end{cases} (a>b>0, \theta \text{ 为参数}). \tag{8-5}$$

4. 摆线

当一个定圆在一定直线上无滑动地滚动时,圆周上定点 M 的轨迹叫做**摆线**或**旋轮线**. 下面建立摆线的参数方程.

设定圆的半径为 r，如图 8-5 所示，取定直线为 x 轴，圆周开始滚动时点 M 的位置为原点.

设圆在滚动中处在任一位置时圆心为 C，与 x 轴相切于点 A，圆上定点 M 的坐标为 (x,y). 作 $MD \perp x$ 轴、$MB \perp AC$，取 $\angle MCB = t$（弧度）为参数. 由摆线的定义知，$OA = \overset{\frown}{AM} = rt$，因此点 M 的坐标为

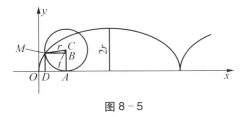

图 8-5

$$x = OD = OA - DA = OA - MB = rt - r\sin t,$$

$$y = DM = AC - BC = r - r\cos t.$$

即所求摆线的参数方程为

$$\begin{cases} x = r(t - \sin t), \\ y = r(1 - \cos t) \end{cases} \quad (t \text{ 为参数}). \tag{8-6}$$

参数 t 是圆的半径所转过的角度，叫做**滚动角**. 摆线的参数方程所确定的函数是周期函数，周期 $T = 2\pi$. 当 t 由 0 变到 2π 时，点 M 就画出了摆线的一支，称为一拱. 拱高为 $2r$，拱宽为 $2\pi r$. 当 t 由 2π 变到 4π 时，点 M 又画出了相同的一支……因此摆线是由无限多支相同的弧组成的. 摆线的应用十分广泛，如：我国古代宫廷建筑中有一些特殊的屋顶形式，屋顶从侧面看不是三角形的，而是两段曲线，加上屋檐上翘，看起来十分雄壮威严（如图 8-6 所示）. 这种建筑结构就是典型的摆线，它能使屋顶上的雨水以最快的速度流走，大大提高了建筑物的安全性.

图 8-6

5. 圆的渐开线

如图 8-7 所示，把一条无弹性的细绳绕在一个固定的圆盘上，将一支笔的笔尖固定在绳的端点 M 处，把绳拉直，然后逐渐展开，并始终保持细绳与圆相切，笔尖所画出的曲线，即细绳端点 M 的轨迹，叫做**圆的渐开线**，这个圆盘叫做渐开线的**基圆**.

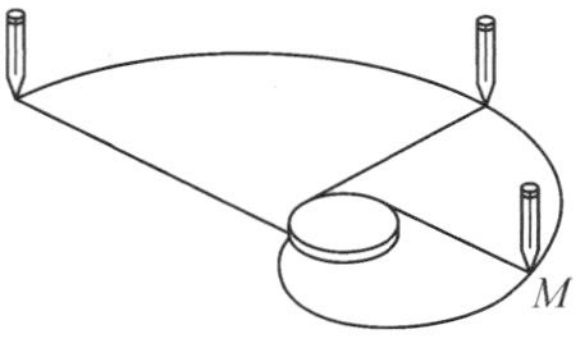

图 8-7

设基圆的半径为 r，可以得出，圆的渐开线的参数方程为

$$\begin{cases} x = r(\cos t + t\sin t), \\ y = r(\sin t - t\cos t) \end{cases} \quad (t \text{ 为参数}). \tag{8-7}$$

圆的渐开线在机械工业中被广泛应用,根据它设计的齿轮具有磨损少、传动平稳、省力、噪音小等特点(如图 8-8 所示).

图 8-8

练习

1. 已知椭圆的参数方程是 $\begin{cases} x = 4\cos t, \\ y = 3\sin t \end{cases} (0 \leqslant t \leqslant 2\pi).$

　§8-1　微课视频

(1) 若椭圆上点 P 对应的参数 $t = \dfrac{4\pi}{3}$,则点 P 的坐标是_____;

(2) 若椭圆上点 P 的坐标为 $\left(2\sqrt{3},\ \dfrac{3}{2}\right)$,则参数 $t = $ _____.

2. 写出下列曲线的参数方程然后再化成直角坐标方程:

(1) 过点 $P(-1, 3)$,倾斜角为 135° 的直线;

(2) 圆心在 $(2, -1)$,半径为 3 的圆;

(3) 中心在原点,焦点在 y 轴上,长半轴长和短半轴长分别为 5 和 3 的椭圆.

习题 8-1

A 组

1. 从高为 200 m 的山顶上,沿水平方向投掷一个石子,初速度为 10 m/s.不计空气阻力,求:(1)石子运动轨迹的参数方程;(2)2 s 后石子水平方向的位移;(3)石子落地的时间.($g = 10$ m/s^2)

2. 将下列参数方程化为直角坐标方程,并说明它们分别表示什么曲线:

(1) $\begin{cases} x = 5 - 2t, \\ y = -1 + 3t; \end{cases}$ 　　(2) $\begin{cases} x = 5\cos t, \\ y = 4\sin t; \end{cases}$

(3) $\begin{cases} x = -1 + 3\cos t, \\ y = 2 + 3\sin t; \end{cases}$ 　　(4) $\begin{cases} x = 2pt^2, \\ y = 2pt \end{cases}$ (p 是正常数).

3. 已知曲线的直角坐标方程,写出曲线的参数方程:

(1) $2x + y - 1 = 0$;　(2) $(x - 2)^2 + (y + 1)^2 = 4$;　(3) $\dfrac{x^2}{9} + \dfrac{y^2}{4} = 1$.

4. 设一动点 $P(x, y)$ 到定点 $Q(-1, 1)$ 的距离为3,求动点 P 的轨迹的参数方程.

5. 写出经过点 $M(2, 2)$,倾斜角为 $\dfrac{\pi}{4}$ 的直线的参数方程.

B 组

1. 以初速度 30 m/s 并与水平面成 45° 角的方向投掷手榴弹,不考虑空气阻力,求手榴弹运动轨迹的参数方程以及投掷的距离.$(g = 10 \text{ m/s}^2)$

2. 把下列参数方程化为直角坐标方程:

(1) $\begin{cases} x = t + \dfrac{1}{t}, \\ y = t - \dfrac{1}{t} \end{cases}$ (t 为参数);

(2) $\begin{cases} x = \sin\theta + \cos\theta, \\ y = \sin\theta \cdot \cos\theta \end{cases}$ (θ 为参数).

3. 已知圆的参数方程为 $\begin{cases} x = 3\cos t, \\ y = 3\sin t, \end{cases}$ 求当 $t = \dfrac{\pi}{3}$ 时圆上对应点的坐标,并求过该点的圆的切线方程.

§8-2　极坐标

> ⊙极坐标系　⊙点的极坐标　⊙极坐标与直角坐标的互化　⊙曲线的极坐标方程

一、极坐标系

平面直角坐标系不是唯一的平面坐标系,还可以用其他方法来确定平面上点的位置.例如:"从火车站向北走 2 000 米就是某某宾馆";"射击目标在北偏东 30°,距离 100 米的位置"等.这种利用方向和距离来确定平面内点的位置的坐标系就是极坐标系.

如图 8-9 所示,在平面内取一个定点 O,引一条射线 Ox,再取定一个单位长度和角的正方向,通常取逆时针方向为正方向,这就构成了一个**极坐标系**,定点 O 叫做**极点**,射线 Ox 叫做**极轴**.

设 M 为平面内一点,连结 OM,用 ρ 表示线段 OM 的长度,θ 表示从 Ox 到 OM 的角度,有序实数对 (ρ, θ) 叫做**点 M 的极坐标**,以 ρ、θ 为极坐标的点 M 可以记作 $M(\rho, \theta)$,ρ 叫做点 M 的**极径**,θ 叫做点 M 的**极角**.

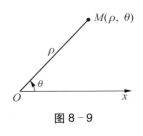

图 8-9

当 $\rho = 0$ 时,无论 θ 取什么值,$(0, \theta)$ 都表示极点;当 $\theta = 0$ 时,无论 ρ 取什么正值,点 $(\rho, 0)$ 都在极轴上;当 $\theta > 0 (<0)$ 时,θ 表示正(反)方向转过的角度.

在极坐标系中描点时,通常是先确定方向(即找出极角 θ)后确定距离(即找到极径 ρ).

例 1 在极坐标系中描出下列各点:

(1) $A\left(3, \dfrac{\pi}{4}\right)$; (2) $B\left(2, -\dfrac{\pi}{6}\right)$; (3) $C\left(1, \dfrac{\pi}{2}\right)$; (4) $D(3, -\pi)$.

解 A、B、C、D 各点如图 8-10 所示.

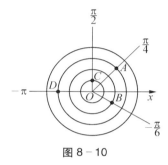

图 8-10

建立极坐标系后,给定 ρ 和 θ,就可以在平面内确定唯一一点 M;反之,给定一点 M,也可以找到它的极坐标.因 $\rho \geqslant 0$,$0 \leqslant \theta < 2\pi$(正方向)或 $-2\pi < \theta \leqslant 0$(反方向),若限定 $0 \leqslant \theta < 2\pi$,除极点外,平面内的点和极坐标就是一一对应的.

练习

在极坐标系中描出下列各点:

(1) $A\left(2, \dfrac{\pi}{6}\right)$; (2) $B\left(2, \dfrac{2\pi}{3}\right)$; (3) $C\left(3, \dfrac{3\pi}{2}\right)$; (4) $D\left(1, \dfrac{5\pi}{4}\right)$.

二、极坐标与直角坐标的互化

极坐标系和直角坐标系是两种不同的坐标系,同一个点既可以用极坐标表示也可以用直角坐标表示,有时需要把二者进行互化.

如图 8-11 所示,以直角坐标系的原点作为极点,以 x 轴的非负半轴作为极轴,并在两种坐标系中取相同的单位长度.设点 M 是平面内任意一点,它的直角坐标是 (x, y),极坐标是 (ρ, θ),则根据三角函数的定义,可得

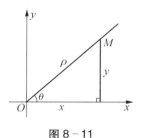

图 8-11

$$x = \rho\cos\theta, \quad y = \rho\sin\theta. \tag{8-8}$$

由公式 $(8-8)$ 又可以得到

$$\rho^2 = x^2 + y^2, \quad \tan\theta = \frac{y}{x} \ (x \neq 0). \tag{8-9}$$

根据 $0 \leqslant \theta < 2\pi$ 或 $-2\pi < \theta \leqslant 0$,可由点 M 所在象限确定出 θ 所在象限.

例2 把点 M 的极坐标 $\left(4, \dfrac{\pi}{6}\right)$ 化为直角坐标.

解 由公式(8-8),得

$$x = 4\cos\frac{\pi}{6} = 2\sqrt{3}, \quad y = 4\sin\frac{\pi}{6} = 2.$$

所以,点 M 的直角坐标为 $(2\sqrt{3}, 2)$.

例3 把点 M 的直角坐标 $(-1, 1)$ 化为极坐标.

解 由公式(8-9)得

$$\rho = \sqrt{(-1)^2 + 1^2} = \sqrt{2}, \quad \tan\theta = \frac{1}{-1} = -1.$$

因为点 M 在第二象限,所以取 $\theta = \dfrac{3\pi}{4}$,因此点 M 极坐标为 $\left(\sqrt{2}, \dfrac{3\pi}{4}\right)$.

练习

1. 将下列各点的极坐标化为直角坐标:

(1) $A\left(3, \dfrac{\pi}{6}\right)$;　　(2) $B\left(2, \dfrac{2\pi}{3}\right)$;　　(3) $C\left(3, -\dfrac{\pi}{4}\right)$;　　(4) $D\left(5, \dfrac{4\pi}{3}\right)$.

2. 将下列各点的直角坐标化为极坐标:

(1) $A(-1, \sqrt{3})$;　　(2) $B(-1, -1)$;　　(3) $C(0, -2)$;　　(4) $D(4\sqrt{3}, -4)$.

三、曲线的极坐标方程

在直角坐标系中,曲线可以用含有 x、y 的方程来表示,这种方程称为曲线的直角坐标方程.在极坐标系中,曲线则可以用含有 ρ、θ 的方程来表示,这种方程称为曲线的**极坐标方程**.

类似于求曲线的直角坐标方程,设 $M(\rho, \theta)$ 是曲线上的任意一点,把曲线看作适合某种条件的点的轨迹,根据已知条件,求出关于 ρ、θ 的关系式并化简整理,从而得到曲线的极坐标方程.

例 4 求经过点 $A(5, 0)$，并与极轴垂直的直线的极坐标方程.

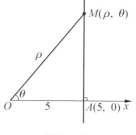

解 设 $M(\rho, \theta)$ 是所求直线上任意一点，如图 8-12 所示，连结 OM，则 $OM = \rho$，$OA = 5$，$\angle AOM = \theta$，所以

$$\rho\cos\theta = 5.$$

即所求直线的极坐标方程为

$$\rho = \frac{5}{\cos\theta}.$$

图 8-12

例 5 求经过极点，圆心在极轴上，半径为 a 的圆的极坐标方程.

解 设 $M(\rho, \theta)$ 是所求圆上任意一点，如图 8-13 所示．连结 OM、MA，则 $OM = \rho$，$OA = 2a$，$\angle AOM = \theta$.由于直径所对的圆周角为直角，所以在 Rt△AOM 中，有 $|OM| = |OA|\cos\angle AOM = |OA|\cos\theta$，即

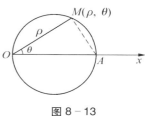

$$\rho = 2a\cos\theta.$$

图 8-13

这就是所求圆的极坐标方程.

例 6 把等轴双曲线的方程 $x^2 - y^2 = a^2(a \neq 0)$ 化为极坐标方程.

解 由公式 $(8-8)$，将 $x = \rho\cos\theta$，$y = \rho\sin\theta$ 代入方程，得

$$\rho^2\cos^2\theta - \rho^2\sin^2\theta = a^2,$$

即

$$\rho^2(\cos^2\theta - \sin^2\theta) = a^2,$$

化简得

$$\rho^2\cos 2\theta = a^2,$$

即

$$\rho^2 = \frac{a^2}{\cos 2\theta}.$$

这就是所求等轴双曲线的极坐标方程.

例 7 把极坐标方程 $\rho = \dfrac{a}{\cos\theta}$ 化为直角坐标方程.

解 将方程两边同时乘以 $\cos\theta$，得 $\rho\cos\theta = a$，由公式 $(8-8)$，$\rho\cos\theta = x$，所以

$$x = a.$$

这就是要求的直角坐标方程.可见所给极坐标方程的图像是一条与极轴所在直线垂直的直线.

*四、等速螺线

从点 O 出发的射线 l 绕点 O 作等角速转动,同时点 M 沿 l 作等速直线运动,这样的点 M 的轨迹叫做**等速螺线或阿基米德螺线**.

当一只蚂蚁沿着运动的钟表指针做匀速直线运动时,蚂蚁的运动轨迹就是等速螺线.

下面来求等速螺线的极坐标方程.

如图 8-14 所示,取点 O 为极点,以 l 的初始位置为极轴,建立极坐标系.设曲线上动点 M 的坐标为 (ρ, θ),M 的初始位置为 $M_0(\rho_0, 0)$,M 在 l 上运动的速度为 v,l 绕 O 转动的角速度为 ω,经过时间 t 后,l 转过了 θ 角,点 M 运动到位置 (ρ, θ).由等速螺线定义,有

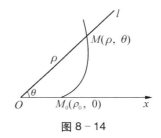

图 8-14

$$\rho - \rho_0 = vt, \quad \theta = \omega t.$$

消去参数 t 得

$$\rho = \rho_0 + \frac{v}{\omega}\theta.$$

令 $\dfrac{v}{\omega} = a \ (a \neq 0)$,得

$$\rho = \rho_0 + a\theta. \tag{8-10}$$

这就是等速螺线的极坐标方程.

当 $\rho_0 = 0$,即 M 的起始点为极点时,等速螺线的方程为 $\rho = a\theta$.

等速螺线在生产实际中应用广泛,如机械传动上常用的等速凸轮,它的轮廓曲线就是等速螺线,凸轮的等速旋转运动可以带动从动杆作等速直线运动.

§8-2 微课视频

练习

1. 求适合下列条件的曲线的极坐标方程:

（1）端点是极点,倾斜角是 $\dfrac{\pi}{4}$ 的射线;

（2）经过点 $A(4, 0)$，并且和极轴垂直的直线；

（3）圆心在极点，半径为 5 的圆；

（4）圆心在 $A\left(2, -\dfrac{\pi}{2}\right)$，半径为 2 的圆.

解练习题
微课视频

2. 把下列直角坐标方程化为极坐标方程：

（1）$x - 3 = 0$；

（2）$x^2 + y^2 = 16$.

3. 把下列极坐标方程化为直角坐标方程：

（1）$\rho = 5$；

（2）$\rho = 2\cos\theta$.

习题 8-2

A 组

1. 在极坐标系中描出下列各点：

（1）$A\left(2, \dfrac{\pi}{2}\right)$；（2）$B\left(4, -\dfrac{\pi}{6}\right)$；（3）$C\left(3, -\dfrac{5\pi}{3}\right)$；（4）$D\left(0, \dfrac{7\pi}{6}\right)$.

2. 将上题各点的极坐标化为直角坐标.

3. 将下列各点的直角坐标化为极坐标：

（1）$A(\sqrt{3}, -\sqrt{3})$；（2）$B(-5, 0)$；（3）$C(0, 3)$；（4）$D(-\sqrt{3}, -1)$.

4. 把下列极坐标方程化为直角坐标方程：

（1）$\rho^2 \sin 2\theta = 8$；

（2）$\rho = 3\tan\theta$.

5. 把下列直角坐标方程化为极坐标方程：

（1）$2x - 5y = 0$；

（2）$x^2 + y^2 - 8x = 0$.

6. 求经过点 $A(a, 0)$，且与极轴垂直的直线的极坐标方程.

7. 求圆心在点 $C(5, \pi)$，半径为 5 的圆的极坐标方程.

B 组

1. 求过点 $A(3, 0)$ 且与极轴成 $30°$ 角的直线的极坐标方程.

2. 已知极坐标系中两点 $A\left(8, -\dfrac{2\pi}{3}\right)$ 和 $B\left(6, \dfrac{\pi}{3}\right)$，求线段 AB 中点 M 的直角坐标.

3. 已知圆的极坐标方程是 $\rho = 4\cos\left(\theta + \dfrac{\pi}{3}\right)$，求圆心的直角坐标和半径.

4. 求过点 $A\left(2, \dfrac{\pi}{3}\right)$ 且平行于极轴的直线的极坐标方程.

 5. 利用数学软件 MATLAB 作出等速螺线 $\rho = 10 + 2\theta$ 的图像.

📖 阅读

神奇的摆线

　　摆线是一种迷人的曲线,它曾经引起许多科学家的竞争与争吵,有人甚至把它比喻成古希腊时代特洛依战争中的海伦.当一物体仅凭重力沿一条曲线从点 A 滑落到不在它正下方的点 B(如图 8-13 所示),滑落所需时间最短的曲线就是一条摆线,因此摆线又称最速降线.

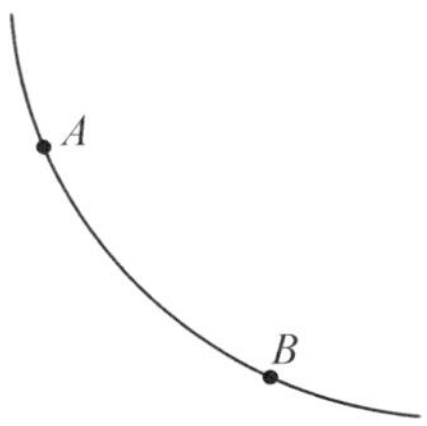

　　伽利略(Galileo, 1564—1642)是最早注意到摆线的科学家之一,他在 1599 年曾经尝试以操作的方法,来计算摆线的一拱与其底线间的面积.他将一个轮子在一条直线上滚动,实地描绘出摆线的一拱,然后利用相同的材料做成摆线的一拱以及滚动圆,在天平上称,结果发现摆线的一拱与三个滚动圆盘大致平衡.所以,摆线的一拱与其底线间的面积,等于滚动圆面积的三倍.

图 8-13

　　人们通过研究还发现了摆线的很多性质.如摆线一拱的长度是滚动圆半径的 8 倍.将摆线的一拱倒转,若一质点从此段摆线上任意点出发,在重力作用下沿摆线向下滑(如图 8-14 所示),它受重力作用来回振动,无论从点 A 还是点 B 开始下滑,质点到达摆线最低点 C 所用的时间都相等,这一特性称为等时性.所以摆线又称为等时曲线.人们利用摆线的等时性发明了一种钟摆,这种摆不论摆动幅度如何,摆动周期是一个定值,此定值等于 $4\pi\sqrt{\dfrac{r}{g}}$,其中 r 是摆线的滚动圆的半径,g 是重力加速度.

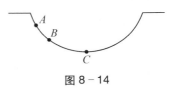

图 8-14

复习题八

A 组

1. 判断正误:

（1）极坐标方程 $\rho = \cos\theta$ 与直角坐标方程 $y = \cos x$ 表示的曲线相同. （　　）

（2）无论 θ 取什么值,极坐标 $(0, \theta)$ 都表示极点. （　　）

2. 填空题:

（1）已知点 M 的极坐标为 $\left(3, \dfrac{\pi}{3}\right)$,则点 M 的直角坐标为_____.

（2）已知点 M 的直角坐标为 $(-4, 4)$,则点 M 的极坐标为_____.

（3）参数方程 $\begin{cases} x = 5\cos\theta + 2, \\ y = 2\sin\theta - 3 \end{cases}$ （θ 为参数）的直角坐标方程是_____,

它表示的曲线是_____.

3. 选择题:

（1）参数方程 $\begin{cases} x = \sin t, \\ y = \cos 2t \end{cases}$ （t 为参数）所表示的曲线是（　　）.

（A）圆　　　　　（B）椭圆　　　　　（C）双曲线的一段　　（D）抛物线的一段

（2）直线 $\begin{cases} x = -1 + t, \\ y = 3 - t \end{cases}$ 与圆 $(x - 3)^2 + y^2 = 4$（　　）.

（A）相切　　　　　　　　　　（B）相离

（C）相交且过圆心　　　　　　（D）相交但不过圆心

4. 某种鼓风机叶轮轮廓线的一段是圆的渐开线,它的基圆直径是 180 mm,按公式(8-7) 写出圆的渐开线的参数方程.

B 组

1. 作水平飞行的飞机的速度 $v = 150$ m/s,若在飞行高度 $H = 500$ m 时投弹,求:

（1）炸弹离开飞机后的轨迹的参数方程;

（2）飞机在离目标水平距离多远的地方投弹才能命中目标?（$g = 10$ m/s²）

2. 求抛物线 $\begin{cases} x = 4t, \\ y = 2t^2 \end{cases}$ （t 为参数）与圆 $x^2 + y^2 = 20$ 的交点.

MATLAB 实验（一）

MATLAB 软件是由 MathWork 公司开发的，目前国际上最流行、应用最广泛的科学与工程软件.它提供了方便、功能强大的计算和分析平台，在数值计算、符号计算、矩阵代数、动态仿真等领域都有广泛的应用.MATLAB 的特点是：语法结构简明、数值计算高效、图形功能完备、易学易用.本书以 MATLAB R2019b 版本为例简单介绍 MATLAB 的基本语法以及其在数值计算和作函数图像上的应用. 更多应用，请参阅 MATLAB 的 Help 菜单和其他相关书籍.

一、MATLAB 的基本操作

安装完 MATLAB 应用程序后，双击 MATLAB 图标 ![icon] 即可启动 MATLAB 应用程序，出现如图 1 所示的命令窗口，提示符为"＞＞".在命令窗口中输入提示符"＞＞"后，可以直接进行简单的算术运算和函数调用.

例如，将输入法调成英文状态，输入"sqrt(3) ＊2−5"后，按 Enter 键，输出结果如图 1 所示，其中"ans"为系统默认计算结果的变量名.

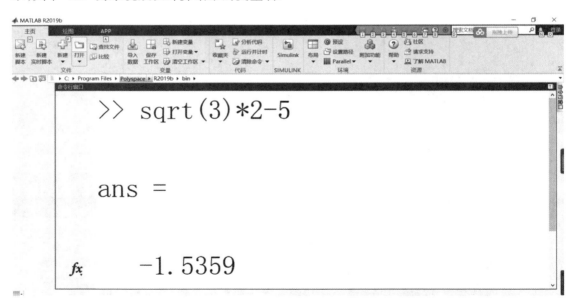

图 1　MATLAB 命令窗口

MATLAB 中的编辑操作、退出 MATLAB 应用程序的方法与其他应用程序类似，这里不再赘述. 另外，MATLAB 提供了大量的函数和命令，通过 MATLAB 帮助系统，用户可以获得各个函数的信息.

二、数、变量、函数及表达式

1. 数的表示

MATLAB 中数的表示方法与一般的编程语言相似.

例如,3, -22, 1.025, 1.2e+8, 5.321e-6 等.其中 1.2e+8 表示的是数 $1.2×10^8$, 5.321e-6 表示的是数 $5.321×10^{-6}$.数学上常用的圆周率 π 在 MATLAB 中表示为 pi;数学上常用的实数 e(2.718 28…)在 MATLAB 中用 exp(1) 表示,其中 exp(x) 是函数 e^x.

2. 数学运算符号、关系运算符与逻辑运算符

（1）数学运算符号

MATLAB 中常用的数学运算符号如表 1 所示.

表 1　常用的数学运算符号

符　号	+	−	*	/	^
表示的运算	加法	减法	乘法	除法	乘方

例如,数学式子:$(7-3)×5×2^4÷6$,在 MATLAB 中表示为

>>(7-3) ＊ 5 ＊ 2^4/6

运算结果为

ans ＝

　　53.3333

（2）关系运算符与逻辑运算符

MATLAB 中常用的关系运算符和逻辑运算符如表 2 所示.

表 2　关系运算符与逻辑运算符

符　号	意　义	符　号	意　义
>	大于	~ =	不等于
>=	大于或等于	&	与（逻辑）
<	小于	│	或（逻辑）
<=	小于或等于	~	非（逻辑）
==	等于		

关系运算符和逻辑运算符一般在较复杂的编程中应用.

3. 变量及其命名规则

在 MATLAB 中变量使用方法与其他编程语言相同,命名要遵循以下规则:

（1）变量名需要区分大小写;

（2）变量名的第一个字符必须为英文字母,而且不能超过 31 个字符;

（3）变量名可以包含下连字符、数字,但不能为空格符、标点符号.

在 MATLAB 中有些变量名是预定义的,不可再作为自定义的变量.这些变量如表3所示.

表3　系统预定义的变量

ans	预设的计算结果的变量名
eps	MATLAB 定义的正的最小数 $= 2.220\,4 \times 10^{-16}$
pi	圆周率 π
inf	无穷大 ∞
NaN	无法定义一个数
realmax	最大可用正实数 $= 1.797 \times 10^{308}$
realmin	最小可用正实数 $= 2.225 \times 10^{-308}$

4. MATLAB 中常用的数学函数

系统提供了许多数学函数,最常用的函数如表4所示.

表4　MATLAB 中常用的数学函数

函　数	名　　称	函　数	名　　称
$\sin(x)$	正弦函数	$\operatorname{asin}(x)$	反正弦函数
$\cos(x)$	余弦函数	$\operatorname{acos}(x)$	反余弦函数
$\tan(x)$	正切函数	$\operatorname{atan}(x)$	反正切函数
$\cot(x)$	余切函数	$\operatorname{acot}(x)$	反余切函数
$\sec(x)$	正割函数	$\operatorname{abs}(x)$	绝对值
$\csc(x)$	余割函数	$\operatorname{sum}(x)$	求和
$\operatorname{sqrt}(x)$	平方根	$\operatorname{fix}(x)$	取整
$\exp(x)$	以 e 为底的指数	$\operatorname{round}(x)$	最接近的整数
$\log(x)$	自然对数	$\operatorname{ceil}(x)$	取上整
$\log10(x)$	以 10 为底的对数	$\operatorname{mean}(x)$	平均数
$\max(x)$	最大值	$\min(x)$	最小值

系统提供的内部函数的几点说明:

（1）函数名为小写字母,函数的参数必须放在圆括号内.

（2）函数有多个参数时,参数间要用逗号隔开.

（3）表中所列函数的参数 x 可以是一个数,也可以是向量,输出结果为一个函数值或一组值.

例如,$\sin(pi/3)$,$\sin([\,1.5,3,pi/3\,])$ 均是合法的.

(4)表 4 列出了一些常用函数,更多函数及用法可查看 help 帮助手册或相关书籍.

5. 表达式

表达式是由常量、变量、函数、运算符构成的代数式.MATLAB 中的表达式都要以纯文本形式输入,通常有两种形式:

(1)表达式;　　　(2)变量=表达式.

例如,下列式子均为合法的表达式:

$$3*\sin(pi/2)+\exp(2); 2*x^2-3*x-4; a=2*\cos(x)-3*\mathrm{round}(x).$$

例 1　　计算表达式 $3e^{2.3}\tan(10)$ 的值.

\>> a=3*exp(2.3)*tan(10)

a =

　　19.4006

几点说明:

(1)MATLAB 的每条语句后,若为逗号或**无标点**符号,则显示命令的结果;若命令后为分号,则禁止显示结果.

(2)如果表达式很长,一行放不下,可以键入空格后,再键入"…",然后按 Enter 键,则下一行输入内容为续行.

(3)"%" 后面所有文字为注释.

6. 向量的生成

MATLAB 是以向量及矩阵方式做运算的,下面先来看向量的生成.

创建向量的常用方法有以下几种格式:

(1)x=[a,b,c,d,e,f]

功能:创建包含指定元素的行向量.

(2)x=first：last

功能:创建从 first 开始,加 1 计数,到 last 结束的行向量.

(3)x=first：increment：last

功能:创建从 first 开始,步长为 increment,到 last 结束的行向量.

(4)x=linspace(first,last,n)

功能:创建从 first 开始,到 last 结束,有 n 个元素的行向量.

例如,

\>> x=[1, 2, 3, 4, 5, 6, 7, 8]　　　　　　% 长度为 8 的向量.

\>> x=1:2:10　　　　　　% 产生步长为 2,1 到 10 之间数所构成的向量.

\>> x=linspace(5,25,10)　　　　% 产生 5 到 25 之间等距离的 10 个数所构成的向量.

三、二维图形的绘制

MATLAB R2019b 提供了多种作平面图形的函数,最常用的有 plot 函数和 ezplot 函数,下面简单介绍一下它们的使用方法及相关参数.

1. 作图函数 plot

plot 函数可以方便地作出数值向量或矩阵对应坐标的图形,基本调用格式为:

$$plot(x1,y1,'string1',x2,y2,'string2',\cdots,xn,yn,'stringn')$$

功能:在直角坐标系中作出一个或多个二维图形. 其中 x1、x2…xn 和 y1、y2…yn 均为向量,分别作为直角坐标系中点集的横坐标和纵坐标;string1、string2…stringn 是图形显示属性的可选参数,它们是由 1~3 个字母组成的字符串,用来指定所绘制曲线的线型、颜色和数据点标志.Sring 为空时,表示按系统默认的格式画图.

MATLAB 中控制线型、颜色和标记点的符号如表 5、表 6 和表 7 所示.

表 5　线型控制字符表

线　型	实线	点线	点划线	虚线
线型符号	—	:	−.	− −

表 6　颜色控制字符表

颜　色	颜色字符	颜　色	颜色字符
红色	r/red	绿色	g/green
黄色	y/yellow	蓝色	b/blue
洋红	m/magenta	黑色	k/black
青色	c/cyan	白色	w/white

表 7　数据点控制字符表

数据点	绘图字符	数据点	绘图字符
实心点	·	菱形标记	d
空心圆圈	o	朝上的三角形	^
叉型标记	X	朝左的三角形	<
加号标记	+	朝右的三角形	>
星号标记	*	五角星符号	p
正方形标记	S	六角星符号	h

例 2　在同一图像窗口中用红星线绘出 $y = \sin 2x$,用绿圈绘出 $y = \cos x$,用黑实线绘出

$y = x\ (0 \leqslant x \leqslant 2\pi)$.

解 在 MATLAB 窗口中输入下列语句：

$>>$x $= 0:0.1:2*$pi；

$>>$y $= \sin(2*$x$)$；

$>>$z $= \cos(x)$；

$>>$ plot$(x, y, '\,r*\,', x, z, '\,go\,', x, x, '\,k\text{-}')$

运行结果如图 2 所示.

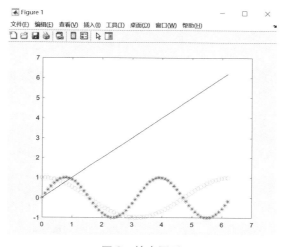

图 2 输出图形

2. 作图函数 ezplot

ezplot 用来绘制符号函数，符号函数可以是显函数、隐函数或参数方程，其调用格式如下：

（1）ezplot('f(x)', [xmin, xmax])

功能：绘制显函数 $y = f(x)$ 在区间 [xmim, xmax] 上的图像.

（2）ezplot('f(x,y)', [xmin, xmax, ymin, ymax])

功能：绘制隐函数 $f(x, y) = 0$，在区间 $x\min \leqslant x \leqslant x\max$，$y\min \leqslant y \leqslant y\max$ 上的图像.

（3）ezplot('x(t)', 'y(t)', [tmin, tmax])

功能：绘制参数方程 $\begin{cases} x = x(t) \\ y = y(t) \end{cases}$ 在 $t\min \leqslant t \leqslant t\max$ 上的函数图像.

例 3 利用 ezplot 函数绘制下列曲线：

（1）椭圆：$\dfrac{x^2}{3^2} + \dfrac{y^2}{2^2} = 1$； （2）星形线：$\begin{cases} x = \cos^3 t, \\ y = \sin^3 t \end{cases} 0 \leqslant t \leqslant 2\pi$.

解 在 MATLAB 命令窗口中输入下面语句：

（1）ezplot('x^2/9+y^2/4-1',[-3,3,-2,2])

（2）ezplot('cos(t)^3','sin(t)^3',[0,2*pi])

运行结果如图3和图4所示.

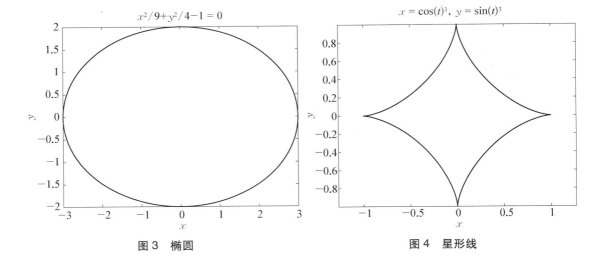

图3 椭圆   图4 星形线

习 题 答 案

习题 1－1

A 组

1. (1) {鼠, 牛, 虎, 兔, 龙, 蛇, 马, 羊, 猴, 鸡, 狗, 猪}； (2) {春, 夏, 秋, 冬}； (3) {2, 4, 6, 8, 10, …}；

　　(4) {1, 3, 5, 7, 9, …}； (5) {$-\sqrt{2}$, 1, $\sqrt{2}$}； (6) {$(x, y) \mid y = 2x-3$}； (7) {(3, 3)}.

2. (1) $\in$； (2) $\notin$； (3) $\notin$； (4) $\subsetneqq$； (5) $\subsetneqq$； (6) $=$； (7) $=$； (8) $\subsetneqq$.

3. 子集：$\varnothing$, {a}, {b}, {a, b}；真子集：$\varnothing$, {a}, {b}.

4. (1) A； (2) A； (3) A； (4) $\varnothing$； (5) Ω； (6) $\varnothing$.

5. $A \cup B = \{-3, 0, 1, 2, 3, 4\}$；$A \cap B = \{3\}$.

6. $\complement_{\Omega} A = \{0, 1, 3, 5, 8, 9\}$；$\complement_{\Omega}(A \cup B) = \{0, 3, 9\}$.

B 组

1. {2, 3}, {1, 2, 3}, {2, 3, 4}, {1, 2, 3, 4}.

2. $\complement_{\Omega} A$, $\varnothing$, $\complement_{\Omega} B$.

3. 略.

4. $A = C, B = D, A \cap B = C \cap B = \varnothing, A \cap D = C \cap D = \varnothing$.

习题 1－2

A 组

1. (1) 对； (2) 错； (3) 对； (4) 对.

2. (1) $\left[0, \dfrac{4}{3}\right]$； (2) $(-\infty, 0) \cup \left(\dfrac{4}{3}, +\infty\right)$； (3) $\left(-\dfrac{5}{3}, 7\right)$； (4) $\left(-\infty, \dfrac{5}{3}\right] \cup [5, +\infty)$；

　　(5) $\left(\dfrac{5}{2}, \dfrac{7}{2}\right)$； (6) $\left(-\infty, -\dfrac{4}{5}\right] \cup \left[-\dfrac{1}{5}, +\infty\right)$.

3. (1) $\dfrac{1}{3} < x < 2$； (2) $-\dfrac{1}{2} \leqslant x \leqslant 2$； (3) $x < -4$ 或 $x > 3$； (4) **R**； (5) $x \neq 3$； (6) $\varnothing$；

　　(7) $\varnothing$； (8) $\varnothing$.

4. (1) {$x \mid x > 5$ 或 $x < -6$}； (2) {$x \mid -5 < x < 2$}； (3) $\left\{x \mid -\dfrac{1}{2} < x \leqslant 2\right\}$； (4) {$x \mid x > 3$}.

B 组

1. (1) {2, 5}； (2) {$x \mid 2 < x < 5$}； (3) {$x \mid x < 2$, 或 $x > 5$}.

2. (1) $[-1, 1) \cup (2, 4]$； (2) $1 - \dfrac{\sqrt{3}}{3} < x < 1 + \dfrac{\sqrt{3}}{3}$； (3) $(-\infty, -1) \cup (1, 2) \cup (4, +\infty)$.

3. $a = 3$.

4. （1）$m = -4, n = -5$；　（2）$a = -\dfrac{1}{5}, b = -\dfrac{4}{5}$.

习题 1 - 3

A 组

1. （1）真；　（2）真；　（3）真；　（4）不是命题；　（5）假；　（6）真.

2. 略.

3. 略.

4. （1）充分；　（2）充分；　（3）充要；　（4）必要；　（5）充要.

B 组

1. 如果两个数不全是有理数，那么它们的和不是有理数.

2. 略.

复 习 题 一

A 组

1. （1）对；　（2）错；　（3）错；　（4）对；　（5）对.

2. （1）$\{1, 3, 7, 8\}$；　（2）$\Omega, \varnothing, B, \Omega, \varnothing$；　（3）$[-5, 0), [-6, 5], \{x \mid |x| > 5\}, (-\infty, -5) \cup [0, +\infty)$；
（4）$[-5, 2]$；　（5）假.

3. （1）C；　（2）B；　（3）D；　（4）D；　（5）D.

4. （1）$\left(-\dfrac{1}{4}, 1\right)$；　（2）$\left(\dfrac{2}{3}, \dfrac{4}{3}\right)$；　（3）$(2, 3)$.

B 组

1. 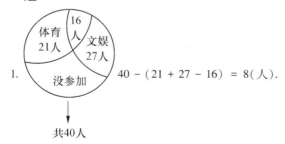 $40 - (21 + 27 - 16) = 8(人)$.

2. 1 元.

3. 最低产量 150 件.

4. $\left(-1, -\dfrac{1}{2}\right)$.

5. $A \cap B = \{戴眼镜的男生\}$；$\complement_\Omega A \cap B = \{戴眼镜的女生\}$；$\complement_\Omega A \cup B = \{女生或戴眼镜的男生\}$；$\complement_\Omega(A \cup B) = \{不戴眼镜的女生\}$.

习题 2 - 1

A 组

1. 略.

2. 略.

3. （1）0，0；　（2）一、二象限或 y 轴的正半轴；　（3）二、三象限或 x 轴的负半轴.

4. （1）过点$(0,-5)$且平行于 x 轴的直线；　（2）过点$(1,0)$且平行于 y 轴的直线；　（3）x 轴；　（4）y 轴.

5. （1）5；　（2）$\sqrt{21}$；　（3）12；　（4）6；　（5）5；　（6）7.

6. 略.

B 组

1. 是.

2. 平行于 x 轴且到 x 轴的距离等于 2 的两条直线 $y = \pm 2$.

3. 以坐标原点为圆心半径为 1 的圆.

4. （1）关于 y 轴对称；　（2）关于原点对称.

习题 2 - 2

A 组

1. （1）函数值是自变量倒数的 3 倍；　（2）函数值是自变量的立方再加 1.

2. （1）否；　（2）是；　（3）否；　（4）是.

3. 略.

4. $r = \sqrt{\dfrac{A}{\pi}}$，$A > 0$.

5. $A = (a - x) \cdot x$，$x > 0$.

6. $f(-1) = 2$；$f(0) = 1$；$f\left(\dfrac{1}{2}\right) = -\dfrac{1}{4}$；$f(a) = 2a^3 - 3a + 1$；$f\left(\dfrac{a}{3}\right) = \dfrac{2a^3}{27} - a + 1$.

7. （1）$(-\infty, +\infty)$；　（2）$(0, +\infty)$；　（3）$(-\infty, -2] \cup [2, +\infty)$；　（4）$[-5, 5]$；

　（5）$[1, 5) \cup (5, +\infty)$；　（6）$(-\infty, -1) \cup (-1, 1) \cup (1, +\infty)$.

8. （1）不同；　（2）不同；　（3）相同.

9. 略.

10. $k = 2, b = -5$.

11. 图略.值域如下：（1）$(-\infty, +\infty)$；　（2）$[-1, 1)$；　（3）$\left\{-1, -\dfrac{1}{2}, 0, \dfrac{1}{2}\right\}$；　（4）$[1, 2]$；

　（5）$(0, +\infty)$；　（6）$(0, +\infty)$.

12. 略.

13. （1）向左水平移动 1 个单位；　（2）向右水平移动 2 个单位；　（3）向上垂直移动 1 个单位；　（4）先向

右水平移动 1 个单位,再向下垂直移动 2 个单位.

14. (1) 略; (2) (a) 定义域 $(-\infty , 2)$,值域 $[0, 2)$; (b) 定义域 $(-\infty , +\infty)$,值域 $(-\infty , +\infty)$; (c) 定义域 $(-\infty , +\infty)$,值域 $[0, +\infty)$; (3) (a) $1, 0, \dfrac{1}{2}$; (b) $0, 3, 2$; (c) $\dfrac{3}{2}, 1, 3$.

15. (1) $-\dfrac{1}{42}$; (2) $\dfrac{1}{76}$; (3) $-\dfrac{\Delta x}{a(a+\Delta x)}$.

16. $y = \begin{cases} 12x, \ 0 < x \leqslant 3, \ x \in \mathbf{N}_+; \\ 11.25x, \ x > 3, \ x \in \mathbf{N}_+. \end{cases}$

17. (1) $T = 26 - \dfrac{7}{1\,000}h$; (2) $1\,700$ m; (3) $1\,200$ m.

B 组

1. $A = \dfrac{9}{2}x - \dfrac{4 + \pi}{8}x^2 \ (x > 0)$.

2. (1) $\dfrac{1}{x}$; (2) $\dfrac{x+1}{x+2}$.

3. $R = 0.02(\theta - 20)$.

4. $f(x) = \begin{cases} 2x, \ 0 \leqslant x \leqslant 1, \\ 4 - 2x, \ 1 < x \leqslant 2. \end{cases}$

5. (1) $P(t) = \begin{cases} 0.22, \ t \in (0, 3), \\ 0.33, \ t \in [3, 4), \\ 0.44, \ t \in [4, 5), \\ 0.55, \ t \in [5, 6). \end{cases}$ (2) 图略.

习题 2-3

A 组

1. 略.

2. 略.

3. 略.

4. (1) $(6, 1)$; (2) -2.

5. (1) 增函数; (2) 减函数.

6. (1) 奇函数; (2) 偶函数; (3) 偶函数; (4) 既非奇函数也非偶函数.

7. 略.

B 组

1. (1) ① 在 $x = b$; ② 在 $x = a$. (2) ① 在 $x = a$; ② 在 $x = b$.

2. 为偶函数.

3. 略.

习题 2 - 4

A 组

1. （1）$\sqrt[5]{a^2}$；　（2）$\sqrt[4]{a^5}$；　（3）$\dfrac{1}{\sqrt[3]{a^4}}$；　（4）$\dfrac{1}{\sqrt[10]{a^3}}$.

2. （1）$a^{\frac{2}{3}}$；　（2）a^{-1}；　（3）$a^{\frac{7}{12}}$；　（4）$(a+b)^{\frac{5}{6}}$；　（5）$a^{\frac{7}{8}}$；　（6）$a^2 b^{\frac{7}{3}}$.

3. （1）0.2；　（2）$\dfrac{216}{343}$；　（3）$\dfrac{9}{16}$；　（4）10^{-3}.

4. （1）$x^{\frac{15}{8}}$；　（2）$a^2 b^{-9}$；　（3）ab^2；　（4）$\dfrac{1-3a^2}{a}$；　（5）$a^{-\frac{5}{3}}$；　（6）$-\dfrac{1}{2}a^2 b$.

5. （1）2.924；　（2）32.12；　（3）0.123 1；　（4）31.39；　（5）0.144 8；　（6）0.001 628.

6. （1）$\left[\dfrac{1}{2}, +\infty\right)$；　（2）$\left(-\infty, \dfrac{3}{2}\right) \cup \left(\dfrac{3}{2}, +\infty\right)$；　（3）$\left(\dfrac{5}{2}, +\infty\right)$；　（4）$(0, 3) \cup (3, +\infty)$.

7. （1）奇函数；　（2）偶函数；　（3）既非奇函数也非偶函数；　（4）偶函数.

8. 略.

9. $r = \sqrt[3]{\dfrac{3V}{4\pi}}$.

10. （1）$T = 2\sqrt{l}$；　（2）$\dfrac{9}{4}$ m.

11. 约 22%.

12. （1）$s = 4.9t^2$；　（2）7 或 8.

B 组

1. 有；　（1，1）点.

2. 略.

3. 略.

习题 2 - 5

A 组

1. 略.

2. 略.

3. 略.

4. （1）>；　（2）>；　（3）>；　（4）>；　（5）<；　（6）<.

5. （1）正；　（2）负；　（3）负；　（4）正.

6. （1）<；　（2）>；　（3）>；　（4）>.

7. （1）$(-\infty, +\infty)$；　（2）$(-\infty, +\infty)$；　（3）$(-\infty, 0) \cup (0, +\infty)$；　（4）$(-\infty, 1) \cup (1, +\infty)$.

8. （1）$P(x) = 5.8 \times (1.1)^x$；　（2）22.03 元.

9.（1）$P(x) = 29 \times 0.9^x$;　（2）13.87 元;　（3）151 294 元.

10. 48.82%.

B 组

1.（1）$[0, +\infty)$;　（2）$(-\infty, 0]$;　（3）$(-\infty, -3)$;　（4）$(-\infty, 0) \cup (0, +\infty)$.

2. 图略;$[0, 1)$.

3.（1）12.246%;　（2）4 525 元.

4. 67.38×1.026^t;134.74;269.46.

习题 2 - 6

A 组

1. 略.

2. 略.

3.（1）5;　（2）-1;　（3）2;　（4）-4;　（5）0.2;　（6）-2;　（7）3;　（8）$\dfrac{2}{3}$.

4.（1）0;　（2）2;　（3）-2;　（4）3;　（5）2;　（6）1;　（7）$-\dfrac{1}{2}$.

5.（1）-4;　（2）$\dfrac{1}{9}$;　（3）6;　（4）$\dfrac{1}{4}$;　（5）3;　（6）$\mathrm{e}^{\frac{1}{2}}$.

6.（1）2.322;　（2）0.161 0;　（3）2.513;　（4）1.089;　（5）2.009;　（6）1.431.

7.（1）1;　（2）-3.

8. 2013 年.

9.（1）$Q(t) = 0.999\,564^t$;　（2）约 1589 年.

10.（1）$Q(t) = 20 \cdot 4^t$　（2）320;　（3）6.144 小时.

B 组

1.（1）16;　（2）2.5.

2.（1）$(-\infty, \ln 2]$;　（2）$(1 + \ln 3, +\infty)$.

3.（1）10;　（2）2.

4. 约 8 倍.

习题 2 - 7

A 组

1. 略.

2. 略.

3.（1）$y = 15 - 3x$;　（2）$y = \sqrt[3]{x - 1}$;　（3）$y = x^2 - 2$;　（4）$y = \dfrac{1}{2} - \dfrac{x^2}{2}$;　（5）$y = \dfrac{1}{3x + 1}$;

(6) $y = \dfrac{x + 1}{x - 1}$.

4. (1) $y = -\sqrt{x}$, $x \in [0, +\infty)$; (2) 略.

5. (1) C; (2) D.

6. 略.

B 组

1. (1) $y = (x - 3)^2$, $x \in [3, +\infty)$; (2) $y = \sqrt{4 - x^2}$, $x \in [0, 2]$.

2. (1) 没有; (2) $y = \sqrt{x - 1}$, $x \in (1, +\infty)$; (3) 没有; (4) $y = -x$, $x \in [0, +\infty)$.

3. $k = \dfrac{1}{2}, b = \dfrac{2}{5}$.

4. (1) 0; (2) $1 + \mathrm{e}$.

习题 2－8

A 组

1. (1) $y = \log_8 x$; (2) $y = \log_{\frac{1}{8}} x$; (3) $y = 3^x$; (4) $y = 0.6^x$; (5) $y = \dfrac{1}{2} \ln x$; (6) $y = \lg \dfrac{x}{3}$;

  (7) $y = 2 \cdot 3^x$; (8) $y = \left(\dfrac{1}{3}\right)^x - 1$; (9) $y = \mathrm{e}^{x-1}$; (10) $y = 1 + \lg x$.

2. (1) $(-\infty, 3)$; (2) $(-\infty, 0) \cup (0, +\infty)$; (3) $(0, 1) \cup (1, +\infty)$; (4) $[1, +\infty)$.

3. (1) >; (2) >; (3) >; (4) <.

4. (1) 3.737; (2) 0.018 77; (3) 1.776; (4) 106.7.

5. (1) $P = 12\,000(1 + 0.036)^t$; (2) 约 10 年; (3) 22 681 元.

6. (1) $P = \dfrac{120^x}{55\,000}$; (2) 第 5 代.

7. 约 46 分钟.

8. (1) $m = m_0 \cdot 0.833\,955^t$; (2) 3.82 天; (3) $m = m_0 \mathrm{e}^{-0.181\,576t}$.

B 组

1. (1) $x < \lg 5$; (2) $0 < x < \dfrac{1}{2^5}$.

2. (1) $(-\infty, 0]$; (2) $y = \ln \sqrt{1 - x^2}$, $x \in [0, 1)$.

3. 178.38 毫克.

复 习 题 二

A 组

1. (1) 对; (2) 错; (3) 对; (4) 错; (5) 错; (6) 错; (7) 错; (8) 对.

2. (1) $y = -3, x = 2$; (2) $x = \pm 4$; (3) 1; (4) 9; (5) 偶,奇; (6) 3, −3, ±2, 2, 6, −6, e−2;

(7) $\sqrt[9]{a}$, $\sqrt[8]{a^7}$, $\dfrac{1}{\sqrt[4]{a}}$, $\dfrac{1}{\sqrt[9]{a^{10}}}$; (8) $a^{\frac{7}{2}}$, $a^{-\frac{1}{5}}$, a, $a^{\frac{1}{12}}$; (9) 0.5, 64, $\dfrac{16}{25}$; (10) $4, -2, \dfrac{1}{3}, 1, 1, 1, 5,$

8, 10.

3. (1) C; (2) C; (3) D; (4) D.

4. $-5, 1, 5, 1, -b-1$.

5. (1) $(-\infty, 4) \cup (4, +\infty)$; (2) $(-\infty, -1) \cup (-1, 3) \cup (3, +\infty)$; (3) $(-5, 3]$;

(4) $(-\infty, -1) \cup (-1, +\infty)$; (5) $\left(\dfrac{3}{5}, +\infty\right)$; (6) $[0, +\infty)$.

6. (1) 奇函数; (2) 偶函数; (3) 偶函数; (4) 奇函数; (5) 非奇非偶函数; (6) 偶函数.

7. (1) $y = \dfrac{1-x}{x}$; (2) $y = \sqrt{x+3}$; (3) $y = x^2 + 3$; (4) $y = (x-1)^3$; (5) $y = \ln(x+1)$;

(6) $y = 10^{x-3} + 2$.

8. (1) $P = 16\,997 e^{0.198\,0t}$; (2) 37 526 亿.

9. (1) 5 776 米; (2) 34.6%.

B 组

1. (1) 正确; (2) 正确.

2. (1) $-f(x), g(x), 1$; (2) $(0, 0.01]$; (3) $y = 2^{x-3}, x \in [3, +\infty), y \in [1, +\infty)$.

3. 略.

4. 64.

5. 略.

习题 3-1

A 组

1. (1) 对; (2) 错; (3) 错; (4) 错; (5) 对.

2. (1) D; (2) C; (3) A; (4) C.

3. (1) 120; (2) $\dfrac{60}{\pi}$; (3) 二,一.

4. (1) $\{\beta \mid \beta = k \cdot 360° + 809°, k \in \mathbf{Z}\}$, $-271°$, $89°$; (2) $\{\beta \mid \beta = k \cdot 360° - 60°, k \in \mathbf{Z}\}$, $-60°$, $300°$;

(3) $\{\beta \mid \beta = k \cdot 360° - 1\,385°, k \in \mathbf{Z}\}$, $-305°$, $55°$.

5. (1) $3 \times 2\pi + \dfrac{5\pi}{3}$, 第四象限角; (2) $(-1) \times 2\pi + \dfrac{8\pi}{7}$, 第三象限角; (3) $2\pi + \dfrac{7\pi}{10}$, 第二象限角;

(4) $(-1) \times 2\pi + \dfrac{7\pi}{15}$, 第一象限角.

6. (1) $\dfrac{\pi}{10}$; (2) $\dfrac{29\pi}{9}$; (3) 21.82; (4) $-\dfrac{5\pi}{12}$; (5) $-\dfrac{4\pi}{3}$; (6) -3π.

7. (1) $-210°$; (2) $-90°$; (3) $756°$; (4) $171.9°$; (5) $78.5°$; (6) $28.65°$.

8. $r = 4\,\text{cm}, S = 9.6\,\text{cm}^2$.

9. $75°, \dfrac{5\pi}{12}, 900°, 5\pi$.

10. $l = 50 \text{ cm}, S = 500 \text{ cm}^2$.

11. 23.04, 57.60 m.

B 组

1. $\{\alpha \mid \alpha = k \cdot 180° + 45°, k \in \mathbf{Z}\}$；$\left\{\alpha \;\middle|\; \alpha = k\pi + \dfrac{\pi}{4}, k \in \mathbf{Z}\right\}$.

2. $\alpha = k \cdot 360° + 147.5°, k \in \mathbf{Z}$.

3. $v = 0.05 \text{ m/s}, t = 40 \text{ s}$.

习题 3 - 2

A 组

1. （1）错；（2）错；（3）对；（4）对；（5）对.

2. 略.

3. （1）$\sin\alpha = -\dfrac{3}{5}$，$\cos\alpha = \dfrac{4}{5}$，$\tan\alpha = -\dfrac{3}{4}$.

   （2）$\sin\alpha = \dfrac{\sqrt{5}}{5}$，$\cos\alpha = -\dfrac{2\sqrt{5}}{5}$，$\tan\alpha = -\dfrac{1}{2}$.

   （3）$\sin\alpha = -\dfrac{4}{5}$，$\cos\alpha = -\dfrac{3}{5}$，$\tan\alpha = \dfrac{4}{3}$.

4. （1）+；（2）−；（3）−；（4）+.

5. （1）+；（2）−.

6. （1）$\dfrac{1}{2}$；（2）$\dfrac{\sqrt{3}}{2}$；（3）0.642 8；（4）0.793 1；（5）1；（6）0.726 5.

7. （1）1；（2）$\sqrt{2} + \sqrt{3}$.

8. $\sin\alpha = \dfrac{\sqrt{2}}{2}$，$\cos\alpha = -\dfrac{\sqrt{2}}{2}$，$\tan\alpha = -1$.

9. $\left(\dfrac{4}{5}, \dfrac{3}{5}\right)$，$\tan\alpha = \dfrac{3}{4}$.

B 组

1. 当 α 是第一象限角时，$\sin\alpha = \dfrac{2\sqrt{5}}{5}$，$\cos\alpha = \dfrac{\sqrt{5}}{5}$，$\tan\alpha = 2$；　当 α 是第三象限角时，$\sin\alpha = -\dfrac{2\sqrt{5}}{5}$，

   $\cos\alpha = -\dfrac{\sqrt{5}}{5}$，$\tan\alpha = 2$.

2. （1）第四象限角；（2）第二或第四象限角；（3）第三或第四象限角；（4）第一或第四象限角.

3. 当 α 是第二象限角时，$y = 6$，$\sin\alpha = \dfrac{3}{5}$，$\tan\alpha = -\dfrac{3}{4}$；当 α 是第三象限角时，$y = -6$，$\sin\alpha = -\dfrac{3}{5}$，

$$\tan \alpha = \frac{3}{4}.$$

4. $-\dfrac{4}{5}$.

习题 3 - 3

A 组

1. (1) 对；　(2) 错.

2. (1) $\cos \alpha = \dfrac{5}{13}$, $\tan \alpha = -\dfrac{12}{5}$；　(2) $\sin \alpha = 0.94$, $\tan \alpha = -2.69$.

3. (1) 当 α 是第一象限角时, $\cos \alpha = \dfrac{15}{17}$, $\tan \alpha = \dfrac{8}{15}$；当 α 是第二象限角时, $\cos \alpha = -\dfrac{15}{17}$, $\tan \alpha = -\dfrac{8}{15}$.

(2) $\sin \alpha = \dfrac{2\sqrt{5}}{5}$, $\cos \alpha = \dfrac{\sqrt{5}}{5}$.

4. (1) 1；　(2) 2.

5. 略.

B 组

1. $2\tan \alpha$.

2. $\dfrac{1}{2}$.

3. (1) $\dfrac{3}{4}$；　(2) $\dfrac{7}{25}$.

习题 3 - 4

A 组

1. 略.

2. (1) $-\dfrac{\sqrt{3}}{3}$；　(2) $\dfrac{1}{2}$；　(3) $\dfrac{\sqrt{2}}{2}$；　(4) $\dfrac{1}{2}$；　(5) $\sqrt{3}$；　(6) $-\dfrac{1}{2}$.

3. (1) -0.9774；　(2) -1.165；　(3) -0.9272；　(4) -0.8323；　(5) -0.9668；　(6) -7.697.

4. (1) $-\dfrac{3}{2}$；　(2) $\sqrt{3}$；　(3) $-\dfrac{3}{2}$；　(4) 0.

5. (1) 0；　(2) $2\cos \alpha$；　(3) $-\sin^2 \alpha$.

6. 略.

B 组

1. (1) $-\dfrac{1}{2}$；　(2) $44\dfrac{1}{2}$.

2. $f(x) = \dfrac{1}{\tan^2 x}$, $f\left(\dfrac{\pi}{4}\right) = 1$.

习题 3 - 5

A 组

1. (1) $\dfrac{\sqrt{2}}{2}$； (2) $\dfrac{\sqrt{3}}{2}$； (3) 1； (4) $\dfrac{\sqrt{3}}{6}$； (5) $\dfrac{2+\sqrt{3}}{4}$； (6) $\dfrac{2+\sqrt{3}}{4}$； (7) $\dfrac{\sqrt{2}}{2}$； (8) 1.

2. (1) $-\dfrac{16}{65}$，$-\dfrac{63}{65}$，$\dfrac{16}{63}$； (2) $\dfrac{56}{65}$，$-\dfrac{33}{65}$，$-\dfrac{56}{33}$.

3. $\dfrac{240}{289}$，$-\dfrac{161}{289}$，$-\dfrac{240}{161}$.

4. (1) $\sin\left(\dfrac{\pi}{3}-\alpha\right)$； (2) $\tan\alpha$； (3) 1； (4) $\dfrac{1}{2}\tan\alpha$； (5) 2； (6) $\cos\alpha$.

5. 略.

6. $\dfrac{77}{85}$.

B 组

1. $\dfrac{5\sqrt{34}}{34}$，$\dfrac{3\sqrt{34}}{34}$.

2. $\dfrac{\pi}{4}$.

3. 略.

习题 3 - 6

A 组

1. (1) 错； (2) 错.

2. 略.

3. (1) $\{x\,|\,0<x<\pi\}$； (2) $\{x\,|\,\pi<x<2\pi\}$； (3) $\left\{x\,\Big|\,-\dfrac{\pi}{2}<x<\dfrac{\pi}{2}\right\}$；

   (4) $\left\{x\,\Big|\,k\pi<x<k\pi+\dfrac{\pi}{2}, k\in \mathbf{Z}\right\}$.

4. (1) $T=2\pi$；当 $x=2k\pi-\dfrac{\pi}{2}, k\in \mathbf{Z}$ 时，函数取得最大值2；当 $x=2k\pi+\dfrac{\pi}{2}, k\in \mathbf{Z}$ 时，函数取得最小值−2.

   (2) $T=\dfrac{2\pi}{3}$；当 $x=\dfrac{2}{3}k\pi+\dfrac{\pi}{6}, k\in \mathbf{Z}$ 时，函数取得最大值2；当 $x=\dfrac{2}{3}k\pi-\dfrac{\pi}{6}, k\in \mathbf{Z}$ 时，函数取得最小值−2.

   (3) $T=2\pi$；当 $x=2k\pi, k\in \mathbf{Z}$ 时，函数取得最大值1；当 $x=2k\pi+\pi, k\in \mathbf{Z}$ 时，函数取得最小值−3.

   (4) $T=4\pi$；当 $x=4k\pi, k\in \mathbf{Z}$ 时，函数取得最大值2；当 $x=4k\pi+2\pi, k\in \mathbf{Z}$ 时，函数取得最小值0.

   (5) $T=2\pi$；当 $x=2k\pi+\dfrac{\pi}{5}, k\in \mathbf{Z}$ 时，函数取最大值2；当 $x=2k\pi+\dfrac{6}{5}\pi$ 时，函数取最小值−2.

(6) $T = \dfrac{1}{50}$;当 $x = \dfrac{k}{50} + \dfrac{1}{400}$，$k \in \mathbf{Z}$ 时,函数取最大值 $100\sqrt{2}$;当 $x = \dfrac{k}{50} - \dfrac{3}{400}$ 时，函数取最小值 $-100\sqrt{2}$.

5. 略.

6. (1) $\left\{ x \mid x \neq 2k\pi + \dfrac{3}{2}\pi, k \in \mathbf{Z} \right\}$; (2) $\left\{ x \mid x \neq \dfrac{k}{2}\pi + \dfrac{\pi}{12}, k \in \mathbf{Z} \right\}$.

B 组

1. (1) $\left\{ x \mid 2k\pi + \dfrac{\pi}{6} < x < 2k\pi + \dfrac{5\pi}{6}, k \in \mathbf{Z} \right\}$; (2) $\left\{ x \mid 2k\pi + \dfrac{\pi}{4} < x < 2k\pi + \dfrac{5\pi}{4}, k \in \mathbf{Z} \right\}$.

2. (1) $\left\{ x \mid x \neq 2k\pi + \dfrac{\pi}{2}, k \in \mathbf{Z} \right\}$; (2) $\left\{ x \mid -\dfrac{\pi}{2} + 2k\pi \leqslant x \leqslant 2k\pi + \dfrac{\pi}{2}, k \in \mathbf{Z} \right\}$.

3. $\dfrac{\pi}{4}$, 25 m^2.

习题 3 - 7

A 组

1. (1) $T = 2\pi$, $A = 4$, $f = \dfrac{1}{2\pi}$, $\varphi = -\dfrac{\pi}{5}$; (2) $T = \pi$, $A = 10$, $f = \dfrac{1}{\pi}$, $\varphi = \dfrac{\pi}{6}$;

(3) $T = 4\pi$, $A = 5$, $f = \dfrac{1}{4\pi}$, $\varphi = -\dfrac{\pi}{3}$; (4) $T = \dfrac{1}{50}$, $A = 311$, $f = 50$, $\varphi = \dfrac{\pi}{6}$.

2. 略.

3. $A = 200$, $T = \dfrac{1}{50}$, $f = 50$, 当 $t = \dfrac{k}{50} + \dfrac{1}{120}$ 时,$U_{最大} = 200$; 当 $t = \dfrac{k}{50} - \dfrac{1}{600}$ 时,$U_{最小} = -200$.

4. (1) $\dfrac{3\sqrt{2}}{2}$; (2) 3; (3) π; (4) $\dfrac{1}{\pi}$.

5. $u = 10\sin\left(50\pi t + \dfrac{\pi}{4}\right)$.

B 组

1. $h = 12 + 10\sin\dfrac{\pi t}{6}$.

2. (1) 略 (2) $y = 205.5\sin\dfrac{\pi t}{7} + 268$.

习题 3 - 8

A 组

1. (1) 错; (2) 对; (3) 对; (4) 错; (5) 错.

2. (1) $-\dfrac{\pi}{6}$; (2) $\dfrac{3\pi}{4}$; (3) $66.9°$; (4) $-\dfrac{\pi}{3}$.

3. (1) $-\dfrac{3}{7}$; (2) $\dfrac{15}{17}$; (3) 8.

4. $\arccos \dfrac{3}{8}$.

5. （1）$-\dfrac{\pi}{6}$;　（2）$\dfrac{\pi}{6}, \dfrac{11}{6}\pi$;　（3）$\dfrac{3}{4}\pi$;　（4）$\dfrac{\pi}{4}, \dfrac{5}{4}\pi$.

6. （1）$[-1, 0]$;　（2）$\left[\dfrac{1}{3}, 1\right]$.

B 组

1. （1）$-\dfrac{\pi}{4}$;　（2）$\dfrac{7}{25}$;　（3）$\dfrac{5\pi}{6}$;　（4）$\dfrac{\pi}{6}$;　（5）-1;　（6）$\dfrac{84}{85}$.

2. （1）$\dfrac{\pi}{12}, \dfrac{5}{12}\pi, \dfrac{13}{12}\pi, \dfrac{17}{12}\pi$;　（2）$-\dfrac{\pi}{4}, -\dfrac{7}{4}\pi, \dfrac{\pi}{4}, \dfrac{7}{4}\pi$.

3. $\dfrac{\pi}{6}, \dfrac{\pi}{3}$.

习题 3－9

A 组

1. （1）$C = 105°, b = 36.77, c = 50.23$;　（2）$B = 12°, C = 18°, c = 24.72$;　（3）$A = 38°, B = 45°$, $C = 97°$;　（4）$c = 19.84, A = 36°, B = 39°$;　（5）$a = 15.06, B = 74°, C = 31°$.

2. $c = 26.72, S_{\triangle ABC} = 473.7$.

3. 5.667 cm, 12.96 cm.

4. 3.79 m.

5. 16.96 km.

B 组

1. 282.84 m.

2. $v = 23.43$ 海里／小时，沿北偏东 $6°$.

复 习 题 三

A 组

1. （1）错;　（2）错;　（3）错;　（4）对.

2. （1）$\dfrac{3\sqrt{13}}{13}, -\dfrac{2\sqrt{13}}{13}, -\dfrac{3}{2}$;　（2）$\dfrac{2}{7}\pi, \dfrac{2}{7}\pi$;　（3）$\left\{\alpha \,\middle|\, \dfrac{\pi}{2} < \alpha < \dfrac{3}{2}\pi\right\}$;　（4）$\dfrac{\sqrt{3}}{2}$;　（5）$\left[0, \dfrac{\pi}{2}\right]$.

3. （1）B;　（2）D;　（3）C;　（4）D.

4. 当 α 是第一象限角时，$\sin \alpha = \dfrac{1}{2}$，$\cos \alpha = \dfrac{\sqrt{3}}{2}$，$\tan \alpha = \dfrac{\sqrt{3}}{3}$；当 α 是第三象限角时，$\sin \alpha = -\dfrac{1}{2}$, $\cos \alpha = -\dfrac{\sqrt{3}}{2}$，$\tan \alpha = \dfrac{\sqrt{3}}{3}$.

5. （1）-0.9589;　（2）-0.8788;　（3）-14.10;　（4）$-14.48°$;　（5）$38.74°$;　（6）$84.56°$.

6. (1) $-\dfrac{\sqrt{2}}{2}$;　(2) $-\dfrac{4}{3}$;　(3) 0.

7. (1) 当 α 是第一象限角时,$\sin\alpha=\dfrac{40}{41}$,$\tan\alpha=\dfrac{40}{9}$;当 α 是第四象限角时,$\sin\alpha=-\dfrac{40}{41}$,$\tan\alpha=-\dfrac{40}{9}$;

　(2) $\sin\alpha=-\dfrac{3}{5}$,$\tan\alpha=\dfrac{3}{4}$,$\sin2\alpha=\dfrac{24}{25}$;　(3) $\cos2\alpha=-\dfrac{7}{25}$,$\sin(\alpha+\beta)=\dfrac{84}{205}$,$\tan(\alpha-\beta)=-\dfrac{156}{133}$.

8. 略.

9. 略.

10. 图略,$A=10$,$T=\dfrac{1}{50}$,$f=50$.

11. (1) 0,π;　(2) $\dfrac{2\pi}{3}$,$\dfrac{4\pi}{3}$;　(3) $-\dfrac{\pi}{6}$.

12. (1) $B=19°$,$C=41°$,$c=12.12$;　(2) $A=35°$,$C=95°$,$c=10.40$;　(3) $c=9.17$,$A=112°$,
$B=23°$;　(4) $A=98°$,$B=22°$,$C=60°$.

13. $71°$.

B 组

1. (1) 第三或第四象限角;　(2) 第一或第三象限角.

2. 1.

3. $\cos\beta=\dfrac{84}{85}$,$\beta=8.8°$.

4. $\varphi=2.54°$.

习题 4 – 1

A 组

1. (1) 数量;　(2) 向量;　(3) 向量;　(4) 数量.

2. 略.

3. (1) 以 O 为圆心,以 1 为半径的圆;　(2) 直线 l 上位于 P 点两侧,距 P 点 1 个单位的两个点;
　(3) 直线 l.

4. (1) $\overrightarrow{BC}$、$\overrightarrow{ED}$;　(2) $\overrightarrow{BA}$、$\overrightarrow{CB}$、$\overrightarrow{DE}$;　(3) $\overrightarrow{BC}$、$\overrightarrow{ED}$、$\overrightarrow{BA}$、$\overrightarrow{CB}$、$\overrightarrow{DE}$、$\overrightarrow{AC}$、$\overrightarrow{CA}$.

B 组

1. (1) 略.　(2) $\overrightarrow{AD}=\overrightarrow{BC}$,即方向:北偏东 $40°$,模为 40 km.

2. (1) 4 个;　(2) 6 个.

习题 4 – 2

A 组

1. 略.　2. 略.

3. 水的流速为向西 $\dfrac{15}{2}$ 海里/小时；船在静水中的速度为向北 $\dfrac{15\sqrt{3}}{2}$ 海里/小时；船实际航行方向为北偏西 30°，速度大小为 15 海里/小时.

4. $\overrightarrow{OC} = -\boldsymbol{a}$；$\overrightarrow{AB} = \boldsymbol{b} - \boldsymbol{a}$；$\overrightarrow{BC} = -\boldsymbol{a} - \boldsymbol{b}$.

5. （1）共线；　（2）共线；　（3）不共线；　（4）共线.

6. （1）$7\boldsymbol{a} + 6\boldsymbol{b}$；　（2）$\dfrac{1}{4}\boldsymbol{a} - \dfrac{17}{12}\boldsymbol{b}$；　（3）$7\boldsymbol{a} - 11\boldsymbol{b} + 13\boldsymbol{c}$；　（4）$2x\boldsymbol{a} + 2y\boldsymbol{b}$

7. （1）$\boldsymbol{0}$；　（2）$\overrightarrow{CA}$；　（3）$\boldsymbol{0}$；　（4）$\overrightarrow{PN}$.

B 组

1. 不一定；当 $\boldsymbol{b} = \boldsymbol{0}$ 时，虽然 $\boldsymbol{a} /\!/ \boldsymbol{b}$、$\boldsymbol{c} /\!/ \boldsymbol{b}$，但 $\boldsymbol{a}$ 与 $\boldsymbol{c}$ 不平行.

2. 不一定；虽然 $\overrightarrow{AB} /\!/ \overrightarrow{CD}$，但若 $|\overrightarrow{AB}| \neq |\overrightarrow{CD}|$，则 $\overrightarrow{AC}$ 与 $\overrightarrow{BD}$ 不平行.

3. 略.

习题 4 - 3

A 组

1. $\overrightarrow{AB} = (-1, -3)$；$|\overrightarrow{AB}| = \sqrt{10}$.

2. $B(1, 2)$.

3. $F = (5, -1)$；$|F| = \sqrt{26}$.

4. （1）$(-16, 29)$；　（2）$3\sqrt{13}$.

5. $C(-5, 4)$；$D\left(\dfrac{5}{2}, \dfrac{3}{2}\right)$.

6. （1）不共线；　（2）共线.

7. $x = -2$.

8. $\overrightarrow{CD} = (-4, 1)$.

9. $P(5, 8)$.

B 组

1. $x = \dfrac{x_1 + x_2 + x_3}{3}$，$y = \dfrac{y_1 + y_2 + y_3}{3}$.

2. $M\left(3, \dfrac{8}{3}\right)$.

3. $\lambda = -\dfrac{4}{5}$，$y = -30$.

习题 4 - 4

A 组

1. （1）20；　（2）$-\dfrac{\sqrt{2}}{2}$；　（3）0；　（4）18；　（5）-3.

2. (1) 27; (2) $3\sqrt{3}$.

3. $150\sqrt{2}$ J.

4. 150°.

5. 略.

6. $\pm\dfrac{3}{2}$.

7. (1) 22, $\sqrt{17}$; (2) 6, 3; (3) -13, $\sqrt{26}$.

8. 135°.

9. $-\dfrac{2}{3}$.

10. 34.

B 组

1. 略.

2. $(\sqrt{5}, -2\sqrt{5})$ 或 $(-\sqrt{5}, 2\sqrt{5})$.

3. (1) $\left(\dfrac{3}{5}, -\dfrac{4}{5}\right)$ 或 $\left(-\dfrac{3}{5}, \dfrac{4}{5}\right)$; (2) $\left(\dfrac{4}{5}, \dfrac{3}{5}\right)$ 或 $\left(-\dfrac{4}{5}, -\dfrac{3}{5}\right)$.

复 习 题 四

A 组

1. (1) 错; (2) 对; (3) 错; (4) 错; (5) 错.

2. (1) $(0, -3)$, 3; (2) $(-2, -6)$; (3) $(2, -3)$, $(-4, 6)$; (4) $(-4, 0)$.

3. (1) D; (2) D; (3) B; (4) D.

4. (1) $(1, 10)$; (2) $(5, 4)$; (3) $\left(-\dfrac{1}{2}, -5\right)$; (4) $\left(\dfrac{5}{2}, 2\right)$.

5. $x = 3$.

6. $k = -1$.

7. $\sqrt{7}$, $\sqrt{3}$.

8. $\boldsymbol{c} = (2, -3)$.

9. (1) $\boldsymbol{a} = (0, 2)$, $\boldsymbol{b} = (-\sqrt{3}, -1)$; (2) 120°.

B 组

1. $\pm\dfrac{1}{3}(\boldsymbol{b}-\boldsymbol{a})$.

2. 当 $\boldsymbol{a} = (1, 0)$ 时,$\boldsymbol{b} = \left(-\dfrac{1}{2}, \dfrac{\sqrt{3}}{2}\right)$;当 $\boldsymbol{a} = \left(-\dfrac{1}{2}, \dfrac{\sqrt{3}}{2}\right)$ 时,$\boldsymbol{b} = (1, 0)$.

3. (1) $\left(-\dfrac{5}{9}, \dfrac{16}{9}\right)$; (2) $\left(-\dfrac{32}{9}, \dfrac{16}{9}\right)$.

习题 5 - 1

A 组

1. 3，$\neq 3$，$-\dfrac{1}{2}$.

2. （1）$\neq$；　（2）$\neq$；　（3）$=$；　（4）$<$；　（5）$>$；　（6）$=$.

3. 2，$\dfrac{3}{2}$.

4. （1）3，π；　（2）4，$\dfrac{\pi}{2}$；　（3）$\sqrt{6}$，$\dfrac{5}{4}\pi$；　（4）$\sqrt{2}$，$\dfrac{2}{3}\pi$；　（5）1，$\dfrac{1}{6}\pi$；　（6）2，$\dfrac{7}{4}\pi$.

5. $x = -1$，$y = -\dfrac{5}{2}$.

B 组

1. $m \neq 2$ 且 $m \neq 3$.

2. 以 $(0,0)$ 为圆心，3 为半径的圆.

习题 5 - 2

A 组

1. （1）$-4 + 5i$；　（2）$2 + 4i$；　（3）$3 - 3i$；　（4）$8 - i$；　（5）$-\dfrac{1}{4} - \dfrac{\sqrt{2}}{2}i$；　（6）$\dfrac{11}{25} - \dfrac{2}{25}i$；

（7）$1 + i$；　（8）-1.

2. $\dfrac{1}{5}$，$\dfrac{2}{5}$.

3. 3，-1，$\sqrt{10}$，$\sqrt{2} + \sqrt{5}$.

4. 略.

5. $x = \dfrac{1}{3} \pm \dfrac{\sqrt{2}}{3}i$.

B 组

1. （1）$(x + 2i)(x - 2i)$；　（2）$3\left(x + \dfrac{\sqrt{6}}{3}i\right)\left(x - \dfrac{\sqrt{6}}{3}i\right)$；　（3）$(x + 2\sqrt{2}i)(x - 2\sqrt{2}i)(x + 2\sqrt{2})(x - 2\sqrt{2})$；

（4）$(x + \sqrt{2}yi)(x - \sqrt{2}yi)$.

2. 以 $(1, \sqrt{2})$ 为圆心，$\sqrt{3}$ 为半径的圆.

复 习 题 五

A 组

1. （1）错；　（2）对；　（3）错；　（4）对.

2. (1) 1, $\neq$2; （2）2, -1; （3）$2-i$, 5; （4）1, $\dfrac{\pi}{6}$; （5）0, $-\dfrac{1}{2}$, $\dfrac{1}{2}$, $\dfrac{3}{2}\pi$; （6）四.

3. (1) A; （2）D; （3）A; （4）C; （5）C.

4. (1) $\dfrac{6}{5}$; （2）$\dfrac{-1-32i}{25}$; （3）64.

5. 略.

B 组

1. (1) $16\sqrt{3}+16i$; （2）$-i$.

2. $z=i$.

<h1 style="text-align:center">习题 6 − 1</h1>

A 组

1. 略.

2. (1) 凹; （2）凸.

3. 不一定.

B 组

1. (1) 对; （2）对; （3）错.

2. (1) 4; （2）6.

<h1 style="text-align:center">习题 6 − 2</h1>

A 组

1. (1) 错; （2）对; （3）错; （4）错.

2. 不一定.

3. (1) $\dfrac{\pi}{2}$; （2）$\dfrac{\pi}{4}$; （3）平行, $\sqrt{2}a$; （4）$\dfrac{\pi}{3}$.

B 组

1. (1) 对; （2）错.

2. (1) PN 与 DC 所成的角是 $\dfrac{\pi}{4}$; PN 与 C_1C 所成的角是 $\dfrac{\pi}{2}$; PN 与 BD 所成的角是 $\dfrac{\pi}{2}$; （2）略.

<h1 style="text-align:center">习题 6 − 3</h1>

A 组

1. 略.

2. (1) $\dfrac{\pi}{2}$; （2）arctan 2; （3）4 cm; （4）2 cm.

3. （1）略； （2）$PB = 10$，A 到 PB 的距离为 $\dfrac{24}{5}$.

B 组

1. 略.

2. （1）略； （2）略； （3）$\arccos \dfrac{\sqrt{3}}{3} \approx 55°$.

3. a.

习题 6－4

A 组

1. 略.

2. 10 cm.

3. 30°.

4. $\dfrac{\sqrt{2}}{2}a$.

5. $2\sqrt{10}$ cm.

B 组

1. 25 cm.

2. 26 cm.

习题 6－5

A 组

1. 108 cm^2.

2. 18 cm.

3. 156 cm^2.

4. $\dfrac{3H^3}{4\pi}$.

5. 体积为 $\dfrac{1}{9}\pi H^3$，全面积为 πH^2.

6. 15 cm.

7. 表面积为 900π cm^2，大圆的面积为 225π cm^2.

B 组

1. 180 cm^2.

2. 30 cm^2.

3. $\dfrac{\sqrt{3}}{54}\pi l^3$.

复 习 题 六

A 组

1.（1）错；（2）错；（3）错；（4）错；（5）对.

2.（1）垂直；（2）$\dfrac{\sqrt{6}}{2}$；（3）$\dfrac{2}{3}$；（4）$\dfrac{19\sqrt{3}}{2}$；（5）$\dfrac{1}{2}$，$\dfrac{\sqrt{3}}{2}$，3π；（6）$\sqrt{3}r$.

3.（1）C；（2）C；（3）B；（4）B；（5）B；（6）A.

4. $\sqrt{127}$.

5. $\dfrac{1}{8}$.

6. $4\sqrt{2}\,\pi$.

7. $\sqrt{2}\,\pi r^2$.

B 组

1.（1）$\dfrac{\sqrt{7}}{4}a^2$；（2）$\sqrt{k}$；（3）$\dfrac{4}{\pi}$；（4）4；（5）$\dfrac{\sqrt{6}}{12}a$，$\dfrac{\sqrt{6}}{4}a$.

2.（1）C；（2）C；（3）A.

3. 410.4.

4. $\dfrac{\sqrt{337}}{5}$.

5. 略.

6. 略.

习题 7 - 1

A 组

1. $135°$，-1.

2.（1）1；（2）$\sqrt{3}$；（3）$-\dfrac{\sqrt{3}}{3}$；（4）$-\sqrt{3}$.

3.（1）$y-1=\dfrac{2}{5}(x+3)$，$2x-5y+11=0$；（2）$y+5=-\sqrt{3}(x-6)$，$\sqrt{3}x+y+(5-6\sqrt{3})=0$；

　　（3）$y=-x+7$，$x+y-7=0$；（4）$y=-\dfrac{2}{3}x+\dfrac{5}{3}$，$-\dfrac{2}{3}$，$\dfrac{5}{3}$；（5）$y=-3$，$x=2$.

4. 点 M_1 在直线 l 上，点 M_2 不在直线 l 上.

5. $x_2=4$，$y_3=-3$.

6. 略.

7.（1）$x+2y-4=0$；（2）$y+3=0$；（3）$x-5=0$；（4）$3x-2y-6=0$.

8. $3x+2y-13=0$.

9. 略.

10. 图略. （1） $-\dfrac{1}{2}$，-2；（2） $-\dfrac{4}{3}$，4；（3） $\dfrac{2}{3}$，0；（4） 0，-7.

11. $L - 20 = 1.5(F - 4)$.

B 组

1. $a > 3$，$a < 3$.

2. （1） $2x - y - 3 = 0$；（2） $x + y - 6 = 0$.

3. $x + y - 5 = 0$.

4. $y = \pm\dfrac{4}{3}x + 2$.

5. $x \pm y = 4$ 和 $-x \pm y = 4$.

习题 7 - 2

A 组

1. （1）平行；（2）平行；（3）垂直；（4）垂直.

2. （1） $2x + 3y = 0$；（2） -2.

3. $x + y + 2 = 0$.

4. $x - y + 3 = 0$.

5. （1） $45°$；（2） $30°$.

6. 3 或 $-\dfrac{1}{3}$.

7. （1） $(3, 2)$；（2） $(4, -2)$.

8. $k = \dfrac{3}{2}$.

9. （1） $2\sqrt{13}$；（2） $\dfrac{4\sqrt{5}}{5}$；（3） 5；（4） 3.

10. 4.

11. $k = \pm 1$.

12. 5.

B 组

1. 10.

2. $x - 3y - 27 = 0$ 或 $3x + y - 1 = 0$.

3. $4x + 3y - 6 = 0$.

4. $(0, 1)$ 或 $(2, 3)$ 或 $(2, 1)$.

5. （1） $\dfrac{1}{5}$；（2） $\dfrac{1 \pm \sqrt{2}}{2}$.

6. $x - y - 1 = 0$.

习题 7－3

A 组

1. (1) $(0, -3)$、$(-1, \sqrt{6})$ 在曲线上,$(0, 0)$、$(-1, -2)$ 不在曲线上; (2) $(-1, 2)$、$(2, -1)$ 在曲线上,$(0, 3)$、$(3, 5)$ 不在曲线上.

2. $2 \pm \sqrt{5}$.

3. 3 或 -1.

4. (1) $x^2 + (y - 2)^2 = 1$; (2) $(x + 1)^2 + (y - 2)^2 = 16$; (3) $y - 3 = 0$ 与 $y + 9 = 0$;
   (4) $x - y + 2 = 0$.

5. $3x^2 - 16x + 3y^2 + 16 = 0$,即 $\left(x - \dfrac{8}{3}\right)^2 + y^2 = \dfrac{16}{9}$.

B 组

1. $(-1, -1)$ 或 $(44, 44)$.

2. $y = x^2$(点 $(2, 4)$、$(-2, 4)$ 除外).

3. $x^2 + y^2 - 8x - 4y + 10 = 0$(点 $(3, 5)$ 除外)和 $x^2 + y^2 - 6x - 10y + 24 = 0$(点 $(4, 2)$ 除外).

习题 7－4

A 组

1. (1) $(-3, 2)$, 5; (2) $(x + 3)^2 + (y - 4)^2 = 36$; (3) $(x - 3)^2 + (y - 2)^2 = 20$; (4) $(3, 0)$, 3;
   (5) $x' + 2y' = 0$; (6) ± 5.

2. (1) $(x - 8)^2 + (y + 3)^2 = 40$; (2) $(x + 2)^2 + (y - 3)^2 = \dfrac{81}{25}$; (3) $x^2 + y^2 - 8x + 6y = 0$;
   (4) $x^2 + (y - 1)^2 = 25$ 或 $x^2 + (y - 11)^2 = 25$; (5) $(x - 4)^2 + (y + 1)^2 = 8$.

3. (1) $(4, -3)$, 5; (2) $(30, 0)$, $\sqrt{3}$; (3) $(-2, 3)$, 7; (4) $(0, b)$, $\sqrt{3}|b|$.

4. $-\dfrac{1}{12} < a < \dfrac{1}{12}$.

5. 提示:证明两圆心的距离等于两半径之和.

6. (1) $(-3, -3)$; (2) $(0, 4)$.

7. (1) $(2, 0)$; (2) $(0, -2b)$.

B 组

1. $(x - 1)^2 + (y + 2)^2 = 2$.

2. $m < 5$.

3. 将 x 轴取在水平面上,以拱桥的对称轴为 y 轴,单位为 $1\ \text{m}$ 建立坐标系,得圆拱方程为 $x^2 + (y + 20.7)^2 = 27.9^2(0 \leqslant y \leqslant 7.2)$.

4. (1) $m = 2$ 或 $m = -6$; (2) $m > 2$ 或 $m < -6$; (3) $-6 < m < 2$.

习题 7 - 5

A 组

1. (1) 4，3，$\sqrt{7}$，$(\pm\sqrt{7}, 0)$；　(2) 8，$\dfrac{x^2}{16} + \dfrac{y^2}{25} = 1$；　(3) 8，$4\sqrt{2}$，$\dfrac{\sqrt{2}}{2}$；　(4) 5；　(5) 5 或 3.

2. (1) $\dfrac{x^2}{64} + \dfrac{y^2}{25} = 1$；　(2) $\dfrac{x^2}{25} + \dfrac{y^2}{64} = 1$；　(3) $\dfrac{x^2}{64} + \dfrac{y^2}{28} = 1$ 或 $\dfrac{x^2}{28} + \dfrac{y^2}{64} = 1$；　(4) $\dfrac{x^2}{100} + \dfrac{y^2}{75} = 1$；

　　(5) $\dfrac{x^2}{9} + y^2 = 1$ 或 $\dfrac{x^2}{9} + \dfrac{y^2}{81} = 1$.

3. $\dfrac{x^2}{100} + \dfrac{y^2}{36} = 1$ 或 $\dfrac{x^2}{36} + \dfrac{y^2}{100} = 1$.

4. $\dfrac{x^2}{100} + \dfrac{y^2}{64} = 1$ 或 $\dfrac{x^2}{64} + \dfrac{y^2}{100} = 1$，图略.

5. $\dfrac{x^2}{3} + \dfrac{y^2}{12} = 1$.

6. $\dfrac{x^2}{100} + \dfrac{y^2}{25} = 1$.

7. $l \approx 33.3$ m.

*8. 图略，　(1) $\dfrac{x'^2}{4} + \dfrac{y'^2}{9} = 1$，$O'(1, -2)$；　(2) $x'^2 + \dfrac{y'^2}{4} = 1$，$O'(2, -1)$.

B 组

1. $m = 1$，$2a = 2$，$2b = 1$，$F_1\left(-\dfrac{\sqrt{3}}{2}, 0\right)$，$F_2\left(\dfrac{\sqrt{3}}{2}, 0\right)$，$A_1(-1, 0)$，$A_2(1, 0)$，$B_1\left(0, -\dfrac{1}{2}\right)$，$B_2\left(0, \dfrac{1}{2}\right)$.

2. $\dfrac{x^2}{36} + \dfrac{y^2}{27} = 1$.

习题 7 - 6

A 组

1. (1) $\dfrac{x^2}{16} - \dfrac{y^2}{9} = 1$；　(2) $(\pm 2, 0)$，$(\pm\sqrt{13}, 0)$，2，3，$\dfrac{\sqrt{13}}{2}$；　(3) $(0, \pm 5)$，$\dfrac{5}{3}$，$y = \pm\dfrac{3}{4}x$.

2. (1) $\dfrac{x^2}{9} - \dfrac{y^2}{25} = 1$；　(2) $\dfrac{y^2}{9} - \dfrac{x^2}{6} = 1$；　(3) $\dfrac{x^2}{48} - \dfrac{y^2}{16} = 1$；　(4) $\dfrac{y^2}{20} - \dfrac{x^2}{16} = 1$；　(5) $\dfrac{x^2}{4} - \dfrac{4y^2}{9} = 1$.

3. $\dfrac{y^2}{36} - \dfrac{x^2}{28} = 1$.

4. $\dfrac{x^2}{8} - \dfrac{y^2}{8} = 1$.

5. $\dfrac{x^2}{20} - \dfrac{y^2}{5} = 1$.

6. $\dfrac{5}{4}$ 或 $\dfrac{5}{3}$.

7. $\dfrac{x^2}{12} - \dfrac{y^2}{36} = 1$ 或 $\dfrac{y^2}{12} - \dfrac{x^2}{36} = 1$.

* 8. 图略,(1) $\dfrac{{x'}^2}{3} - \dfrac{{y'}^2}{\frac{4}{3}} = 1$, $O'(-2,-3)$; (2) $\dfrac{{y'}^2}{16} - \dfrac{{x'}^2}{4} = 1$, $O'(-2,-1)$.

9. $\dfrac{x^2}{144} - \dfrac{y^2}{576} = 1$, 塔高约为 51.6 m.

B 组

1. $\dfrac{x^2}{3} - \dfrac{y^2}{6} = 1$ 或 $\dfrac{y^2}{2} - \dfrac{x^2}{7} = 1$.

2. $\dfrac{x^2}{4} - y^2 = 1$.

3. 33 或 1.

4. 3 个.

5. (1) 焦点在 x 轴上的椭圆; (2) 焦点在 x 轴上的双曲线.

6. 塔身外形是约为 $\dfrac{x^2}{36} - \dfrac{y^2}{441} = 1$ 的双曲线,在 $B(7, 12.62)$、$C(13.5, -42.33)$ 之间的一段绕 y 轴旋转而得.

习题 7－7

A 组

1. (1) $y^2 = 8x$; (2) $y^2 = -16x$; (3) $x^2 = -12y$; (4) $x^2 = 20y$; (5) $x^2 = -12y$;
   (6) $y^2 = 16x$.

2. $y^2 = \dfrac{9}{2}x$.

3. $x^2 = -18y$.

4. $y^2 = -\dfrac{4}{3}x$, $x = \dfrac{1}{3}$ 或 $x^2 = \dfrac{9}{2}y$, $y = -\dfrac{9}{8}$.

5. 距离是 5, $(3, 2\sqrt{6})$ 或 $(3, -2\sqrt{6})$.

* 6. ${y'}^2 = -\dfrac{5}{2}x'$, 图略.

7. 在按提示所建立的坐标系中,抛物线拱的方程为 $x^2 = -3y$,则在横坐标为 x m 处的拱高为 $h = 5 - \dfrac{x^2}{3}$ m.将

   $x = 1.5$ 代入得 $h = 4.25$ m,小于车箱高度.故此车不能通过隧道.

B 组

1. $y^2 = 12x$.

2. $y^2 = 8x$.

3. $p = 4$.

4. $2\sqrt{6}$ m.

复 习 题 七

A 组

1. （1）对；（2）错；（3）错；（4）错；（5）错；（6）对；（7）对.

2. （1）$\sqrt{34}$；（2）$-\dfrac{1}{2}$，$y = -\dfrac{1}{2}(x+2)$，$y = -\dfrac{1}{2}x - 1$，$x + 2y + 2 = 0$；（3）$(7,3)$或$(-3,3)$；

（4）$5x + 12y - 33 = 0$；（5）-10；（6）-6；（7）$(x-1)^2 + (y-2)^2 = 5$；（8）6；（9）$x + y = 0$，

$\dfrac{x^2}{8} - \dfrac{y^2}{8} = 1$；（10）向上，$\left(0,\dfrac{5}{8}\right)$，$y = -\dfrac{5}{8}$；（11）6.

3. （1）A；（2）D；（3）B；（4）C.

4. $4x - 3y + 3 = 0$.

5. $(-2,-2)$或$\left(\dfrac{14}{5},\dfrac{2}{5}\right)$.

6. $0°$.

7. $x^2 + y^2 - x - 3y = 0$.

8. $\dfrac{x^2}{16} + \dfrac{y^2}{7} = 1$ 或 $\dfrac{y^2}{16} + \dfrac{x^2}{7} = 1$.

9. 2，32.

B 组

1. 直角.

2. $2x + y + 2 = 0$ 或 $x + 2y - 2 = 0$.

3. $\left(x - \dfrac{7}{4}\right)^2 + y^2 = \dfrac{25}{16}$，圆.

4. （1）$m < 9$；（2）$9 < m < 25$.

5. （1）以 A、B 为焦点的双曲线靠近 B 的一支；（2）取 A、B 两点的连线为 x 轴，线段 AB 的垂直平分线为 y 轴，1 m 为单位作坐标系，得方程 $\dfrac{x^2}{115\,600} - \dfrac{y^2}{44\,400} = 1$.

习 题 8 - 1

A 组

1. （1）$\begin{cases} x = 10t, \\ y = 200 - 5t^2 \end{cases}$；（2）20 m；（3）$2\sqrt{10}$ s.

2. （1）$3x + 2y - 13 = 0$，直线；（2）$\dfrac{x^2}{25} + \dfrac{y^2}{16} = 1$，椭圆；（3）$(x+1)^2 + (y-2)^2 = 9$，圆；

（4）$y^2 = 2px$，抛物线.

3. (1) $\begin{cases} x = t, \\ y = 1 - 2t; \end{cases}$ (2) $\begin{cases} x = 2 + 2\cos\theta, \\ y = -1 + 2\sin\theta; \end{cases}$ (3) $\begin{cases} x = 3\cos\theta, \\ y = 2\sin\theta. \end{cases}$

4. $\begin{cases} x = -1 + 3\cos\theta, \\ y = 1 + 3\sin\theta. \end{cases}$

5. $\begin{cases} x = 2 + t, \\ y = 2 + t. \end{cases}$

B 组

1. $\begin{cases} x = 15\sqrt{2}\,t, \\ y = 15\sqrt{2}\,t - 5t^2, \end{cases}$ 90 m.

2. (1) $x^2 - y^2 = 4$; (2) $x^2 = 2y + 1$.

3. $\left(\dfrac{3}{2}, \dfrac{3\sqrt{3}}{2}\right)$, $x + \sqrt{3}y - 6 = 0$.

习题 8 - 2

A 组

1. 略.

2. (1) $(0, 2)$; (2) $(2\sqrt{3}, -2)$; (3) $\left(-\dfrac{3}{2}, -\dfrac{3\sqrt{3}}{2}\right)$; (4) $(0, 0)$.

3. (1) $\left(\sqrt{6}, \dfrac{7}{4}\pi\right)$; (2) $(5, \pi)$; (3) $\left(3, \dfrac{1}{2}\pi\right)$; (4) $\left(2, \dfrac{7}{6}\pi\right)$.

4. (1) $xy = 4$; (2) $x^4 + x^2y^2 - 9y^2 = 0 \ (x \ne 0)$.

5. (1) $\theta = \arctan\dfrac{2}{5}$; (2) $\rho = 8\cos\theta$.

6. $\rho = \dfrac{2}{\cos\theta}$.

7. $\rho = -10\cos\theta$.

B 组

1. $\rho = \dfrac{3}{2\sin\left(\dfrac{\pi}{6} - \theta\right)}$.

2. $\left(-\dfrac{1}{2}, -\dfrac{\sqrt{3}}{2}\right)$.

3. 圆心$(1, -\sqrt{3})$,半径 2.

4. $\rho = \dfrac{\sqrt{3}}{\sin\theta}$.

5. 略.

复 习 题 八

A 组

1. （1）错； （2）对.

2. （1） $\left(\dfrac{3}{2}, \dfrac{3\sqrt{3}}{2}\right)$ ； （2） $\left(4\sqrt{2}, \dfrac{3\pi}{4}\right)$ ； （3） $\dfrac{(x-2)^2}{25} + \dfrac{(y+3)^2}{4} = 1$ ，椭圆.

3. （1）D； （2）D.

4. $\begin{cases} x = 90(\cos t + t\sin t), \\ y = 90(\sin t - t\cos t). \end{cases}$

B 组

1. （1） $\begin{cases} x = 150t, \\ y = 500 - 5t^2; \end{cases}$ （2）1 500 m.

2. $(4, 2)$ 和 $(-4, 2)$.

参 考 书 目

［1］ 邓俊谦.应用数学基础［M］.北京：华夏出版社,2005.

［2］ 泽布罗夫斯基.圆的历史：数学推理与物理宇宙［M］.李大强,译.北京：北京理工大学出版社,2003.

［3］ 张志涌,杨祖樱.MATLAB 教程（R2018a）［M］.北京：北京航空航天大学出版社,2019.